面向新工科普通高等教育系列教材

电力系统计算与仿真分析

孟晓芳　王立地　王　慧　等编著

机械工业出版社

本书系统地介绍了电力系统计算与仿真分析实现方法。全书分为两篇共8章。第一篇共3章，介绍电力系统分析的计算机算法，包括电力网络方程、潮流计算的数学模型和基本解法、电力系统故障分析与计算。第二篇共5章，介绍电力系统仿真分析，主要内容包括基于MATLAB/Simulink的电力系统故障仿真分析、基于Simulink的IEEE 14节点系统仿真分析、基于MATPOWER的电力系统潮流计算、基于PowerWorld的电力系统潮流计算和故障分析、基于ETAP的电力系统仿真分析。

本书侧重电力系统计算与仿真分析的基础性和共性问题，将电力系统分析基础理论、计算机算法与仿真分析相结合，联系电力系统实际，并附有简单明了的实例分析。

本书可以作为高等院校电气工程及其自动化、农业电气化专业的高年级本科生及研究生教材，也可供从事电气专业的科技人员、高等院校教师及高年级学生学习参考。

本书配有授课电子课件、源程序等电子资源，需要的教师可登录www.cmpedu.com免费注册，审核通过后下载，或联系编辑索取（微信：13146070618，电话：010-88379739）。

图书在版编目（CIP）数据

电力系统计算与仿真分析/孟晓芳等编著. —北京：机械工业出版社，2023.7（2024.5重印）
面向新工科普通高等教育系列教材
ISBN 978-7-111-73009-5

Ⅰ. ①电… Ⅱ. ①孟… Ⅲ. ①电力系统计算-高等学校-教材
Ⅳ. ①TM744

中国国家版本馆CIP数据核字（2023）第063610号

机械工业出版社（北京市百万庄大街22号 邮政编码100037）
策划编辑：汤 枫 责任编辑：汤 枫 尚 晨
责任校对：潘 蕊 王明欣 责任印制：郜 敏

中煤（北京）印务有限公司印刷

2024年5月第1版第2次印刷
184mm×260mm · 15.25印张 · 395千字
标准书号：ISBN 978-7-111-73009-5
定价：59.00元

电话服务
客服电话：010-88361066
010-88379833
010-68326294

网络服务
机 工 官 网：www.cmpbook.com
机 工 官 博：weibo.com/cmp1952
金 书 网：www.golden-book.com
机工教育服务网：www.cmpedu.com

前　言

科技兴则民族兴，科技强则国家强。党的二十大报告指出："必须坚持科技是第一生产力、人才是第一资源、创新是第一动力，深入实施科教兴国战略、人才强国战略、创新驱动发展战略，开辟发展新领域新赛道，不断塑造发展新动能新优势。"当前电力工程科学和技术快速发展，计算机在电力系统计算与仿真分析中的使用日益普及。为了促进电力工程行业在电力系统分析方面的发展，培养学生在电力系统分析方面的综合能力，本书系统地介绍了应用计算机进行电力系统计算和分析的方法和技术，对电力系统计算和分析基本理论的验证和实践提供了有力的支持，是学生进一步深造的基础，也是从事电力系统相关工作必不可少的技能。

本书在借鉴有关资料的基础上，吸纳了编著者近几年来在电力系统分析方面撰写的著作、论文以及软件著作的一些内容，同时融入了编著者近几年教学研究和教学实践中的经验。全书分为两篇共 8 章。第一篇共 3 章，介绍电力系统分析的计算机算法，内容包括电力网络方程、节点导纳矩阵的形成及修改、潮流计算的数学模型和基本解法以及电力系统故障分析与计算，并附有潮流计算、短路计算以及断线计算实例分析的源程序。第二篇共 5 章，介绍电力系统仿真分析，并附有实例分析以及仿真系统，内容包括基于 MATLAB/Simulink 的电力系统故障仿真分析、基于 Simulink 的 IEEE 14 节点系统仿真分析、基于 MATPOWER 的电力系统潮流分析、基于 PowerWorld 的电力系统潮流计算和故障分析、基于 ETAP 的电力系统仿真分析。其中，基于 MATLAB/Simulink 的电力系统故障仿真分析，涵盖了电力系统三相短路、不对称短路、断线仿真实例。基于 ETAP 的电力系统仿真分析，涵盖了电力系统建模、潮流分析、短路分析、暂态稳定分析以及谐波分析。本书既面向本科院校应用型人才培养的需求，又立足于对学生自主学习能力和实践创新精神的培养，特别注意阐明基本概念、方法以及仿真设计中的注意事项；在讲清基本概念与基本方法的基础上，用典型案例说明仿真方法与应用，并在相应位置植入源程序二维码，以帮助读者加深理解；内容简明扼要、深入浅出，附有适量的例题与习题，帮助读者巩固和应用所学到的知识。

本书由沈阳农业大学孟晓芳、王立地、王慧等编著，由孟晓芳统稿。参加本书编写工作的还有国家电网辽宁省电力有限公司沈阳供电公司高诗萌，沈阳农业大学研究生朱林、郑芳芳、刘伯峤、徐铁峰、郝岩和王咏达。全书由东北大学孙秋野教授主审。

本书在编写过程中，参考和引用了许多专家学者的著作，在此对原作者表示敬意和感谢。另外，本书的编写还得到了有关领导、专业人士和同仁的支持，在此一并致谢。

由于编著者水平所限，不妥之处在所难免，恳请读者多多指正。

编著者

目　录

前言

第一篇　电力系统分析的计算机算法

第1章　电力网络方程 …… 1
1.1　节点电压方程 …… 1
1.2　节点导纳矩阵的形成 …… 2
1.3　节点导纳矩阵的修改 …… 3
1.4　小结 …… 5
习题 …… 5
第2章　潮流计算的数学模型和基本解法 …… 6
2.1　潮流计算的数学模型及节点分类 …… 6
2.1.1　潮流方程 …… 6
2.1.2　节点的分类 …… 7
2.2　潮流方程的迭代解法 …… 9
2.3　牛顿-拉弗森法潮流计算 …… 10
2.3.1　直角坐标系下的牛顿-拉弗森法 …… 10
2.3.2　极坐标系下的牛顿-拉弗森法 …… 12
2.4　案例分析以及源程序 …… 13
2.5　小结 …… 34
习题 …… 34
第3章　电力系统故障分析与计算 …… 35
3.1　概述 …… 35
3.2　对称短路计算 …… 35
3.3　序网络的构成 …… 36
3.4　不对称短路计算 …… 38
3.4.1　单相短路故障的计算 …… 38
3.4.2　两相短路故障的计算 …… 38
3.4.3　两相接地短路故障的计算 …… 39
3.4.4　正序等效定则 …… 40
3.4.5　短路计算的流程和源程序 …… 40
3.4.6　短路计算的案例分析 …… 41
3.5　断线计算 …… 43
3.5.1　一相断线故障的计算 …… 43
3.5.2　两相断线故障的计算 …… 44
3.5.3　断线计算案例分析 …… 45
3.6　小结 …… 47
习题 …… 47

第二篇　电力系统仿真分析

第4章　基于MATLAB/Simulink的电力系统故障仿真分析 …… 48
4.1　Simulink模块库及电力系统主要元件等效模型 …… 48
4.1.1　Simulink模块库 …… 48
4.1.2　电力系统主要元件模型 …… 54
4.2　无限大功率电源三相短路仿真 …… 63
4.2.1　无限大功率电源的概念 …… 63
4.2.2　无限大功率电源三相短路仿真实例分析 …… 64
4.3　同步发电机三相短路仿真 …… 66
4.3.1　同步发电机突然三相短路分析 …… 66
4.3.2　同步发电机突然三相短路仿真实例分析 …… 67
4.4　电力系统三相短路仿真实例 …… 72
4.4.1　电力系统三相短路理论计算 …… 72
4.4.2　仿真系统构建及结果分析 …… 74
4.5　电力系统不对称短路仿真实例 …… 77
4.6　电力系统断线仿真实例 …… 80
4.7　小结 …… 84
习题 …… 84

第5章　基于Simulink的IEEE 14节点系统仿真分析 …… 85
5.1　IEEE 14节点系统介绍 …… 85
5.2　IEEE 14节点系统的潮流计算 …… 87
5.3　IEEE 14节点系统短路分析 …… 89
5.4　小结 …… 94
习题 …… 94
第6章　基于MATPOWER的电力系统潮流计算 …… 95
6.1　MATPOWER概述 …… 95
6.1.1　MATPOWER简介 …… 95
6.1.2　系统要求 …… 95
6.1.3　安装流程 …… 95
6.1.4　执行潮流计算的方法 …… 95
6.1.5　获得帮助 …… 96
6.2　技术规则 …… 96
6.2.1　数据文件格式 …… 96
6.2.2　MATPOWER选项 …… 97
6.2.3　文件汇总 …… 99
6.3　实例分析 …… 102
6.4　小结 …… 104
习题 …… 104
第7章　基于PowerWorld的电力系统潮流计算和故障分析 …… 105
7.1　PowerWorld概述 …… 105
7.1.1　电力系统可视化技术 …… 105
7.1.2　PowerWorld软件介绍 …… 105
7.2　电力系统建模 …… 107
7.2.1　电力系统单线图 …… 107
7.2.2　仿真环境和参数设置 …… 124
7.3　潮流计算和故障分析 …… 124
7.3.1　潮流计算 …… 124
7.3.2　故障分析 …… 125
7.4　实例分析 …… 126
7.4.1　潮流计算过程与结果 …… 126
7.4.2　故障分析过程与结果 …… 129
7.5　小结 …… 130
习题 …… 130
第8章　基于ETAP的电力系统仿真分析 …… 131
8.1　ETAP简介 …… 131
8.2　ETAP工作环境 …… 132
8.2.1　工具栏 …… 132
8.2.2　菜单 …… 138
8.3　系统建模 …… 140
8.3.1　ETAP元件的操作 …… 141
8.3.2　编辑单线图 …… 144
8.3.3　利用主题管理器设置属性 …… 149
8.3.4　自动建模 …… 156
8.4　潮流分析 …… 159
8.4.1　元件的需求数据 …… 159
8.4.2　潮流分析案例属性设置 …… 166
8.4.3　潮流分析案例 …… 170
8.5　短路分析 …… 174
8.5.1　元件的需求数据 …… 175
8.5.2　短路分析案例属性设置 …… 181
8.5.3　短路分析案例 …… 189
8.6　暂态稳定分析 …… 193
8.6.1　元件的需求数据 …… 194
8.6.2　暂态稳定分析案例属性设置 …… 199
8.6.3　暂态稳定分析案例 …… 208
8.7　谐波分析 …… 212
8.7.1　元件的需求数据 …… 212
8.7.2　谐波分析案例属性设置 …… 214
8.7.3　谐波分析案例 …… 222
8.8　小结 …… 226
习题 …… 226
附录　MATLAB基础知识 …… 227
参考文献 …… 238

第一篇　电力系统分析的计算机算法

第1章　电力网络方程

电力网络方程是指将网络的有关参数和变量及其相互关系归纳起来组成的能够反映网络特性的数学方程式组。电力网络方程有节点电压方程、回路电流方程、割集方程等。其中，最为广泛应用的是节点电压方程，下面对节点电压方程进行着重讲述。

1.1　节点电压方程

对于具有 n 个独立节点的网络，可以列出以下方程：

$$\begin{cases} Y_{11}\dot{U}_1+Y_{12}\dot{U}_2+\cdots+Y_{1k}\dot{U}_k+\cdots+Y_{1n}\dot{U}_n=\dot{I}_1 \\ Y_{21}\dot{U}_1+Y_{22}\dot{U}_2+\cdots+Y_{2k}\dot{U}_k+\cdots+Y_{2n}\dot{U}_n=\dot{I}_2 \\ \vdots \\ Y_{n1}\dot{U}_1+Y_{n2}\dot{U}_2+\cdots+Y_{nk}\dot{U}_k+\cdots+Y_{nn}\dot{U}_n=\dot{I}_n \end{cases} \tag{1-1}$$

写成矩阵形式：

$$\begin{bmatrix} Y_{11} & Y_{12} & \cdots & Y_{1n} \\ Y_{21} & Y_{22} & \cdots & Y_{2n} \\ \vdots & \vdots & & \vdots \\ Y_{n1} & Y_{n2} & \cdots & Y_{nn} \end{bmatrix} \begin{bmatrix} \dot{U}_1 \\ \dot{U}_2 \\ \vdots \\ \dot{U}_n \end{bmatrix} = \begin{bmatrix} \dot{I}_1 \\ \dot{I}_2 \\ \vdots \\ \dot{I}_n \end{bmatrix} \tag{1-2}$$

式（1-2）可以简写为

$$\boldsymbol{YU}=\boldsymbol{I} \tag{1-3}$$

式中，$\boldsymbol{I}$ 为节点注入电流列向量；$\boldsymbol{Y}$ 为节点导纳矩阵；$\boldsymbol{U}$ 为节点电压列向量。

式（1-3）就是以节点导纳矩阵形式描述的节点电压方程。

对于节点导纳矩阵 $\boldsymbol{Y}$，其对角元素 Y_{ii}称为自导纳：

$$Y_{ii}=\left.\frac{\dot{I}_i}{\dot{U}_i}\right|_{\dot{U}_j=0,j\neq i} \tag{1-4}$$

自导纳 Y_{ii}等于与节点 i 连接的所有支路导纳的和，其物理意义为：当电网络中节点 i 接入单位电压源，其他节点都接地时，自导纳 Y_{ii}在数值上等于节点 i 注入网络的电流。

节点导纳矩阵 $\boldsymbol{Y}$ 的非对角元素 Y_{ji} 称为互导纳：

$$Y_{ji}=\left.\frac{\dot{I}_j}{\dot{U}_i}\right|_{\dot{U}_j=0,j\neq i} \tag{1-5}$$

互导纳 Y_{ji} 等于连接节点 i 和节点 j 支路导纳的负值，互导纳是非正的。其物理意义为：当电网络中节点 i 接入单位电压源，其他节点都接地时，Y_{ji} 在数值上等于从节点 j（j 不等于 i）注入网络的电流。

因此，节点导纳矩阵 $\boldsymbol{Y}$ 是一个高度稀疏且对称的方阵，其阶数等于电力网络的独立节点数。$\boldsymbol{Y}$ 是非奇异的，其逆矩阵为节点阻抗矩阵，即

$$\boldsymbol{Z}=\boldsymbol{Y}^{-1} \tag{1-6}$$

在式（1-3）两边同乘 $\boldsymbol{Y}^{-1}$，则有

$$\boldsymbol{Y}^{-1}\boldsymbol{YU}=\boldsymbol{Y}^{-1}\boldsymbol{I} \tag{1-7}$$

即

$$\boldsymbol{ZI}=\boldsymbol{U} \tag{1-8}$$

式（1-8）就是以节点阻抗矩阵形式描述的节点电压方程。因此节点电压方程还可以用节点阻抗方程来描述，它是节点电压方程的另一种形式。

1.2 节点导纳矩阵的形成

节点导纳矩阵可以根据降阶节点-支路关联矩阵 $\boldsymbol{A}$ 来形成，本书中降阶节点-支路关联矩阵 $\boldsymbol{A}$ 简称为关联矩阵 $\boldsymbol{A}$。关联矩阵 $\boldsymbol{A}$ 可以表示节点与支路的联系。对于一个具有 $n+1$ 个节点（n 个独立节点）、b 条支路的网络，其关联矩阵 $\boldsymbol{A}$ 的阶次为 $n\times b$。在形成关联矩阵 $\boldsymbol{A}$ 时，可以先形成节点-支路关联矩阵 $\boldsymbol{A}_a=(a_{ij})_{(n+1)\times b}$，$\boldsymbol{A}_a$ 的阶次为 $(n+1)\times b$。以图 1-1 为例说明关联矩阵 $\boldsymbol{A}$ 的形成。对于图 1-1，总节点数 $n+1=4$，独立节点数 $n=3$，总支路数 $b=6$，图中①、②、③、④为节点编号，1、2、3、4、5、6 为支路编号。首先形成描述图 1-1 的支路信息表，见表 1-1。

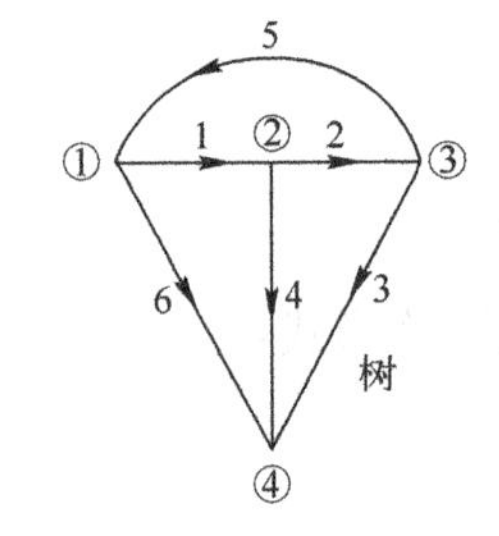

图 1-1 4 节点的有向图

表 1-1 支路信息表

支路编号	发（首）节点	收（末）节点	支路导纳	支路电流
1	①	②	y_{B1}	$\dot{I}_{B1}$
2	②	③	y_{B2}	$\dot{I}_{B2}$
3	③	④	y_{B3}	$\dot{I}_{B3}$
4	②	④	y_{B4}	$\dot{I}_{B4}$
5	③	①	y_{B5}	$\dot{I}_{B5}$
6	①	④	y_{B6}	$\dot{I}_{B6}$

与图 1-1 相对应的节点-支路关联矩阵 $\boldsymbol{A}_a$ 如下：

$$
\boldsymbol{A}_a=\begin{array}{c} \\ ① \\ ② \\ ③ \\ ④ \end{array}\begin{array}{c} \begin{array}{cccccc} \mathrm{B1} & \mathrm{B2} & \mathrm{B3} & \mathrm{B4} & \mathrm{B5} & \mathrm{B6} \end{array} \\ \begin{bmatrix} 1 & 0 & 0 & 0 & -1 & 1 \\ -1 & 1 & 0 & 1 & 0 & 0 \\ 0 & -1 & 1 & 0 & 1 & 0 \\ 0 & 0 & -1 & -1 & 0 & -1 \end{bmatrix} \end{array} \tag{1-9}
$$

节点-支路关联矩阵$\boldsymbol{A}_a$中的行对应节点，列对应支路，即第i行对应节点i，第j列对应支路j，i=①、②、③、④，j=1、2、3、4、5、6。$\boldsymbol{A}_a$中的元素有 1、-1 和 0，取值规律见表 1-2。

表 1-2　关联矩阵中元素的取值

支路与节点关系	$\boldsymbol{A}_a$中元素a_{ij}取值
支路j与节点i相关联，节点i为支路j首节点	1
支路j与节点i相关联，节点i为支路j末节点	-1
支路j与节点i无关联，即节点i不是支路j节点	0

依据表 1-1 中信息，可以快速完成$\boldsymbol{A}_a$中元素的取值。例如，支路 1 的首节点为①、末节点为②（图 1-1 中支路 1 方向为节点①指向节点②），则$\boldsymbol{A}_a$的第 1 列中，第 1 个元素为 1，第 2 个元素为-1，其余元素为 0；第 2 条支路首节点为②、末节点为③，则$\boldsymbol{A}_a$的第 2 列中，第 2 个元素为 1，第 3 个元素为-1，其余元素为 0。

设图 1-1 中节点④为参考节点，去掉$\boldsymbol{A}_a$中对应参考节点的行（即$\boldsymbol{A}_a$中第 4 行），即可得关联矩阵$\boldsymbol{A}$，如式（1-10）所示。关联矩阵$\boldsymbol{A}$的行对应独立节点，列对应支路，即第i行对应节点i，第j列对应支路j，i=①、②、③，j=1、2、3、4、5、6。

$$
\boldsymbol{A}=\begin{array}{c} \\ ① \\ ② \\ ③ \end{array}\begin{array}{c} \begin{array}{cccccc} \mathrm{B1} & \mathrm{B2} & \mathrm{B3} & \mathrm{B4} & \mathrm{B5} & \mathrm{B6} \end{array} \\ \begin{bmatrix} 1 & 0 & 0 & 0 & -1 & 1 \\ -1 & 1 & 0 & 1 & 0 & 0 \\ 0 & -1 & 1 & 0 & 1 & 0 \end{bmatrix} \end{array} \tag{1-10}
$$

对于图 1-1 中的每条支路都可以列出：

$$
\dot{I}_{\mathrm{B}k}=y_{\mathrm{B}k}\dot{U}_{\mathrm{B}k} \tag{1-11}
$$

式中，$\dot{I}_{\mathrm{B}k}$为支路k的电流（k=1、2、3、4、5、6）；$\dot{U}_{\mathrm{B}k}$为支路k的电压降；$y_{\mathrm{B}k}$为支路k的导纳。

式（1-11）的矩阵形式为

$$
\boldsymbol{I}_{\mathrm{B}}=\boldsymbol{Y}_{\mathrm{B}}\boldsymbol{U}_{\mathrm{B}} \tag{1-12}
$$

式中，$\boldsymbol{I}_{\mathrm{B}}$为支路电流列向量，$\boldsymbol{I}_{\mathrm{B}}=[\dot{I}_{\mathrm{B1}}\quad \dot{I}_{\mathrm{B2}}\quad \cdots\quad \dot{I}_{\mathrm{B}k}]^{\mathrm{T}}$；$\boldsymbol{U}_{\mathrm{B}}$为支路电压降列向量，$\boldsymbol{U}_{\mathrm{B}}=[\dot{U}_{\mathrm{B1}}\quad \dot{U}_{\mathrm{B2}}\quad \cdots\quad \dot{U}_{\mathrm{B}k}]^{\mathrm{T}}$；$\boldsymbol{Y}_{\mathrm{B}}$为支路导纳所组成的对角矩阵，$\boldsymbol{Y}_{\mathrm{B}}=\mathrm{diag}(y_{\mathrm{B1}},y_{\mathrm{B2}},\cdots,y_{\mathrm{B}k})$。

节点导纳矩阵$\boldsymbol{Y}$可根据下式计算：

$$
\boldsymbol{Y}=\boldsymbol{A}\boldsymbol{Y}_{\mathrm{B}}\boldsymbol{A}^{\mathrm{T}} \tag{1-13}
$$

1.3　节点导纳矩阵的修改

在电力系统计算中，经常要计算不同接线方式下的运行状态，如电力线路或变压器投入前后的运行状况，或某些元件参数变更前后的运行状况。改变一个支路的参数或它的投切只影响该支路两端节点的自导纳和它们之间的互导纳，因此仅需对原有的矩阵做某些修改。设修改前的节点导纳矩阵为 $\boldsymbol{Y}$，修改后的节点导纳矩阵为 $\boldsymbol{Y}'$。

（1）支路添加

1）原网络节点增加一条接地支路。设在节点 i 增加一条接地支路，由于没有增加节点数，节点导纳矩阵阶数不变，只有自导纳 Y_{ii} 发生变化，变化量为节点 i 新增接地支路导纳 y'_i，即

$$Y'_{ii}=Y_{ii}+y'_i \tag{1-14}$$

2）原网络节点 i、j 之间增加一条支路。节点导纳矩阵的阶数不变，只是由于节点 i 和 j 间增加了一条导纳为 y_{ij} 的支路，节点导纳矩阵阶数不变，但是节点 i 和 j 之间的互导纳、自导纳发生如下变化：

$$\begin{cases}Y'_{ii}=Y_{ii}+y_{ij}\\Y'_{jj}=Y_{jj}+y_{ij}\\Y'_{ij}=Y'_{ji}=Y_{ij}-y_{ij}=Y_{ji}-y_{ij}\end{cases} \tag{1-15}$$

3）从原网络引出一条新支路，同时增加一个新节点。设原网络有 n 个独立节点，从节点 $i(i\leqslant n)$ 引出一条支路 y 及新增一个节点 j。由于网络节点多了一个，所以节点导纳矩阵也增加一阶，变化部分如下：

$$\begin{cases}Y'_{ii}=Y_{ii}+y_{ij}\\Y'_{jj}=y_{ij}\\Y'_{ij}=Y'_{ji}=-y_{ij}\end{cases} \tag{1-16}$$

（2）支路移去

1）移去网络中的一条连支。设该连支在网络的原有节点 i、j 之间，其导纳为 y_{ij}，移去该连支相当于在 i、j 之间增加一条导纳为 $-y_{ij}$ 的支路，节点导纳矩阵阶次不变，与节点 i、j 有关元素的修改如下：

$$\begin{cases}Y'_{ii}=Y_{ii}-y_{ij}\\Y'_{jj}=Y_{jj}-y_{ij}\\Y'_{ij}=Y'_{ji}=Y_{ij}+y_{ij}=Y_{ji}+y_{ij}\end{cases} \tag{1-17}$$

2）移去网络中的一条孤立树支。设该树支在网络的原有节点 i、j 之间，其导纳为 y_{ij}，节点 j 的度为 1（即与节点 j 相连支路数为 1），移去该树支，节点导纳矩阵对应第 j 行第 j 列为零，节点导纳矩阵阶次减 1，节点导纳矩阵元素的修改如下：

$$Y'_{ii}=Y_{ii}-y_{ij} \tag{1-18}$$

需要说明的是，当移去网络中的支路 l 是桥时，由支路 l 连接的两个子网络解列，$\boldsymbol{Y}'$ 变成两个块对角阵。

（3）修改原网络中的支路参数

修改原网络中的支路参数可理解为先将被修改支路删除，然后增加一条参数为修改后导纳值的支路。因此，修改原网络中的支路参数可通过给原网络并联一条支路的方式来实现。

将网络的原有节点 i、j 之间的导纳 y_{ij} 改为 y'_{ij} 的支路，相当于在 i、j 之间先删除一条导纳为 y_{ij} 的支路，再增加一条导纳为 y'_{ij} 的支路，节点导纳矩阵元素的修改如下：

$$\begin{cases}Y'_{ii}=Y_{ii}+y'_{ij}-y_{ij}\\Y'_{jj}=Y_{jj}+y'_{ij}-y_{ij}\\Y'_{ij}=Y'_{ji}=Y_{ij}+y_{ij}-y'_{ij}=Y_{ji}+y_{ij}-y'_{ij}\end{cases} \tag{1-19}$$

1.4　小结

本章详细地介绍了以节点导纳矩阵形式描述的节点电压方程。节点导纳矩阵 $\boldsymbol{Y}$ 可以根据关联矩阵 $\boldsymbol{A}$ 以及支路导纳所组成的对角矩阵 $\boldsymbol{Y}_{\mathrm{B}}$ 形成。关联矩阵 $\boldsymbol{A}$ 可以表示节点与支路的联系，反映了电力网络的拓扑约束。矩阵 $\boldsymbol{Y}_{\mathrm{B}}$ 反映了电力网络的支路特性约束。

当电力网络结构或元件参数发生局部变化时，可以在原有的节点导纳矩阵基础上进行修改得到新的节点导纳矩阵。节点导纳矩阵和节点阻抗矩阵互为逆矩阵。节点电压方程也可以用节点阻抗矩阵形式描述。

习题

1.1　如何建立节点电压方程？

1.2　对图 1-2，节点和支路编号如图所示，以节点⑤为地，写出形成关联矩阵 $\boldsymbol{A}$ 的过程。

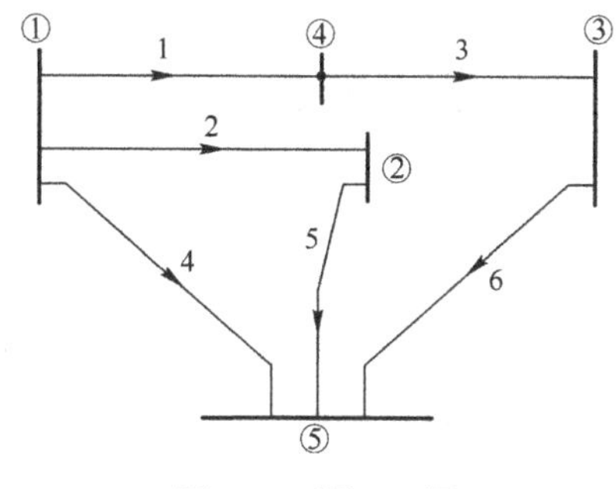

图 1-2　题 1.2 图

1.3　图 1-2 中各支路阻抗如下：$z_1=\mathrm{j}0.2$，$z_2=\mathrm{j}0.4$，$z_3=\mathrm{j}0.5$，$z_4=\mathrm{j}0.1$，$z_5=\mathrm{j}0.6$，$z_6=\mathrm{j}0.5$。建立以地为参考节点的节点导纳矩阵 $\boldsymbol{Y}$。

1.4　如果去掉图 1-2 中支路 3，如何修改节点导纳矩阵 $\boldsymbol{Y}$？

第2章　潮流计算的数学模型和基本解法

潮流计算是指在给定电力系统网络拓扑、元件参数和发电、负荷参量的条件下，计算有功功率、无功功率及电压在电力网中的分布。潮流计算是根据给定的电网结构、参数和发电机、负荷等元件的运行条件，确定电力系统各部分稳态运行状态参数的计算。通常给定的运行条件有系统中各电源和负荷点的功率、枢纽点电压、平衡点的电压和相位角。待求的运行状态参量包括电网各节点的电压幅值和相角，以及各支路的功率分布、网络的功率损耗等。

潮流计算是电力系统分析中最基本、最重要的计算，是电力系统运行、规划以及安全性、可靠性分析和优化的基础，也是各种电磁暂态和机电暂态分析的基础和出发点。其结果可用来作为电网其他工作的参考指标，故可看出其在电网中的地位。

2.1　潮流计算的数学模型及节点分类

2.1.1　潮流方程

在第1章中介绍的基于节点导纳矩阵的节点电压方程 $\boldsymbol{YU}=\boldsymbol{I}$，是潮流计算的基础方程式。若 $\boldsymbol{U}$ 或 $\boldsymbol{I}$ 已知，则节点网络方程 $\boldsymbol{YU}=\boldsymbol{I}$ 直接可解。

但是在工程中，通常 $\boldsymbol{I}$ 是未知的，$\boldsymbol{U}$ 也是未知的，已知的是节点功率 $\boldsymbol{S}$。实际计算中，需要迭代求解非线性的节点电压方程 $\boldsymbol{YU}=\left[\dfrac{\boldsymbol{S}}{\boldsymbol{U}}\right]^*$。

对于具有 n 个独立节点的电力网络，将其节点电压方程 $\boldsymbol{YU}=\boldsymbol{I}$ 展开，可得

$$\dot{I}_i = \sum_{j=1}^{n} Y_{ij}\dot{U}_j \quad (i = 1,2,\cdots,n) \tag{2-1}$$

式中，$\dot{I}_i$ 为节点 i 注入电流；$\dot{U}_j$ 为节点 j 电压。

对于节点 i，设节点 i 注入功率为 $\dot{S}_i$，则节点 i 注入电流 $\dot{I}_i$ 为

$$\dot{I}_i = \frac{\hat{\dot{S}}_i}{\hat{\dot{U}}_i} = \frac{P_i - \mathrm{j}Q_i}{\hat{\dot{U}}_i} \tag{2-2}$$

式中，$\hat{\dot{U}}_i$、$\hat{\dot{S}}_i$ 分别为 $\dot{U}_i$ 和 $\dot{S}_i$ 的共轭。

将式（2-2）代入式（2-1）中，可得潮流方程：

$$P_i - \mathrm{j}Q_i = \hat{\dot{U}}_i \sum_{j=1}^{n} Y_{ij}\dot{U}_j \quad (i = 1,2,\cdots,n) \tag{2-3}$$

直角坐标系下的节点电压和导纳可写成 $\dot{U}_i = e_i + \mathrm{j}f_i$，$\hat{\dot{U}}_i = e_i - \mathrm{j}f_i$，$Y_{ij} = G_{ij} + B_{ij}$，代入式（2-3）中可得

$$\begin{cases} P_i = e_i \sum_{j=1}^{n} (G_{ij}e_j - B_{ij}f_j) + f_i \sum_{j=1}^{n} (G_{ij}f_j + B_{ij}e_j) \\ Q_i = f_i \sum_{j=1}^{n} (G_{ij}e_j - B_{ij}f_j) - e_i \sum_{j=1}^{n} (G_{ij}f_j + B_{ij}e_j) \end{cases} \tag{2-4}$$

如果节点电压用极坐标表示，即令$\dot{U}_i = U_i \angle \theta_i$，$\dot{U}_j = U_j \angle \theta_j$，代入式（2-3）中可得

$$\begin{cases} P_i = U_i \sum_{j=1}^{n} U_j (G_{ij}\cos\theta_{ij} + B_{ij}\sin\theta_{ij}) \\ Q_i = U_i \sum_{j=1}^{n} U_j (G_{ij}\sin\theta_{ij} - B_{ij}\cos\theta_{ij}) \end{cases} \tag{2-5}$$

2.1.2　节点的分类

在具有 n 个节点的电力系统中，每个节点有 4 个运行变量（例如，对于节点 i 有 P_i、Q_i、U_i和 θ_i），因此系统共有 $4n$ 个变量，对于式（2-3）所描述的潮流方程，共有 $2n$ 个实数方程。需要给定 $2n$ 个变量，另外 $2n$ 个变量才可以求解。对不同节点，给定量也不同。这样，系统中的节点就因给定量的不同而分为 3 类。

（1）*PQ* 节点

已知节点注入的有功功率 P_i和无功功率 Q_i，待求量为 U_i、θ_i。变电站由于没有发电设备，其发电量为零，故通常为 *PQ* 节点。在特定情况下，若一个发电厂在一段时间内输出的功率是固定的，则可将其视为 *PQ* 节点。因此，电力网络中大多数节点是 *PQ* 节点。

（2）*PV* 节点

已知节点注入的有功功率 P_i和电压 U_i，待求节点的无功功率 Q_i和电压相角 θ_i。一般选择具有一定无功储备的发电厂和配备可调无功设备的变电站作为 *PV* 节点。在电网中，*PV* 节点的数目是非常少的，甚至没有。

（3）平衡节点

平衡节点也就是潮流计算中选择的电压参考节点，待求有功功率 P_i和无功功率 Q_i。平衡节点对系统的功率起着平衡的作用，常选择具有较大调节余量的发电机节点作为平衡节点。平衡节点在系统中是必须存在的，但一般只有一个。在实际应用中，通常选择系统中的主调频发电厂作为平衡节点。

对于配电网的潮流计算，传统的配电网络中只有 $V\theta$ 节点和 *PQ* 节点，通常情况下，变电站的出口母线视为 $V\theta$ 节点，其他节点包括负荷节点和中间节点都视为 *PQ* 节点。而随着 DG（分布式发电装置）接入配电网，系统中出现了新的节点类型，从 DG 接入配电网的方式看，DG 在潮流计算中的模型可以分为 4 类：*PQ* 恒定、*PV* 恒定、*PI* 恒定和 *P* 恒定 $Q=f(V)$类型。由于 DG 种类的差异性，其处理方法也就不同。下面针对以上几种 DG 类型，结合前推回代法的要求来分析各种类型节点的处理方法。因此计算时需要先将新增的节点类型转换成算法可以处理的节点，再进行迭代。

1. *PQ* 节点的处理方法

在潮流计算中，对 *PQ* 型 DG 简化处理的方法是，可以把它看作负的负荷，当作 *PQ* 节点来处理。一般采用同步发电机且励磁系统为功率因数控制的内燃机、传统汽轮机等 DG，可以

将其简化处理成 PQ 节点。例如，对异步风力发电机节点，可以将其视为 PQ 节点，此类风力发电机的有功功率和无功功率均为定值。若 DG 既向电网输送有功功率又向电网输送无功功率，其视在功率为$\dot{S}=-P-\mathrm{j}Q$。若异步风力发电机仅向电网输送有功功率，而需要从电网中吸收无功功率，则其视在功率为$\dot{S}=-P+\mathrm{j}Q$。此类 DG 对节点的注入电流可以表示为

$$\hat{\dot{I}}=\dot{S}/\dot{U} \tag{2-6}$$

式中，$\dot{U}$为 DG 接入节点的电压。

2. *PV* 节点的处理方法

传统的燃气轮机和内燃机作为 DG 一般都采用同步发电机，同步发电机可以视为 PV 节点。另外一些带有 AVR 装置的发电机，可以通过 AVR 的调整使电压幅值保持恒定，将其视为 PV 节点。一些通过电力电子装置接入电网的 DG 如燃料电池、微型燃气轮机、太阳能光伏电池以及部分风力发电机等，在使用逆变器的情况下，可以用输出限定的逆变器建模。所有通过电压控制逆变器并网的 DG 都可以视为 PV 节点。

对于所有的 PV 恒定的 DG，有功功率和电压幅值是恒定值。PV 型 DG 所接节点的电压与 DG 间存在着电压差，常用的无功初值的选定方法是初值为零或取上限和下限的平均值，也可以根据无功分摊原理来确定无功初值，公式如下：

$$Q_i^{(0)}=\frac{1}{2}\sum_{i=1}^{i-1}Q_i+\sum_{i=i+1}^{n}Q_i \tag{2-7}$$

式中，$\frac{1}{2}\sum_{i=1}^{i-1}Q_i$ 为 PV 节点到根节点之间所有节点（包含根节点和 PV 节点）无功负荷的和的一半；$\sum_{i=i+1}^{n}Q_i$ 为所选 PV 节点到末节点无功负荷最大的支路上所有节点的无功功率之和。

由此得到的初始注入电流为

$$\hat{\dot{I}}_i^{(0)}=(P_i+\mathrm{j}Q_i^{(0)})/\dot{U}_i \tag{2-8}$$

电流每次迭代的值需要进行修正，常用的迭代修正是根据 DG 的电压值与接入节点的电压值之差($\Delta\dot{U}_i$)计算出无功功率修正值（ΔQ_i），在等效注入电流模型中，应用 DG 电压与节点电压差（$\Delta\dot{U}_i$）直接计算出电流的修正值（$\Delta\dot{I}_i$）。

一般情况下，PV 节点的电压幅值不等于事先设定的电压幅值，可以通过向节点注入电流的方法，使 PV 节点的电压幅值达到预先设定的值。设注入电流的方向为正方向。该 PV 节点处应满足：

$$\boldsymbol{\Delta U}=\boldsymbol{Z\Delta I} \tag{2-9}$$

式中，$\boldsymbol{\Delta U}$ 为节点电压变化量；$\boldsymbol{Z}$ 为 PV 型 DG 的节点阻抗矩阵；$\boldsymbol{\Delta I}$ 为节点注入电流变化量。

k 次迭代后 PV 型注入电流更新值为

$$\dot{I}_i^{(k)}=\dot{I}_i^{(k-1)}+\Delta\dot{I}_i^{(k)} \tag{2-10}$$

由于 PV 节点在运行中，有功功率恒定，无功功率在上下限之间变化，所以每次迭代后要对节点无功进行界限判定。假设 k 次迭代计算结束后节点视在功率为

$$\dot{S}_i^{(k)}=\dot{U}_i^{(k)}\hat{\dot{I}}_i^{(k)}=P_i^{(k)}+\mathrm{j}Q_i^{(k)} \tag{2-11}$$

在进行界限判断后节点的最终等效电流为

$$\hat{\dot{I}}_i^{(k)}=\dot{S}_i^{(k)}/\dot{U}_i^{(k)}=\begin{cases}(P_i^{(k)}+\mathrm{j}Q_{\min.i})/\dot{U}_i^{(k)} & (Q_i^{(k)}\leqslant Q_{\min.i})\\(P_i^{(k)}+\mathrm{j}Q_i^{(k)})/\dot{U}_i^{(k)} & (Q_{\min.i}<Q_i^{(k)}<Q_{\max.i})\\(P_i^{(k)}+\mathrm{j}Q_{\max.i})/\dot{U}_i^{(k)} & (Q_{\max.i}\leqslant Q_i^{(k)})\end{cases}\tag{2-12}$$

式中，$Q_{\min.i}$、$Q_{\max.i}$分别为接入节点 i 的 *PV* 型 DG 的无功下限、上限。

当 *PV* 节点发生无功越限时，将转化成无功为上限或者下限的 *PQ* 节点，在下次迭代时，若无功回到上下限范围内时，则会变回 *PV* 节点，继续迭代。

3. *PI* 节点的处理方法

微型燃气轮机、光伏发电系统等 DG 在一般情况下要通过逆变器接入电网。在使用逆变器与电网相连的情况下，DG 可以用输出限定的逆变器来建模。逆变器可分为两种：电流控制逆变器和电压控制逆变器。由电流控制逆变器接入电网的 DG 可以视为 *PI* 节点。此类节点输出的有功功率 P 和电流的幅值 I 恒定，相应的无功功率可由恒定的电流幅值、有功功率和前次迭代得到的电压计算得出。

该类节点的无功功率 Q 可以通过以下公式计算得出：

$$Q_i^{(k)}=\sqrt{|\dot{I}_i|^2\;|\dot{U}_i^{(k)}|^2-P_i^2}\tag{2-13}$$

式中，$Q_i^{(k)}$ 为第 k 次迭代中 DG 的无功功率；$\dot{U}_i^{(k)}$ 为第 k 次迭代得到的电压；$\dot{I}_i$ 为 DG 的电流，$I=|\dot{I}_i|$；P_i为 DG 的有功功率。

通过式（2-13）计算出 DG 的无功功率，就可将 *PI* 节点转化为 *PQ* 节点进行计算，*PI* 节点的注入电流可以根据式（2-6）计算。

4. *PQ*(*V*) 节点的处理方法

对于当作 *PQ*(*V*) 节点的 DG，其有功功率 P 是恒定的，电压 U 不定，无功功率 Q 随着电压 U 变化。一般采用异步发电机的风力发电机组可以简化为 *PQ*（*V*）节点。采用异步发电机的风力发电机组，异步发电机没有电压调节能力，需要从电网中吸收一定的无功功率来建立磁场，其吸收的无功功率的大小与节点电压 U 和转差率 s 有关。为减少网络损耗（简称网损），需要对无功功率进行补偿，一般采取就地补偿的原则。通常在风电机组处安装并联电容器组，而电容器组输出的无功功率也与节点电压的幅值有关。对于此类节点一般进行如下处理：

计算过程中，每次迭代结束后都要对电压进行修正，然后依据修正后的值求出异步发电机要从电网吸收的无功功率。然而在实际工作中，为了达到风力发电机组工作的功率因数，需要投入并联电容器进行无功补偿。*PQ*(*V*) 节点向电网注入的无功功率就是并联电容器补偿的无功功率与异步发电机从电网吸收的无功功率的差值。所以第 k 次迭代时该节点的功率为

$$\dot{S}_i^{(k)}=-P_i-\mathrm{j}(Q_{Ci}^{(k)}-Q_i^{(k)})\tag{2-14}$$

式中，P_i为异步风力发电机发出的有功功率；$Q_{Ci}^{(k)}$ 为第 k 次迭代时并联电容器补偿的无功功率；$Q_i^{(k)}$ 为第 k 次迭代时异步风力发电机从电网吸收的无功功率。

由此可以将 *PQ*(*V*) 节点转化成 *PQ* 节点，用于下一次迭代计算。

2.2 潮流方程的迭代解法

如 2.1 节中分析，实际潮流计算中，需要迭代求解非线性的节点网络方程。潮流方程的迭

代解法有高斯-赛德尔法、牛顿-拉弗森法、PQ 分解法等。牛顿-拉弗森法是求解非线性代数方程的有效方法，因此也被广泛用于求解潮流方程。下面介绍牛顿-拉弗森法的一般描述。

电力网络的节点电压方程用一般的形式表示如下：

$$\boldsymbol{y}^{\mathrm{sp}}=\boldsymbol{y}(\boldsymbol{x}) \tag{2-15}$$

式中，$\boldsymbol{y}^{\mathrm{sp}}$为节点注入功率给定值；$\boldsymbol{x}$ 为节点电压。

式（2-15）可以写为功率偏差的形式：

$$\boldsymbol{f}(\boldsymbol{x})=\boldsymbol{y}^{\mathrm{sp}}-\boldsymbol{y}(\boldsymbol{x})=\boldsymbol{0} \tag{2-16}$$

将$\boldsymbol{f}(\boldsymbol{x})$在$\boldsymbol{x}^{(0)}$处进行泰勒级数展开并略去二次及以上阶次各项，有

$$\boldsymbol{f}(\boldsymbol{x}^{(0)})+\left.\frac{\partial \boldsymbol{f}}{\partial \boldsymbol{x}^{\mathrm{T}}}\right|_{\boldsymbol{x}^{(0)}}\Delta\boldsymbol{x}=\boldsymbol{0} \tag{2-17}$$

定义$\boldsymbol{J}=\dfrac{\partial \boldsymbol{f}}{\partial \boldsymbol{x}^{\mathrm{T}}}$为雅可比矩阵，$\boldsymbol{J}_0$为$\boldsymbol{J}$在$\boldsymbol{x}^{(0)}$处的值，则有

$$\Delta\boldsymbol{x}=-\boldsymbol{J}_0^{-1}\boldsymbol{f}(\boldsymbol{x}^{(0)}) \tag{2-18}$$

用$\Delta\boldsymbol{x}$修正$\boldsymbol{x}^{(0)}$就得到$\boldsymbol{x}$的新值，用k表示迭代次数，有

$$\begin{cases}\Delta\boldsymbol{x}^{(k)}=-\boldsymbol{J}(\boldsymbol{x}^{(k)})^{-1}\boldsymbol{f}(\boldsymbol{x}^{(k)})\\ \boldsymbol{x}^{(k+1)}=\boldsymbol{x}^{(k)}+\Delta\boldsymbol{x}^{(k)}\end{cases} \tag{2-19}$$

对于潮流收敛的情况，$\boldsymbol{x}^{(k+1)}$比$\boldsymbol{x}^{(k)}$应更接近解点，收敛条件为

$$\max_i\left|f_i(\boldsymbol{x}^{(k+1)})-f_i(\boldsymbol{x}^{(k)})\right|<\varepsilon \tag{2-20}$$

2.3 牛顿-拉弗森法潮流计算

2.3.1 直角坐标系下的牛顿-拉弗森法

在具有 n 个节点的电力系统中，选第 n 个节点为平衡节点，剩下的 $n-1$ 个节点中有 r 个 PV 节点，PQ 节点个数为 $n-r-1$。

待求量为不包括平衡节点的各节点电压的实部和虚部，所以共有 $2(n-1)$个，状态变量是 $\boldsymbol{x}^{\mathrm{T}}=[\boldsymbol{e}^{\mathrm{T}}\quad \boldsymbol{f}^{\mathrm{T}}]=[e_1\quad e_2\quad \cdots\quad e_{n-1}\quad f_1\quad f_2\quad \cdots\quad f_{n-1}]^{\mathrm{T}}$。对于 PQ 节点 $i(i=1,2,\cdots,n-r-1)$，设节点 i 的有功和无功功率的给定值分别为 P_i^{s} 和 Q_i^{s}，则节点注入功率的不平衡量为

$$\begin{cases}\Delta P_i=P_i^{\mathrm{s}}-e_i\sum\limits_{j=1}^{n}(G_{ij}e_j-B_{ij}f_j)-f_i\sum\limits_{j=1}^{n}(G_{ij}f_j+B_{ij}e_j)=0\\ \Delta Q_i=Q_i^{\mathrm{s}}-f_i\sum\limits_{j=1}^{n}(G_{ij}e_j-B_{ij}f_j)+e_i\sum\limits_{j=1}^{n}(G_{ij}f_j+B_{ij}e_j)=0\end{cases} \tag{2-21}$$

对于 PV 节点 $i(i=n-r,n-r+1,\cdots,n-1)$，设节点 i 的有功功率和节点电压大小的给定值分别为 P_i^{s} 和 U_i^{s}，则节点注入功率的不平衡量为

$$\begin{cases}\Delta P_i=P_i^{\mathrm{s}}-e_i\sum\limits_{j=1}^{n}(G_{ij}e_j-B_{ij}f_j)-f_j\sum\limits_{j=1}^{n}(G_{ij}f_j+B_{ij}e_j)=0\\ \Delta U_i^2=(U_i^{\mathrm{s}})^2-(e_i^2+f_i^2)=0\end{cases} \tag{2-22}$$

对于式（2-21）、式（2-22）所示的方程，根据式（2-18）、式（2-19）建立修正方程式：

$$\begin{bmatrix} \Delta P_1 \\ \Delta P_2 \\ \vdots \\ \Delta P_{n-1} \\ \Delta Q_1 \\ \Delta Q_2 \\ \vdots \\ \Delta Q_{n-r-1} \\ \Delta U_{n-r}^2 \\ \Delta U_{n-r+1}^2 \\ \vdots \\ \Delta U_{n-1}^2 \end{bmatrix} = \begin{bmatrix} \frac{\partial \Delta P_1}{\partial e_1} & \frac{\partial \Delta P_1}{\partial e_2} & \cdots & \frac{\partial \Delta P_1}{\partial e_{n-1}} & \frac{\partial \Delta P_1}{\partial f_1} & \frac{\partial \Delta P_1}{\partial f_2} & \cdots & \frac{\partial \Delta P_1}{\partial f_{n-1}} \\ \frac{\partial \Delta P_2}{\partial e_1} & \frac{\partial \Delta P_2}{\partial e_2} & \cdots & \frac{\partial \Delta P_2}{\partial e_{n-1}} & \frac{\partial \Delta P_2}{\partial f_1} & \frac{\partial \Delta P_2}{\partial f_2} & \cdots & \frac{\partial \Delta P_2}{\partial f_{n-1}} \\ \vdots & \vdots & & \vdots & \vdots & \vdots & & \vdots \\ \frac{\partial \Delta P_{n-1}}{\partial e_1} & \frac{\partial \Delta P_{n-1}}{\partial e_2} & \cdots & \frac{\partial \Delta P_{n-1}}{\partial e_{n-1}} & \frac{\partial \Delta P_{n-1}}{\partial f_1} & \frac{\partial \Delta P_{n-1}}{\partial f_2} & \cdots & \frac{\partial \Delta P_{n-1}}{\partial f_{n-1}} \\ \frac{\partial \Delta Q_1}{\partial e_1} & \frac{\partial \Delta Q_1}{\partial e_2} & \cdots & \frac{\partial \Delta Q_1}{\partial e_{n-1}} & \frac{\partial \Delta Q_1}{\partial f_1} & \frac{\partial \Delta Q_1}{\partial f_2} & \cdots & \frac{\partial \Delta Q_1}{\partial f_{n-1}} \\ \frac{\partial \Delta Q_2}{\partial e_1} & \frac{\partial \Delta Q_2}{\partial e_2} & \cdots & \frac{\partial \Delta Q_2}{\partial e_{n-1}} & \frac{\partial \Delta Q_2}{\partial f_1} & \frac{\partial \Delta Q_2}{\partial f_2} & \cdots & \frac{\partial \Delta Q_2}{\partial f_{n-1}} \\ \vdots & \vdots & & \vdots & \vdots & \vdots & & \vdots \\ \frac{\partial \Delta Q_{n-r-1}}{\partial e_1} & \frac{\partial \Delta Q_{n-r-1}}{\partial e_2} & \cdots & \frac{\partial \Delta Q_{n-r-1}}{\partial e_{n-1}} & \frac{\partial \Delta Q_{n-r-1}}{\partial f_1} & \frac{\partial \Delta Q_{n-r-1}}{\partial f_2} & \cdots & \frac{\partial \Delta Q_{n-r-1}}{\partial f_{n-1}} \\ \frac{\partial \Delta U_{n-r}^2}{\partial e_1} & \frac{\partial \Delta U_{n-r}^2}{\partial e_2} & \cdots & \frac{\partial \Delta U_{n-r}^2}{\partial e_{n-1}} & \frac{\partial \Delta U_{n-r}^2}{\partial f_1} & \frac{\partial \Delta U_{n-r}^2}{\partial f_2} & \cdots & \frac{\partial \Delta U_{n-r}^2}{\partial f_{n-1}} \\ \vdots & \vdots & & \vdots & \vdots & \vdots & & \vdots \\ \frac{\partial \Delta U_{n-1}^2}{\partial e_1} & \frac{\partial \Delta U_{n-1}^2}{\partial e_2} & \cdots & \frac{\partial \Delta U_{n-1}^2}{\partial e_{n-1}} & \frac{\partial \Delta U_{n-1}^2}{\partial f_1} & \frac{\partial \Delta U_{n-1}^2}{\partial f_2} & \cdots & \frac{\partial \Delta U_{n-1}^2}{\partial f_{n-1}} \end{bmatrix} \begin{bmatrix} \Delta e_1 \\ \Delta e_2 \\ \vdots \\ \Delta e_{n-1} \\ \Delta f_1 \\ \Delta f_2 \\ \vdots \\ \Delta f_{n-1} \end{bmatrix} \tag{2-23}$$

式中，雅可比矩阵 $\boldsymbol{J}$ 的各元素可以对式（2-21）、式（2-22）求偏导获得。当 $i \neq j$ 时

$$\begin{cases} \dfrac{\partial \Delta P_i}{\partial e_j} = -\dfrac{\partial \Delta Q_i}{\partial f_j} = -(G_{ij}e_i + B_{ij}f_i) \\ \dfrac{\partial \Delta P_i}{\partial f_j} = \dfrac{\partial \Delta Q_i}{\partial e_j} = B_{ij}e_i - G_{ij}f_i \\ \dfrac{\partial \Delta U_i^2}{\partial e_j} = \dfrac{\partial \Delta U_i^2}{\partial f_j} = 0 \end{cases} \tag{2-24}$$

当 $j=i$ 时，雅可比矩阵 $\boldsymbol{J}$ 的对角元素为

$$\begin{cases} \dfrac{\partial \Delta P_i}{\partial e_i} = -\sum\limits_{j=1}^{n}(G_{ij}e_j - B_{ij}f_j) - G_{ii}e_i - B_{ii}f_i \\ \dfrac{\partial \Delta P_i}{\partial f_j} = -\sum\limits_{j=1}^{n}(G_{ij}f_j + B_{ij}e_j) - G_{ii}f_i + B_{ii}e_i \\ \dfrac{\partial \Delta Q_i}{\partial e_i} = -\sum\limits_{j=1}^{n}(G_{ij}f_j + B_{ij}e_j) - G_{ii}f_i + B_{ii}e_i \\ \dfrac{\partial \Delta Q_i}{\partial f_j} = -\sum\limits_{j=1}^{n}(G_{ij}e_j - B_{ij}f_j) + G_{ii}e_i + B_{ii}f_i \\ \dfrac{\partial \Delta U^2}{\partial e_j} = -2e_i \\ \dfrac{\partial \Delta U^2}{\partial f_i} = -2f_i \end{cases} \tag{2-25}$$

牛顿–拉弗森法潮流计算的流程图如图 2-1 所示。

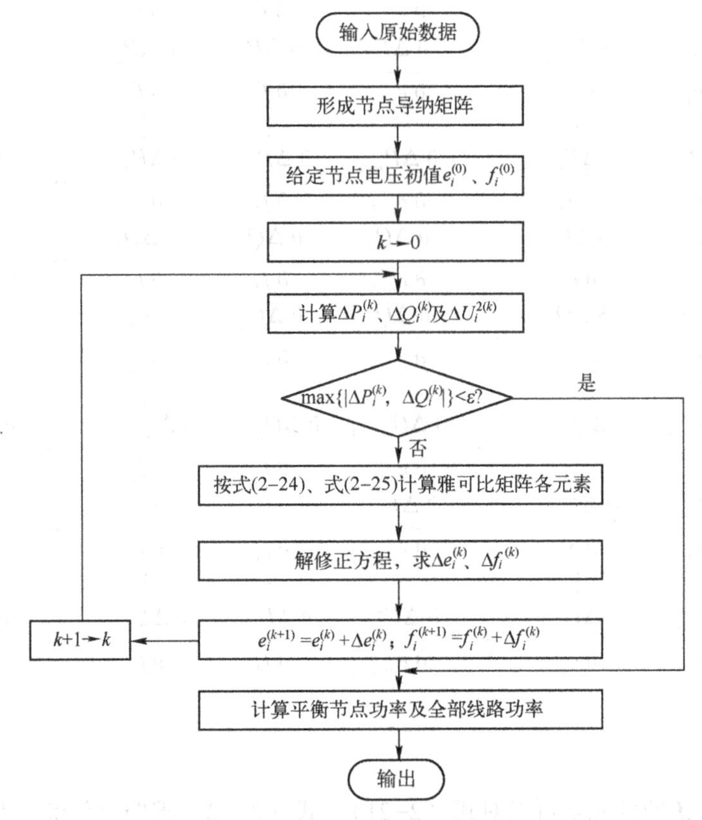

图 2-1　牛顿–拉弗森法潮流计算流程图

2.3.2　极坐标系下的牛顿–拉弗森法

PV 节点的电压幅值已知，所以待求的状态变量是 $\boldsymbol{x}^{\mathrm{T}}=[\boldsymbol{\theta}^{\mathrm{T}} \quad \boldsymbol{U}^{\mathrm{T}}]=[\theta_1 \quad \theta_2 \quad \cdots \quad \theta_{n-1} \quad U_1 \quad U_2 \quad \cdots \quad U_{n-r-1}]^{\mathrm{T}}$，待求量共（$2n-r-2$）个，则节点注入功率的不平衡量为

$$\begin{cases}\Delta P_i = P_i^{\mathrm{s}} - U_i \sum\limits_{j=1}^{n} U_j(G_{ij}\cos\theta_{ij} + B_{ij}\sin\theta_{ij}) \quad (i=1,2,\cdots,n-1) \\ \Delta Q_i = Q_i^{\mathrm{s}} - U_i \sum\limits_{j=1}^{n} U_j(G_{ij}\sin\theta_{ij} - B_{ij}\cos\theta_{ij}) \quad (i=1,2,\cdots,n-r-1)\end{cases} \tag{2-26}$$

对于式（2-26）所示的方程，根据式（2-18）、式（2-19）建立修正方程式：

$$\begin{bmatrix}\Delta P_1 \\ \Delta P_2 \\ \vdots \\ \Delta P_{n-1} \\ \Delta Q_1 \\ \Delta Q_2 \\ \vdots \\ \Delta Q_{n-r-1}\end{bmatrix} = \begin{bmatrix} H_{11} & H_{12} & \cdots & H_{1,n-1} & N_{11} & N_{12} & \cdots & N_{1,n-r-1} \\ H_{21} & H_{22} & \cdots & H_{2,n-1} & N_{21} & N_{22} & \cdots & N_{2,n-r-1} \\ \vdots & \vdots & & \vdots & \vdots & \vdots & & \vdots \\ H_{n-1,1} & H_{n-1,2} & \cdots & H_{n-1,n-1} & N_{n-1,1} & N_{n-1,2} & \cdots & N_{n-1,n-r-1} \\ K_{11} & K_{12} & \cdots & K_{1,n-1} & L_{11} & L_{12} & \cdots & L_{1,n-r-1} \\ K_{21} & K_{22} & \cdots & K_{2,n-1} & L_{21} & L_{22} & \cdots & L_{2,n-r-1} \\ \vdots & \vdots & & \vdots & \vdots & \vdots & & \vdots \\ K_{n-r-1,1} & K_{n-r-1,2} & \cdots & K_{n-r-1,n-1} & L_{n-r-1,1} & L_{n-r-1,2} & \cdots & L_{n-r-1,n-r-1}\end{bmatrix}\begin{bmatrix}\Delta\theta_1 \\ \Delta\theta_2 \\ \vdots \\ \Delta\theta_{n-1} \\ \Delta U_1/U_1 \\ \Delta U_2/U_2 \\ \vdots \\ \Delta U_{n-1}/U_{n-1}\end{bmatrix} \tag{2-27}$$

雅可比矩阵是$(2n-r-2)\times(2n-r-2)$阶，雅可比矩阵各元素如下：

$$
\begin{cases}
H_{ij}=\dfrac{\partial \Delta P_i}{\partial \theta_j}=-U_iU_j(G_{ij}\sin\theta_{ij}-B_{ij}\cos\theta_{ij}) \quad (i\neq j)\\
H_{ii}=\dfrac{\partial \Delta P_i}{\partial \theta_i}=U_i\sum\limits_{\substack{j=1\\ j\neq i}}^{n}U_j(G_{ij}\sin\theta_{ij}-B_{ij}\cos\theta_{ij})=Q_i+U_i^2B_{ii}\\
N_{ij}=\dfrac{\partial \Delta P_i}{\partial U_j}U_j=-U_iU_j(G_{ij}\cos\theta_{ij}+B_{ij}\sin\theta_{ij}) \quad (i\neq j)\\
N_{ii}=\dfrac{\partial \Delta P_i}{\partial U_i}U_i=-U_i\sum\limits_{\substack{j=1\\ j\neq i}}^{n}U_j(G_{ij}\cos\theta_{ij}+B_{ij}\sin\theta_{ij})-2U_i^2G_{ii}=-P_i-U_i^2G_{ii}\\
K_{ij}=\dfrac{\partial \Delta Q_i}{\partial \theta_j}=U_iU_j(G_{ij}\cos\theta_{ij}+B_{ij}\sin\theta_{ij}) \quad (i\neq j)\\
K_{ii}=\dfrac{\partial \Delta Q_i}{\partial \theta_i}=-U_i\sum\limits_{\substack{j=1\\ j\neq i}}^{n}U_j(G_{ij}\cos\theta_{ij}+B_{ij}\sin\theta_{ij})=-P_i+U_i^2G_{ii}\\
L_{ij}=\dfrac{\partial \Delta Q_i}{\partial U_j}U_j=-U_iU_j(G_{ij}\sin\theta_{ij}-B_{ij}\cos\theta_{ij}) \quad (i\neq j)\\
L_{ii}=\dfrac{\partial \Delta Q_i}{\partial U_i}U_i=-U_i\sum\limits_{\substack{j=1\\ j\neq i}}^{n}U_j(G_{ij}\sin\theta_{ij}-B_{ij}\cos\theta_{ij})+2U_i^2B_{ii}=-Q_i+U_i^2B_{ii}
\end{cases}
\tag{2-28}
$$

2.4　案例分析以及源程序

1. 案例 1

系统如图 2-2 所示，该系统具有 4 个独立节点，电压等级为 220 kV，网络各元件参数的标幺值为 $Z_{12}=0.10+\mathrm{j}0.40$，$y_{120}=y_{210}=\mathrm{j}0.01528$，$Z_{13}=\mathrm{j}0.3$，$k=1.1$，$Z_{14}=0.12+\mathrm{j}0.50$，$y_{140}=y_{410}=\mathrm{j}0.01920$，$Z_{24}=0.08+\mathrm{j}0.40$，$y_{240}=y_{420}=\mathrm{j}0.01413$；系统中，节点 1、2 为 *PQ* 节点，节点 3 为 *PV* 节点，节点 4 为平衡节点。给定值为 $P_1^s+\mathrm{j}Q_1^s=-0.30-\mathrm{j}0.18$，$P_2^s+\mathrm{j}Q_2^s=-0.55-\mathrm{j}0.13$，$P_3^s=0.5$，$U_3^s=1.10$，$\dot{U}_4^s=1.05\angle 0°$（规定精度为 0.00001）。

图 2-2 中网络中的各个参数见表 2-1，定义节点类型：1 为 *PQ* 节点，2 为 *PV* 节点，3 为平衡节点；设电压的基准值为 220 kV，功率基准值为 100 MV · A，以下所有参数均用标幺值表示。

表 2-1　系统的参数

节点序号	节点类型	电压设定点	P_{gen}	Q_{gen}	P_{Load}	Q_{Load}
1	1	1	0	0	0.3	0.18
2	1	1	0	0	0.55	0.13
3	2	1.1	0.5	0	0	0
4	3	1.05	0	0	0	0

图 2-2 中变压器参数见表 2-2。

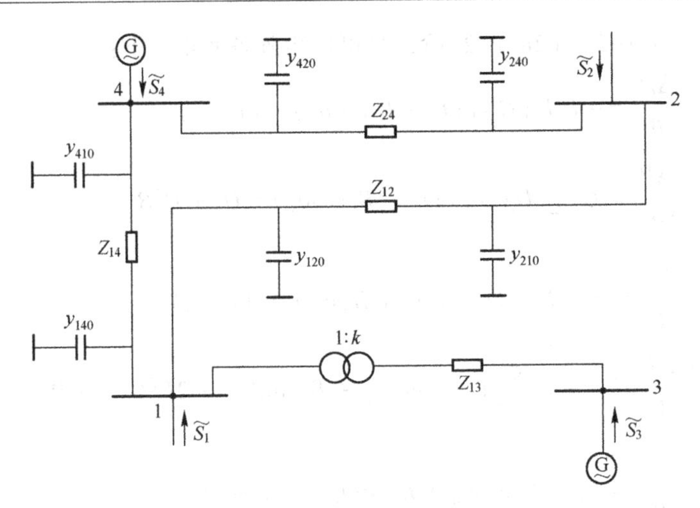

图 2-2　案例 1 系统的网络图

表 2-2　变压器参数

首端母线编号	末端母线编号	阻　　抗	变比（归算到首端）
1	3	0. 30i	1. 1

变压器 π 型等效电路参数部分的编程如下：

```
Zt=zeros(size(Trans,1),3);
Zt(:,1)=Trans(:,3)./Trans(:,4);
Zt(:,2)=Trans(:,3)./(Trans(:,4).^2-Trans(:,4));
Zt(:,3)=Trans(:,3)./(1-Trans(:,4));
Trans_pi=[Trans(:,1:2) Zt(:,1) 1./Zt(:,2) 1./Zt(:,3)];
```

图 2-2 中各条支路的参数见表 2-3。

表 2-3　各条支路的参数

支路编号	首端	末端	阻　　抗	电纳的一半		变比
1	1	2	0. 10+0. 40i	0. 01528	0	1
2	1	3	Trans_pi(3)	Trans_pi(4)	Trans_pi(5)	1. 1
3	1	4	0. 12+0. 50i	0. 01920	0	1
4	2	4	0. 08+0. 40i	0. 01413	0	1

根据式（1-9）、式（1-10）、式（1-13），编写的程序形成关联矩阵 $\boldsymbol{A}$ 以及节点导纳矩阵 $\boldsymbol{Y}$，进而确定雅可比矩阵 $\boldsymbol{J}$，最后得到每个节点的电压及每条线路的功率和网损等，牛顿-拉弗森法潮流计算的流程如图 2-1 所示。其中根据关联矩阵生成网络的节点导纳矩阵和雅可比矩阵的部分 MATLAB 程序如下：

```
%%对于没有变压器的支路的处理
[p1,q1]=find(Data1(:,7)==1);
b1=Data1(p1,:);
[m1,n1]=find(b1(:,2:3)==1);
s1=0;
for s=m1
```

```
        s1=s1+b1(s,5);
        y10=sum(s1);
    end
    [m2,n2]=find(b1(:,2:3)==2);

    s2=0;
    for s=m2
        s2=s2+b1(s,5);
        y20=sum(s2);
    end
    [m3,n3]=find(b1(:,2:3)==3);
    s3=0;
    for s=m3
        s3=s3+b1(s,5);
        y30=sum(s3);
    end

    %求雅可比矩阵的各元素
        for i=1:n-1
            for j=1:n-1
                if i~=j   %非对角元素
                    J((2*i-1),(2*j-1))=-(G(i,j)*e(i)+B(i,j)*f(i));
                    J((2*i-1),(2*j))=B(i,j)*e(i)-G(i,j)*f(i);
                    switch Vtype(i)
                        case 1      %PQ 节点
                            J((2*i),(2*j-1))=B(i,j)*e(i)-G(i,j)*f(i);
                            J((2*i),(2*j))=G(i,j)*e(i)+B(i,j)*f(i);
                        case 2      %PV 节点
                            J((2*i),(2*j-1))=0;
                            J((2*i),(2*j))=0;
                    end
                else  %对角元素
                    J((2*i-1),(2*j-1))=-(G(i,:)*e-B(i,:)*f)-G(i,i)*e(i)-B(i,i)*f(i);
                    J((2*i-1),(2*j))=-(G(i,:)*f+B(i,:)*e)+B(i,i)*e(i)-G(i,i)*f(i);
                    switch Vtype(i)
                        case 1  %PQ 节点
                            J((2*i),(2*j-1))=G(i,:)*f+B(i,:)*e+B(i,i)*e(i)-G(i,i)*f(i);
                            J((2*i),(2*j))=-(G(i,:)*e-B(i,:)*f)+G(i,i)*e(i)+B(i,i)*f(i);
                        case 2  %PV 节点

                      J((2*i),(2*j-1))=-2*e(i);
                      J((2*i),(2*j))=-2*f(i);
                    end
                end
            end
        end
    disp('雅可比矩阵 J 为');
    disp(J);
```

案例 1 潮流计算源程序

运行程序（详见程序 1），发现一共迭代 3 次，各条线路上的功率见表 2-4，网损见表 2-5 及节点电压变化情况见表 2-6。

表 2-4　线路功率的变化情况

线路上的功率	迭代次数			
	0	1	2	3
$\tilde{S}_{12}$	0. 2355-0. 3477i	0. 2405-0. 3224i	0. 2406-0. 3219i	0. 2406-0. 3219i
$\tilde{S}_{13}$	-0. 5028-0. 7114i	-0. 5056-0. 7066i	-0. 5056-0. 7068i	-0. 5056-0. 7068i
$\tilde{S}_{14}$	-0. 0488-0. 4296i	-0. 0518-0. 4394i	-0. 0519-0. 4395i	-0. 0519-0. 4395i
$\tilde{S}_{21}$	-0. 2949-0. 0628i	-0. 3037-0. 1001i	-0. 3039-0. 1008i	-0. 3039-0. 1008i
$\tilde{S}_{24}$	-0. 2292+ 0. 0713i	-0. 2338+0. 0520i	-0. 2339+0. 0515i	-0. 2339+0. 0515i
$\tilde{S}_{31}$	0. 4041+0. 8904i	0. 4060+0. 8887i	0. 4061+0. 8890i	0. 4061+0. 8890i
$\tilde{S}_{41}$	0. 0444+0. 1447i	0. 0481+0. 1622i	0. 0482+0. 1624i	0. 0482+0. 1624i
$\tilde{S}_{42}$	0. 3093+0. 1682i	0. 3195+0. 2117i	0. 3197+0. 2125i	0. 3197+0. 2125i

表 2-5　线路网损

迭代次数	始　节　点	末　节　点	网　损
0	1	2	0. 1799
	1	3	0. 1067
	1	4	0. 2810
	2	4	0. 0506
1	1	2	0. 1627
	1	3	0. 1082
	1	4	0. 2732
	2	4	0. 0634
2	1	2	0. 1624
	1	3	0. 1083
	1	4	0. 2731
	2	4	0. 0637
3	1	2	0. 1624
	1	3	0. 1083
	1	4	0. 2731
	2	4	0. 0637

表 2-6　节点电压的变化情况

电　压	迭代次数			
	0	1	2	3
U_1	0. 9935-0. 0088i	0. 9847-0. 0086i	0. 9846-0. 0086i	0. 9846-0. 0086i
U_2	0. 9763-0. 1078i	0. 9590-0. 1084i	0. 9587-0. 1084i	0. 9587-0. 1084i
U_3	1. 1000+0. 1267i	1. 0924+0. 1289i	1. 0924+0. 1290i	1. 0924+0. 1290i
U_4	1. 0500+0. 0000i	1. 0500+0. 0000i	1. 0500+0. 0000i	1. 0500+0. 0000i

为了更直观地观察节点电压的变化情况，绘制出其曲线图，如图 2-3 和图 2-4 所示。

由图 2-3 和图 2-4 可见，每个节点的电压随着迭代次数的增加，都呈下降趋势，但是每

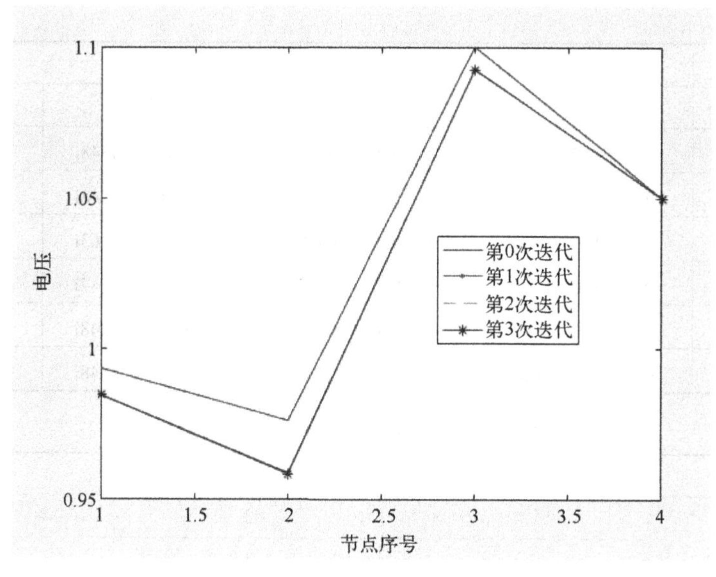

图 2-3　节点电压的变化情况

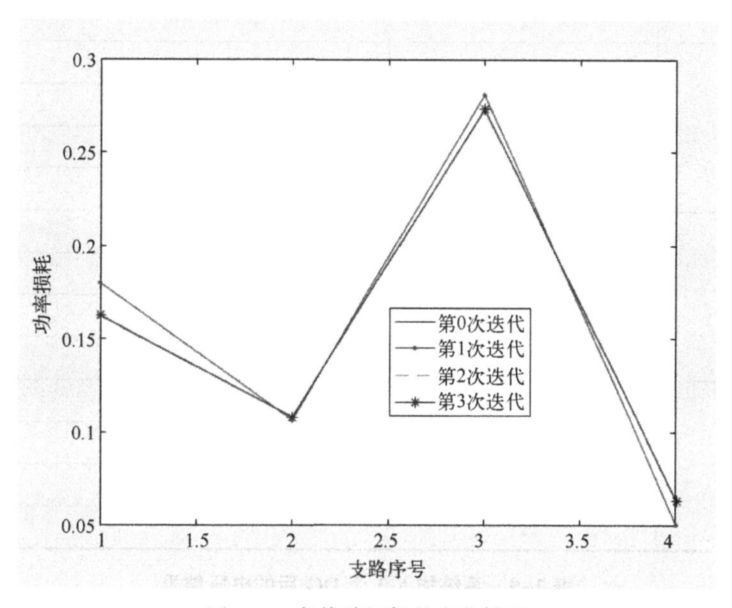

图 2-4　各线路网损的变化情况

次电压下降的幅度很小；网损也随着迭代次数的增加而逐渐减小。

若在节点 2 加入 1 个 *PQ* 型［DG 的功率为(10+j10)MV · A］，同样设置精度为 0.0001，运行 MATLAB 程序得到新的潮流计算结果见表 2-7~表 2-9。

表 2-7　系统加入 1 个 DG 后的功率结果

线路上的功率	迭代次数			
	0	1	2	3
$\tilde{S}_{12}$	0. 2159-0. 3953i	-0. 4979-0. 6950i	-0. 0085-0. 4263i	-0. 2296-0. 0152i
$\tilde{S}_{13}$	0. 2179-0. 3802i	-0. 4965-0. 6807i	-0. 0110-0. 4347i	-0. 2353-0. 0423i

（续）

线路上的功率	迭代次数			
	0	1	2	3
$\tilde{S}_{14}$	0.2179−0.3800i	−0.4966−0.6807i	−0.0110−0.4348i	−0.2354−0.0426i
$\tilde{S}_{21}$	0.2179−0.3800i	−0.4966−0.6807i	−0.0110−0.4348i	−0.2354−0.0426i
$\tilde{S}_{24}$	0.2159−0.3953i	−0.4979−0.6950i	−0.0085−0.4263i	−0.2296−0.0152i
$\tilde{S}_{31}$	0.2179−0.3802i	−0.4965−0.6807i	−0.0110−0.4347i	−0.2353−0.0423i
$\tilde{S}_{41}$	0.2179−0.3800i	−0.4966−0.6807i	−0.0110−0.4348i	−0.2354−0.0426i
$\tilde{S}_{42}$	0.2179−0.3800i	−0.4966−0.6807i	−0.0110−0.4348i	−0.2354−0.0426i

表 2-8　系统加入 1 个 DG 后的网损

迭代次数	始节点	末节点	网损
1	1	2	0.2196
	1	3	0.0937
	1	4	0.2922
	2	4	0.0307
2	1	2	0.2106
	1	3	0.0903
	1	4	0.2857
	2	4	0.0401
3	1	2	0.2105
	1	3	0.0903
	1	4	0.2856
	2	4	0.0402
4	1	2	0.2105
	1	3	0.0903
	1	4	0.2856
	2	4	0.0402

表 2-9　系统加入 1 个 DG 后的电压结果

节点电压	迭代次数			
	1	2	3	4
U_1	1.0024+0.0050i	0.9950+0.0052i	0.9950+0.0052i	0.9950+0.0052i
U_2	1.0062−0.0860i	0.9946−0.0861i	0.9945−0.0861i	0.9945−0.0861i
U_3	1.1000+0.1418i	1.0907+0.1428i	1.0907+0.1428i	1.0907+0.1428i
U_4	1.0500+0.0000i	1.0500+0.0000i	1.0500+0.0000i	1.0500+0.0000i

为了更直观地观察电压和网损的变化情况，绘制出曲线图，如图 2-5 和图 2-6 所示。

从图 2-5 和图 2-6 可以看出，在系统中加入 1 个 DG 后，虽然支路 1 和支路 3 的网损略有增大，但线路的总网损有所减小，且每个节点的电压都较未加入 DG 时升高，从而影响整个电网的潮流分布。

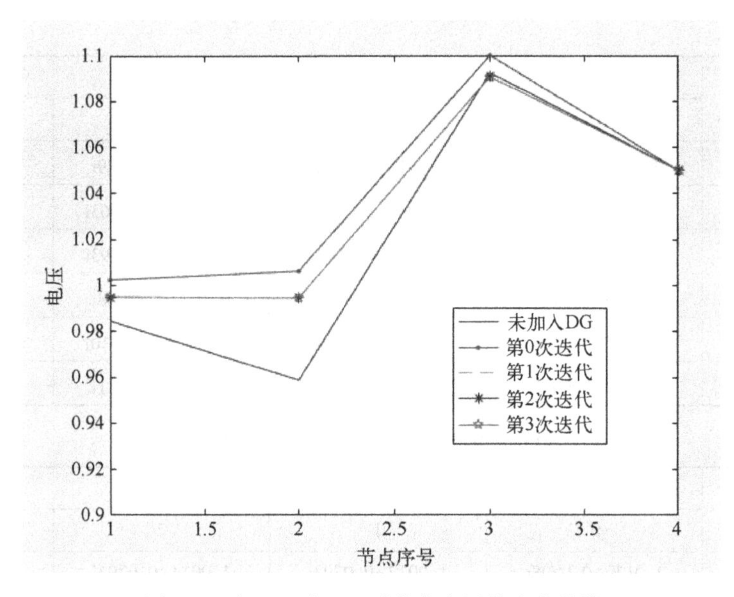

图 2-5　加入 1 个 DG 后节点电压的变化曲线

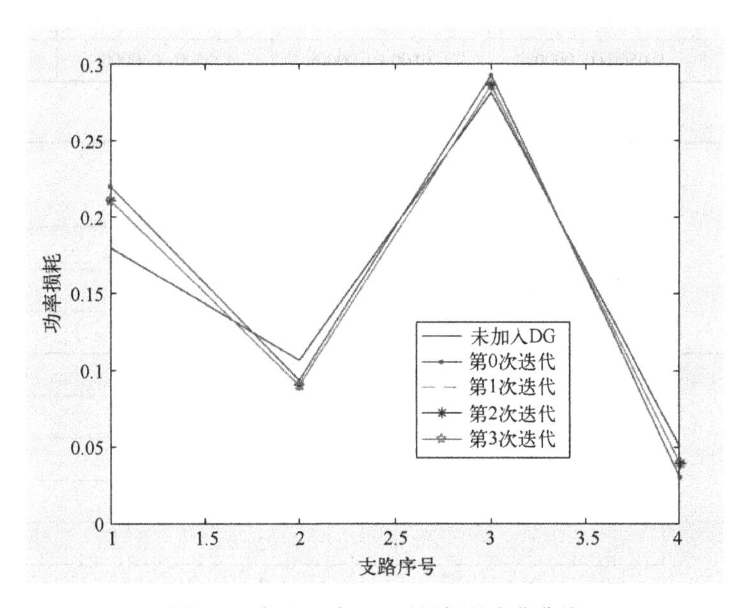

图 2-6　加入 1 个 DG 后网损的变化曲线

若在节点 2 加入 2 个 *PQ* 型 DG，节点 3 加入 2 个 *PQ* 型 DG［每个 DG 的功率仍为(10+j10)MV·A］，同样设置精度为 0.00001，运行 MATLAB 程序得到新的潮流计算结果见表 2-10~表 2-12。

表 2-10　系统加入 4 个 DG 后功率的变化情况

线路上的功率	迭代次数			
	0	1	2	3
$\tilde{S}_{12}$	0.3244-0.4398i	0.3146-0.4377i	0.3145-0.4377i	0.3145-0.4377i
$\tilde{S}_{13}$	-0.6644-0.7066i	-0.6474-0.6230i	-0.6472-0.6217i	-0.6472-0.6217i

（续）

线路上的功率	迭代次数			
	0	1	2	3
$\tilde{S}_{14}$	0. 2004−0. 4298i	0. 1912−0. 4487i	0. 1911−0. 4489i	0. 1911−0. 4489i
$\tilde{S}_{21}$	−0. 0900+0. 0237i	−0. 0941−0. 0059i	−0. 0942−0. 0063i	−0. 0942−0. 0063i
$\tilde{S}_{24}$	−0. 2604+0. 1611i	−0. 2518+0. 1691i	−0. 2517+0. 1693i	−0. 2517+0. 1693i
$\tilde{S}_{31}$	0. 5140+0. 9118i	0. 5048+0. 8005i	0. 5047+0. 7988i	0. 5047+0. 7988i
$\tilde{S}_{41}$	−0. 1431+0. 1385i	−0. 1345+0. 1705i	−0. 1344+0. 1710i	−0. 1344+0. 1710i
$\tilde{S}_{42}$	0. 0927+0. 0479i	0. 0969+0. 0776i	0. 0970+0. 0781i	0. 0970+0. 0781i

表 2-11　系统加入 4 个 DG 后电压的变化情况

节点电压	迭代次数			
	0	1	2	3
U_1	1. 0179+0. 0798i	1. 0017+0. 0793i	1. 0014+0. 0793i	1. 0014+0. 0793i
U_2	1. 0387−0. 0345i	1. 0270−0. 0338i	1. 0269−0. 0338i	1. 0269−0. 0338i
U_3	1. 1000+0. 2786i	1. 0656+0. 2750i	1. 0651+0. 2750i	1. 0651+0. 2750i
U_4	1. 0500+0. 0000i	1. 0500+0. 0000i	1. 0500+0. 0000i	1. 0500+0. 0000i

表 2-12　系统加入 4 个 DG 后的网损

迭代次数	始节点	末节点	网损
0	1	2	0. 2403
	1	3	0. 0767
	1	4	0. 2751
	2	4	0. 0113
1	1	2	0. 2357
	1	3	0. 0479
	1	4	0. 2705
	2	4	0. 0299
2	1	2	0. 2356
	1	3	0. 0475
	1	4	0. 2704
	2	4	0. 0301
3	1	2	0. 2356
	1	3	0. 0475
	1	4	0. 2704
	2	4	0. 0301

为了更直观地观察电压和网损的变化情况，绘制出曲线图，如图 2-7 和图 2-8 所示。

根据图 2-7 可以发现，加入 DG 之后，只有节点 3 在迭代后电压有所降低，但是其余节点的电压都有提升（平衡节点除外）；从图 2-8 可以看出，加入 DG 之后，只有支路 1 的网损略有增大，其余支路的网损都有所减小。

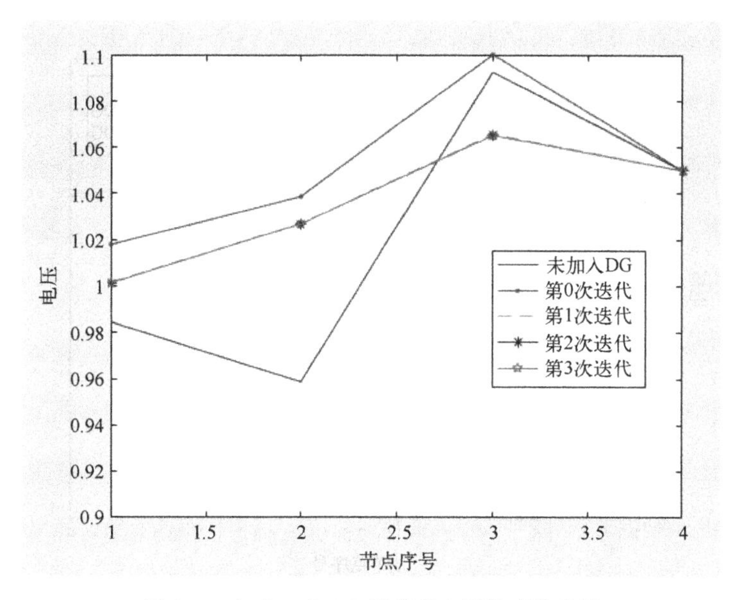

图 2-7 加入 4 个 DG 后节点电压的变化曲线

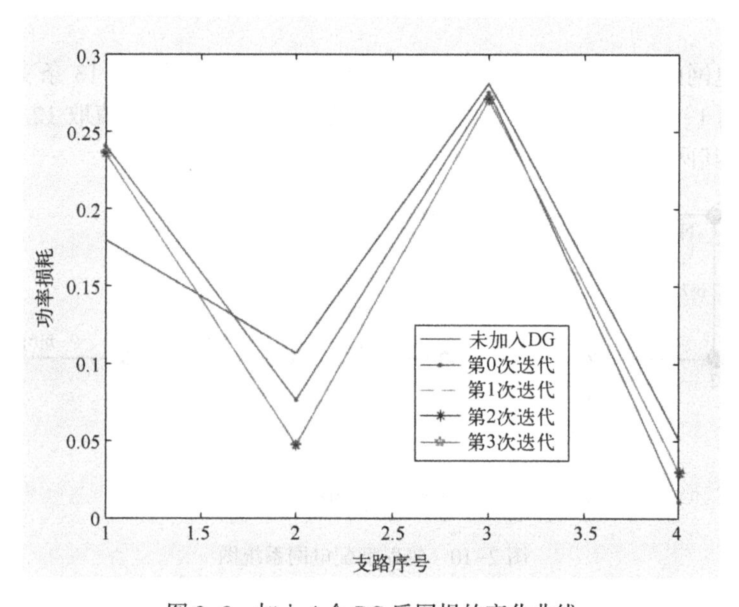

图 2-8 加入 4 个 DG 后网损的变化曲线

分别将加入 1 个 DG、加入 4 个 DG 后的节点电压的变化情况与未加入 DG 时的节点电压的变化情况进行对比，对比情况如图 2-9 所示。

针对案例 1 的潮流结果进行分析，该案例为一个 4 节点、4 支路的系统，在不加入 DG 时，系统的潮流计算结果见表 2-4 和表 2-6。而在节点 2 加入 1 个 DG 后，各个节点的电压都呈现上升趋势，变化情况如图 2-5 所示，线路的总网损也随之降低，迭代次数不变；在节点 2 加入 2 个 DG，节点 3 加入 2 个 DG 后，虽然节点 3 的电压略微降低，但其余电压增加的幅度增大，故可得出结论：DG 对潮流的影响主要有两方面。一方面，DG 的出现会升高节点的电压且加入的 DG 越多，这种影响越明显，变化情况如图 2-9 所示；另一方面，DG 的出现会减小线路的网损，从而使电网经济化。

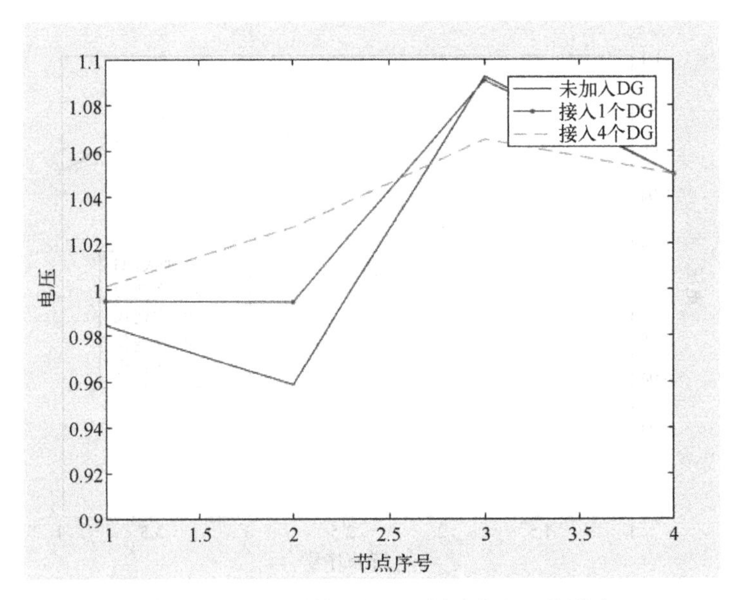

图 2-9　加入不同数量的 DG 对节点电压的影响

2. 案例 2

某辐射型配电网的系统图如图 2-10 所示，图中含有 14 个节点，13 条支路，1、2、3、4 等为节点编号，b[1]、b[2]、b[3]、b[4]等为支路编号，电压基准值取 12.66 kV，功率基准值取 10 MV・A，其网络参数和支路参数分别见表 2-13 和表 2-14。

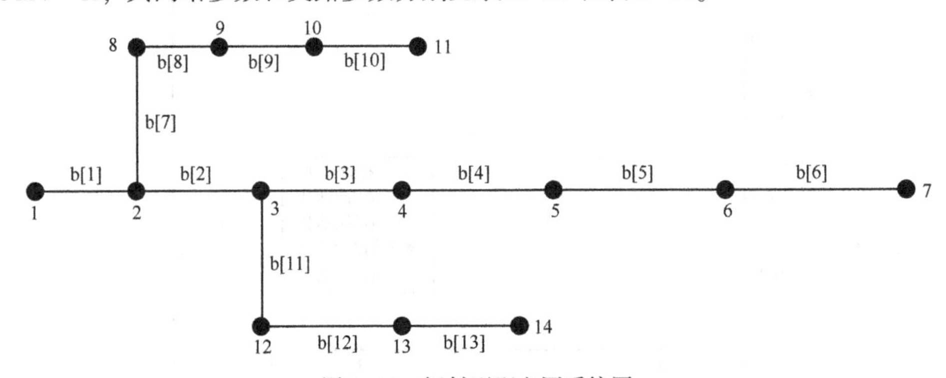

图 2-10　辐射型配电网系统图

表 2-13　8 节点系统的网络参数

节点序号	节点类型	电压设定点（p. u.）	P_{gen}/kW	Q_{gen}/kvar	P_{Load}/kW	Q_{Load}/kvar
1	3	1.05	0	0	0	0
2	1	1	0	0	100	60
3	1	1	0	0	90	40
4	1	1	0	0	120	80
5	1	1	0	0	60	30
6	1	1	0	0	60	20
7	1	1	0	0	200	100
8	1	1	0	0	90	40
9	1	1	0	0	90	40

（续）

节点序号	节点类型	电压设定点（p. u.）	P_{gen}/kW	Q_{gen}/kvar	P_{Load}/kW	Q_{Load}/kvar
10	1	1	0	0	90	40
11	1	1	0	0	90	40
12	1	1	0	0	90	50
13	1	1	0	0	420	200
14	1	1	0	0	420	200

表 2-14　各条支路的参数

支路编号	首　端	末　端	阻抗/Ω
1	1	2	0. 0922+0. 0470i
2	2	3	0. 4930+0. 2511i
3	3	4	0. 3660+0. 1864i
4	4	5	0. 3811+0. 1941i
5	5	6	0. 8190+0. 7070i
6	6	7	0. 1872+0. 6188i
7	2	8	0. 1640+0. 1565i
8	8	9	1. 5042+1. 3554i
9	9	10	0. 4095+0. 4784i
10	10	11	0. 7089+0. 9373i
11	3	12	0. 4512+0. 3083i
12	12	13	0. 8980+0. 7901i
13	13	14	0. 8960+0. 7011i

运行 MATLAB 牛顿-拉弗森法潮流计算程序，潮流计算的节点电压和线路网损变化情况见表 2-15 和表 2-16。

表 2-15　各节点的电压变化情况　　（单位：kV）

电　压	迭代次数			
	0	1	2	3
U_1	13. 2930+0. 0000i	13. 2930+0. 0000i	13. 2930+0. 0000i	13. 2930+0. 0000i
U_2	13. 3079 - 0. 0003i	13. 2762 - 0. 0002i	13. 2762 - 0. 0002i	13. 2762 - 0. 0002i
U_3	13. 2368 - 0. 0012i	13. 2075 - 0. 0010i	13. 2075 - 0. 0010i	13. 2075 - 0. 0010i
U_4	13. 2207 - 0. 0010i	13. 1921 - 0. 0008i	13. 1920 - 0. 0008i	13. 1920 - 0. 0008i
U_5	13. 2087 - 0. 0014i	13. 1806 - 0. 0012i	13. 1805 - 0. 0012i	13. 1805 - 0. 0012i
U_6	13. 1852 - 0. 0082i	13. 1579 - 0. 0077i	13. 1579 - 0. 0077i	13. 1579 - 0. 0077i
U_7	13. 1774 - 0. 0165i	13. 1504 - 0. 0157i	13. 1503 - 0. 0157i	13. 1503 - 0. 0157i
U_8	13. 3013 - 0. 0026i	13. 2699 - 0. 0025i	13. 2698 - 0. 0025i	13. 2698 - 0. 0025i
U_9	13. 2564 - 0. 0173i	13. 2268 - 0. 0165i	13. 2268 - 0. 0165i	13. 2268 - 0. 0165i
U_{10}	13. 2475 - 0. 0215i	13. 2183 - 0. 0205i	13. 2183 - 0. 0205i	13. 2183 - 0. 0205i
U_{11}	13. 2395 - 0. 0259i	13. 2107 - 0. 0247i	13. 2106 - 0. 0247i	13. 2106 - 0. 0247i

（续）

电　压	迭代次数			
	0	1	2	3
U_{12}	13.1927 - 0.0078i	13.1648 - 0.0073i	13.1647 - 0.0073i	13.1647 - 0.0073i
U_{13}	13.1081 - 0.0318i	13.0828 - 0.0304i	13.0827 - 0.0304i	13.0827 - 0.0304i
U_{14}	13.0673 - 0.0410i	13.0432 - 0.0391i	13.0431 - 0.0391i	13.0431 - 0.0391i

表 2-16　各线路的网损情况

始节点	末节点	有功网损/kW			
		迭代次数			
		0	1	2	3
1	2	0.2152	0.2714	0.2739	0.2739
2	3	0.9147	0.8532	0.8531	0.8531
3	4	0.0632	0.0584	0.0584	0.0584
4	5	0.0333	0.0308	0.0308	0.0308
5	6	0.0532	0.0493	0.0493	0.0493
6	7	0.0138	0.0128	0.0128	0.0128
2	8	0.0207	0.0189	0.0189	0.0189
8	9	0.1048	0.0962	0.0962	0.0962
9	10	0.0138	0.0126	0.0126	0.0126
10	11	0.0062	0.0057	0.0057	0.0057
3	12	0.3599	0.3377	0.3376	0.3376
12	13	0.6211	0.5839	0.5838	0.5838
13	14	0.1498	0.1413	0.1413	0.1413

为了更直观地观察节点电压和网损的变化情况，绘制出变化曲线，如图 2-11 和图 2-12 所示。

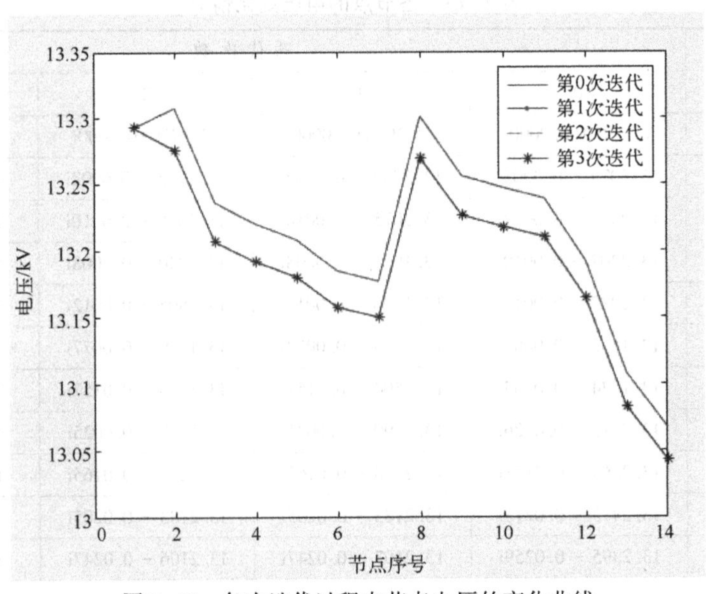

图 2-11　各次迭代过程中节点电压的变化曲线

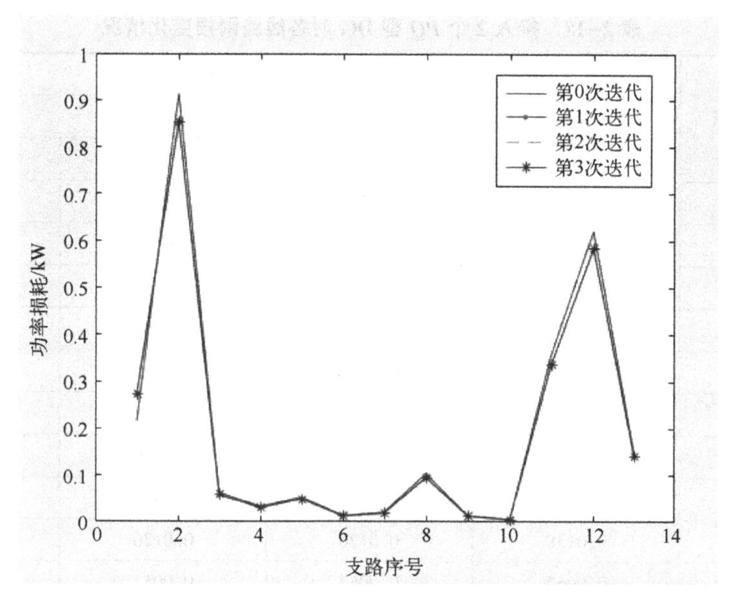

图 2-12　各次迭代过程中网损的变化曲线

现对此 14 节点的辐射型配电网分别接入不同类型、不同数量的 DG，来观察 DG 对潮流计算中节点电压和网损的影响。

（1）接入不同数量的 DG

1）若在节点 2 加入 2 个 *PQ* 型容量为(30+j30)MV · A 的 DG，再对潮流重新计算，电压的计算结果见表 2-17，网损计算结果见表 2-18。

表 2-17　接入 2 个 *PQ* 型 DG 时各节点电压变化情况　（单位：kV）

电　压	迭代次数			
	0	1	2	3
U_1	13. 2930+0. 0000i	13. 2930+0. 0000i	13. 2930+0. 0000i	13. 2930+0. 0000i
U_2	13. 3086 - 0. 0005i	13. 2769 - 0. 0005i	13. 2768 - 0. 0005i	13. 2768 - 0. 0005i
U_3	13. 2375 - 0. 0014i	13. 2082 - 0. 0012i	13. 2081 - 0. 0012i	13. 2081 - 0. 0012i
U_4	13. 2214 - 0. 0012i	13. 1927 - 0. 0010i	13. 1926 - 0. 0010i	13. 1926 - 0. 0010i
U_5	13. 2094 - 0. 0016i	13. 1812 - 0. 0014i	13. 1811 - 0. 0014i	13. 1811 - 0. 0014i
U_6	13. 1859 - 0. 0084i	13. 1586 - 0. 0079i	13. 1585 - 0. 0079i	13. 1585 - 0. 0079i
U_7	13. 1781 - 0. 0167i	13. 1510 - 0. 0159i	13. 1509 - 0. 0159i	13. 1509 - 0. 0159i
U_8	13. 3020 - 0. 0029i	13. 2705 - 0. 0027i	13. 2704 - 0. 0027i	13. 2704 - 0. 0027i
U_9	13. 2570 - 0. 0175i	13. 2275 - 0. 0167i	13. 2274 - 0. 0167i	13. 2274 - 0. 0167i
U_{10}	13. 2482 - 0. 0217i	13. 2190 - 0. 0207i	13. 2189 - 0. 0207i	13. 2189 - 0. 0207i
U_{11}	13. 2402 - 0. 0261i	13. 2113 - 0. 0249i	13. 2112 - 0. 0249i	13. 2112 - 0. 0249i
U_{12}	13. 1934 - 0. 0080i	13. 1654 - 0. 0075i	13. 1654 - 0. 0075i	13. 1654 - 0. 0075i
U_{13}	13. 1088 - 0. 0321i	13. 0834 - 0. 0306i	13. 0834 - 0. 0306i	13. 0834 - 0. 0306i
U_{14}	13. 0680 - 0. 0412i	13. 0438 - 0. 0393i	13. 0438 - 0. 0393i	13. 0438 - 0. 0393i

表 2-18 接入 2 个 *PQ* 型 DG 时各线路网损变化情况

始节点	末节点	有功网损/kW			
		迭代次数			
		0	1	2	3
1	2	0.2358	0.2514	0.2538	0.2538
2	3	0.9147	0.8531	0.8530	0.8530
3	4	0.0632	0.0584	0.0584	0.0584
4	5	0.0333	0.0308	0.0308	0.0308
5	6	0.0532	0.0493	0.0493	0.0493
6	7	0.0138	0.0128	0.0128	0.0128
2	8	0.0207	0.0189	0.0189	0.0189
8	9	0.1048	0.0962	0.0962	0.0962
9	10	0.0138	0.0126	0.0126	0.0126
10	11	0.0062	0.0057	0.0057	0.0057
3	12	0.3599	0.3377	0.3376	0.3376
12	13	0.6211	0.5838	0.5837	0.5837
13	14	0.1498	0.1413	0.1412	0.1412

2）若在节点 2 加入 3 个 *PQ* 型容量为(30+j30)MV·A 的 DG，再对潮流重新计算，电压的计算结果见表 2-19，网损计算结果见表 2-20。

表 2-19 接入 3 个 *PQ* 型 DG 时各节点电压变化情况 （单位：kV）

电 压	迭代次数			
	0	1	2	3
U_1	13.2930 + 0.0000i	13.2930 + 0.0000i	13.2930 + 0.0000i	13.2930 + 0.0000i
U_2	13.3090 − 0.0006i	13.2772 − 0.0006i	13.2771 − 0.0006i	13.2771 − 0.0006i
U_3	13.2378 − 0.0015i	13.2085 − 0.0013i	13.2084 − 0.0013i	13.2084 − 0.0013i
U_4	13.2217 − 0.0013i	13.1930 − 0.0012i	13.1929 − 0.0012i	13.1929 − 0.0012i
U_5	13.2098 − 0.0017i	13.1815 − 0.0015i	13.1815 − 0.0015i	13.1815 − 0.0015i
U_6	13.1863 − 0.0085i	13.1589 − 0.0080i	13.1588 − 0.0080i	13.1588 − 0.0080i
U_7	13.1784 − 0.0168i	13.1513 − 0.0160i	13.1512 − 0.0160i	13.1512 − 0.0160i
U_8	13.3023 − 0.0030i	13.2708 − 0.0028i	13.2708 − 0.028i	13.2708 − 0.0028i
U_9	13.2574 − 0.0176i	13.2278 − 0.0168i	13.2277 − 0.0168i	13.2277 − 0.0168i
U_{10}	13.2486 − 0.0218i	13.2193 − 0.0208i	13.2192 − 0.0208i	13.2192 − 0.0208i
U_{11}	13.2405 − 0.0262i	13.2116 − 0.0250i	13.2116 − 0.0250i	13.2116 − 0.0250i
U_{12}	13.1937 − 0.0081i	13.1658 − 0.0076i	13.1657 − 0.0076i	13.1657 − 0.0076i
U_{13}	13.1092 − 0.0322i	13.0838 − 0.0307i	13.0837 − 0.0307i	13.0837 − 0.0307i
U_{14}	13.0684 − 0.0413i	13.0441 − 0.0394i	13.0441 − 0.0394i	13.0441 − 0.0394i

表 2-20　接入 3 个 *PQ* 型 DG 时各线路网损变化情况

始节点	末节点	有功网损/kW			
		迭代次数			
		0	1	2	3
1	2	0. 2465	0. 2418	0. 2441	0. 2441
2	3	0. 9147	0. 8531	0. 8529	0. 8529
3	4	0. 0632	0. 0584	0. 0584	0. 0584
4	5	0. 0333	0. 0308	0. 0308	0. 0308
5	6	0. 0532	0. 0493	0. 0493	0. 0493
6	7	0. 0138	0. 0128	0. 0128	0. 0128
2	8	0. 0207	0. 0189	0. 0189	0. 0189
8	9	0. 1048	0. 0962	0. 0962	0. 0962
9	10	0. 0138	0. 0126	0. 0126	0. 0126
10	11	0. 0062	0. 0057	0. 0057	0. 0057
3	12	0. 3599	0. 3376	0. 3376	0. 3376
12	13	0. 6211	0. 5838	0. 5837	0. 5837
13	14	0. 1498	0. 1412	0. 1412	0. 1412

对比接入 2 个 *PQ* 型 DG、接入 3 个 *PQ* 型 DG 以及未接入 DG 的情况，如图 2-13 和图 2-14 所示。

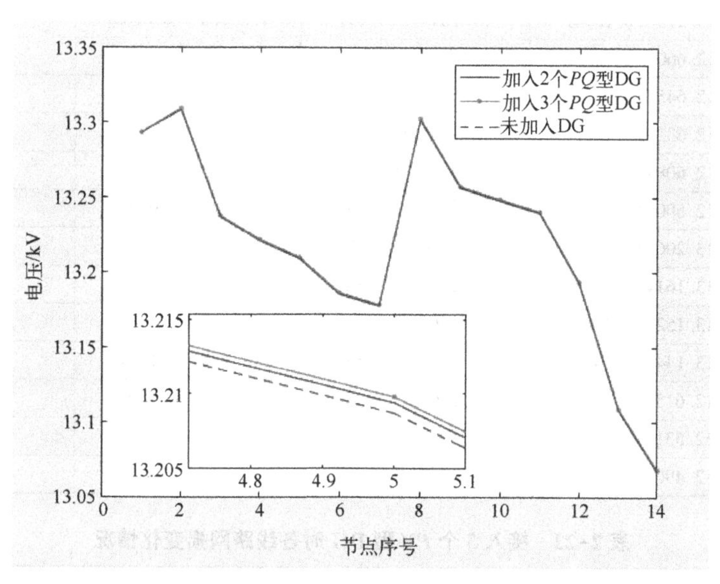

图 2-13　加入不同数量 DG 后节点电压的变化曲线

观察图 2-13 和图 2-14 可以发现，加入的 DG 数量越多，除平衡节点外，节点电压升高的幅度越大，而网损无明显变化。

（2）接入不同类型的 DG

1）在节点 3 处加入 3 个 *PV* 型 DG，容量均为(30+j30)MV · A，修改对应的网络参数，重新运行程序，各个节点电压和线路网损见表 2-21 和表 2-22。

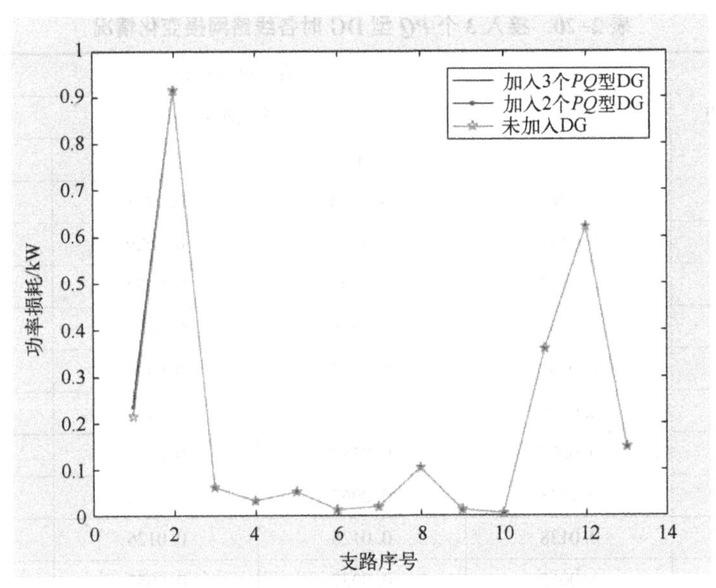

图 2-14　加入不同数量 DG 后网损的变化曲线

表 2-21　接入 3 个 *PV* 型 DG 时各节点电压变化情况　　（单位：kV）

电　　压	迭代次数			
	0	1	2	3
U_1	13.2930+0.0000i	13.2930+0.0000i	13.2930+0.0000i	13.2930+0.0000i
U_2	13.2130+0.1698i	13.1843+0.1507i	13.2768 - 0.0005i	13.1841+0.1503i
U_3	12.6600+1.1236i	12.6249+0.9574i	13.2930+0.0000i	12.6239+0.9550i
U_4	12.6439+1.1237i	12.6088+0.9563i	13.1841+0.1503i	12.6078+0.9540i
U_5	12.6320+1.1233i	12.5969+0.9551i	12.6239+0.9550i	12.5959+0.9527i
U_6	12.6084+1.1166i	12.5738+0.9465i	12.6078+0.9540i	12.5728+0.9442i
U_7	12.6006+1.1083i	12.5666+0.9377i	12.5959+0.9527i	12.5656+0.9353i
U_8	13.2063+0.1674i	13.1780+0.1483i	12.5728+0.9442i	13.1778+0.1480i
U_9	13.1614+0.1528i	13.1348+0.1338i	12.5656+0.9353i	13.1346+0.1334i
U_{10}	13.1526+0.1485i	13.1263+0.1296i	13.1778+0.1480i	13.1261+0.1293i
U_{11}	13.1446+0.1441i	13.1186+0.1253i	13.1346+0.1334i	13.1184+0.1249i
U_{12}	12.6159+1.1170i	12.5809+0.9475i	13.1261+0.1293i	12.5799+0.9451i
U_{13}	12.5313+1.0929i	12.4975+0.9170i	13.1184+0.1249i	12.4964+0.9146i
U_{14}	12.4905+1.0838i	12.4569+0.9048i	12.5799+0.9451i	12.4558+0.9024i

表 2-22　接入 3 个 *PV* 型 DG 时各线路网损变化情况

始节点	末节点	有功网损/kW			
		迭代次数			
		0	1	2	3
1	2	0.2358	0.2514	0.2538	0.2538
2	3	0.9147	0.8531	0.8530	0.8530
3	4	0.0632	0.0584	0.0584	0.0584
4	5	0.0333	0.0308	0.0308	0.0308

(续)

始节点	末节点	有功网损/kW			
		迭代次数			
		0	1	2	3
5	6	0.0532	0.0493	0.0493	0.0493
6	7	0.0138	0.0128	0.0128	0.0128
2	8	0.0207	0.0189	0.0189	0.0189
8	9	0.1048	0.0962	0.0962	0.0962
9	10	0.0138	0.0126	0.0126	0.0126
10	11	0.0062	0.0057	0.0057	0.0057
3	12	0.3599	0.3377	0.3376	0.3376
12	13	0.6211	0.5838	0.5837	0.5837
13	14	0.1498	0.1413	0.1412	0.1412

2) 在节点 3 处加入 3 个 *PQ* 型 DG，容量均为(30+j30)MV·A，修改对应的网络参数，重新运行程序，各个节点电压和线路网损见表 2-23 和表 2-24。

表 2-23 接入 3 个 *PQ* 型 DG 时各节点电压变化情况 (单位：kV)

电压	迭代次数			
	0	1	2	3
U_1	13.2930 + 0.0000i	13.2930 + 0.0000i	13.2930 + 0.0000i	13.2930 + 0.0000i
U_2	13.3090 - 0.0006i	13.2772 - 0.0006i	13.2771 - 0.0006i	13.2771 - 0.0006i
U_3	13.2431 - 0.0032i	13.2136 - 0.0030i	13.2135 - 0.0030i	13.2135 - 0.0030i
U_4	13.2270 - 0.0030i	13.1981 - 0.0028i	13.1980 - 0.0028i	13.1980 - 0.0028i
U_5	13.2151 - 0.0034i	13.1866 - 0.0032i	13.1866 - 0.0032i	13.1866 - 0.0032i
U_6	13.1916 - 0.0102i	13.1640 - 0.0096i	13.1639 - 0.0096i	13.1639 - 0.0096i
U_7	13.1837 - 0.0185i	13.1564 - 0.0176i	13.1564 - 0.0176i	13.1564 - 0.0176i
U_8	13.3023 - 0.0030i	13.2708 - 0.0028i	13.2708 - 0.0028i	13.2708 - 0.0028i
U_9	13.2574 - 0.0176i	13.2278 - 0.0168i	13.2277 - 0.0168i	13.2277 - 0.0168i
U_{10}	13.2486 - 0.0218i	13.2193 - 0.0208i	13.2192 - 0.0208i	13.2192 - 0.0208i
U_{11}	13.2405 - 0.0262i	13.2116 - 0.0250i	13.2116 - 0.0250i	13.2116 - 0.0250i
U_{12}	13.1990 - 0.0098i	13.1709 - 0.0093i	13.1708 - 0.0093i	13.1708 - 0.0093i
U_{13}	13.1145 - 0.0339i	13.0889 - 0.0323i	13.0888 - 0.0323i	13.0888 - 0.0323i
U_{14}	13.0737 - 0.0430i	13.0493 - 0.0410i	13.0492 - 0.0410i	13.0492 - 0.0410i

表 2-24 接入 3 个 *PQ* 型 DG 时各线路网损变化情况

始节点	末节点	有功网损/kW			
		迭代次数			
		0	1	2	3
1	2	0.2465	0.2415	0.2438	0.2438
2	3	0.7843	0.7317	0.7316	0.7316
3	4	0.0632	0.0583	0.0583	0.0583
4	5	0.0333	0.0308	0.0308	0.0308
5	6	0.0532	0.0493	0.0493	0.0493
6	7	0.0138	0.0128	0.0128	0.0128
2	8	0.0207	0.0189	0.0189	0.0189

（续）

始节点	末节点	有功网损/kW			
		迭代次数			
		0	1	2	3
8	9	0.1048	0.0962	0.0962	0.0962
9	10	0.0138	0.0126	0.0126	0.0126
10	11	0.0062	0.0057	0.0057	0.0057
3	12	0.3599	0.3374	0.3373	0.3373
12	13	0.6210	0.5833	0.5832	0.5832
13	14	0.1498	0.1411	0.1411	0.1411

对比在节点3接入3个*PQ*型DG、在节点3接入3个*PV*型DG以及不接DG的情况，画出对比曲线图，如图2-15和图2-16所示。

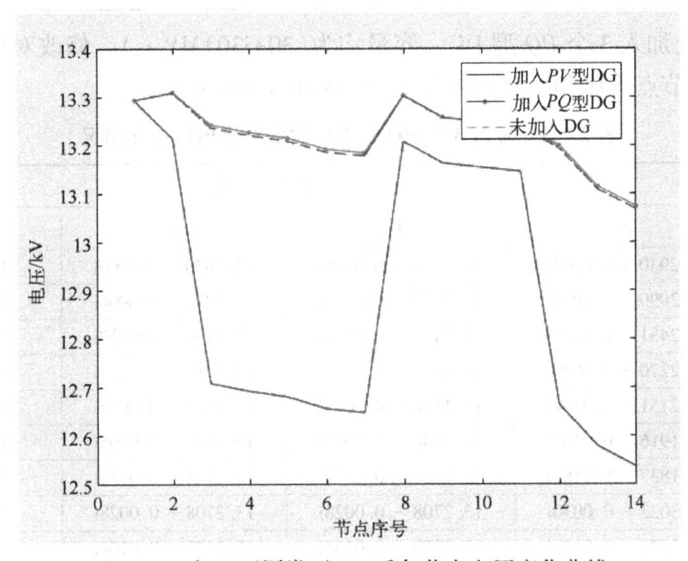

图2-15　加入不同类型DG后各节点电压变化曲线

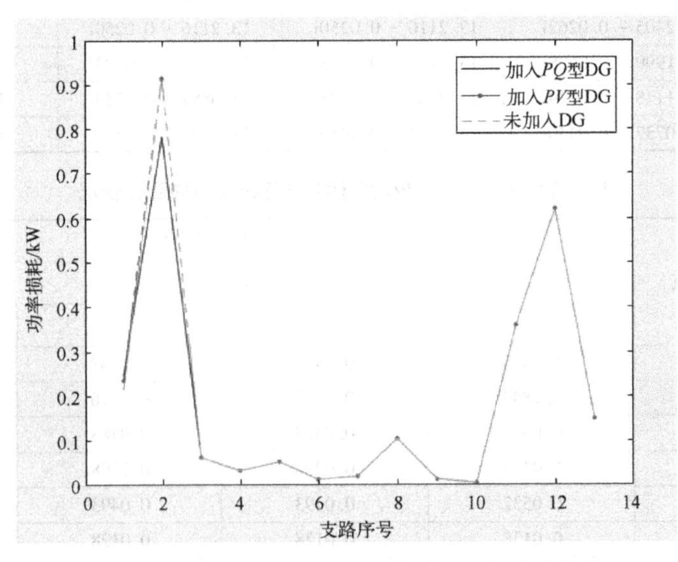

图2-16　加入不同类型DG后各线路网损变化曲线

观察图 2-15 和图 2-16 可以发现，电压的变化较大：加入 PV 型 DG 会使节点电压明显降低，而接入 PQ 型 DG 则能升高节点电压（平衡节点除外），这是因为有些 DG 可能会吸收无功而不适应电压调节，从而加重对电压水平的负面影响；对于网损，只有靠近首端的线路上的损耗有明显降低，其余线路无明显变化。

案例 3 潮流计算源程序

3. 案例 3

（1）案例 3 系统图

案例 3 为 5 节点系统，系统接线图及已知条件如图 2-17 所示。

（2）案例 3 部分程序

案例 3 潮流计算源程序详见程序 2，下面介绍部分程序。

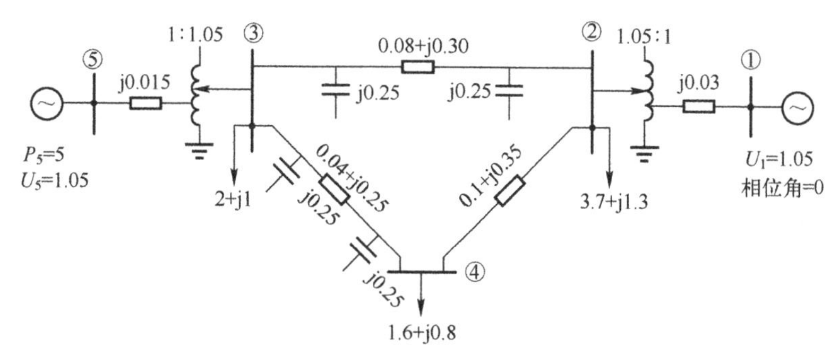

图 2-17　5 节点系统接线图

```
B1 矩阵:1. 支路首端号;2. 末端号;3. 支路阻抗;4. 支路对地电纳
        5. 支路的变比;6. 支路首端处于 K 侧为 1,1 侧为 0。
B2 矩阵:1. 该节点发电机功率;2. 该节点负荷功率;3. 节点电压初始值
        4. PV 节点电压 V 的给定值;5. 节点所接的无功补偿设备的容量
        6. 节点分类标号:1 为平衡节点(应为 1 号节点);2 为 PQ 节点;
        3 为 PV 节点。
B1=[1   2   0.03i        0       1.05    0;
    2   3   0.08+0.3i    0.5i    1       0;
    3   5   0.015i       0       1.05    1;
    3   4   0.04+0.25i   0.5i    1       0;
    2   4   0.1+0.35i    0       1       0];
B2=[0   0           1.05   1.05   0   1;
    0   3.7+1.3i    1      0      0   2;
    0   2+1i        1      0      0   2;
    0   1.6+0.8i    1      0      0   2;
    5   0           1.05   1.05   0   3];
```

生成节点导纳矩阵中的自导纳和互导纳的程序如图 2-18 所示。

计算各条支路的首端功率 S_i 的程序如图 2-19 所示。

计算各条支路的末端功率 S_j 的程序如图 2-20 所示。

（3）案例 3 潮流计算结果

迭代次数为 5 次，各节点的实际电压标幺值 E 为（节点号从小到大排列）：

1.0500+0.0000i　　1.0335−0.0774i　　1.0260+0.3305i　　0.8592−0.0718i　　0.9746+0.3907i

```
for i=1:nl                                              %支路数
    if B1(i,6)==0                                       %左节点处于1侧
        p=B1(i,1);q=B1(i,2);
    else                                                %左节点处于K侧
        p=B1(i,2);q=B1(i,1);
    end
    Y(p,q)=Y(p,q)-1./(B1(i,3)*B1(i,5));                 %非对角元
    Y(q,p)=Y(p,q);                                      %非对角元
    Y(q,q)=Y(q,q)+1./(B1(i,3)*B1(i,5)^2)+B1(i,4)./2;    %对角元K侧
    Y(p,p)=Y(p,p)+1./B1(i,3)+B1(i,4)./2;                %对角元1侧
end
```

图 2-18 生成自导纳和互导纳的程序

```
for i=1:nl
        p=B1(i,1);q=B1(i,2);
        if B1(i,6)==0
            Si(p,q)=E(p)*(conj(E(p))*conj(B1(i,4)./2)+(conj(E(p)*B1(i,5))...
            -conj(E(q)))*conj(1./(B1(i,3)*B1(i,5))));
              Siz(i)=Si(p,q);
         else
             Si(p,q)=E(p)*(conj(E(p))*conj(B1(i,4)./2)+(conj(E(p)./B1(i,5))...
             -conj(E(q)))*conj(1./(B1(i,3)*B1(i,5))));
              Siz(i)=Si(p,q);
         end
```

图 2-19 计算各条支路的首端功率 S_{i} 的程序

```
for i=1:nl
    p=B1(i,1);q=B1(i,2);
    if B1(i,6)==0
        Sj(q,p)=E(q)*(conj(E(q))*conj(B1(i,4)./2)+(conj(E(q)./B1(i,5))...
        -conj(E(p)))*conj(1./(B1(i,3)*B1(i,5))));
         Sjy(i)=Sj(q,p);
    else
        Sj(q,p)=E(q)*(conj(E(q))*conj(B1(i,4)./2)+(conj(E(q)*B1(i,5))...
        -conj(E(p)))*conj(1./(B1(i,3)*B1(i,5))));
         Sjy(i)=Sj(q,p);
    end
```

图 2-20 计算各条支路的末端功率 S_{j} 的程序

各节点的电压大小 V 为（节点号从小到大排列）：

1.0500　　1.0364　　1.0779　　0.8622　　1.0500

各节点的电压相角 θ 为（节点号从小到大排列）：

0　 −0.0747　　0.3116　 −0.0834　　0.3812

各节点的功率 S 为（节点号从小到大排列）：

2.5794+2.2994i　-3.7000-1.3000i　-2.0000-1.0000i　-1.6000-0.8000i　5.0000 +1.8131i

各条支路的首端功率 S_i：

```
S(1,2)= 2.5794+2.2994i
S(2,3)= -1.2774+0.20317i
S(3,5)= -5-1.4282i
S(3,4)= 1.5845+0.67256i
S(2,4)= 0.15679+0.47131i
```

各条支路的末端功率 S_j：

```
S(2,1)= -2.5794-1.9745i
S(3,2)= 1.4155-0.24433i
S(5,3)= 5+1.8131i
S(4,3)= -1.4662-0.40908i
S(4,2)= -0.13382-0.39092i
```

各支路的损耗 DS：

```
DS(1,2)= -4.4409e-16+0.32492i
DS(2,3)= 0.13809-0.041163i
DS(3,5)= 1.7764e-15+0.38486i
DS(3,4)= 0.11837+0.26348i
DS(2,4)= 0.022969+0.080391i
```

各节点电压大小和相位角如图 2-21 所示，各支路功率如图 2-22 所示。

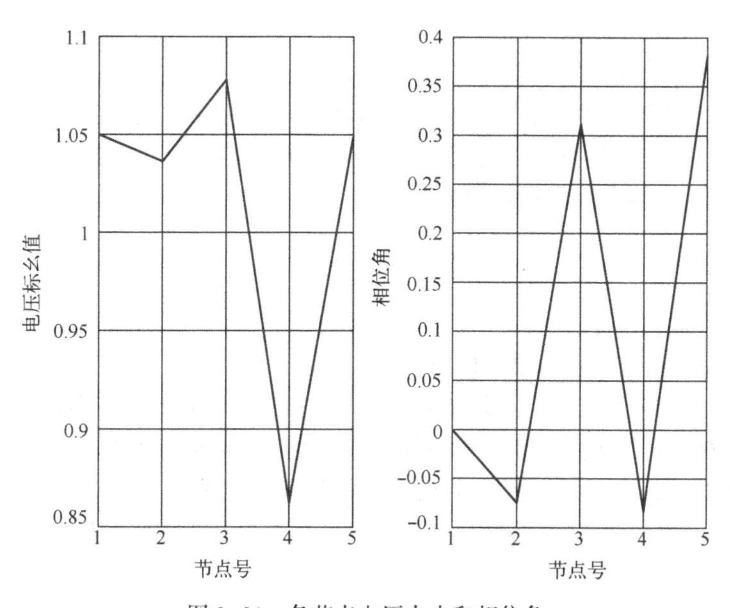

图 2-21　各节点电压大小和相位角

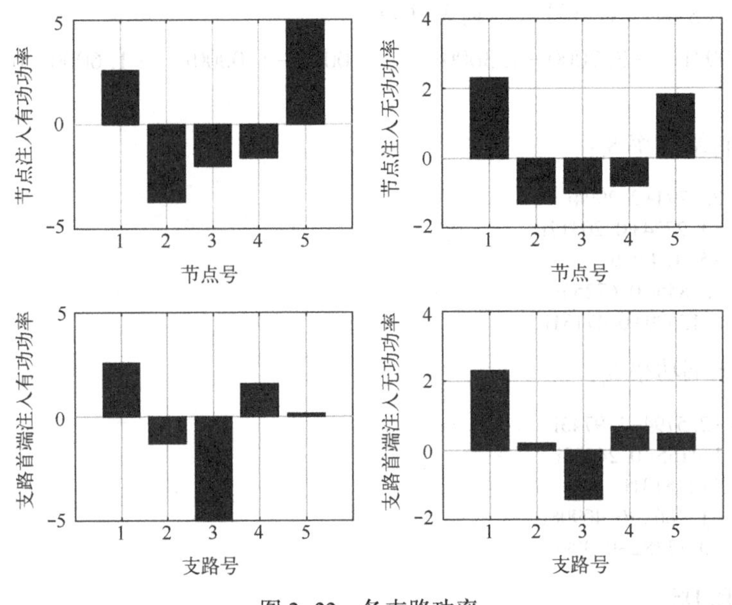

图 2-22　各支路功率

2.5　小结

在电网结构和相关参数给定的情况下，通过潮流计算可以确定稳态运行状态。本章介绍了潮流计算的数学模型和基本解法。根据给定量的不同，电力系统中节点分为 *PQ* 节点、*PV* 节点和平衡节点。依据 DG 接入配网的方式，DG 在潮流计算中的模型可以分为 *PQ* 恒定、*PV* 恒定、*PI* 恒定和 *P* 恒定 $Q=f(V)$ 类型。

潮流方程是一组非线性的代数方程组，可以在直角坐标系或极坐标系下建立。牛顿-拉弗森法是求解非线性代数方程的有效方法，广泛用于求解潮流方程。本章基于案例分析以及源程序，介绍了牛顿-拉弗森法潮流计算的应用。

习题

2.1　接入 DG 对潮流计算结果有何影响?

2.2　对于图 2-2 所示系统，平衡节点电压相角设定为 0°不变，而电压幅值的给定值由 1.05 p.u. 变为 1.0 p.u.，问潮流计算结果各节点的电压幅值和相角将发生怎样的变化?

2.3　对于图 2-2 所示系统，平衡节点电压幅值的给定值保持 1.05 p.u. 不变，电压相角由原来的 0°增加到 5°，问潮流计算结果各节点的电压幅值和相角将发生怎样的变化?

第3章　电力系统故障分析与计算

随着计算机技术的迅速发展和普及应用，计算机已越来越多地用于电力系统的故障分析与计算，目前已有很多用于大电力系统多重复杂故障分析与计算的成熟软件。用计算机进行电力系统故障分析与计算时，同样需要掌握电力系统故障计算用的数学模型和计算方法，以及程序设计三方面的知识，这三者在计算程序中密切相关、相互影响，本章将重点讨论前两方面的问题。

3.1　概述

电力系统在正常运行过程中，时常会发生故障，故障可以分为两大类：横向故障和纵向故障。横向故障是指各种类型的短路，包括三相短路、两相短路、单相接地短路及两相接地短路。三相短路时，由于被短路的三相阻抗相等，因此，三相电流和电压仍是对称的，又称为对称短路。其余几种类型的短路，因系统的三相对称结构遭到破坏，网络中的三相电压、电流不再对称，故称为不对称短路。纵向故障主要是指各种类型的断线故障，包括一相断线和两相断线。

用计算机对由发电机、变压器、线路、串（并）联电容器、负荷等所组成的电力系统进行计算，首先应根据所要解决的问题，将各元件分别用等效电路来表示，并按一定方式连接起来，即将实际电力系统表示成相应的等值网络。然后对该等值网络建立相应的数学模型。其中用于计算电力系统故障初始瞬间电流、电压的等值网络是线性的。

用计算机进行故障计算时，为了简化计算工作，常采取一些假设：

1）各台发动机均用 $R+\mathrm{j}x''_{\mathrm{d}}$（或 $R+\mathrm{j}x'_{\mathrm{d}}$）作为其等值电抗，$E''$（或 E'）作为其等值电动势。

2）负荷当作恒定阻抗。

3）不计磁路饱和，系统各元件的参数都是恒定的，可以应用叠加原理。

4）系统三相对称，除不对称故障处出现局部的不对称以外，实际的电力系统通常都可当作是对称的。

3.2　对称短路计算

对称短路计算，即三相短路计算。当系统发生三相短路时，可以采用叠加定理进行计算。在应用叠加原理求解三相短路时，将故障时的网络状态看成是网络两种状态的叠加，一种状态是故障前的状态，即正常运行状态；另一种状态是各发电机电动势均等于零，而仅在故障点处加一电动势的故障状态。以图 3-1a 所示两台发电机系统为例，在 f 点发生三相短路，利用叠加定理可以将图 3-1a 中的故障网络分解成两部分，一部分是故障前的正常运行状态（见图 3-1b），另一部分为故障状态（见图 3-1c）。图 3-1b 中，f 点处电压为 $\dot{U}_{f(0)}$。图 3-1c 中，f 点处电压为$-\dot{U}_{f(0)}$，各发电机电动势为零。三相短路计算可以应用式（1-8）描述的节点阻抗矩阵形式的节点电压方程。

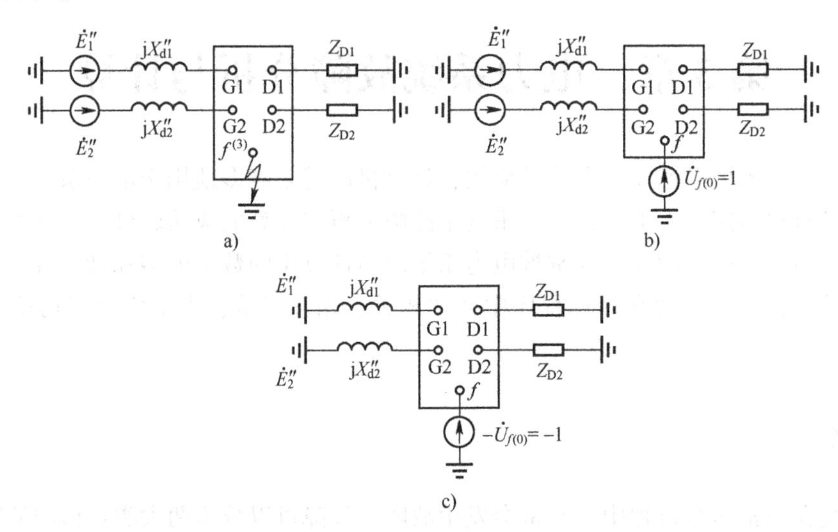

图 3-1　对称短路分析

a）短路时网络　b）正常运行网络　c）故障分量网络

图 3-1 所示系统中，任一节点 i 的电压$\dot{U}_i$为

$$\dot{U}_i=\dot{U}_{i(0)}+\Delta\dot{U}_i=\dot{U}_{i(0)}-Z_{if}\dot{I}_f \tag{3-1}$$

式中，$\dot{U}_{i(0)}$为短路前瞬间正常运行状态下的节点 i 的电压，即节点 i 电压的正常分量；$\dot{I}_f$ 为短路电流；$\Delta\dot{U}_i$ 为仅由短路电流$\dot{I}_f$ 在节点 i 产生的电压，即节点 i 电压的故障分量；Z_{if}为节点阻抗矩阵的非对角元素，即节点 i 与即节点 f 之间的互阻抗。

故障节点 f 的电压$\dot{U}_f$为

$$\dot{U}_f=\dot{U}_{f(0)}+\Delta\dot{U}_f=\dot{U}_{f(0)}-Z_{ff}\dot{I}_f \tag{3-2}$$

式中，Z_{ff}为故障节点 f 的自阻抗。

设故障节点 f 经过过渡电阻 Z_f发生短路，可得故障节点 f 的边界条件：

$$\dot{U}_f=Z_f\dot{I}_f \tag{3-3}$$

根据式（3-2）、式（3-3）可得短路电流：

$$\dot{I}_f=\frac{\dot{U}_{f(0)}}{Z_{ff}+Z_f} \tag{3-4}$$

对于金属性短路，$Z_f=0$。在不要求精确计算的场合，可以不计负荷电流的影响。所有节点的负荷都略去不计，短路前网络处于空载状态，各节点电压正常分量的标幺值都取为 1，即 $\dot{U}_{i(0)}=1$、$\dot{U}_{f(0)}=1$。

3.3　序网络的构成

当系统发生不对称短路故障时，电源电压仍保持对称，除短路点外电路其他部分的参数三相相同，但由于短路点三相参数不对称，所以短路后三相电流、电压的基频分量不再对称。因此，需要采用新的方法来计算不对称短路故障，即对称分量法。此方法能将短路点处不对称的三相参数分解成三组对称的参数，即正序、负序、零序参数，网络也分解成正序、负序、零序网络。

正序网络制定要点包括：

1）正序网络是有源网络，所有同步发电机、调相机及个别需用等值电源支路表示的综合负荷，以电源的形式出现在正序网络中。

2）故障端口处接入不对称等效电动势源正序分量。

3）除中性点接地阻抗，空载线路（不计导纳）、空载变压器（不计励磁电流）外，各元件以正序参数出现在正序网络中。

负序网络制定要点包括：

1）负序网络是无源网络。

2）故障端口处接入不对称等效电动势源负序分量。

3）负序电流可通过的元件与正序电流相同，且各元件参数以负序参数出现在网络中。

零序网络制定要点包括：

1）零序网络是无源网络。

2）故障端口处接入不对称等效电动势源零序分量。

3）发电机电源零序电动势为零，不包括在零序网络。

4）零序电流只有经过大地或者架空地线才能形成通路，当遇到变压器时，只有中性点接地时才能流通。

5）当中性点经阻抗接地时，在零序网络中，该阻抗应乘以 3。

简单不对称短路故障包括单相接地短路、两相短路、两相接地短路。应用对称分量法分析各种简单不对称短路时，都可以写出各序网络故障点的电压方程式。当网络的各元件都只用电抗表示时，电压方程式可以写成

$$\begin{cases}\dot{E}_{\Sigma}-Z_{1\Sigma}\dot{I}_{a1}=\dot{U}_{a1}\\ -Z_{2\Sigma}\dot{I}_{a2}=\dot{U}_{a2}\\ -Z_{0\Sigma}\dot{I}_{a0}=\dot{U}_{a0}\end{cases}\tag{3-5}$$

式中，$\dot{E}_{\Sigma}$ 为正序网络中相对短路点的戴维南等值电动势；$Z_{1\Sigma}$、$Z_{2\Sigma}$、$Z_{0\Sigma}$分别为正序、负序和零序网络中短路点的输入阻抗；$\dot{I}_{a1}$、$\dot{I}_{a2}$、$\dot{I}_{a0}$分别为短路点电流的正序、负序和零序分量；$\dot{U}_{a1}$、$\dot{U}_{a2}$、$\dot{U}_{a0}$分别为短路点电压的正序、负序和零序分量。

根据式（3-5）所示的各序电压方程式，可以绘出各序的等值网络（见图 3-2）。方程式（3-5）又称为序网方程，它对各种不对称短路都适用。该方程式说明了各种不对称短路时各序电流和同一序电压间的相互联系，表示了不对称短路的共

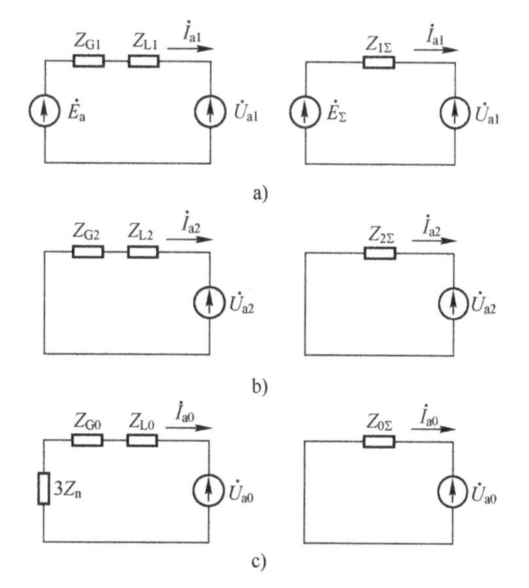

图 3-2　正序、负序和零序等值网络

a）正序网络　b）负序网络　c）零序网络

性。式（3-5）包含 6 个未知量，还需根据不对称短路的具体边界条件写出另外三个方程式，才能进行求解。

3.4 不对称短路计算

3.4.1 单相短路故障的计算

以 a 相接地短路为例来分析，故障处的三个边界条件为

$$\dot{U}_{a}=0,\quad \dot{I}_{b}=0,\quad \dot{I}_{c}=0 \tag{3-6}$$

经过整理后可得用序分量表示的边界条件为

$$\begin{cases}\dot{U}_{a1}+\dot{U}_{a2}+\dot{U}_{a0}=0\\ \dot{I}_{a1}=\dot{I}_{a2}=\dot{I}_{a0}\end{cases} \tag{3-7}$$

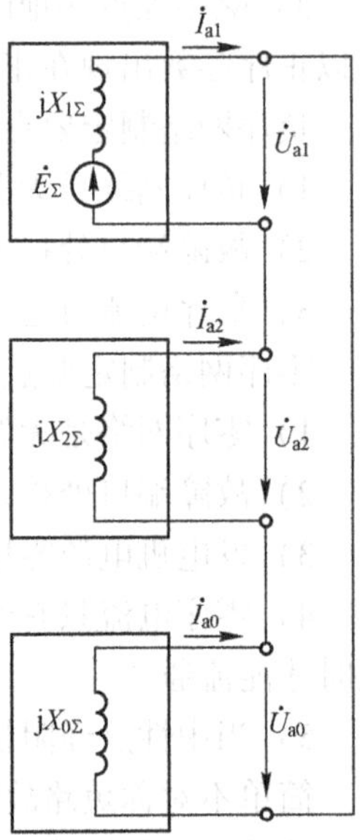

与式（3-7）对应的复合序网如图 3-3 所示，可得

$$\begin{cases}\dot{I}_{a1}=\dot{I}_{a2}=\dot{I}_{a0}=\dfrac{\dot{E}_{\Sigma}}{\mathrm{j}(X_{1\Sigma}+X_{2\Sigma}+X_{0\Sigma})}\\ \dot{U}_{a1}=\dot{E}_{\Sigma}-\mathrm{j}X_{1\Sigma}\dot{I}_{a1}=\mathrm{j}(X_{2\Sigma}+X_{0\Sigma})\dot{I}_{a1}\\ \dot{U}_{a2}=-\mathrm{j}X_{2\Sigma}\dot{I}_{a1}\\ \dot{U}_{a0}=-\mathrm{j}X_{0\Sigma}\dot{I}_{a1}\end{cases} \tag{3-8}$$

图 3-3 a 相短路的复合序网

利用对称分量的合成运算，可得短路点故障相电流为

$$\dot{I}_{f}^{(1)}=\dot{I}_{a}=\dot{I}_{a1}+\dot{I}_{a2}+\dot{I}_{a0}=3\dot{I}_{a1} \tag{3-9}$$

短路点各相的对地电压为

$$\begin{bmatrix}\dot{U}_{a}\\ \dot{U}_{b}\\ \dot{U}_{c}\end{bmatrix}=\begin{bmatrix}1&1&1\\ a^{2}&a&1\\ a&a^{2}&1\end{bmatrix}\begin{bmatrix}\dot{U}_{a1}\\ \dot{U}_{a2}\\ \dot{U}_{a0}\end{bmatrix}=\begin{bmatrix}0\\ \dfrac{\sqrt{3}}{2}[(2X_{2\Sigma}+X_{0\Sigma})-\mathrm{j}\sqrt{3}X_{0\Sigma}]\dot{I}_{a1}\\ \dfrac{\sqrt{3}}{2}[-(2X_{2\Sigma}+X_{0\Sigma})-\mathrm{j}\sqrt{3}X_{0\Sigma}]\dot{I}_{a1}\end{bmatrix} \tag{3-10}$$

3.4.2 两相短路故障的计算

以 b、c 两相短路为例来分析，故障处的三个边界条件为

$$\dot{I}_{a}=0,\quad \dot{I}_{b}+\dot{I}_{c}=0,\quad \dot{U}_{b}=\dot{U}_{c} \tag{3-11}$$

经过整理后可得用序分量表示的边界条件为

$$\begin{cases}\dot{I}_{a0}=0\\ \dot{I}_{a1}+\dot{I}_{a2}=0\\ \dot{U}_{a1}=\dot{U}_{a2}\end{cases} \tag{3-12}$$

与式（3-12）对应的复合序网如图 3-4 所示，可得

$$\begin{cases}\dot{I}_{a1}=-\dot{I}_{a2}=\dfrac{\dot{E}_{\Sigma}}{j(X_{1\Sigma}+X_{2\Sigma})}\\ \dot{U}_{a1}=\dot{U}_{a2}=-jX_{2\Sigma}\dot{I}_{a2}=jX_{2\Sigma}\dot{I}_{a1}\end{cases}\tag{3-13}$$

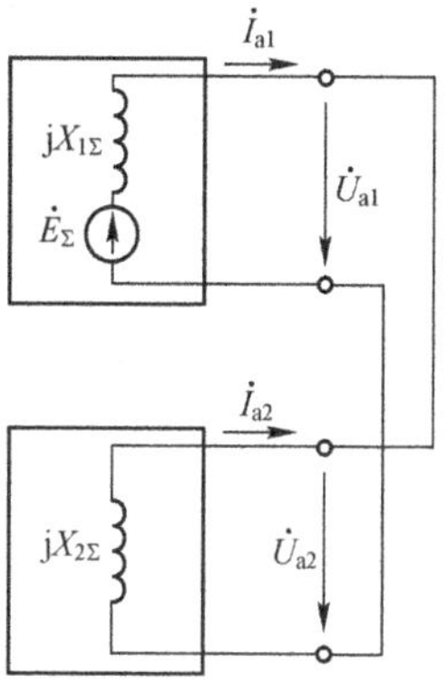

短路点各相电流为

$$\begin{bmatrix}\dot{I}_a\\ \dot{I}_b\\ \dot{I}_c\end{bmatrix}=\begin{bmatrix}1&1&1\\ a^2&a&1\\ a&a^2&1\end{bmatrix}\begin{bmatrix}\dot{I}_{a1}\\ \dot{I}_{a2}\\ 0\end{bmatrix}=\begin{bmatrix}0\\ -j\sqrt{3}\dot{I}_{a1}\\ j\sqrt{3}\dot{I}_{a1}\end{bmatrix}\tag{3-14}$$

图 3-4　b、c 两相短路的复合序网

b、c 两相电流大小相等、方向相反。它们的绝对值为

$$\dot{I}_f^{(2)}=\dot{I}_b=\dot{I}_c=\sqrt{3}\dot{I}_{a1}\tag{3-15}$$

短路点各相对地电压为

$$\begin{bmatrix}\dot{U}_a\\ \dot{U}_b\\ \dot{U}_c\end{bmatrix}=\begin{bmatrix}1&1&1\\ a^2&a&1\\ a&a^2&1\end{bmatrix}\begin{bmatrix}\dot{U}_{a1}\\ \dot{U}_{a2}\\ 0\end{bmatrix}=\begin{bmatrix}j2X_{2\Sigma}\dot{I}_{a_1}\\ -\dfrac{1}{2}\dot{U}_a\\ -\dfrac{1}{2}\dot{U}_a\end{bmatrix}\tag{3-16}$$

3.4.3　两相接地短路故障的计算

以 b、c 两相短路为例来分析，故障处的三个边界条件为

$$\dot{I}_a=0,\quad \dot{U}_b=0,\quad \dot{U}_c=0\tag{3-17}$$

经过整理后可得用序分量表示的边界条件为

$$\begin{cases}\dot{I}_{a1}+\dot{I}_{a2}+\dot{I}_{a0}=0\\ \dot{U}_{a1}=\dot{U}_{a2}=\dot{U}_{a0}\end{cases}\tag{3-18}$$

与式（3-18）对应的复合序网如图 3-5 所示，可得

$$\begin{cases}\dot{I}_{a1}=\dfrac{\dot{E}_{\Sigma}}{j(X_{1\Sigma}+X_{2\Sigma}//X_{0\Sigma})}\\ \dot{I}_{a2}=-\dfrac{X_{0\Sigma}}{X_{2\Sigma}+X_{0\Sigma}}\dot{I}_{a1}\\ \dot{I}_{a0}=-\dfrac{X_{2\Sigma}}{X_{2\Sigma}+X_{0\Sigma}}\dot{I}_{a1}\\ \dot{U}_{a1}=\dot{U}_{a2}=\dot{U}_{a0}=j\dfrac{X_{2\Sigma}X_{0\Sigma}}{X_{2\Sigma}+X_{0\Sigma}}\dot{I}_{a1}\end{cases}\tag{3-19}$$

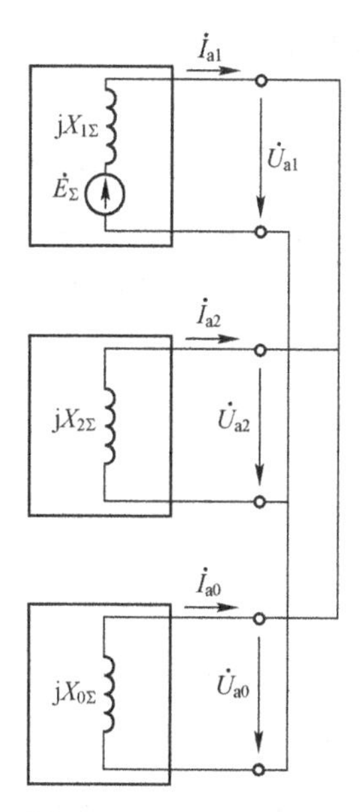

图 3-5　b、c 两相短路接地的复合序网

短路点各相电流为

$$\begin{bmatrix} \dot{I}_{\mathrm{a}} \\ \dot{I}_{\mathrm{b}} \\ \dot{I}_{\mathrm{c}} \end{bmatrix} = \begin{bmatrix} 1 & 1 & 1 \\ a^2 & a & 1 \\ a & a^2 & 1 \end{bmatrix} \begin{bmatrix} \dot{I}_{\mathrm{a1}} \\ \dot{I}_{\mathrm{a2}} \\ \dot{I}_{\mathrm{a0}} \end{bmatrix} = \begin{bmatrix} 0 \\ \dfrac{-3X_{2\Sigma}-\mathrm{j}\sqrt{3}(X_{2\Sigma}+2X_{0\Sigma})}{2(X_{2\Sigma}+X_{0\Sigma})}\dot{I}_{\mathrm{a1}} \\ \dfrac{-3X_{2\Sigma}+\mathrm{j}\sqrt{3}(X_{2\Sigma}+2X_{0\Sigma})}{2(X_{2\Sigma}+X_{0\Sigma})}\dot{I}_{\mathrm{a1}} \end{bmatrix} \tag{3-20}$$

短路点各相对地电压为

$$\begin{bmatrix} \dot{U}_{\mathrm{a}} \\ \dot{U}_{\mathrm{b}} \\ \dot{U}_{\mathrm{c}} \end{bmatrix} = \begin{bmatrix} 1 & 1 & 1 \\ a^2 & a & 1 \\ a & a^2 & 1 \end{bmatrix} \begin{bmatrix} \dot{U}_{\mathrm{a1}} \\ \dot{U}_{\mathrm{a2}} \\ \dot{U}_{\mathrm{a0}} \end{bmatrix} = \begin{bmatrix} \mathrm{j}\dfrac{3X_{2\Sigma}X_{0\Sigma}}{X_{2\Sigma}+X_{0\Sigma}}\dot{I}_{\mathrm{a1}} \\ 0 \\ 0 \end{bmatrix} \tag{3-21}$$

3.4.4 正序等效定则

以上三种简单的不对称短路时短路电流正序分量的算式可以统一写成

$$\dot{I}_{\mathrm{a1}}^{(n)} = \frac{\dot{E}_{\Sigma}}{\mathrm{j}(X_{1\Sigma}+X_{\Delta}^{(n)})} \tag{3-22}$$

故障相电流为

$$\dot{I}_{f}^{(n)} = M\dot{I}_{\mathrm{a1}}^{(n)} \tag{3-23}$$

式中，$X_{\Delta}^{(n)}$ 为附加电抗，其值随短路的类型不同而不同，上角标（n）代表短路类型，即单相短路时，$X_{\Delta}^{(1)}=X_{2\Sigma}+X_{0\Sigma}$；两相短路时，$X_{\Delta}^{(2)}=X_{2\Sigma}$；两相短路接地时，$X_{\Delta}^{(1,1)}=X_{2\Sigma}//X_{0\Sigma}$。

式（3-22）表明了一个很重要的概念：在简单不对称短路的情况下，短路点电流的正序分量，与在短路点每一相中加入附加电抗 $X_{\Delta}^{(n)}$ 而发生三相短路时的电流相等。这个概念称为正序等效定则，构成的网络称为正序增广网络。

根据以上的讨论，可以得到一个结论：简单不对称短路电流的计算，归根结底，不外乎先求出系统对短路点的负序和零序输入电抗 $X_{2\Sigma}$ 和 $X_{0\Sigma}$，再根据短路的不同类型组成附加电抗 $X_{\Delta}^{(n)}$，将它接入短路点，然后就像计算三相短路一样，算出短路点的正序电流。所以，前面讲过的计算三相短路电流的各种方法也适用于计算不对称短路。X_{Δ} 和 M 的取值见表 3-1。

表 3-1　各种短路时的 X_{Δ} 和 M

短路类型	X_{Δ}	M
三相短路	0	1
单相短路	$X_{2\Sigma}+X_{0\Sigma}$	3
两相短路	$X_{2\Sigma}$	$\sqrt{3}$
两相接地短路	$X_{2\Sigma}//X_{0\Sigma}$	$\sqrt{3}\sqrt{1-\dfrac{X_{2\Sigma}X_{0\Sigma}}{X_{2\Sigma}+X_{0\Sigma}}}$

3.4.5 短路计算的流程和源程序

基于正序等效定则，短路计算的流程如图 3-6 所示。短路计算的源程序详见程序 3，在运行程序时需要在命令行窗口输入短路类型。短路类型用数字表示，其中，1 表示单相接地短路，2 表示两相短路，3 表示三相短路，4 表示两相接地短路。

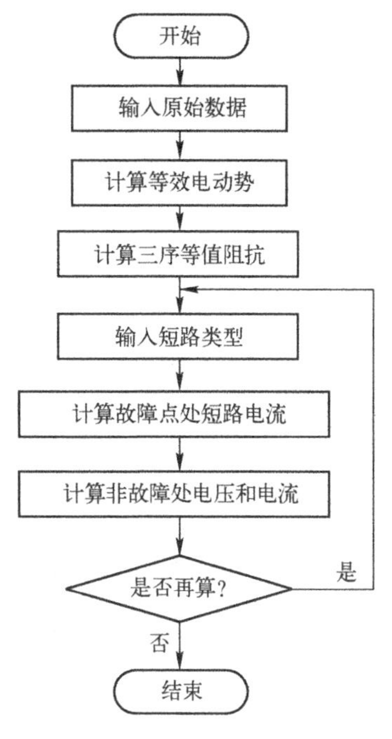

图 3-6　短路计算的流程图

3.4.6　短路计算的案例分析

短路计算的案例系统接线如图 3-7a 所示，以 f 点发生短路故障为例，计算短路电流。图 3-7a 系统中各元件参数如下。

发电机：$S_N=120\ \text{MV}\cdot\text{A}$，$U_N=10.5\ \text{kV}$，$E_1=1.67$，$x_1=0.9$，$x_2=0.45$；

变压器 T-1：$S_N=60\ \text{MV}\cdot\text{A}$，$U_s\%=10.5$，$k_{T1}=10.5/115$；T-2　$S_N=60\ \text{MV}\cdot\text{A}$，$U_s\%=10.5$，$k_{T2}=115/6.3$；

线路：$L=105\ \text{km}$，每回路参数为 $x_1=0.4\ \Omega/\text{km}$，$x_0=3x_1$；

负荷 LD-1：$S_N=60\ \text{MV}\cdot\text{A}$，$x_1=1.2$，$x_2=0.35$；LD-2：$S_N=40\ \text{MV}\cdot\text{A}$，$x_1=1.2$，$x_2=0.35$。

在进行短路计算时，首先计算各元件参数的标幺值。对于三相短路需要计算各元件的正序参数；对于两相短路需要计算各元件的正序和负序参数；对于不对称、接地短路，除了需要计算各元件的正序和负序参数，根据具体情况计算元件的零序参数。f 点发生短路故障时的正序网络、负序网络、零序网络分别如图 3-7b～d 所示。

根据图 3-7 所示系统参数，运行短路计算源程序，在命令行窗口会依次输出（见图 3-8）：等效电动势、正序网络的节点导纳矩阵、正序网络的节点阻抗矩阵、正序网络的等值阻抗、负序网络的节点导纳矩阵、负序网络的节点阻抗矩阵、负序网络的等值阻抗、零序网络的节点导纳矩阵、零序网络的节点阻抗矩阵、零序网络的等值阻抗。

在命令行窗口出现“请输入短路类型:”后，输入数字 1 会输出单相接地短路电流，输入数字 2 会输出两相短路电流，输入数字 3 会输出三相短路电流，输入数字 4 会输出两相接地短路电流，如图 3-9 所示。

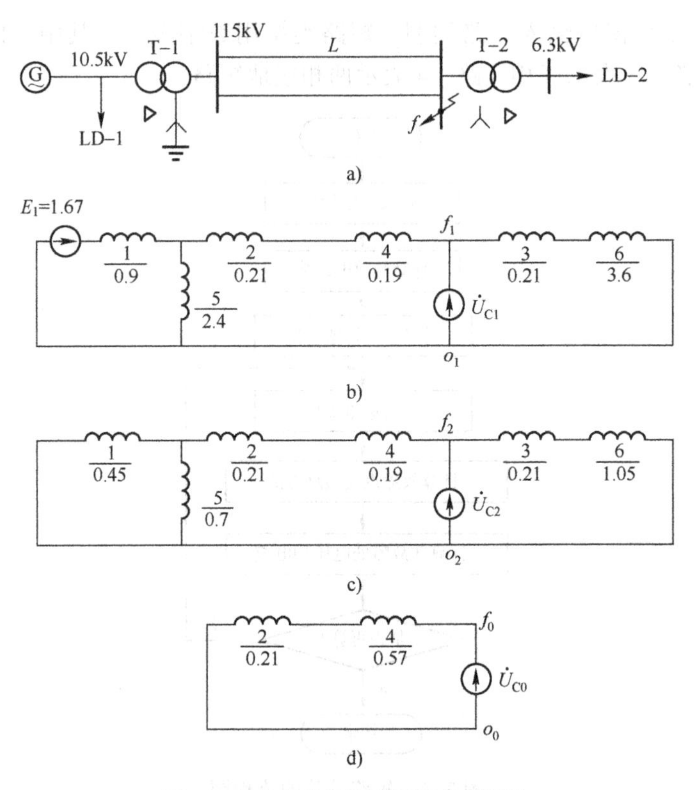

图 3-7　电力系统接线图及各序网络

a）接线图　b）正序网络　c）负序网络　d）零序网络

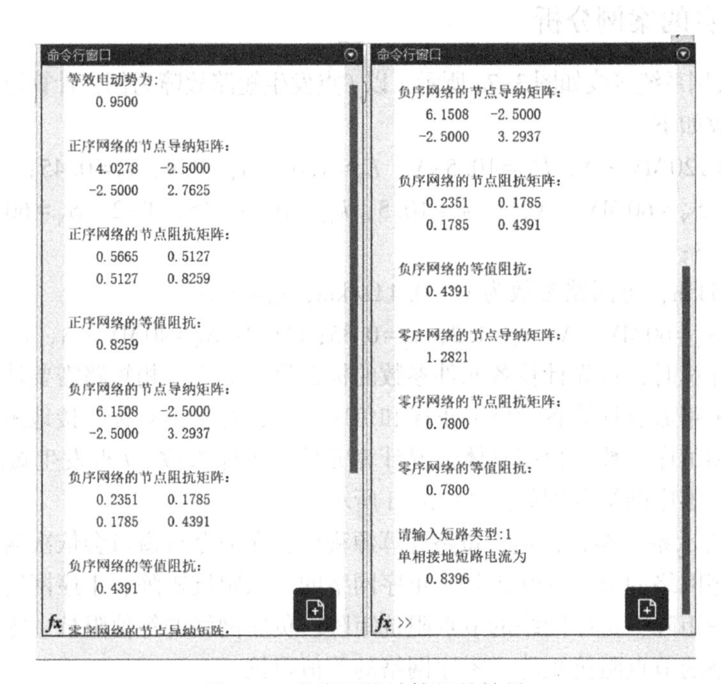

图 3-8　各序网络计算相关结果

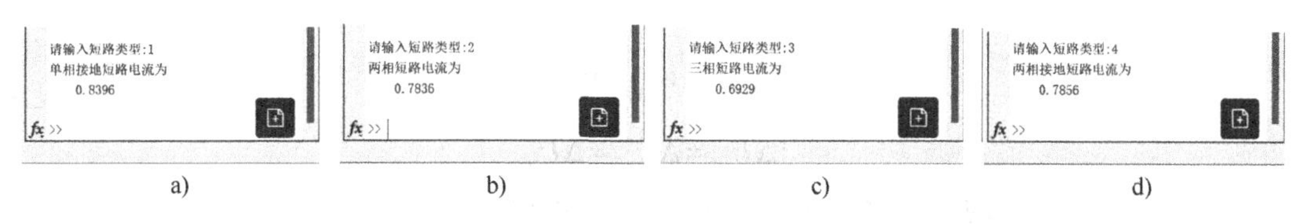

图 3-9　短路电流计算结果
a）单相接地短路　b）两相短路　c）三相短路　d）两相接地短路

3.5　断线计算

电力系统的短路故障通常称为横向故障，指的是在网络的节点 f 处出现了相与相之间或相与零电位点之间不正常接通的情况。发生横向故障时，由故障节点 f 同零电位节点组成故障端口。不对称故障的另一种类型是纵向故障，指的是网络中的两个相邻节点 f 和 f'（都不是零电位节点）之间出现了不正常断开或三相阻抗不相等的情况。发生纵向故障时，由 f 和 f' 这两个节点组成故障端口。

纵向故障同横向不对称故障一样，也只是在故障端口出现了某种不对称状态，系统其余部分的参数还是三线对称的。可以应用对称分量法进行分析。首先在故障端口 ff' 插入一组不对称电动势源来代替实际存在的不对称状态，然后将这组不对称电动势源分解成正序、负序和零序分量。根据叠加原理，分别画出各序的等值网络。若网络各元件都用纯电抗表示，则各序网络故障端口的电压方程式为

$$\begin{cases}\dot{U}_{ff'}^{(0)}-Z_{1\Sigma}\dot{I}_{a1}=\Delta\dot{U}_{a1}\\-Z_{2\Sigma}\dot{I}_{a2}=\Delta\dot{U}_{a2}\\-Z_{0\Sigma}\dot{I}_{a0}=\Delta\dot{U}_{a0}\end{cases}\tag{3-24}$$

式中，$\dot{U}_{ff'}^{(0)}$ 为故障端口 ff' 的开路电压，即当 f、f' 两点间断开时，网络内的电源在端口 ff' 产生的电压；$Z_{1\Sigma}$、$Z_{2\Sigma}$、$Z_{0\Sigma}$ 分别为正序网络、负序网络和零序网络从故障端口 ff' 看进去的等值阻抗（又称为故障端口 ff' 的各序输入阻抗）。

若网络各元件都用纯电抗表示，则式（3-24）可以写成

$$\begin{cases}\dot{U}_{ff'}^{(0)}-\mathrm{j}X_{1\Sigma}\dot{I}_{a1}=\Delta\dot{U}_{a1}\\-\mathrm{j}X_{2\Sigma}\dot{I}_{a2}=\Delta\dot{U}_{a2}\\-\mathrm{j}X_{0\Sigma}\dot{I}_{a0}=\Delta\dot{U}_{a0}\end{cases}\tag{3-25}$$

式（3-24）或式（3-25）包含 6 个未知量，因此，还必须根据非全相断线的具体边界条件列出另外 3 个方程才能求解。

3.5.1　一相断线故障的计算

以 a 相断线为例，其故障处的边界条件为

$$\dot{I}_{a}=0,\quad \Delta\dot{U}_{b}=\Delta\dot{U}_{c}=0\tag{3-26}$$

故障点处的序分量边界条件为

$$\begin{cases}\dot{I}_{a1}+\dot{I}_{a2}+\dot{I}_{a0}=0\\ \Delta\dot{U}_{a1}=\Delta\dot{U}_{a2}=\Delta\dot{U}_{a0}\end{cases} \tag{3-27}$$

与式（3-27）对应的复合序网如图 3-10 所示，可得

$$\begin{cases}\dot{I}_{a1}=\dfrac{\dot{U}_{ff'}^{(0)}}{\mathrm{j}(X_{1\Sigma}+X_{2\Sigma}//X_{0\Sigma})}\\ \dot{I}_{a2}=-\dfrac{X_{0\Sigma}}{X_{2\Sigma}+X_{0\Sigma}}\dot{I}_{a1}\\ \dot{I}_{a0}=-\dfrac{X_{2\Sigma}}{X_{2\Sigma}+X_{0\Sigma}}\dot{I}_{a1}\\ \dot{U}_{a1}=\dot{U}_{a2}=\dot{U}_{a0}=\mathrm{j}\dfrac{X_{2\Sigma}X_{0\Sigma}}{X_{2\Sigma}+X_{0\Sigma}}\dot{I}_{a1}\end{cases} \tag{3-28}$$

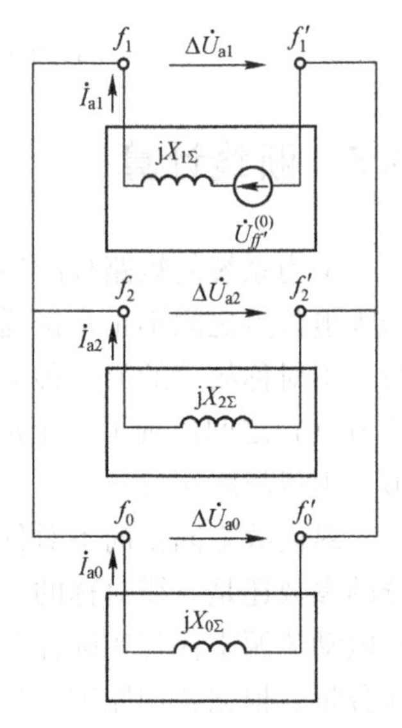

图 3-10　a 相断开的复合序网

短路点各相电流为

$$\begin{bmatrix}\dot{I}_a\\ \dot{I}_b\\ \dot{I}_c\end{bmatrix}=\begin{bmatrix}1&1&1\\ a^2&a&1\\ a&a^2&1\end{bmatrix}\begin{bmatrix}\dot{I}_{a1}\\ \dot{I}_{a2}\\ \dot{I}_{a0}\end{bmatrix}=\begin{bmatrix}0\\ \dfrac{-3X_{2\Sigma}-\mathrm{j}\sqrt{3}(X_{2\Sigma}+2X_{0\Sigma})}{2(X_{2\Sigma}+X_{0\Sigma})}\dot{I}_{a1}\\ \dfrac{-3X_{2\Sigma}+\mathrm{j}\sqrt{3}(X_{2\Sigma}+2X_{0\Sigma})}{2(X_{2\Sigma}+X_{0\Sigma})}\dot{I}_{a1}\end{bmatrix} \tag{3-29}$$

短路点各相对地电压为

$$\begin{bmatrix}\Delta\dot{U}_a\\ \Delta\dot{U}_b\\ \Delta\dot{U}_c\end{bmatrix}=\begin{bmatrix}1&1&1\\ a^2&a&1\\ a&a^2&1\end{bmatrix}\begin{bmatrix}\Delta\dot{U}_{a1}\\ \Delta\dot{U}_{a2}\\ \Delta\dot{U}_{a0}\end{bmatrix}=\begin{bmatrix}\mathrm{j}\dfrac{3X_{2\Sigma}X_{0\Sigma}}{X_{2\Sigma}+X_{0\Sigma}}\dot{I}_{a1}\\ 0\\ 0\end{bmatrix} \tag{3-30}$$

3.5.2　两相断线故障的计算

以 b、c 两相断开为例，其故障处的边界条件为

$$\dot{I}_b=\dot{I}_c=0,\quad \Delta\dot{U}_a=0 \tag{3-31}$$

b、c 两相断开的复合序网如图 3-11 所示，可得

$$\begin{cases}\dot{I}_{a2}=\dot{I}_{a0}=\dot{I}_{a1}=\dfrac{\dot{U}_{ff'}^{(0)}}{\mathrm{j}(X_{1\Sigma}+X_{2\Sigma}+X_{0\Sigma})}\\ \Delta\dot{U}_{a1}=\dot{U}_{ff'}^{(0)}-\mathrm{j}X_{1\Sigma}\dot{I}_{a1}=\mathrm{j}(X_{2\Sigma}+X_{0\Sigma})\dot{I}_{a1}\\ \Delta\dot{U}_{a2}=-\mathrm{j}X_{2\Sigma}\dot{I}_{a1}\\ \Delta\dot{U}_{a0}=-\mathrm{j}X_{0\Sigma}\dot{I}_{a1}\end{cases} \tag{3-32}$$

非故障相电流为

$$\dot{I}_a=\dot{I}_{a1}+\dot{I}_{a2}+\dot{I}_{a0}=3\dot{I}_{a1} \tag{3-33}$$

故障相端口电压为

$$\begin{bmatrix}\Delta\dot{U}_a\\ \Delta\dot{U}_b\\ \Delta\dot{U}_c\end{bmatrix}=\begin{bmatrix}1&1&1\\ a^2&a&1\\ a&a^2&1\end{bmatrix}\begin{bmatrix}\Delta\dot{U}_{a1}\\ \Delta\dot{U}_{a2}\\ \Delta\dot{U}_{a0}\end{bmatrix}=\begin{bmatrix}0\\ \frac{\sqrt{3}}{2}[(2X_{2\Sigma}+X_{0\Sigma})-\mathrm{j}\sqrt{3}X_{0\Sigma}]\dot{I}_{a1}\\ \frac{\sqrt{3}}{2}[-(2X_{2\Sigma}+X_{0\Sigma})-\mathrm{j}\sqrt{3}X_{0\Sigma}]\dot{I}_{a1}\end{bmatrix} \tag{3-34}$$

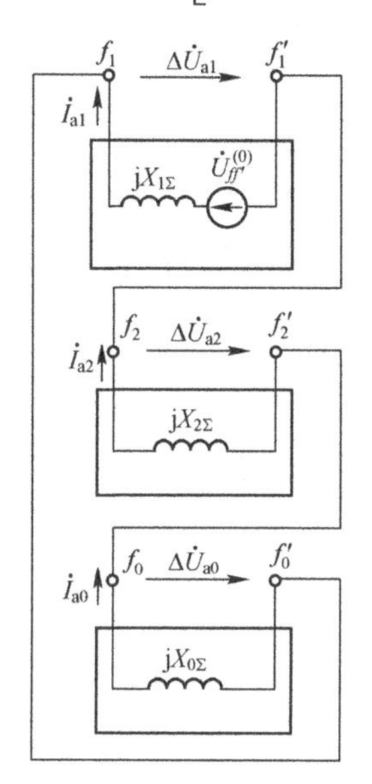

图 3-11　b、c 两相断开的复合序网

3.5.3　断线计算案例分析

断线计算源程序详见程序 4。断线计算的案例系统接线如图 3-12a 所示，以 f 点发生单相断线、两相断线故障为例，计算断线时的电流。在图 3-12a 所示的电力系统中，分析计算平行输电线中的线路Ⅰ首端 a 相断线、bc 两相断线，断开相的端口电压和非断开相的电流。图 3-12 中系统各元件的参数与图 3-7 系统中各元件参数相同。每回输电线路本身的零序电抗为 0.8 Ω/km，两回平行线路间的零序互感抗为 0.4 Ω/km。

在进行断线分析计算时，需要先计算各序参数，绘制各序等效电路，并绘制复合序网，图 3-12b 给出 a 相断线时的复合序网，根据 3.5.2 节中内容可以绘制 bc 两相断线时的复合序网。运行断线计算源程序，会在命令行窗口依次输出：等效电动势、正序网络的等值阻抗、负序网络的等值阻抗、零序网络的等值阻抗。

在命令行窗口出现“请输入断线类型：”后，输入数字 1 会输出单相断线时的正序电流、故障相端口电压、非故障相电流，输入数字 2 会输出两相断线时的正序电流、故障相端口电压、非故障相电流，如图 3-13 所示。

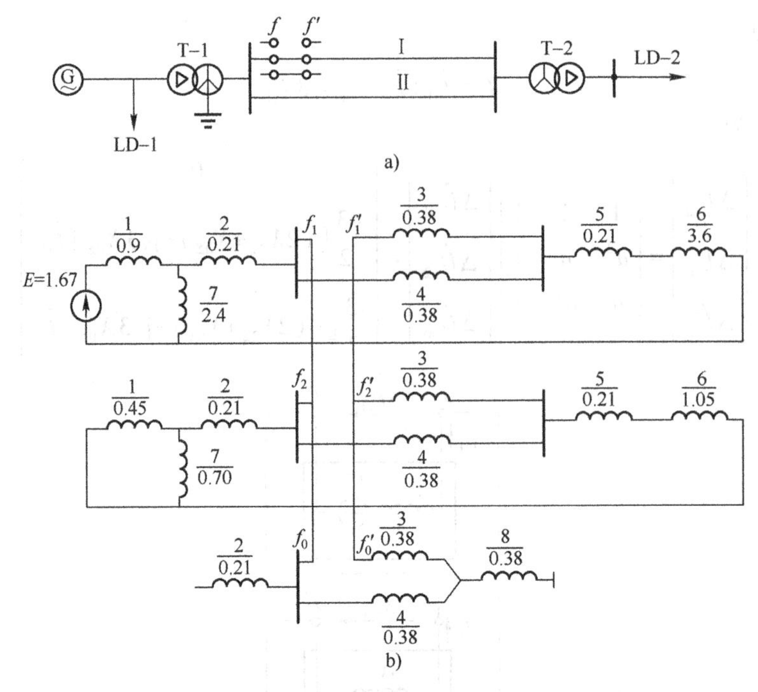

图 3-12　电力系统接线图及其单相断线时的复合序网

a）系统接线图　b）单相断线时的复合序网

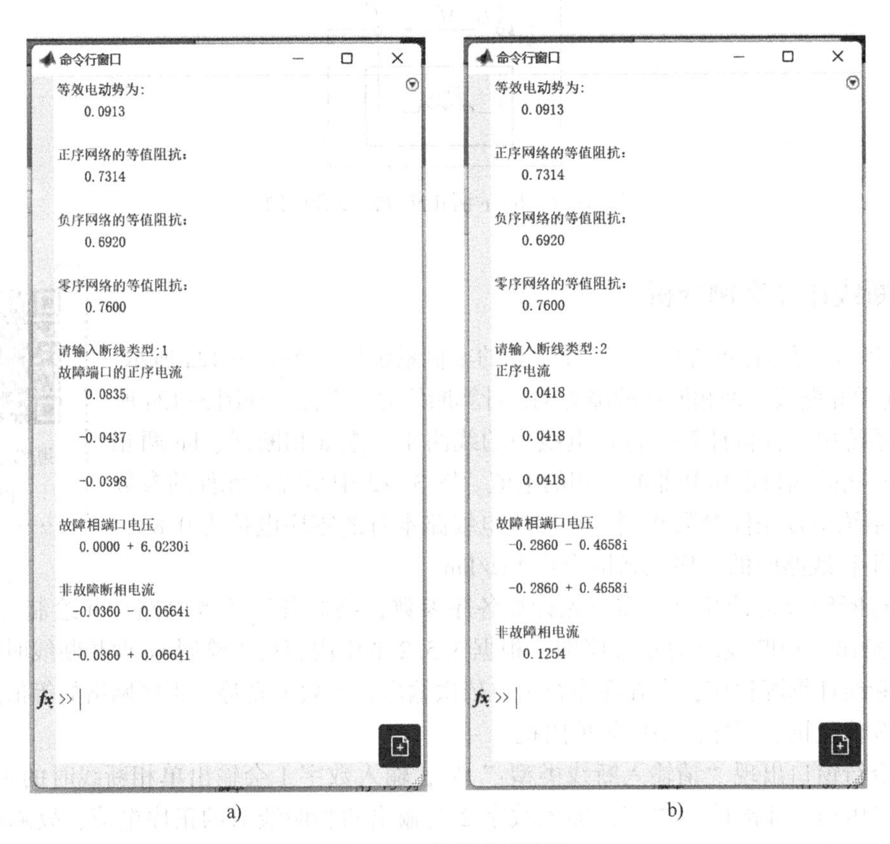

图 3-13　断线计算结果

a）单相断线　b）两相断线

3.6 小结

采用叠加定理可以分析电力系统的对称短路。对称分量法是分析电力系统中不对称短路或断线故障的有效方法。在利用计算机分析电力系统故障时，为便于计算机求解，可以利用正序等效定则计算短路电流。本章基于案例分析以及源程序，介绍了正序等效定则在短路电流计算中的应用。在分析断线故障时，可以先绘制复合序网，然后计算故障电流。

习题

3.1　请说明计算机分析对称故障和不对称故障的一般流程。

3.2　对于图 3-7 所示系统，若变压器 T-2 的联结组标号改为 YNd11（$Y_0/\Delta-11$），问不同类型短路计算将发生怎样的变化？

3.3　对于图 3-12 所示系统，若去掉负荷 LD-1 和 LD-2，再利用计算机计算 f 点发生单相断线、两相断线故障电流。

第二篇 电力系统仿真分析

第4章 基于MATLAB/Simulink的电力系统故障仿真分析

电力系统故障分析主要是研究电力系统中由于故障所引起的电磁暂态过程。基于MATLAB/Simulink的电力系统故障仿真分析，有利于明确故障发生的原因、发展过程及后果，对于防止电力系统故障并减少故障引起的损失非常重要。

本章首先介绍Simulink模块库及电力系统主要元件等效模型，然后介绍无限大功率电源三相短路仿真分析、同步发电机三相短路仿真分析、电力系统三相短路仿真分析、电力系统不对称短路仿真分析以及电力系统断线仿真分析。

4.1 Simulink模块库及电力系统主要元件等效模型

Simulink是MATLAB中的一种可视化仿真工具，用于多域仿真以及基于模型的设计。它支持系统设计、仿真、自动代码生成以及嵌入式系统的连续测试和验证。Simulink提供图形编辑器、可自定义的模块库以及求解器，能够进行动态系统建模和仿真。它使用图形化的系统模块对动态系统进行描述，并在此基础上采用MATLAB的计算引擎对动态系统在时域内进行求解。Simulink应用领域包括汽车、航空、工业自动化、通信、控制、信号处理、电力系统、机电系统、信号处理等方面。

4.1.1 Simulink模块库

Simulink最初是为控制系统的仿真而建立的工具箱，在使用中易编程、易扩展，可以解决MATLAB不易解决的非线性、变系数等问题。

由于各个领域所用的元件并不相同，Simulink为此专门设置了模块库，在模块库里，不同领域的元件被分成类，供用户查找和使用。在Simulink环境下用电力系统模块库的模块，可以方便地进行*RLC*电路、电力电子电路、电力系统和电机控制系统等的仿真。

单击MATLAB工具栏中的或在命令行窗口输入“simulink”命令，会显示图4-1所示界面，可以新建或打开仿真模型，然后单击模块库浏览器按钮，会显示图4-2所示的Simulink模块库浏览器。在Simulink模块库浏览器中，将各种模块库按照树状结构进行罗列，以方便用户查询。在电力系统仿真分析中不可缺少的模块库包括标准Simulink模块库和电力系统模块库。

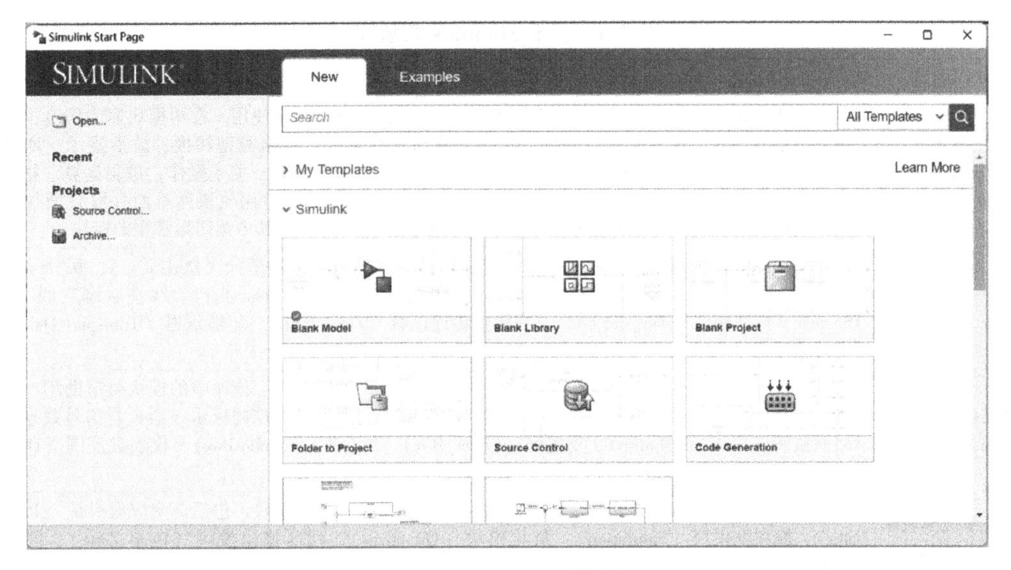

图 4-1　Simulink 开始界面

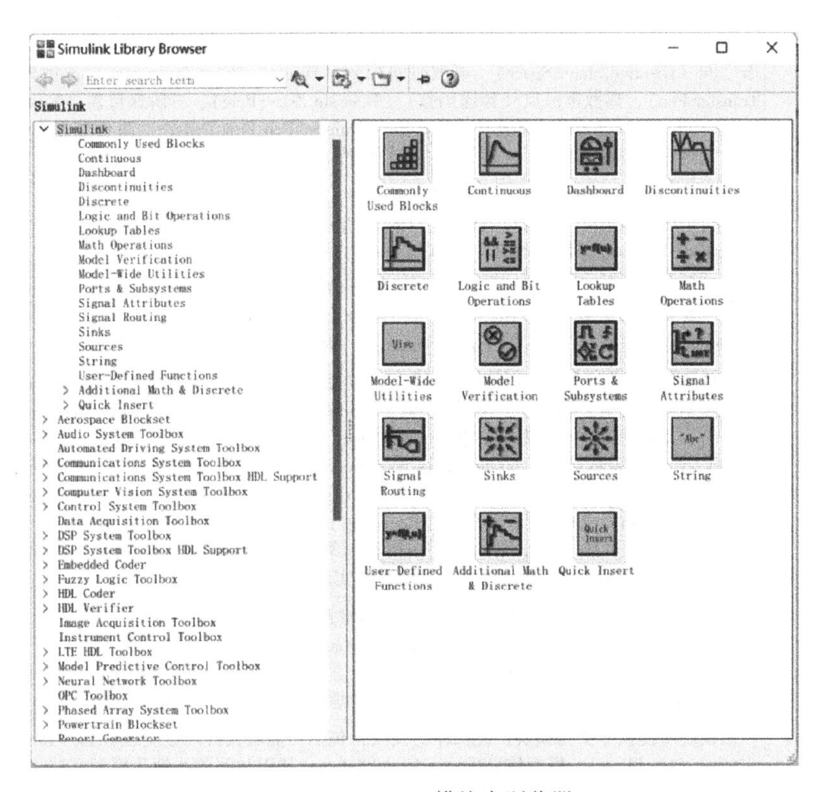

图 4-2　Simulink 模块库浏览器

标准 Simulink 模块库在树状结构图窗口中名为“Simulink”，如图 4-2 所示，该模块库包含的模块及其作用见表 4-1。了解标准 Simulink 模块库中各模块的作用是熟练掌握 Simulink 的基础。其每个子库中又包含不同的模块，例如，单击图 4-2 中的“Sources”模块库，会在打开“Sources”信号源模块库，如图 4-3 所示。

表 4-1　标准 Simulink 模块库

模块库名称	作　用
常用模块库 (Commonly Used Blocks)	该模块库将各模块库中最经常使用的模块放在一起，方便用户使用。常用模块库为仿真提供信号输入、信号输出、信号合并与分解、总线创建与总线选择、数据类型转换、波形显示、四则运算(能实现多个数的加减、乘除和单个数的增益运算)、常数、延时、关系操作、逻辑运算、接地、终止、开关选择、向量级联（Vector Concatenate)、子系统模块。常用模块库里面并没有增加新的模块，其中的模块均来自于其他不同子模块库，方便了用户能够在其中调用最常用的模块
连续系统模块库 (Continuous)	该模块库提供了用于构建连续控制系统仿真模型的模块，包括微分（Derivative)、积分（Integrator)、二阶积分（Second Order Integrator)、PID 控制器（PID Controller)、线性状态空间（State-Space)、传递函数（Transfer Fcn)、零极点传递函数（Zero-Pole)、传输延迟（Transport Delay)、可变传输延迟（Variable Transport Delay）等模块
仪表盘模块库 (Dashboard)	该模块库提供各种仪表以及一些开关、滑条等可视化仪器仪表。该库中的模块可帮助用户在仿真过程中和在仿真暂停时控制和可视化模型，允许用户使用仪表和控制板示波器查看信号数据，包括回调按钮（Callback Button)、复选框（Check Box)、组合框（Combo Box)、仪表盘范围（Dashboard Scope)、编辑（Edit）等模块
非连续系统模块库 (Discontinuities)	该模块库用于模拟各种非线性环节，提供一些常用的非线性模块，包括比率限幅模块（Rate Limiter)、饱和度模块（Saturation)、量化模块（Quantizer)、死区输出模块（Dead Zone)、继电模块（Relay）等
离散系统模块库 (Discrete)	该模块库的功能基本与连续系统模块库相对应，但它是对离散信号的处理，为仿真提供离散元件模块，主要用于建立离散采样的系统模型，包括延迟（Delay)、差分（Difference)、离散微分（Discrete Derivative)、离散滤波器（Discrete Filter)、离散 PID 控制器（Discrete PID Controller)、离散状态空间（Discrete State-Space)、离散时间积分（Discrete-Time Integrator)、离散传递函数（Discrete Transfer Fcn)、离散零极点（传递函数）（Discrete Zero-Pole)、一阶保持器（First-Order Hold)、存储器（Memory)、一阶（离散）传递函数（Transfer Fcn First Order)、单位延迟（Unit Delay)、可变积分延迟（Variable Integrator Delay)、零阶保持器（Zero-Order-Hold）等模块
逻辑与位操作模块库 (Logic and Bit Operations)	该模块库提供了用于完成各种逻辑与位操作（包括逻辑比较、位设置等）的模块，包括复合逻辑(Combinational Logic)、逻辑运算符（Logical Operator)、位逻辑运算符（Bitwise Operator)、与零比较(Compare To Zero)、检测跳变（Detect Change）等模块
查表模块库 (Lookup Tables)	该模块库的主要功能是利用查表法近似拟合函数值，实现各种一维、二维或者更高维函数的查表，包括一维查表（1-D Look-Up Table)、二维查表（2-D Look-Up Table)、n 维查表（n-D Look-Up Table)、动态查表（Look-Up Table Dynamic)、预查找（Prelook-Up）等模块
数学运算模块库 (Math Operations)	该模块库提供了用于完成各种数学运算（包括加、减、乘、除以及复数计算、函数计算等）的模块，包括求和模块（Sum)、乘法模块（Product)、矢量的点乘模块（Dot Product)、增益模块(Gain)；常用数学函数模块（包含 exp、log、log10、square、sqrt、pow、reciprocal、hypot、rem、mod 等)；三角函数模块（Trigonometric Function)，用于对输入信号进行三角函数运算，共有 10 种三角函数供选择；特殊数学模块，包括求最小最大值模块（MinMax)、取绝对值模块（Abs)、符号函数模块（Sign)、取整数函数模块（Rounding Function）等；复数运算模块，包括计算复数的模与辐角（Complex to Magnitude-Angle)、由模和辐角计算复数（Magnitude-Angle to Complex)、提取复数实部与虚部（Complex to Real-Imag)、由复数实部和虚部计算复数（Real-Imag to Complex）等
模块声明库 (Model Verification)	该模块库提供了显示模块声明的模块，包括检查信号/声明（Assertion)、检查信号动态间隙（Check Dynamic Gap)、检查信号动态范围（Check Dynamic Range)、检查信号静态间隙（Check Static Gap)、检查信号静态范围（Check Static Range)、检查信号离散梯度（Check Discrete Gradient)、检查信号动态下限（Check Dynamic Lower Bound)、检查信号输入分辨率（Check Input Resolution）等模块
模块扩充功能库 (Model-Wide Utilities)	该模块库提供了支持模块扩充操作的模块，包括功能块支持的数据表查看（Block Support Table)、文档块（DocBlock)、模型信息显示（Model Info)、基于时间的线性化模型（Timed-Based Linearization)、基于触发器的线性化模型（Trigger-Based Linearization）等模块
端口和子系统模块库 (Ports & Subsystems)	该模块库提供了许多按条件判断执行的使能和触发模块，还包括重要的子系统模块，包括输入(Inport)、输出（Outport)、子系统（Subsystem)、模型（Model)、单元系统配置（Unit System Configuration)、可配置子系统（Configurable Subsystem)、触发子系统（Triggered Subsystem)、函数调用子系统（Function-Call Subsystem)、选择执行子系统（Switch Case Action Subsystem）等模块
信号属性模块库 (Signal Attributes)	为仿真提供修改信号属性的模块，包括数据类型转换（Data Type Conversion)、总线转换为向量(Bus to Vector)、继承的数据类型转换（Data Type Conversion Inherited)、数据类型复制（Data Type Duplicate)、数据类型继承（Data Type Propagation)、数据类型缩放（Data Type Scaling Strip)、设置信号的初始值（IC)、速率转换（Rate Transition)、信号转换（Signal Conversion）等模块

（续）

模块库名称	作　　用
信号数据流模块库（Signal Routing）	该模块库提供了用于仿真系统中信号和数据各种流向控制操作的模块，包括总线元件信号输入（Bus Element In）、总线元件信号输出（Bus Element Out）、总线分配（Bus Assignment）、总线创建（Bus Creator）、总线信号选择（Bus Selector）、混路器（Mux）、分路器（Demux）、信号合成（Merge）、来自/接收信号（From）、转到/传输信号（Goto）、选择器（Selector）、选择开关（Switch）、状态读取器（State Reader）等模块
接收器模块库（Sinks）	该模块库提供了多种常用的显示和记录仪表，用于观察信号的波形或记录信号数据，包括示波器模块（Scope）、二维信号显示模块（XY Graph）、显示模块（Display）、输出到文件模块（To File）、输出到工作空间模块（To Workspace）、终止信号模块（Terminator）、结束仿真模块（Stop Simulation）、输出模块（Out）等
信号源模块库（Sources）	该模块库提供了多种常用的信号发生器，用于产生系统的激励信号，并且可以从 MATLAB 工作空间及 . mat 文件中读入信号数据。该库提供向仿真模型输入信号的模块，包括输入常数模块（Constant）、信号源发生器模块（Signal Generator）（产生不同的信号，如正弦波、方波、锯齿波信号）、从文件读取信号模块（From File）、从工作空间读取信号模块（From Workspace）、随机数模块（Random Number）、带宽限制白噪声模块（Band Limited White Noise）等
字符串操作模块库（String）	提供各种字符串转换函数模块，包括 ASCII 转换为字符串（ASCII to String）、合成字符串（Compose String）、扫描字符串（Scan String）、字符串比较（String Compare）、字符串转换为 ASCII（String to ASCII）、字符串转换为双精度信号（String to Double）、字符串转换为单个信号（String to Single）等模块
用户自定义函数库（User-Defined Functions）	通过该模块库，用户可以根据需要创建更复杂的函数。该模块库包括自定义函数模块（Fcn）、MATLAB 函数模块（MATLAB Function）、S-函数模块（S-Function）、Simulink 函数模块（Simulink Function）等
附加的数学与离散函数库（Additional Math & Discrete）	包括附加的数学和离散函数库。附加的离散库包括不动点状态空间（Fixed-Point State-Space）、转换函数直接形式 Ⅱ（Transfer Fcn Direct Form Ⅱ）、转换函数时变直接形式 Ⅱ（Transfer Fcn Direct Form Ⅱ Time Varying）模块。附加的数学库包括减少信号真实值（Decrement Real World）、减少存储的整数（Decrement Stored Integer）、减少时间到零（Decrement Time To Zero）、减小信号真实值到零（Decrement To Zero）、增加信号真实值（Increment Real World）、增加存储的整数（Increment Stored Integer）等模块
快速插入函数库（Quick Insert）	该库提供一些快速插入的库函数，如离散库、逻辑库、数学运算库、信号源库、用户自定义函数库等

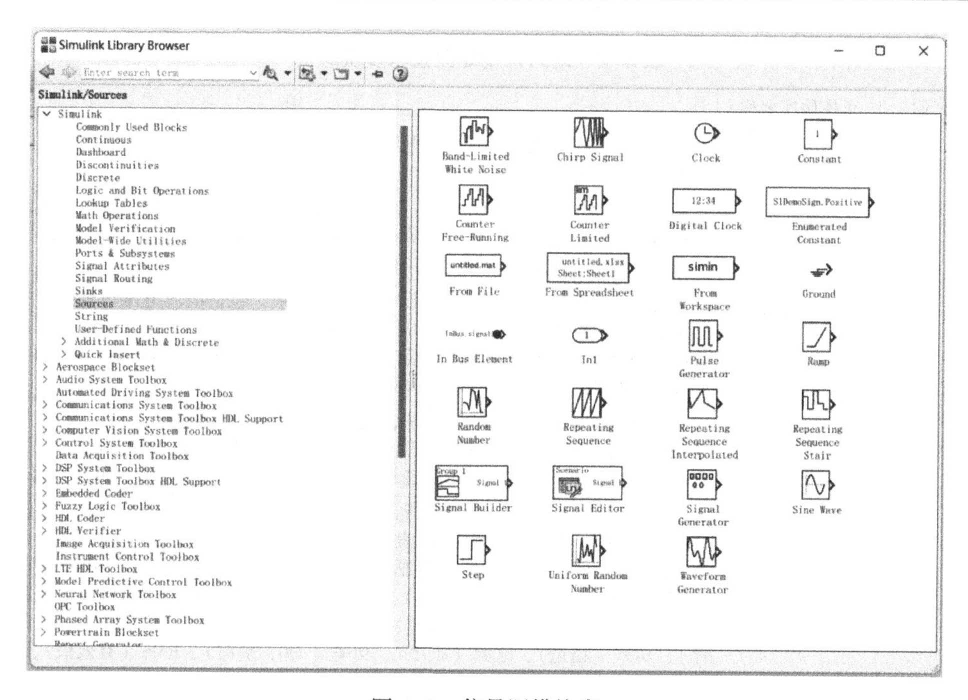

图 4-3　信号源模块库

电力系统模块库在树状结构图窗口中名为“Power Systems”，如图4-4所示，该模块库包含仿真组件（Simscape Components）模块库以及电力系统专业技术（Specialized Technology）模块库。仿真组件模块库包括连接（Connections）、电机（Machines）、无源器件（Passive Devices）、半导体（Semiconductors）、传感器（Sensors）、电源（Sources）、开关和断路器（Switches & Breakers）、控制（Control）子模块库。电力系统专业技术模块库的每个子库中又包含不同的模块，单击子库名称，会在打开相应的子模块库，电力系统专业技术模块库见表4-2。

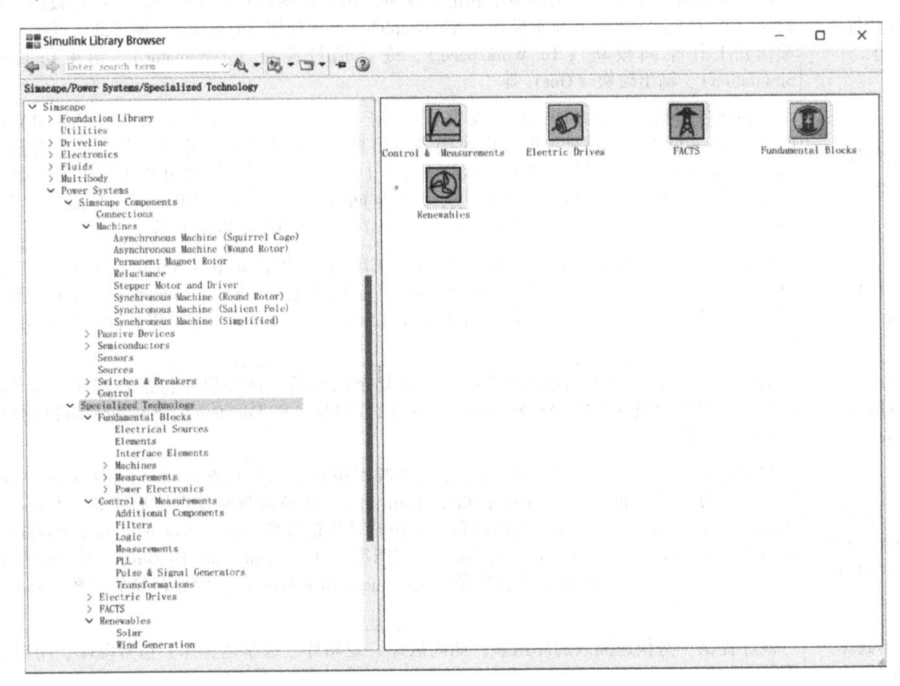

图4-4　电力系统模块库

表4-2　电力系统专业技术模块库

模块库名称	子模块库名称	作　用
基础模块（Fundamental Blocks）	电源（Electric Source）	为仿真提供交流电流源、交流电压源、直流电压源、可控电流源、可控电压源、三相电源、三相可编程电压源模块
	元件（Elements）	为仿真提供单相或三相断路器、分布参数线路（Distributed Parameter Line）、接地、中性点、变压器、接地变压器、单相或三相 *RLC* 并联或串联支路、单相或三相 *RLC* 并联或串联负荷、三相动态负荷、三相故障、滤波器
	接口元件（Interface Element）	为仿真提供电流电压或电流电压仿真接口模块，包括电流电压仿真接口（Current-Voltage Simscape Interface）、电流电压仿真接口（接地）（Current-Voltage Simscape Interface（GND））、电压电流仿真接口（Voltage-Current Simscape Interface）、电压电流仿真接口（接地）（Voltage-Current Simscape Interface（GND））
	电机（Machines）	为仿真提供电动机和发电机模块，包括励磁系统、异步电机、直流电机、通用电力系统稳定器、水轮机和调速器、多波段电力系统稳定器、永磁同步电机、简化同步电机、单相异步电机、汽轮机和调速器、步进电机、开关磁阻电机、同步电机
	测量（Measurements）	为仿真提供电压、电流、功率等测量模块。具体模块包括电压测量、电流测量、三相 $V-I$ 测量、阻抗测量、万用表（Multimeter）、母线潮流、附加测量（Additional Measurements）。其中附加测量包括数字闪变仪、傅里叶、基本（PLL 驱动）、频率（相角）、平均值、平均值（相量）、平均值（变频）、PMU（基于 PLL，正序）、正序（PLL 驱动）、功率（三相，瞬时）、功率（三相，相量）、电源（锁相环驱动，正序）、功率（相量）、电源（正序）、功率（$dq0$，瞬时）、RMS（有效值）、相序分析仪、相序分析仪（相量）、总谐波失真

（续）

模块库名称	子模块库名称	作　用
基础模块（Fundamental Blocks）	电力电子（Power Electronics）	为仿真提供脉冲和信号发生器、Boost转换器、Buck转换器、晶闸管、二极管、半桥转换器、半桥MMC（半桥模块化多电平转换器）、理想的开关、IGBT（绝缘栅双极晶体管）、IGBT/二极管（实现理想的IGBT、GTO或MOSFET和反并联二极管）、MOSFET、三层桥（Three-Level Bridge）、三电平NPC转换器、二电平转换器、二象限DC-DC转换器、通用桥（Universal Bridge）
控制和测量（Control & Measurements）	附加组件（Additional Components）	为仿真提供离散变量延时（Discrete Variable Delay）、离散移位寄存器（Discrete Shift Register）、取样和保存（Sample and Hold）
	滤波器（Filters）	为仿真提供一阶滤波器、超前-滞后过滤器、二阶滤波器、二阶滤波器（可变调谐）
	逻辑（Logic）	为仿真提供双稳态（实现优先S-R触发器）、边缘探测器（Edge Detector，检测逻辑信号状态的变化）、单稳态（Monostable，实现单稳态触发器）、开延迟（接通延迟）、关延迟（关闭延迟）
	测量（Measurements）	为仿真提供测量模块/元件。测量模块/元件包括数字闪变仪、傅里叶、频率（相量）、基本（PLL驱动）、平均值、平均值（相量）、平均值（变频）、正序（PLL驱动）、功率、功率（三相，瞬时）、功率（三相，相量）、功率（$dq0$，瞬时）、功率（相量）、功率（锁相环驱动，正序）、功率（正序）、RMS（有效值）、相序分析仪、相序分析仪（相量）、总谐波失真
	锁相环PLL	为仿真提供锁相环模块/元件，包括PLL、PLL（三相）
	脉冲和信号发生器（Pulse & Signal Generator）	为仿真提供脉冲和信号发生器模块/元件，包括过调制（Overmodulation）、脉冲发生器（晶闸管，十二脉冲）、脉冲发生器（晶闸管，六脉冲）、PWM发生器（2级）（PWM Generator）、PWM发生器（3级）、PWM发生器（DC-DC）、PWM发生器（多级/多电平）、锯齿波发生器（Sawtooth Generator）、楼梯生成器（Stair Generator）、SVPWM发生器（2级）、SVPWM发生器（3级）、三相可编程发生器、三相正弦发生器、三角形发生器
	电气变换（Transformations）	为仿真提供不同坐标系统参数的相互变换，abc三相信号、$\alpha\beta0$静止参考系、$dq0$坐标系、信号的相互转换。包括abc到$dq0$（从abc三相信号变换到$dq0$坐标系信号）、$dq0$到abc（从$dq0$坐标系信号变换到abc三相信号）、Alpha-Beta-Zero至$dq0$、$dq0$到Alpha-Beta-Zero、abc到Alpha-Beta-Zero、Alpha-Beta-Zero到abc
电力驱动/传动（Electric Drives）	交流驱动（AC Drives）	为仿真提供无刷直流电机驱动Brushless DC Motor Drive、DTC异步电机驱动、磁场定向控制异步电机驱动器、五相永磁同步电机驱动、永磁同步电机驱动（Permanent Magnet Synchronous Motor Drive）、自控同步电机驱动、单相异步电机驱动器、六步VSI异步电机驱动、空间矢量PWM VSI异步电机驱动模块
	直流驱动（DC Drives）	为仿真提供四象限单相整流器直流驱动器（Four-Quadrant Single-Phase Rectifier DC Driver）、四象限三相整流器直流驱动器、四象限斩波器直流驱动器（Four-Quadrant Chopper DC Driver）、一象限斩波器直流驱动器、二象限单相整流器直流驱动器、二象限三相整流器直流驱动器、二象限斩波器直流驱动器
	额外电源（Extra Sources）	为仿真提供电池（Battery）、燃料电池组（Fuel Cell Stack）、超级电容器（Supercapacitor）模块
	基本驱动块（Fundamental Drive Blocks）	为仿真提供有源整流器（Active Rectifier）、交流桥式点火装置（Bridge Firing Unit（AC））、直流桥式点火装置（Bridge Firing Unit（DC））、斩波器（Chopper）、循环电流电感器（Circulating Current Inductors）、电流控制器（无刷直流）、电流控制器（DC）、直流母线（DC Bus）、直接转矩控制器、磁场定向控制器（Field-Oriented Controller）、逆变器（五相）、逆变器（三相）、调节开关（Regulating Switch）、六步发生器（Six-Step Generator）、空间矢量调制器（Space Vector Modulator）、速度控制器（AC）、速度控制器（DC）、速度控制器（标量控制）、晶闸管转换器、矢量控制器（PMSM）（Vector Controller（PMSM））、矢量控制器（SPIM）、矢量控制器（WFSM）、电压控制器（直流母线）模块

（续）

模块库名称	子模块库名称	作　用
电力驱动/传动（Electric Drives）	轴和减速器（Shafts and Speed Reducers）	为仿真提供机械轴（Mechanical Shaft）、减速器（Speed Reducer）模块
柔性输电技术（FACTS）	基于电力电子的FACTS（Power-Electronics Based FACTS）	柔性交流输电系统（Flexible Alternative Current Transmission Systems，FACTS） 为仿真提供静态同步补偿器（相量类型）（Static Synchronous Compensator（Phasor Type））、静态同步串联补偿器（相量类型）（Static Synchronous Series Compensator（Phasor Type））、静态无功补偿器（相量类型）（Static Var Compensator（Phasor Type））、统一潮流控制器（相量类型）（Unified Power Flow Controller（Phasor Type））模块
	变压器（Transformers）	有载分接开关/有载调压变压器（On-load Tap Changer，OLTC） 为仿真提供三相OLTC移相变压器三角形六边形（相量类型）（Three-Phase OLTC Phase-Shifting Transformer Delta-Hexagonal（Phasor Type））、三相OLTC变压器（相量类型）（Three-Phase On-Load Voltage Regulating Transformer（Phasor Type））模块
可再生能源（Renewables）	太阳能（Solar）	为仿真提供PV数组（PV Array）——提供光伏阵列模块
	风力发电（Wind Generation）	为仿真提供风力涡轮机（Wind Turbine）——变桨距风力涡轮机的实现模型；风力涡轮机双馈异步发电机（相量类型）（Wind Turbine Doubly-Fed Induction Generator（Phasor Type））——提供风力机组驱动的变速双线异步发电机相量模型；风力涡轮机异步发电机（相量类型）（Wind Turbine Induction Generator（Phasor Type））——提供变桨距风力发电机驱动的笼型异步发电机相量模型

在启动Simulink命令后，建立一个空的模块窗口（例如untitled），然后利用Simulink提供的模块库，在“untitled”窗口中用户可以创建自己需要的Simulink模型。具体方法如下：在模块库浏览器中找到所需模块，选中该模块后右击鼠标，把它加入到一个模型窗口中即可完成模块的建立。双击窗口中模块，可以打开模块的参数设置对话框，改变模型的参数。然后按照电气接线图对各个元件进行连接，设置合适仿真算法和仿真时间，对系统进行调试。最后可以通过示波器等输出装置观察所需物理量的变化情况和数值大小，并得到相关结论。

4.1.2 电力系统主要元件模型

1. 同步发电机模型

（1）同步发电机数学模型

同步发电机是电力系统中重要的元件，其等效电路如图4-5所示。

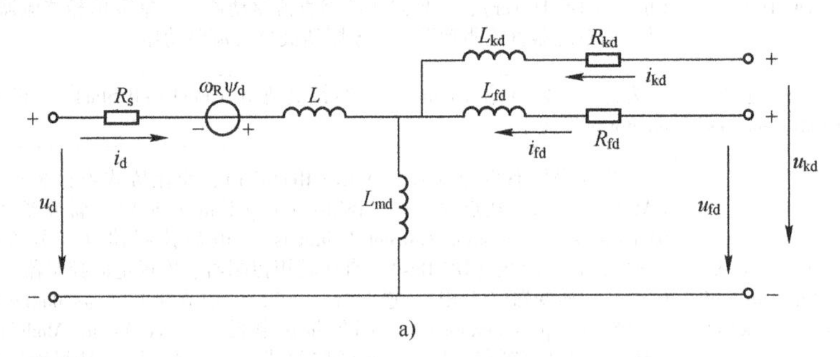

图4-5 同步发电机等效电路

a) d轴等效电路

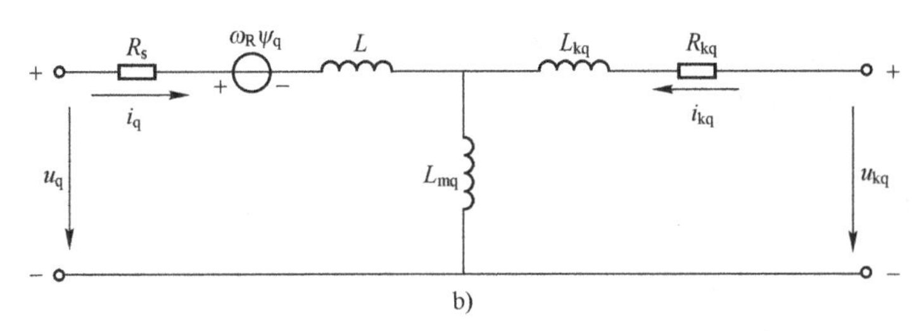

图 4-5　同步发电机等效电路（续）
b）q 轴等效电路

图 4-5 以及本章中，下标 s 表示定子分量；下标 d、q 表示 $dq0$ 坐标系中的直轴和交轴分量；下标 m 表示励磁电感分量；下标 f、k 表示励磁和阻尼绕组分量。

同步发电机的电压方程和磁链方程，分别如下：

$$\begin{cases} u_d = R_s i_d + \dfrac{d\psi_d}{dt} - \omega\psi_q \\ u_q = R_s i_q + \dfrac{d\psi_q}{dt} + \omega\psi_d \\ u_{fd} = R_{fd} i_q + \dfrac{d\psi_{fd}}{dt} \\ u_{kd} = R_{kd} i_{kd} + \dfrac{d\psi_{kd}}{dt} \\ u_{kq} = R_{kq} i_{kq} + \dfrac{d\psi_{kq}}{dt} \end{cases} \tag{4-1}$$

$$\begin{cases} \psi_d = L_d i_d + L_{md} i_{fd} + L_{md} i_{kd} \\ \psi_q = L_q i_q + L_{mq} i_{kq} \\ \psi_{fd} = L_{fd} i_{fd} + L_{md} i_d + L_{md} i_{kd} \\ \psi_{kd} = L_{kd} i_{kd} + L_{md} i_d + L_{md} i_{fd} \\ \psi_{kq} = L_{kq} i_{kq} + L_{mq} i_q \end{cases} \tag{4-2}$$

式中，u 为各个绕组两端的电压；i 为通过各个绕组的电流；R 为定子每相绕组的电阻；ψ 为各个绕组的磁链；L_d 为定子绕组直轴的同步电感；L_q 为定子绕组交轴的同步电感；L_{fd}为直轴电枢反应电感；L_{md}为励磁绕组在直轴电感分量；L_{mq}为励磁绕组在交轴电感分量；L_{kd}为阻尼绕组在直轴电感分量；L_{kq}为阻尼绕组在交轴电感分量；ω 为电角速度。

同步发电机机械系统方程为

$$\begin{cases} \Delta\omega(t) = \dfrac{1}{2H}\int_0^t (T_m - T_e)\,dt - k_d\Delta\omega(t) \\ \omega(t) = \Delta\omega(t) + \omega_0 \end{cases} \tag{4-3}$$

式中，$\Delta\omega(t)$为发电机转子角速度偏差；H 为惯性常数；T_m 为机械转矩；T_e 为电磁转矩；k_d 为阻尼系数；$\omega(t)$为转子角速度；ω_0 为初始角速度。

（2）简化同步发电机模块

在 MATLAB 中，发电机模块可以通过“Simscape”→“Power Systems”→“Specialized Technology”→“Fundamental Blocks”→“Machines”命令找到。电力系统模块库中提供了两

种简化同步发电机的模块，这两种模块在本质上是一致的，唯一不同的是电机各个参数选用的单位不同。两种模块如图 4-6a、b 所示。

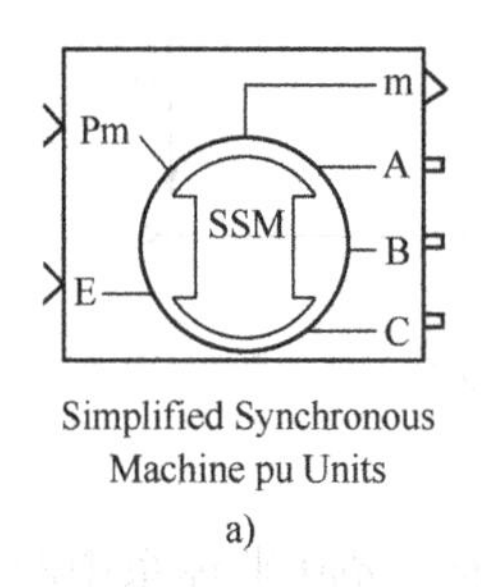

a)

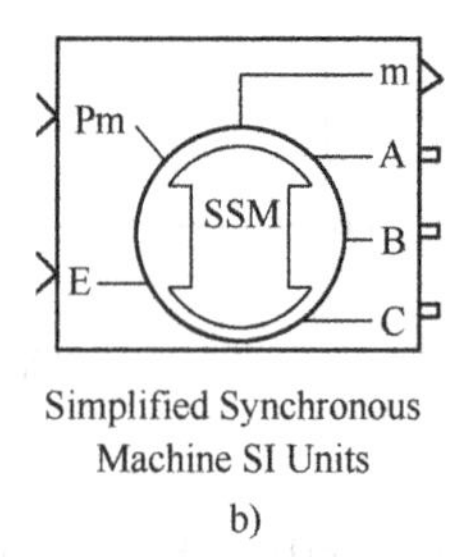

b)

图 4-6　简化的同步发电机模块

a）标幺值下的简化同步发电机模块　b）国际单位制下的简化同步发电机模块

简化的同步发电机模块端子功能如下：

有 2 个输入端子，一个是原动机输入的机械功率 P_m，该值可以是恒定的，也可以是涡轮机和调节器模块的输出；另一个是发电机内部电源的电压 E，可以是恒定的，也可以与稳压器（或电压调节器）相连。

有 1 个输出端子 m，这个端子里共有 12 路信号。这 12 个信号在实际中可以测量出来，在仿真中也可以利用测量信号分离器进行分离，这些信号组成见表 4-3。

有 3 个电气连接端子分别是 A、B 和 C，分别代表发电机定子输出电压的连接端子。

表 4-3　简化同步发电机模型的 12 路输出信号

输　出	符　号	端　口	定　义	单　位
1、2、3	i_{sa}，i_{sb}，i_{sc}	is_abc	定子三相电流	A 或者 p. u.
4、5、6	u_a，u_b，u_c	vs_abc	定子三相电压	V 或者 p. u.
7、8、9	E_a，E_b，E_c	e_abc	电机内部三相电源电压	V 或者 p. u.
10	θ	Thetam	转子角度	rad
11	ω	wm	转子角速度	rad/s 或者 p. u.
12	P_e	Pe	电磁功率	V · A 或者 p. u.

（3）同步发电机模块

电力系统模块库中有三种同步发电机模块，这三种模块分别如图 4-7a、b、c 所示。

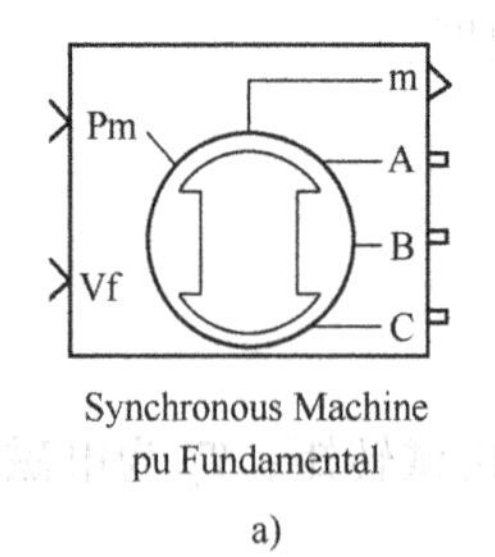

a)

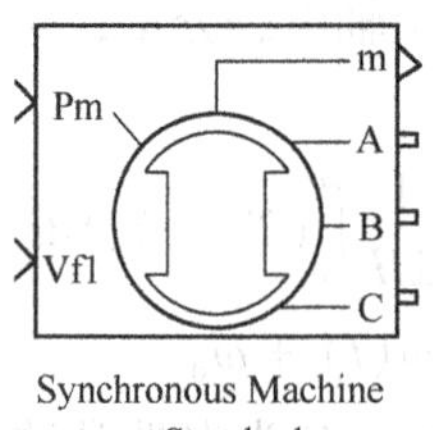

b)

Synchronous Machine
SI Fundamental

c)

图 4-7　同步发电机模块

a）标幺值下的基本模块　b）标幺值下的标准模块　c）国际单位制下的基本模块

同步发电机模块端子功能如下：

有 2 个输入端子，其中一个是电机轴上的机械功率 P_m，轴上功率为正表示在发电机状态下运行，轴上功率为负表示在电动机状态下运行；另一个输入端子 Vf 代表励磁系统提供的励磁电压。

有 1 个输出端子 m，这个端子里共有 22 路信号。这 22 个信号在实际中可以测量出来，在仿真中也可以利用总线分离出来，这些信号组成见表 4-4。

有 3 个电气连接端子分别是 A、B 和 C，分别代表发电机定子输出电压的连接端子。

表 4-4　同步发电机模型输出信号

输　出	符　号	端　口	定　义	单　位
1、2、3	i_{sa}，i_{sb}，i_{sc}	is_abc	定子三相电流	A 或者 p. u.
4、5	i_{sq}，i_{sd}	is_qd	定子 q 轴和 d 轴电流	A 或者 p. u.
6、7、8、9	i_{fd}，i_{kq1}，i_{kq2}，i_{kd}	ik_qd	励磁电流、q 轴和 d 轴阻尼绕组电流	V 或者 p. u.
10、11	ψ_{mq}，ψ_{md}	phim_qd	q 轴和 d 轴磁通量	V · s 或者 p. u.
12、13	u_d，u_q	vs_qd	定子 d 轴和 q 轴电压	V 或者 p. u.
14	$\Delta\theta$	d_theta	转子角偏移量	rad
15	ω_m	wm	转子角速度	rad/s
16	P_e	Pe	电磁功率	V · A 或者 p. u.
17	$\Delta\omega$	dw	转子角速度偏移量	rad/s
18	θ	theta	转子机械角	rad
19	T_e	Te	电磁转矩	N · m 或者 p. u.
20	δ	Delta	功率角	deg
21、22	P_{eo}，Q_{eo}	Peo，Qeo	输出的有功功率和无功功率	V · A 或者 p. u.

（4）各种模块的应用比较

对于简化同步发电机模块，认为其励磁系统足够强，并能在暂态过程中维持暂态电动势恒定。对于快速响应、高顶值倍数的励磁系统，若发电机采用二阶模型，暂态稳定分析结果偏保守；相反，对于慢响应、低顶值倍数的励磁系统，采用二阶模型时结果可能偏乐观。

在基本同步发电机模块中，忽略了定子绕组暂态过程，考虑了励磁绕组、阻尼绕组的动态特性，常用于可忽略转子绕组超瞬变过程但又考虑转子绕组瞬变过程的问题分析。

在标准同步发电机模块中，忽略了定子绕组暂态过程，考虑了励磁绕组、阻尼绕组的暂态过程和转子绕组动态特性，并考虑了电机的凸极效应。因此，它可用于对电力系统暂态稳定分析精度要求较高的情况。

2. 电力变压器模型

（1）变压器的等效电路

变压器是电力系统中重要的元件，具有变换电压的功能，既有电路部分又有磁路部分。由于它们有不同的结构、用途和工作方式，所以有很多种分类方法。变压器的单相等效电路如图 4-8 所示。R_1、R_2、R_3 分别是三个绕组的电阻，L_1、L_2、L_3 分别是三个绕组的漏感，R_m、L_m 分别是励磁支路的电阻和电感。

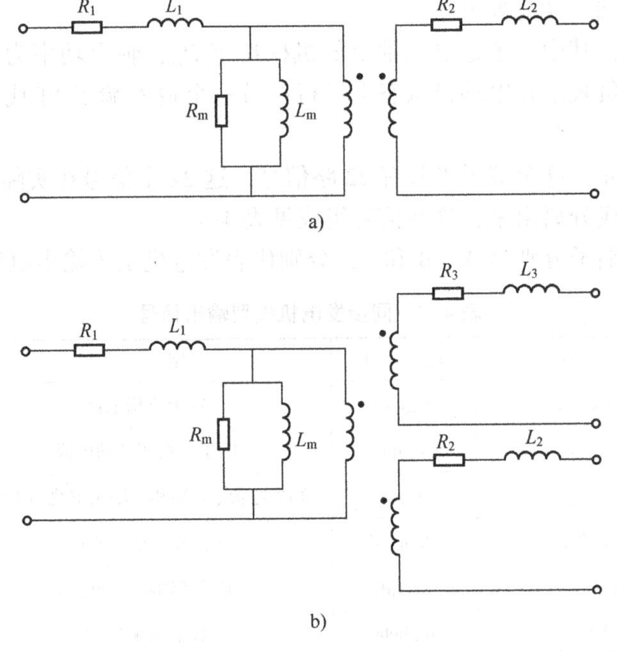

图 4-8　变压器的单相等效电路

a）双绕组变压器　b）三绕组变压器

(2) 三相变压器模块

在 MATLAB 中，变压器模块可以通过 “Simscape” → “Power Systems” → “Specialized Technology” → “Fundamental Blocks” → “Elements” 命令找到。常见的三相变压器模块如图 4-9 所示。

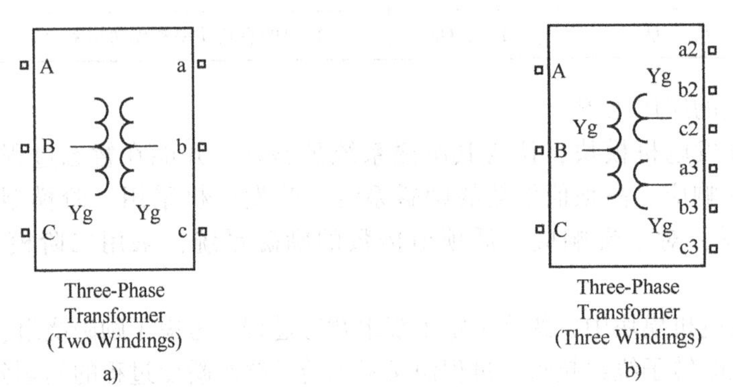

图 4-9　变压器模块

a）三相双绕组变压器模块　b）三相三绕组变压器模块

变压器的一次侧、二次侧有 5 种连接方式，具体连接方式见表 4-5。

表 4-5　变压器一次侧和二次侧的 5 种连接情况

连接方式	端口分布情况
Y联结	3 个端口（A、B、C 或 a、b、c）
Y_n联结	4 个端口（A、B、C、N 或 a、b、c、n），绕组中性线可见

（续）

连 接 方 式	端口分布情况
$\curlyvee_g$联结	3 个端口（A、B、C 或 a、b、c），模块内部绕组接地
△（D11）联结	3 个端口（A、B、C 或 a、b、c），△绕组超前$\curlyvee$绕组 30°
△（D1）联结	3 个端口（A、B、C 或 a、b、c），△绕组滞后$\curlyvee$绕组 30°

除了以上两种变压器外，在元件库中还有许多其他类型的变压器模块，如图 4-10a ~ d 所示。

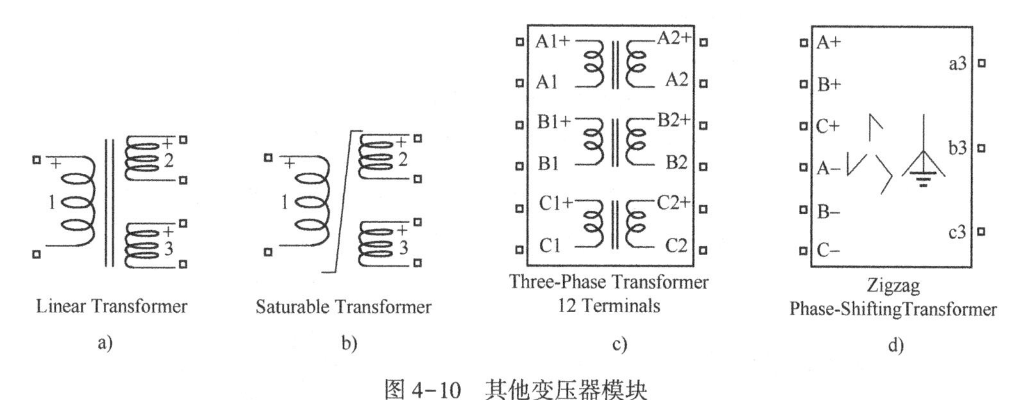

图 4-10　其他变压器模块

3. 输电线路模型

（1）输电线路的等效模型

在电力系统分析中，经常使用 4 个参数来反映输电线路的特性：电阻 R、电抗 X、电导 G 和电纳 B。实际上，这些参数的分布是均匀的。即使线路长度很短，这 4 个参数也会存在。因此，输电线路的精确建模非常复杂。

在三相对称系统中，输电线路模型主要由 PI 型等效电路来描述。如果 R、L 和 C 均匀地分布于输电线路上，则可以使用三相 PI 型等效电路来模拟。本书取其中一相输电线路进行介绍，单 PI 型等效电路如图 4-11 所示。

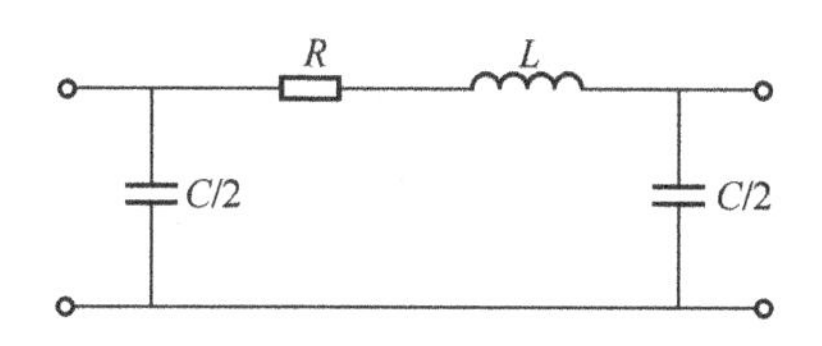

图 4-11　输电线路的单 PI 型等效电路

当线路较长时，可用几个相同的 PI 型等效电路串联，如图 4-12 所示。

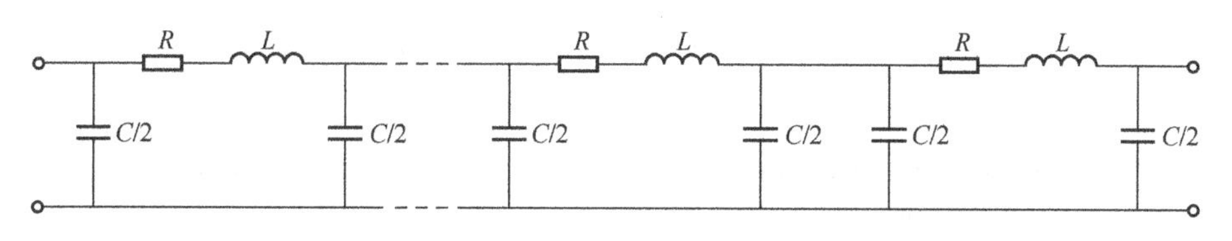

图 4-12　多个 PI 型等效电路的串联

(2) 输电线路模块

1) PI 型等值模块。在 MATLAB 中，输电线路模块可以通过“Simscape”→“Power Systems”→“Specialized Technology”→“Fundamental Blocks”→“Elements”命令找到。输电线路的 PI 型等值模块包括两种类型，这两种模块的示意图如图 4-13a、b 所示。

图 4-13 PI 型线路模块

a) 单相 PI 型线路模块 b) 三相 PI 型线路模块

2) *RLC* 串联支路模块。在电力系统中，对于 100 km 或以下的架空线，通常忽略 *C* 的影响，并且均使用 *RLC* 串联支路来表示，其有两种模型如图 4-14 所示。

图 4-14 *RLC* 串联支路模块

a) 单相 *RLC* 串联支路模块 b) 三相 *RLC* 串联支路模块

电力系统模块库中还提供了串联 *RLC* 和并联 *RLC* 支路模块，具体的参数设置见表 4-6。

表 4-6 串联 *RLC* 和并联 *RLC* 支路参数设置

元　件	串联 *RLC* 支路			并联 *RLC* 支路		
类型	*R*	*L*	*C*	*R*	*L*	*C*
单个电阻	*R*	0	inf	*R*	inf	0
单个电感	0	*L*	inf	inf	*L*	0
单个电容	0	0	*C*	inf	inf	*C*

(3) 分布参数线路模块

有时候需要引入分布参数线路模块来对线路波过程进行更加准确的分析。分布参数线路可以较好地描述波过程和波的折反射现象。分布参数线路模块如图 4-15a、b 所示。

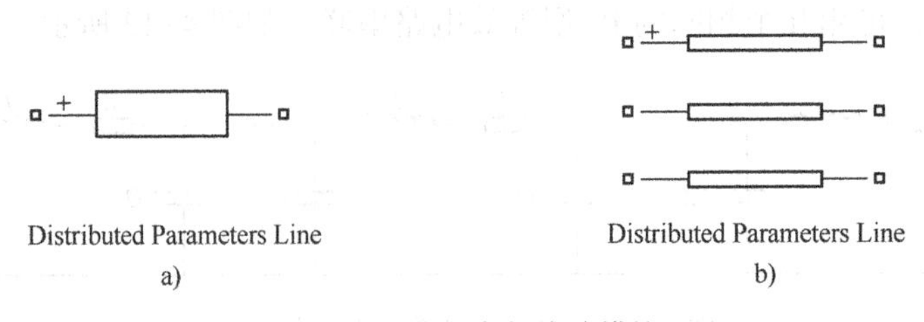

图 4-15 分布参数线路模块

a) 单相分布参数线路模块 b) 三相分布参数线路模块

4. 负荷模型

（1）负荷的数学模型

在电力系统中，负荷模型的建立是十分困难的。因为电力系统中的负荷每时每刻都在变化，负荷变化就会伴随着电网结构的变化，这就需要对负荷进行分类。

电力系统负荷的分类有很多方式，最常见的分类是将负载分为静态和动态模型。其中，静态模型表示系统稳定运行时负载功率与电压、频率之间的关系。而当电压和频率参数大幅波动时，需要引入动态模型表示负载功率与时间之间的关系。

1）静态模型。一般情况下，负荷的静态特性是将负荷等效成一个定值的阻抗模型，这个阻抗不随系统其他参数的变化而变化，如频率等；但是负载吸收的功率要随着电压和频率的大小变化。

2）动态模型。对于动态的负荷模型来说，不能将其等效为定值的阻抗模型，因为其阻抗值与设定的最小电压和负载的终端电压的大小有关，是会随着电压的变化而变化的，研究这种模型就比较复杂。动态负荷的有功功率和无功功率当然也是变化的，但是自变量增多了，不再单一地随着电压变化，而是与更多的参数有关。具体表达式如下：

$$P(s)=P_0\left(\frac{U}{U_0}\right)^{n_p}\frac{(1+T_{p1}s)}{(1+T_{p2}s)} \tag{4-4}$$

$$Q(s)=Q_0\left(\frac{U}{U_0}\right)^{n_q}\frac{(1+T_{q1}s)}{(1+T_{q2}s)} \tag{4-5}$$

式中，U_0为电压初始值；P_0为初始有功功率；Q_0为初始无功功率；U为运行电压值；n_p、n_q为用于控制负载性质的指数；T_{p1}、T_{p2}为用于控制有功功率动态特性的时间常数；T_{q1}、T_{q2}为用于控制无功功率动态特性的时间常数。

3）异步电机模型。异步电机是电力系统中大部分负荷的代表，因此研究异步电机的模型最具有代表性。异步电机的状态方程和运动方程分别如式（4-6）、式（4-7）所示，其等效电路如图4-16所示。状态方程和运动方程中物理量及其含义如下：

$$\begin{cases} u_{\mathrm{qs}}=R_{\mathrm{s}}i_{\mathrm{qs}}+\dfrac{\mathrm{d}}{\mathrm{d}t}\psi_{\mathrm{qs}}+\omega\psi_{\mathrm{ds}} \\ u_{\mathrm{ds}}=R_{\mathrm{s}}i_{\mathrm{ds}}+\dfrac{\mathrm{d}}{\mathrm{d}t}\psi_{\mathrm{ds}}-\omega\psi_{\mathrm{qs}} \\ u'_{\mathrm{qr}}=R'_{\mathrm{r}}i'_{\mathrm{qr}}+\dfrac{\mathrm{d}}{\mathrm{d}t}\psi'_{\mathrm{qr}}+(\omega-\omega_{\mathrm{r}})\psi'_{\mathrm{dr}} \\ u'_{\mathrm{dr}}=R'_{\mathrm{r}}i'_{\mathrm{dr}}+\dfrac{\mathrm{d}}{\mathrm{d}t}\psi'_{\mathrm{dr}}-(\omega-\omega_{\mathrm{r}})\psi'_{\mathrm{qr}} \end{cases} \tag{4-6}$$

$$\begin{cases} \dfrac{\mathrm{d}\omega_{\mathrm{m}}}{\mathrm{d}t}=\dfrac{1}{2H}(T_{\mathrm{e}}-F\omega_{\mathrm{m}}-T_{\mathrm{m}}) \\ \dfrac{\mathrm{d}\theta_{\mathrm{m}}}{\mathrm{d}t}=\omega_{\mathrm{m}} \end{cases} \tag{4-7}$$

式中，R_{s}为定子绕组的电阻；R'_{r}为转子绕组的电阻；ψ_{ds}、ψ_{qs}分别为定子d轴和q轴磁通分量；ψ'_{dr}、ψ'_{qr}分别为转子d轴和q轴磁通分量；T_{m}为机械转矩；T_{e}为电磁转矩；θ_{m}为转子机械角位移；H为惯性常数；F为阻尼系数。

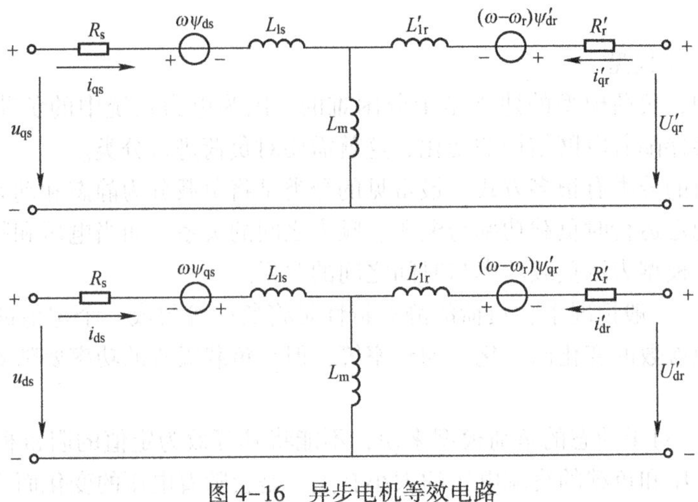

图 4-16　异步电机等效电路

(2) 负荷模块

1) 静态负荷模块。在 MATLAB 中，静态负荷模型可以通过 “Simscape” → “Power Systems” → “Specialized Technology” → “Fundamental Blocks” → “Elements” 命令找到。静态负荷模块有以下 4 种，其示意图分别如图 4-17a~d 所示。

Series RLC Load　a)　Parallel RLC Load　b)　Three-Phase Series RLC Load　c)　Three-Phase Parallel RLC Load　d)

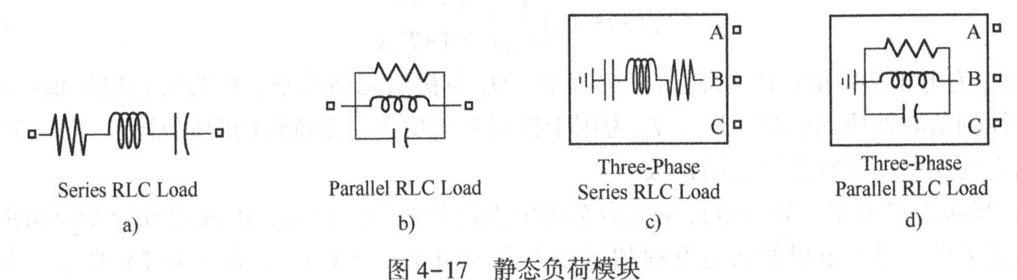

图 4-17　静态负荷模块

a) 单相串联 *RLC* 支路　b) 单相并联 *RLC* 支路　c) 三相串联 *RLC* 支路　d) 三相并联 *RLC* 支路

2) 动态负荷模块。在 MATLAB 中，三相动态负荷模块如图 4-18 所示，可以通过 “Simscape” → “Power Systems” → “Specialized Technology” → “Fundamental Blocks” → “Elements” 命令找到。

3) 异步电机模块。异步电机的模块可以通过 “Simscape” → “Power Systems” → “Specialized Technology” → “Fundamental Blocks” → “Machines” 命令找到，库中提供了以下两种异步电机的模块，分别如图 4-19a、b 所示。

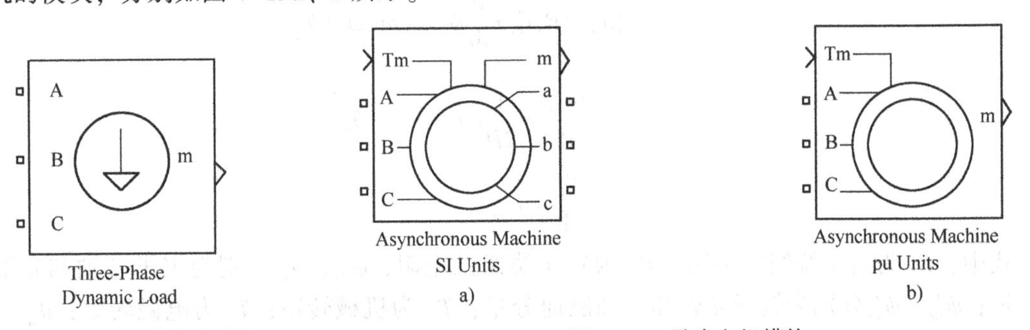

Three-Phase Dynamic Load

图 4-18　三相动态负荷模块

Asynchronous Machine SI Units　a)　Asynchronous Machine pu Units　b)

图 4-19　异步电机模块

a) 有名制下的异步电机模块　b) 标幺制下的异步电机模块

异步电机模块端子功能如下：

1 个输入端子：T_m为转子轴上的机械功率，可以直接连接 Simulink 信号；当输入转矩大于零时，异步电机工作在电动机状态；当输入转矩小于零时，异步电机工作在发电机状态。

1 个输出端子：输出端子 m，输出电机内部信号，这些信号组成见表 4-7。

6 个独立的电压连接端子：A、B、C 与定子侧电压相连，建立磁场；a、b、c 是输出的转子侧，连接其他附加电路，带动机械负载旋转。

表 4-7　异步电机模块输出信号

输　出	符　号	端　口	定　义	单　位
1、2、3	i_{ra}，i_{rb}，i_{rc}	ir_abc	转子三相电流	A 或者 p. u.
4、5	i_d，i_q	ir_qd	d 轴和 q 轴转子电流	A 或者 p. u.
6、7	ψ_{rq}，ψ_{rd}	phir_qd	q 轴和 d 轴转子磁通量	V · s 或者 p. u.
8、9	u_{rd}，u_{rq}	vr_qd	d 轴和 q 轴转子电压	V 或者 p. u.
10、11、12	i_{sa}，i_{sb}，i_{sc}	is_abc	定子三相电流	A 或者 p. u.
13、14	i_{sq}，i_{sd}	is_qd	q 轴和 d 轴定子电流	A 或者 p. u.
15、16	ψ_{sq}，ψ_{sd}	phis_qd	q 轴和 d 轴定子磁通量	V · s 或者 p. u.
17、18	u_d，u_q	vs_qd	q 轴和 d 轴转子电压	V 或者 p. u.
19	ω_m	wm	转子角速度	rad/s
20	T_e	Te	电磁转矩	N · m 或者 p. u.
21	θ_m	Thetam	转子角位移	rad

4.2　无限大功率电源三相短路仿真

4.2.1　无限大功率电源的概念

在研究电力系统暂态过程时为了简化分析和计算，常常假设电源的容量为无限大，并称为无限大功率电源。由于电源的容量无限大，当外电路发生短路时引起的功率变化量（近似等于它向短路点供给的短路容量）与电源的容量相比可以忽略不计，网络中的有功功率和无功功率均能保持平衡。因此，无限大功率电源（亦称恒定电势源）具有两个特点：①电源的频率和电压保持恒定；②电源的内阻抗为零。

显然，无限大功率电源是一个相对概念，真正的无限大功率电源在实际电力系统中是不存在的。但当许多个有限容量的发电机并联运行，或电源距短路点的电气距离很远时，就可将其等值电源近似看作无限大功率电源。前一种情况常根据等值电源的内阻抗与短路回路总阻抗的相对大小来判断该电源能否看作无限大功率电源，若等值电源的内阻抗小于短路回路总阻抗的 10%时，则可以认为该电源为无限大功率电源；后一种情况则是通过电源与短路点间电抗的标幺值来判断，即该电抗在以电源额定容量作基准容量时的标幺值大于 3，则认为该电源是无限大功率电源。

引入无限大功率电源的概念后，在分析网络突然三相短路的暂态过程时，可以忽略电源内部的暂态过程，使分析得到简化，从而推导出工程上适用的短路电流计算公式。用无限大功率电源代替实际的等值电源计算出的短路电流偏于安全。

4.2.2 无限大功率电源三相短路仿真实例分析

（1）实例介绍

以图 4-20 所示系统为例，分析无限大功率电源供电系统三相短路电流以及冲击电流。图 4-20 中 L 参数为：$l=50\,\text{km}$，$x_1=0.4\,\Omega/\text{km}$，$r_1=0.17\,\Omega/\text{km}$；T 参数为：$S_N=20\,\text{MV}\cdot\text{A}$，$U_k\%=10.5$，$\Delta P_k=135\,\text{kW}$，$\Delta P_0=22\,\text{kW}$，$I_0\%=0.8$，$k=110/11$，高低压绕组均为Y联结。设供电点电压为 110 kV，0.02 s 时在 T 的低压侧发生短路。

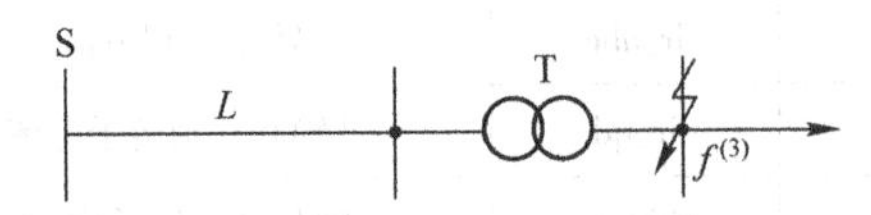

图 4-20 无限大功率电源供电系统发生三相短路

（2）理论计算

先计算图 4-20 所示系统中各元件的参数，然后计算短路电流周期分量的幅值 I_m 和冲击电流 i_M。

1）求各元件的参数。

线路 L 的参数如下：

$$R_L=r_1 l=0.17\times50\,\Omega=8.5\,\Omega \qquad X_L=x_1 l=0.4\times50\,\Omega=20\,\Omega$$

$$L_L=\frac{X_L}{2\pi f}=\frac{20}{2\times3.14\times50}\,\text{H}=0.064\,\text{H}$$

变压器 T 的参数为

$$R_T=\frac{\Delta P_k U_N^2}{1000S_N^2}=\frac{135\times110^2}{1000\times20^2}\,\Omega=4.08\,\Omega \qquad X_T=\frac{U_k\%U_N^2}{100S_N}=\frac{10.5\times110^2}{100\times20}\,\Omega=63.53\,\Omega$$

$$L_T=\frac{X_T}{2\pi f}=\frac{63.53}{2\times3.14\times50}\,\text{H}=0.202\,\text{H}$$

$$G_T=\frac{\Delta P_0}{1000U_N^2}=\frac{22}{1000\times110^2}\,\text{S}=1.82\times10^{-6}\,\text{S}$$

$$R_m=\frac{1}{G_T}=\frac{1}{1.82\times10^{-6}}\,\Omega=5.5\times10^5\,\Omega$$

$$X_m=\frac{100U_N^2}{I_0\%S_N}=\frac{100\times110^2}{0.8\times20}\,\Omega=75625\,\Omega$$

$$L_m=\frac{X_m}{2\pi f}=\frac{75625}{2\times3.14\times50}\,\text{H}=240.8\,\text{H} \qquad T_a=\frac{L_L+L_T}{R_L+R_T}=\frac{0.064+0.202}{8.5+4.08}\,\text{s}=0.0211\,\text{s}$$

2）求 I_m 和 i_M。

$$I_m=\frac{U_m k}{\sqrt{(R_L+R_T)^2+(X_L+X_T)^2}}=\frac{(\sqrt{2}\times110/\sqrt{3})\times10}{\sqrt{(8.5+4.08)^2+(20+63.5)^2}}\,\text{A}=10.63\,\text{kA}$$

$$i_M\approx\left(1+\mathrm{e}^{-\frac{0.01}{T_a}}\right)I_m=\left(1+\mathrm{e}^{-\frac{0.01}{0.0211}}\right)\times10.63\,\text{kA}=17.36\,\text{kA}$$

（3）仿真模型的搭建与结果分析

基于 MATLAB/Simulink 电力系统模块库，搭建仿真系统，如图 4-21 所示。设置三相故障模块为三相短路，如图 4-22 所示。

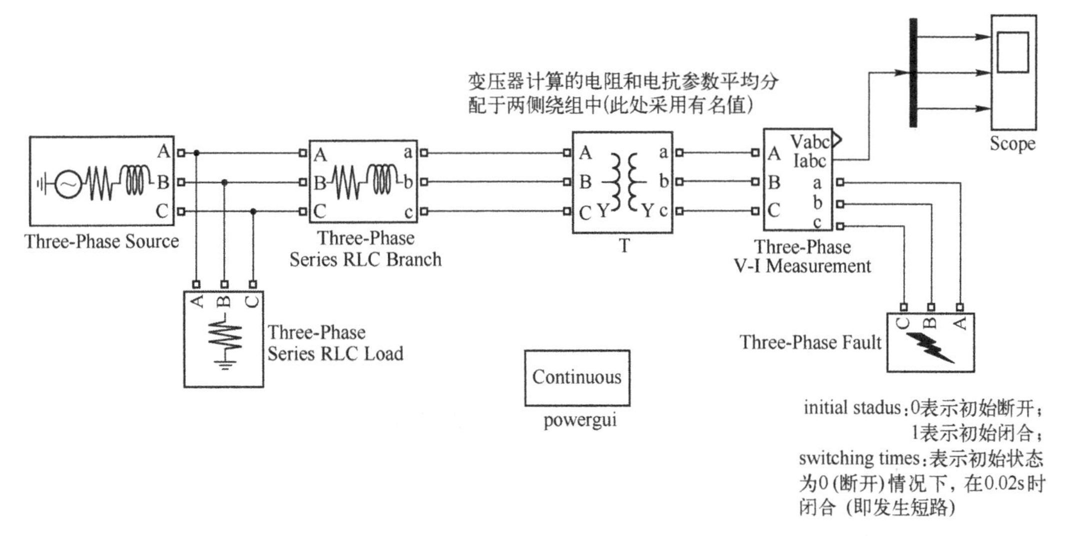

图 4-21　无限大功率电源供电系统的建模

Block Parameters: Three-Phase Fault

Three-Phase Fault (mask) (link)

Implements a fault (short-circuit) between any phase and the ground. When the external switching time mode is selected, a Simulink logical signal is used to control the fault operation.

Parameters

Initial status: 0

Fault between:

Phase A　Phase B　Phase C　Ground

Switching times (s): [0.02]　External

Fault resistance Ron (Ohm): 0.00001

Ground resistance Rg (Ohm): 0.01

Snubber resistance Rs (Ohm): 1e6

Snubber capacitance Cs (F): inf

Measurements None

OK　Cancel　Help　Apply

图 4-22　Three-Phase Fault 设置界面

通过选择 “Simulation” → “Configuration Parameters” 来设置仿真参数，选择 ode23t 算法，仿真终止时间为 0.2 s，运行后可得到如图 4-23 所示的三相短路电流波形图。

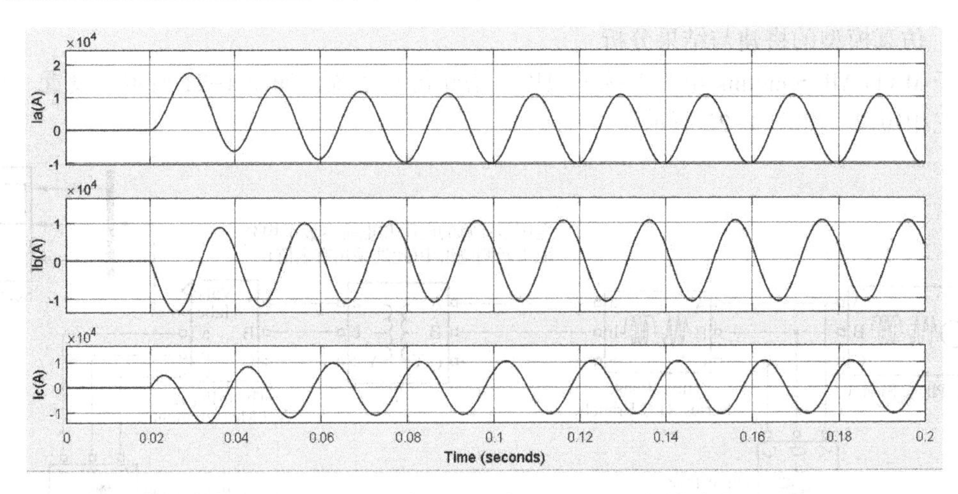

图 4-23 无限大功率电源系统 A、B、C 相短路波形图

通过示波器 Triggers 和 Cursor Measurements 中的 Peak Finder 选项得到图 4-24～图 4-26，I_{m}为 10.63 kA，i_{M}为 17.36 kA，与上述理论计算结果基本相同。

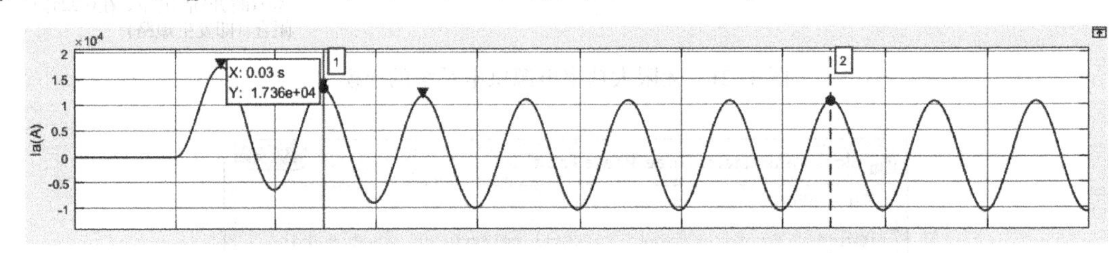

图 4-24 无限大功率电源 A 相短路电流波形图及 A 相冲击电流大小

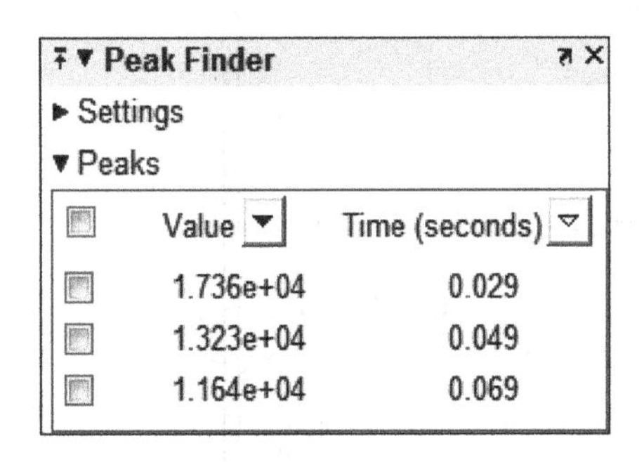

图 4-25 i_{M}的数值大小显示

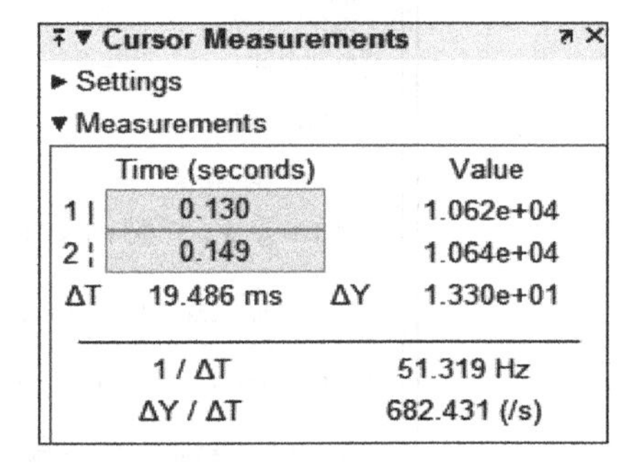

图 4-26 I_{m}的数值大小显示

4.3 同步发电机三相短路仿真

同步发电机是电力系统的重要元件，由于它由多个磁耦合绕组组成，定子、转子绕绕间存在相对运动，所以同步发电机突然短路的瞬态过程比无限大功率电源的瞬态过程要复杂得多。发生三相短路时，它会严重影响发电机本身和相关的电气设备，产生设备发热等不良现象。

4.3.1 同步发电机突然三相短路分析

同步发电机定子回路突然三相短路，由于外接电抗的骤然减小，定子基频电流突然增大，相应的电枢反应磁链将突然增大，使稳态运行时电机内部的电磁平衡关系遭到破坏。但各闭合绕组为了保持原交链的磁链不突变，必将产生若干新的电流分量和磁链，这些电流分量和磁链的产生和变化的过程，就是要讨论的同步发电机从正常稳态到三相稳定短路状态之间的暂态过程。

当发电机定子回路突然三相短路时，定子各绕组电流将包含基频分量、倍频分量和直流分量。到达短路稳态后，定子电流起始值中的直流分量和倍频分量将由其起始值衰减到零，而基频分量则由其起始值衰减为相应的稳态值。同样，在转子绕组和阻尼绕组中包含的直流自由分量和同步频率的交流自由分量也由其起始值衰减到零。

在突然短路暂态过程中，定子、转子各绕组将出现各种电流分量以维持各绕组的磁链初值不变。这些电流分量之间存在着两组对应关系。利用这些关系并根据磁链守恒条件，可以进行定子、转子各绕组电流分量的计算。然后计及自由电流的衰减，得到各绕组的全电流表达式，定子 a 相电流为

$$\begin{aligned}i_{a}=&\frac{E_{q[0]}}{x_{d}}\cos(\omega t+\theta_{0})+\left(\frac{E''_{q0}}{x''_{d}}-\frac{E'_{q0}}{x'_{d}}\right)e^{-\frac{t}{T''_{d}}}\cos(\omega t+\theta_{0})+\left(\frac{E'_{q0}}{x'_{d}}-\frac{E_{q[0]}}{x_{d}}\right)e^{-\frac{t}{T'_{d}}}\cos(\omega t+\theta_{0})-\\&\frac{E''_{d0}}{x''_{q}}e^{-\frac{t}{T''_{q}}}\sin(\omega t+\theta_{0})-\frac{U_{[0]}}{2}\left(\frac{1}{x''_{d}}+\frac{1}{x''_{q}}\right)\cos(\delta_{0}-\theta_{0})e^{-\frac{t}{T_{a}}}-\frac{U_{[0]}}{2}\left(\frac{1}{x''_{d}}-\frac{1}{x''_{q}}\right)e^{-\frac{t}{T_{a}}}\cos(2\omega t+\delta_{0}+\theta_{0})\end{aligned}\tag{4-8}$$

式中，x_{d}为定子绕组直轴同步电抗；x'_{d}为直轴暂态电抗；x''_{d}为直轴次暂态电抗；x''_{q}为交轴次暂态电抗；E'_{q}为交轴暂态电动势；E''_{q}为交轴次暂态电动势；E''_{d}为直轴次暂态电动势；$E_{q[0]}$、$U_{[0]}$分别为短路前瞬间的空载电动势、机端电压。

4.3.2　同步发电机突然三相短路仿真实例分析

（1）实例介绍

有一台同步发电机，具体参数已给出：$P_{N}=200\ \text{MW}$，$U_{N}=13.8\ \text{kV}$，$x_{d}=1.0$，$x_{q}=0.6$，$x'_{d}=0.3$，$x''_{d}=0.21$，$x''_{q}=0.31$，$r=0.005$，$T''_{d0}=0.49\ \text{s}$，$T''_{q0}=1.4\ \text{s}$，$T_{f}=5.47\ \text{s}$，$\theta_{0}=0$。若发电机空载时机端突然发生三相短路，求 a 相全电流表达式和冲击电流的标幺值。

（2）理论计算

发电机空载时，$E_{q[0]}=E'_{q0}=E''_{q0}=U_{[0]}=1$，$E''_{d0}=0$，$\delta_{0}=0$。

计算各个衰减时间常数。

定子绕组直流分量和二倍频分量衰减的时间常数 T_{a}：

$$T_{a}=\frac{2x''_{d}x''_{q}}{100\pi r(x''_{d}+x''_{q})}=\frac{2\times0.21\times0.31}{100\times3.14\times0.005\times(0.21+0.31)}\text{s}=0.16\ \text{s}$$

定子绕组和励磁绕组都短接时阻尼绕组的时间常数 T''_{d}：

$$T''_{d}=T''_{d0}\frac{x''_{d}}{x'_{d}}=\frac{0.49\times0.21}{0.3}\text{s}=0.34\ \text{s}$$

定子绕组短接、阻尼绕组开路时励磁绕组的时间常数 T'_{d}：

$$T'_{d}=T_{f}\frac{x'_{d}}{x_{d}}=\frac{5.47\times0.3}{1.0}\text{s}=1.64\ \text{s}$$

由式（4-8）可得，a 相电流表达式为

$$i_{a}=-\cos(\omega t+\theta_{0})-1.43\cos(\omega t+\theta_{0})e^{-2.97t}-2.34\cos(\omega t+\theta_{0})e^{-0.608t}+$$

$$4\cos(-\theta_0)e^{-6.3t}+0.77\cos(2\omega t+\theta_0)$$

（3）仿真模型的搭建与结果分析

根据实例中的参数搭建 Simulink 仿真模型，如图 4-27 所示，仿真得到的波形如图 4-28a～g 所示。

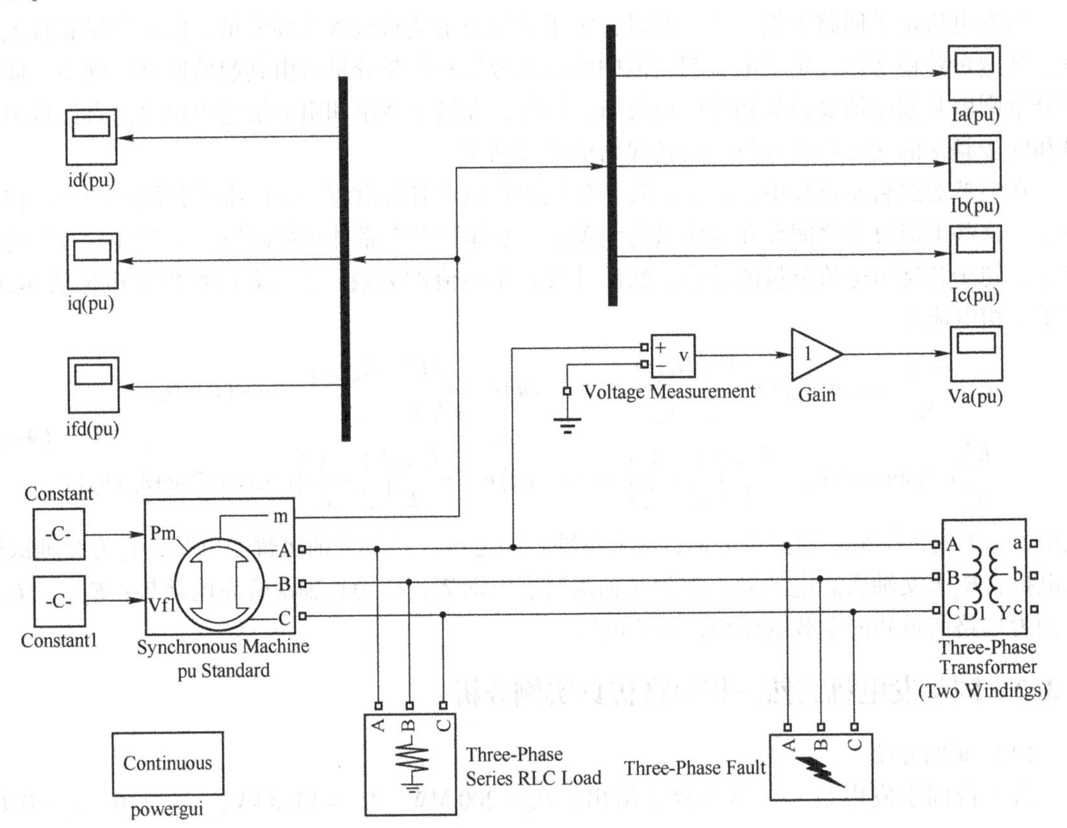

图 4-27　同步发电机三相短路的 Simulink 搭建

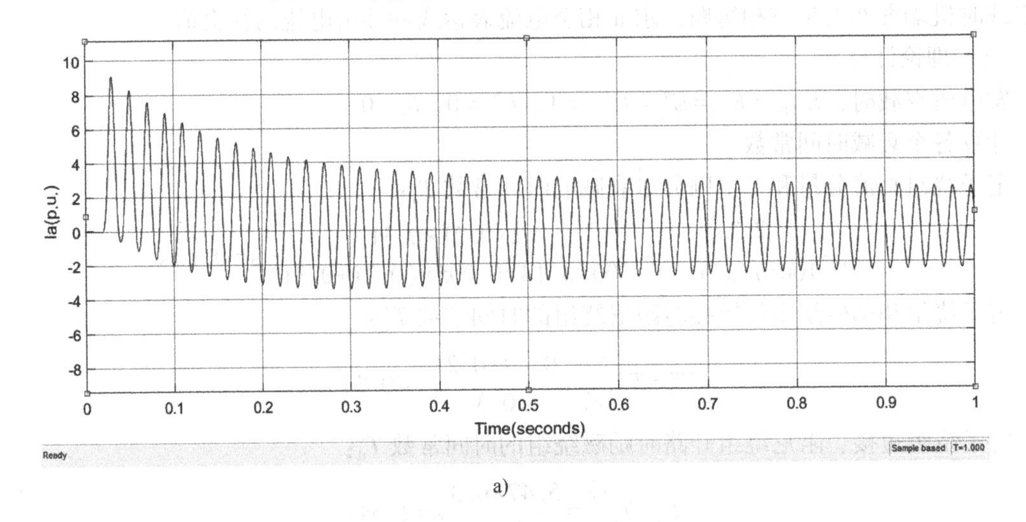

a)

图 4-28　发电机三相短路电流波形图

a）发电机三相短路 a 相电流波形图

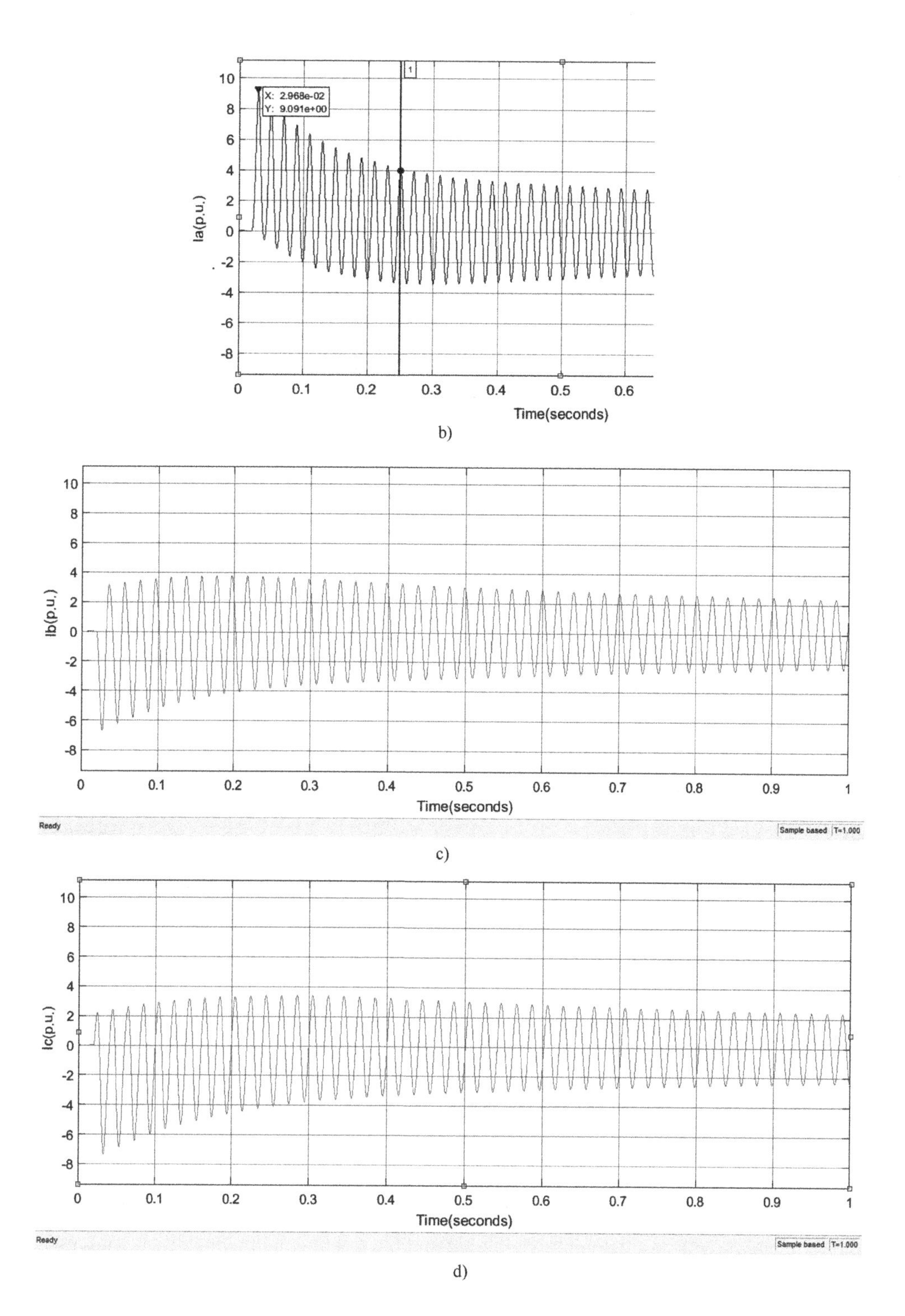

图 4-28　发电机三相短路电流波形图（续）
b）a 相短路冲击电流　c）发电机三相短路 b 相电流波形图
d）发电机三相短路 c 相电流波形图

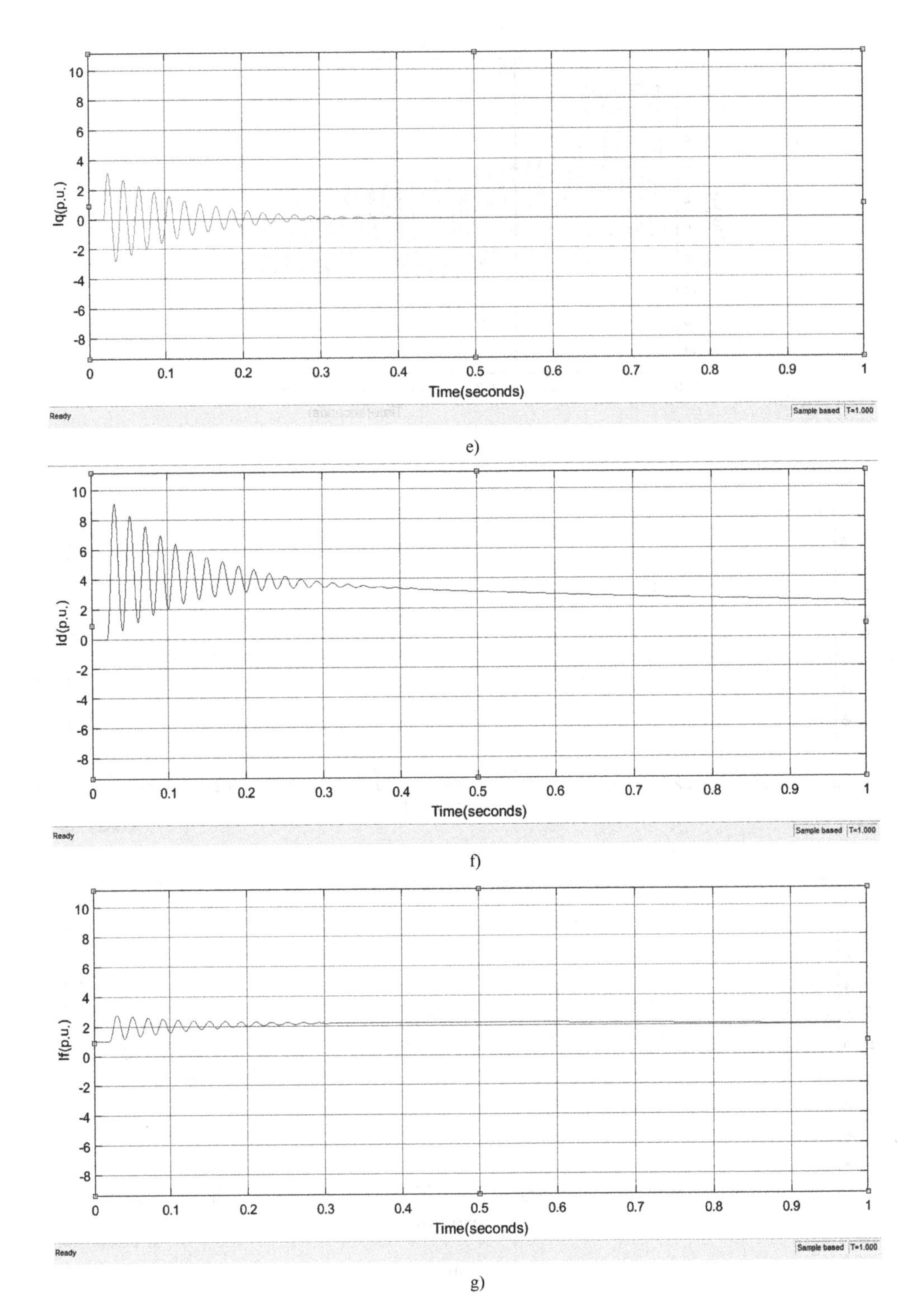

图 4-28　发电机三相短路电流波形图（续）

e）发电机三相短路 I_q 波形图　f）发电机三相短路 I_d 波形图　g）发电机三相短路 I_f 波形图

（4）仿真结果分析

利用MATLAB的m文件，将理论计算中a相全电流表达式中的各分量进行分离，可以绘制周期分量、二倍频分量以及非周期分量的波形图，如图4-29所示，图中Ia、Ia1、Ia2、Iap分别表示a相电流、周期分量、二倍频分量以及非周期分量，并从Ia图中可以得到冲击电流标幺值为9.193。由图4-28b得，a相冲击电流标幺值为9.091，与理论值相差不大。

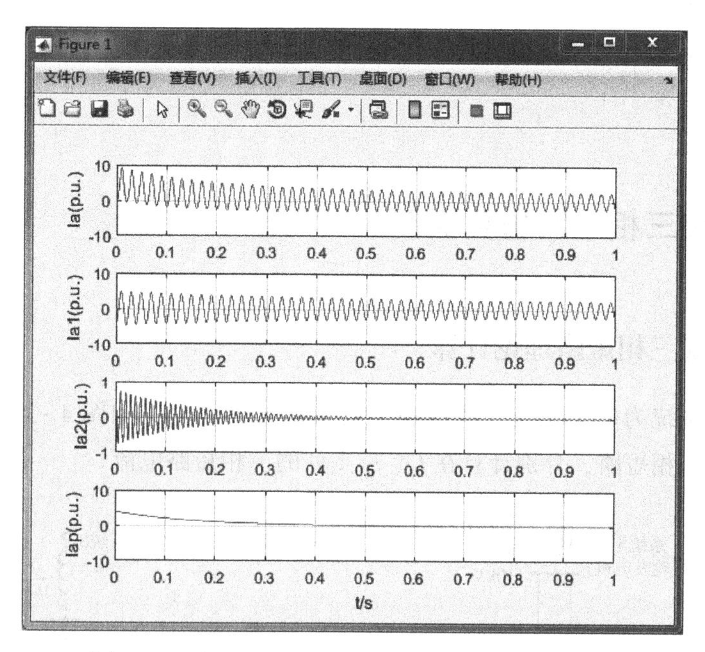

图4-29　发电机三相短路a相各个分量电流波形图

m文件程序如下：

```
N=48;
t1=(0:0.02/N:1.00);
fai=0*pi/180;
Ia=(-cos(2*pi*50*t1+fai)-1.43*exp(-2.97*t1).*cos(2*pi*50*t1+fai)-2.34*
exp(-0.608*t1).*cos(2*pi*50*t1+fai)+4*exp(-6.3*t1).*cos(-fai*pi/180)+0.77*
exp(-6.3*t1).*cos(2*2*pi*50*t1+fai));
Ia1=-cos(2*pi*50*t1+fai)-1.43*exp(-2.97*t1).*cos(2*pi*50*t1+fai)-2.34*
exp(-0.608*t1).*cos(2*pi*50*t1+fai);
Ia2=0.77*exp(-6.3*t1).*cos(2*2*pi*50*t1+fai);
Iap=4*exp(-6.3*t1).*cos(-fai*pi/180);
subplot(4,1,1);
plot(t1,Ia);
grid on;
axis([0 1-10 10]);
ylabel('Ia(p.u.)');
subplot(4,1,2);
plot(t1,Ia1);
grid on;
axis([0 1-10 10]);
```

```
ylabel('Ia1(p.u.)');
subplot(4,1,3);
plot(t1,Ia2);
grid on;
axis([0 1-1 1]);
ylabel('Ia2(p.u.)');
subplot(4,1,4);
plot(t1,Iap);
grid on;
axis([0 1-10 10]);
ylabel('Iap(p.u.)');
xlabel('t/s');
```

4.4 电力系统三相短路仿真实例

4.4.1 电力系统三相短路理论计算

图 4-30 所示系统为电力系统三相短路分析实例，等效电路如图 4-31 所示。设在 0.2 s 时，f_1、f_2 点发生三相短路，分别计算在 f_1、f_2 点处的三相短路电流。

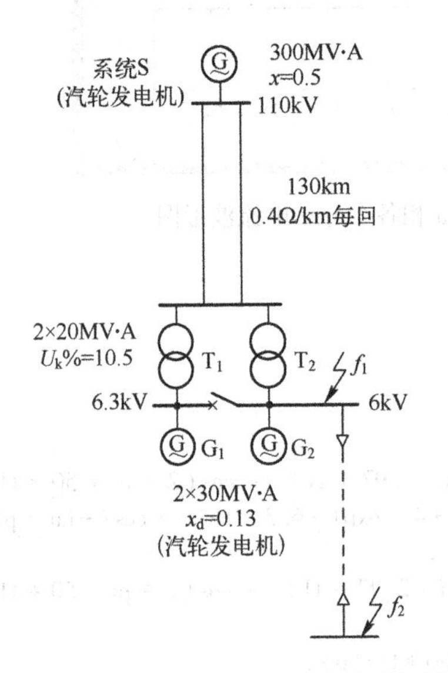

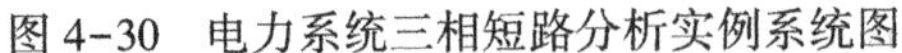

图 4-30　电力系统三相短路分析实例系统图

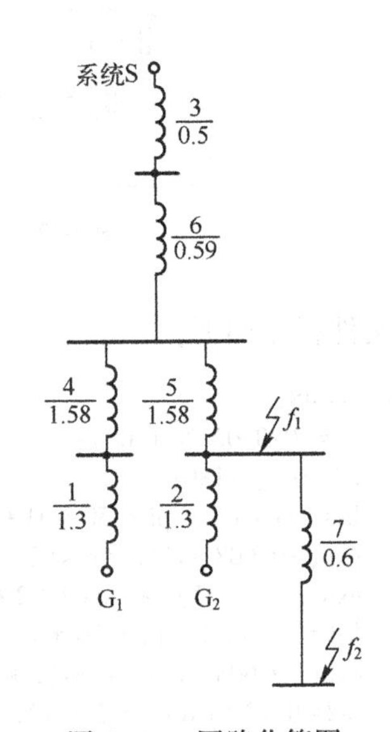

图 4-31　网路化简图

取 $S_B=300\,\text{MV}\cdot\text{A}$，令 $U_B=U_{av}$，求各元件的电抗标幺值。

发电机 G_1、G_2　　$x_1=x_2=0.13\times\dfrac{300}{30}=1.3$

变压器 T_1、T_2　　$x_4=x_5=0.105\times\dfrac{300}{20}=1.58$

系统　　$x_3=0.5$

架空线路　　$x_6=\frac{1}{2}\times130\times0.4\times\frac{300}{115^2}=0.59$

电缆线路　　$x_7=0.08\times1\times\frac{300}{6.3^2}=0.6$

(1) f_1 点发生短路

1) 对网络进行化简并求转移阻抗。如图 4-32 所示，将星形 x_5、x_8、x_9 化成三角形 x_{10}、x_{11}、x_{12}，分别得到 S、G_1、G_2 到短路点 f_1 的转移阻抗。

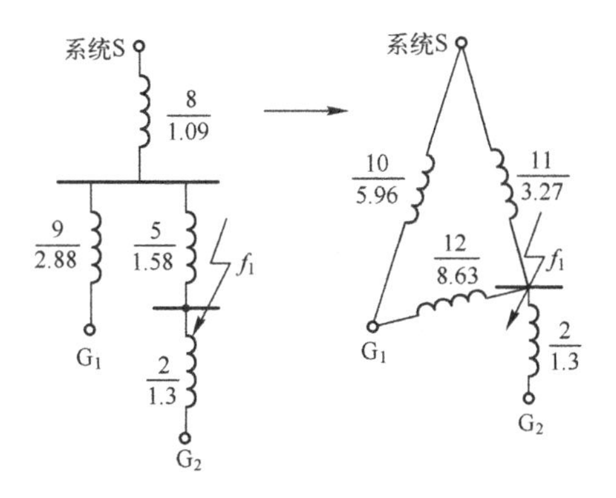

图 4-32　f_1 点短路时网络化简

$$x_{10}=1.09+2.88+\frac{1.09\times2.88}{1.58}=5.96$$

$$x_{11}=1.09+1.58+\frac{1.09\times1.58}{2.88}=3.27$$

$$x_{12}=1.58+2.88+\frac{1.58\times2.88}{1.09}=8.63$$

2) 求各电源的计算电抗

$$x_{sc}=3.27\times\frac{300}{300}=3.27$$

$$x_{1c}=8.63\times\frac{30}{300}=0.863$$

$$x_{2c}=1.3\times\frac{30}{300}=0.13$$

3) 查运算曲线得到 0.2 s 短路电流的标幺值

$$I_s=0.3;\quad I_1=1.14;\quad I_2=4.92$$

4) 短路点总短路电流

$$I_{0.2}=0.3\times\frac{300}{\sqrt{3}\times6.3}+1.14\times\frac{30}{\sqrt{3}\times6.3}+4.92\times\frac{30}{\sqrt{3}\times6.3}=(8.25+3.13+13.5)\ \text{kA}=24.9\ \text{kA}$$

(2) f_2 点发生短路

1) 对网络化简进行并求转移阻抗。如图 4-33 所示，将星形 x_2、x_7、x_{11}、x_{12}变成三角形，计算转移阻抗 x_{13}、x_{14}、x_{15}。

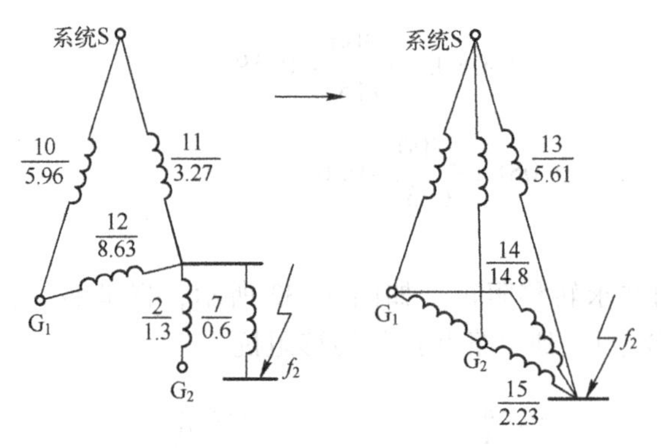

图 4-33　f_2 点短路时网络化简

$$x_{13} = x_{11}x_7 \sum \frac{1}{x} = 3.27 \times 0.6\left(\frac{1}{3.27} + \frac{1}{8.63} + \frac{1}{1.3} + \frac{1}{0.6}\right) = 5.61$$

$$x_{14} = x_{12}x_7 \sum \frac{1}{x} = 8.63 \times 0.6\left(\frac{1}{3.27} + \frac{1}{8.63} + \frac{1}{1.3} + \frac{1}{0.6}\right) = 14.8$$

$$x_{15} = x_2x_7 \sum \frac{1}{x} = 1.3 \times 0.6\left(\frac{1}{3.27} + \frac{1}{8.63} + \frac{1}{1.3} + \frac{1}{0.6}\right) = 2.23$$

2）求各电源的计算电抗

$$x_{sc} = 5.61 \times \frac{300}{300} = 5.61 > 3.45$$

$$x_{1c} = 14.8 \times \frac{30}{300} = 1.48$$

$$x_{2c} = 2.23 \times \frac{30}{300} = 0.223$$

3）查运算曲线得到 0.2 s 短路电流的标幺值

$$I_s = \frac{1}{5.61} = 0.178;\quad I_1 = 0.66;\quad I_2 = 3.45$$

4）短路点总短路电流

$$I_{0.2} = 0.178 \times \frac{300}{\sqrt{3} \times 6.3} + 0.66 \times \frac{30}{\sqrt{3} \times 6.3} + 3.45 \times \frac{30}{\sqrt{3} \times 6.3}$$
$$= (4.89 + 1.81 + 9.49)\ \text{kA} = 16.19\ \text{kA}$$

4.4.2　仿真系统构建及结果分析

根据图 4-30 所示系统中的参数搭建 Simulink 仿真模型，仿真模型如图 4-34 所示。将故障设置为三相短路，设置界面如图 4-35 和图 4-36 所示。仿真波形图如图 4-37 和图 4-38 所示。

根据图 4-37 仿真结果，f_1 点短路时，短路电流的峰值为 35.86 kA，有效值为 $35.86/\sqrt{2}$ kA = 25.4 kA，与理论值近似相等。根据图 4-38 仿真结果，f_2 点短路时，短路电流的峰值为 23.10 kA，有效值为 $23.10/\sqrt{2}$ kA = 16.3 kA，与理论值近似相等。

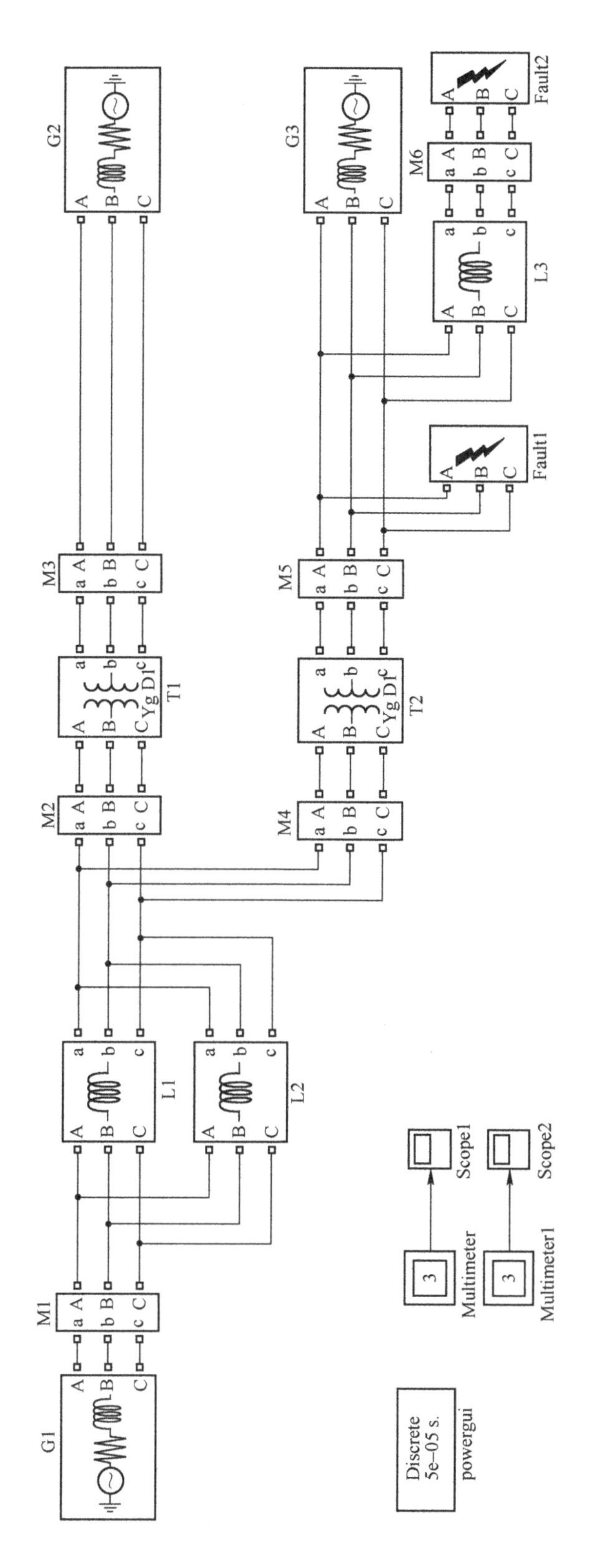

图 4-34　f_1、f_2 点短路的仿真模型搭建

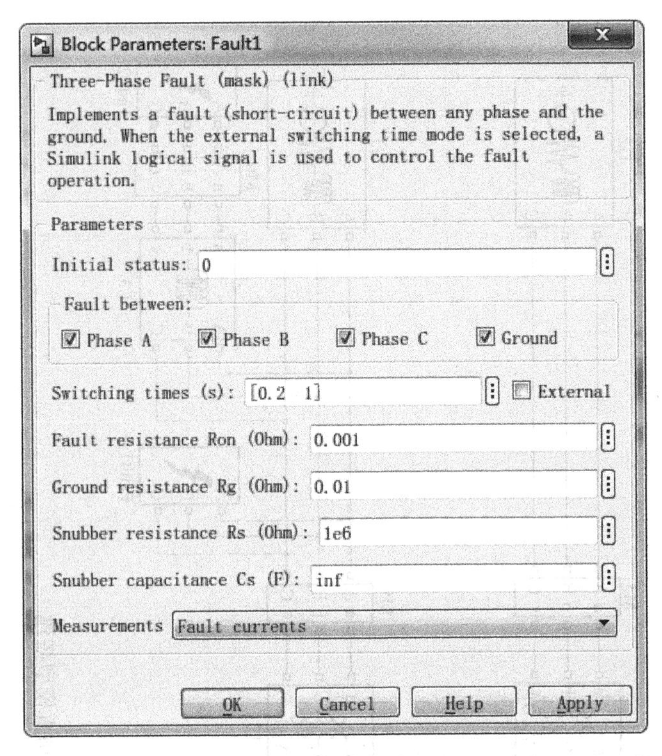

图 4-35　f_1 点短路设置界面

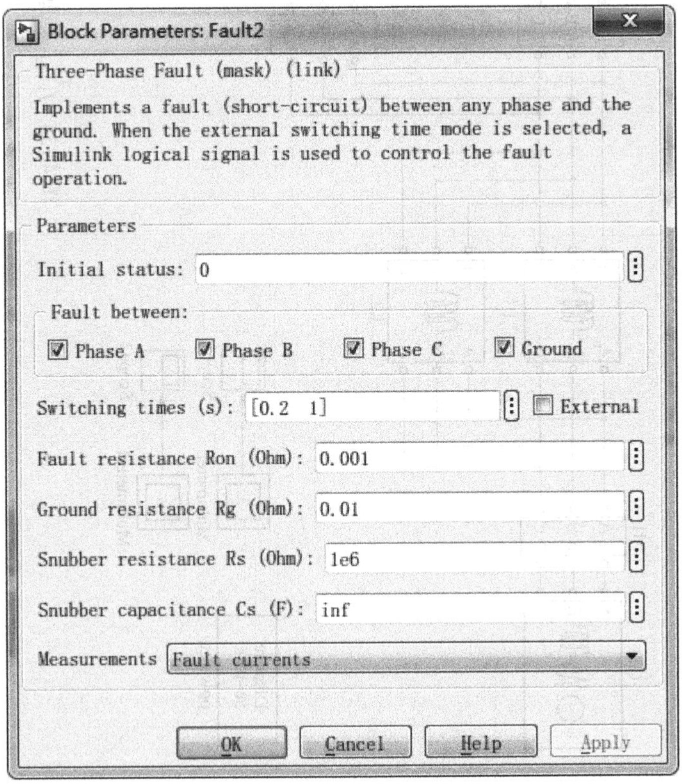

图 4-36　f_2 点短路设置界面

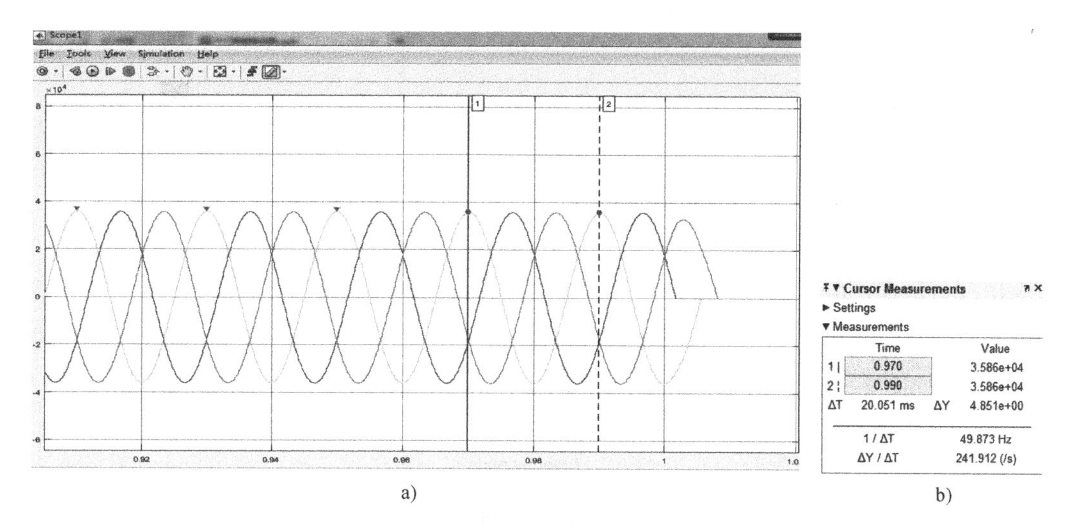

a)　　b)

图 4-37　f_1 点短路波形及短路冲击电流数值

a）f_1 点短路波形　b）f_1 点短路冲击电流

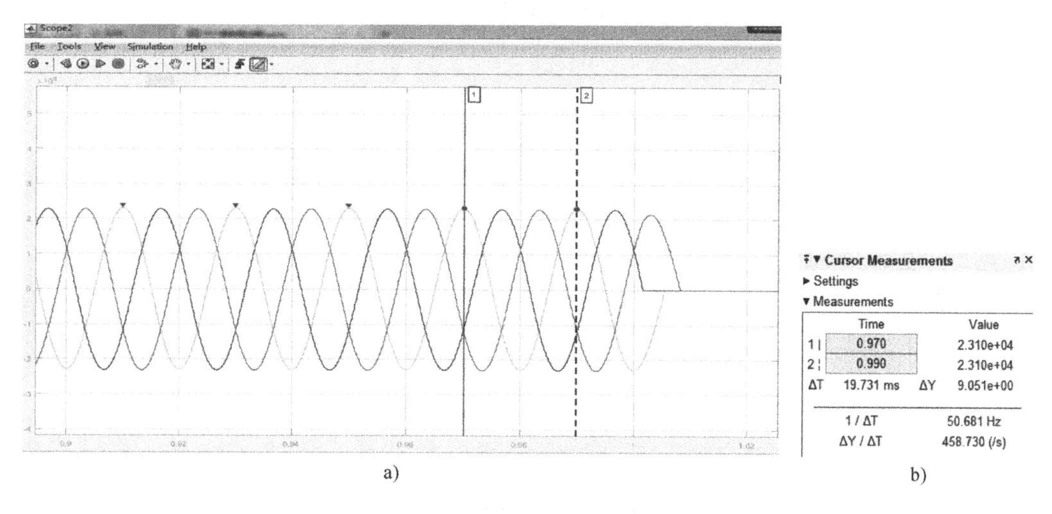

a)　　b)

图 4-38　f_2 点短路波形及短路冲击电流数值

a）f_2 点短路波形　b）f_2 点短路冲击电流

4.5　电力系统不对称短路仿真实例

以图 4-30 所示系统为不对称短路仿真实例，在图 4-34 所示仿真模型基础上，通过三相故障模块修改短路类型，分别对 f_1、f_2 点发生单相接地短路 $f^{(1)}$、两相短路 $f^{(2)}$、两相接地短路 $f^{(1,1)}$ 进行分析。

（1）f_1 点发生 A 相接地短路

f_1 点发生 A 相接地短路，仿真结果如图 4-39 所示。

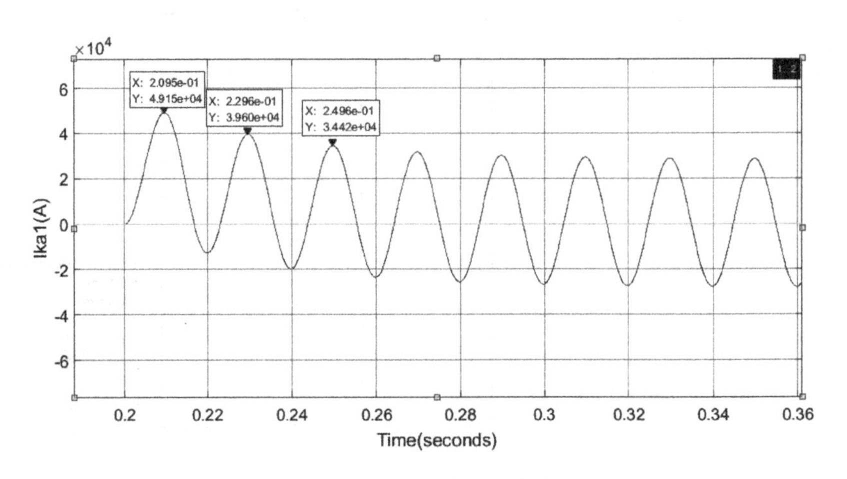

图 4-39　f_1 点 A 相接地短路波形图

（2）f_1 点 BC 两相短路

f_1 点发生 BC 两相短路，仿真结果如图 4-40 所示。

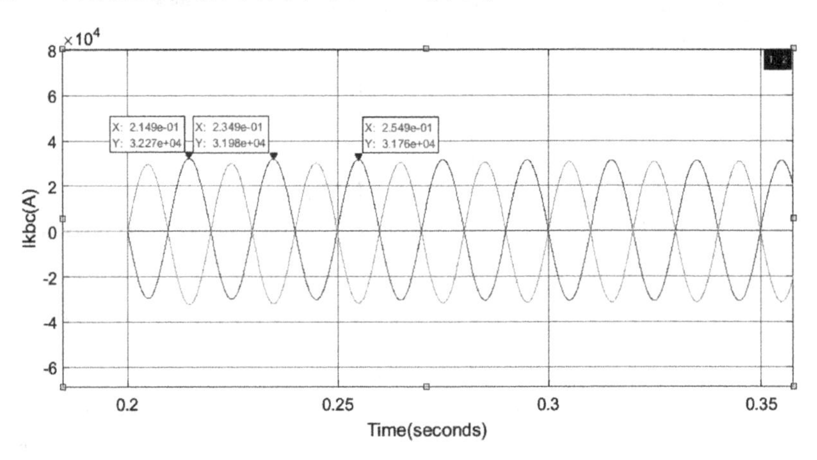

图 4-40　f_1 点 BC 两相短路波形图

（3）f_1 点 BC 两相接地短路

f_1 点发生 BC 两相接地短路，仿真结果如图 4-41 所示。

（4）f_2 点 A 相接地短路

f_2 点发生 A 相接地短路，仿真结果如图 4-42 所示。

（5）f_2 点 BC 两相短路

f_2 点发生 BC 两相短路，仿真结果如图 4-43 所示。

（6）f_2 点 BC 两相接地短路

f_2 点发生 BC 两相接地短路，仿真结果如图 4-44 所示。

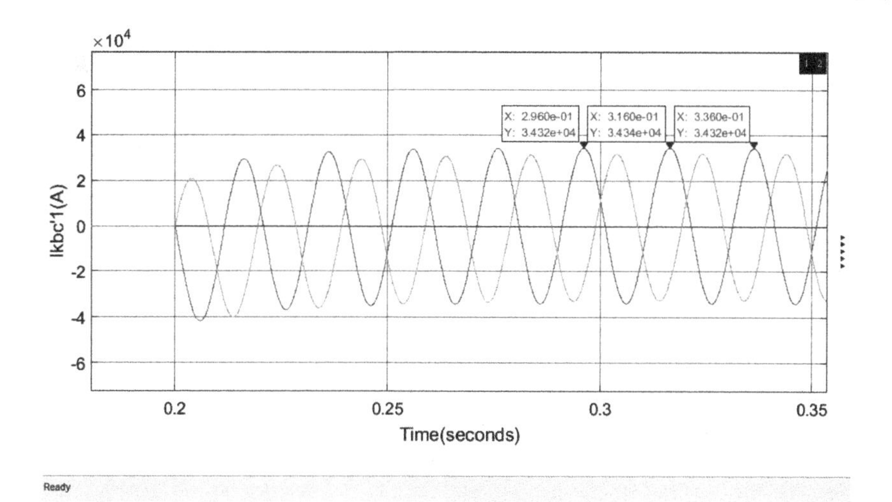

图 4-41　f_1 点 BC 两相接地短路波形图

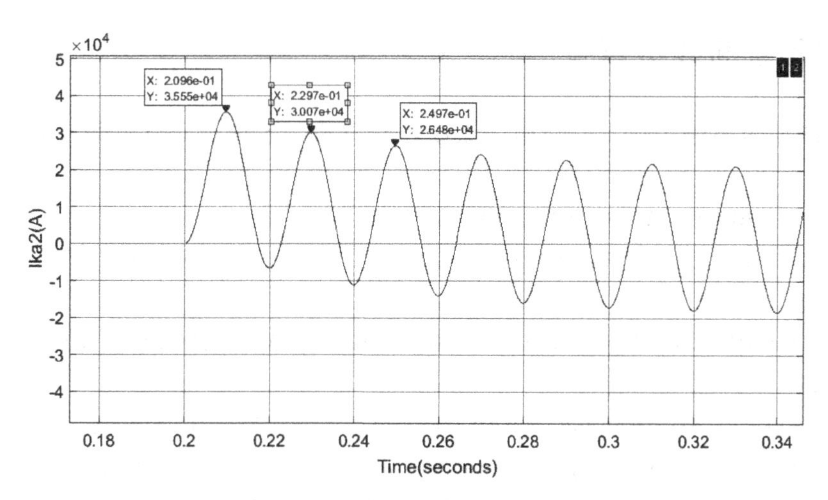

图 4-42　f_2 点 A 相接地短路波形图

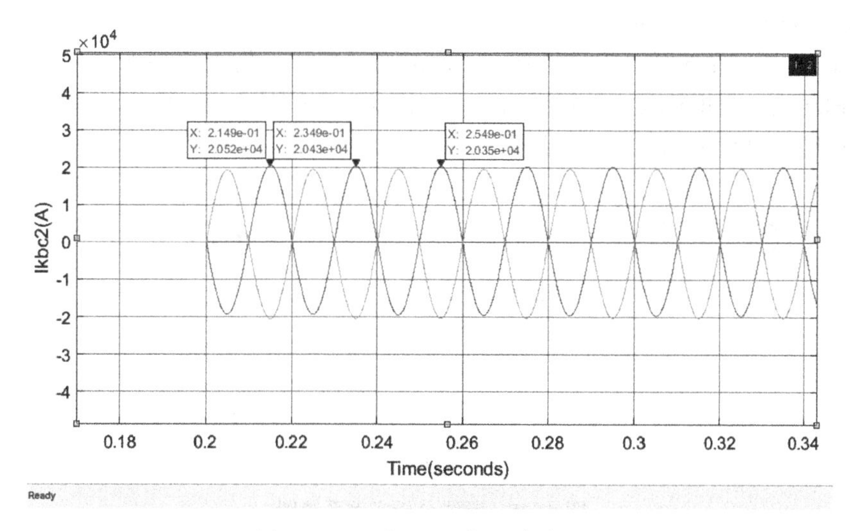

图 4-43　f_2 点 BC 两相短路波形图

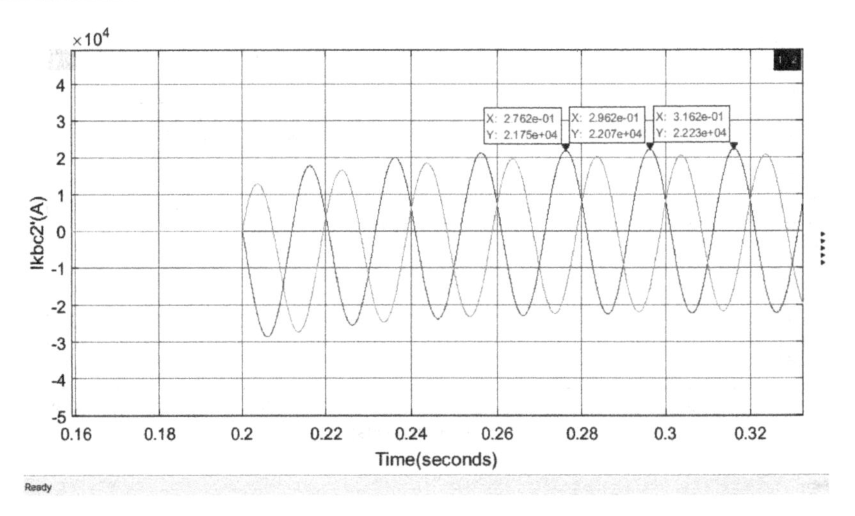

图 4-44　f_2 点 BC 两相接地短路波形图

4.6　电力系统断线仿真实例

以图 4-45 所示系统为例，进行电力系统断线分析，系统中元件参数（各序参数相同）如下。

G_1、G_2：$S_N=30\,MV\cdot A$，$U_N=10.5\,kV$，$x=0.26$；

T_1：$S_N=31.5\,MV\cdot A$，$U_S\%=10.5$，$k=10.5/121\,kV$，$\Delta P_s=180\,kW$，$\Delta P_0=30\,kW$，$I_0\%=0.8$，YN/d-11；

T_2：$S_N=31.5\,MV\cdot A$，$U_S\%=9.5$，$k=10.5/121\,kV$，$\Delta P_s=150\,kW$，$\Delta P_0=25\,kW$，$I_0\%=0.9$，YN/d-11；

L_1：$L_1=75\,km$，$r_1=0.25\,\Omega/km$，$x_1=0.41\,\Omega/km$，$c_1=2.78\times10^{-6}\,S/km$；

L_2：$L_2=80\,km$，$r_2=0.18\,\Omega/km$，$x_2=0.38\,\Omega/km$，$c_2=2.88\times10^{-6}\,S/km$；

L_3：$L_3=90\,km$，$r_3=0.21\,\Omega/km$，$x_3=0.38\,\Omega/km$，$c_3=2.70\times10^{-6}\,S/km$；

负荷：$S_3=45\,MV\cdot A$，$\cos\varphi=0.9$。

根据图 4-45 所示系统及其参数搭建 Simulink 仿真模型，仿真模型如图 4-46 所示。将故障设置为单相断线、两相断线，设置界面分别如图 4-47 和图 4-48 所示。A 相断线仿真波形图如图 4-49 所示，BC 两相断线仿真波形图如图 4-50 所示。

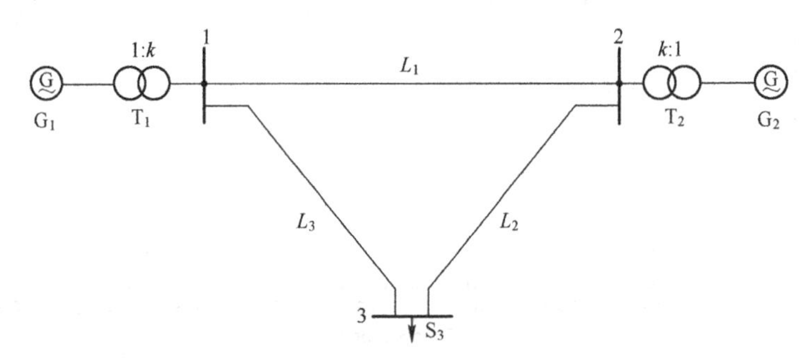

图 4-45　断线分析实例系统图

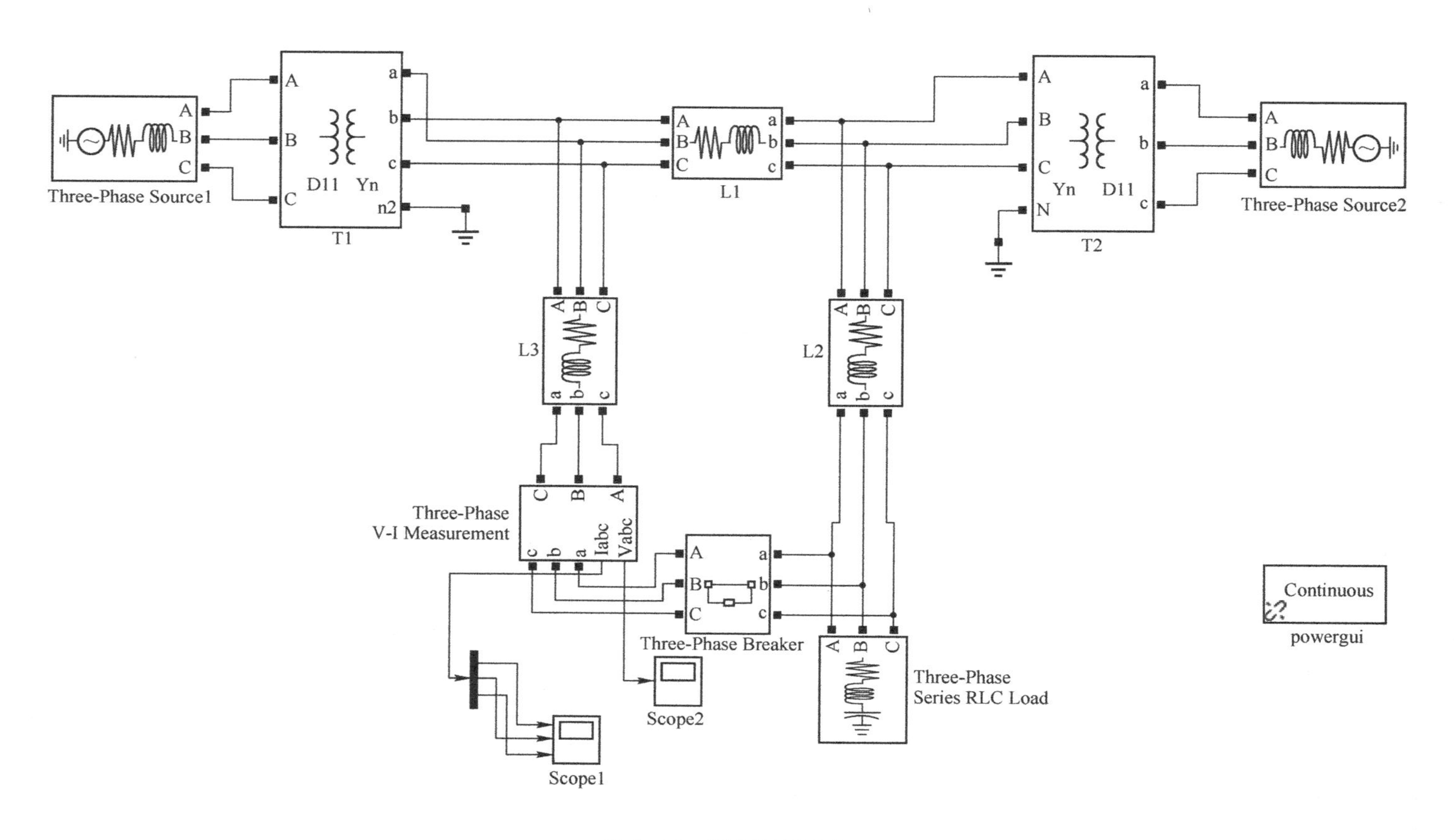
Three-Phase Source1
T1
L1
L3
L2
T2
Three-Phase Source2
Three-Phase
V-I Measurement
Three-Phase Breaker
Three-Phase
Series RLC Load
Scope1
Scope2
Continuous
powergui

图 4-46　断线仿真模型

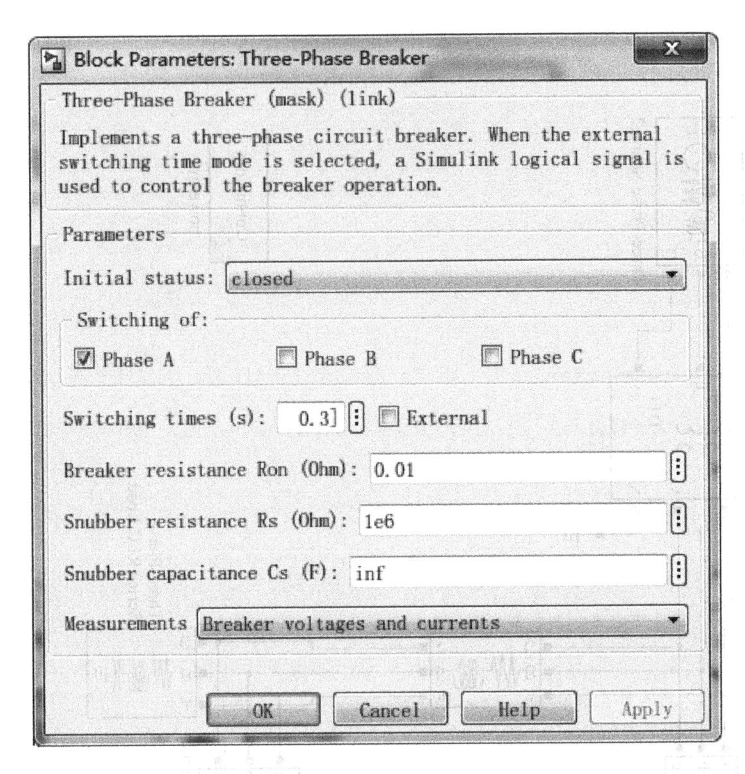

图 4-47　单相断线设置界面

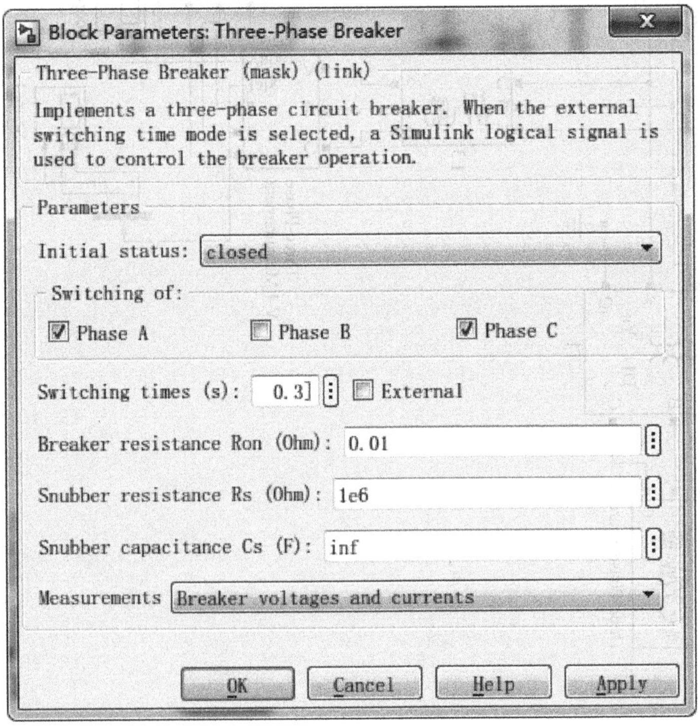

图 4-48　两相断线设置界面

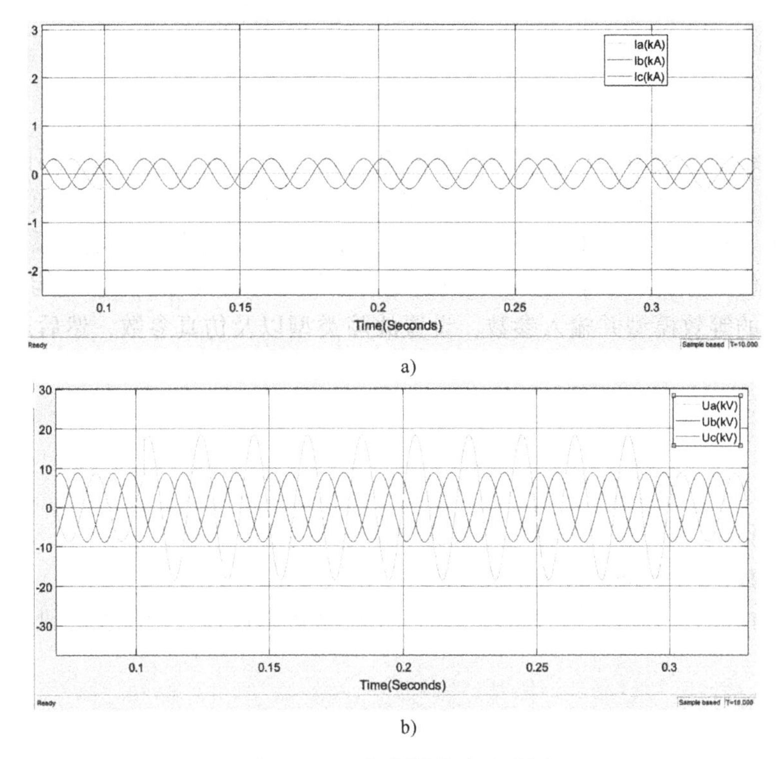

图 4-49　A 相断线仿真波形图

a）电流波形　b）电压波形

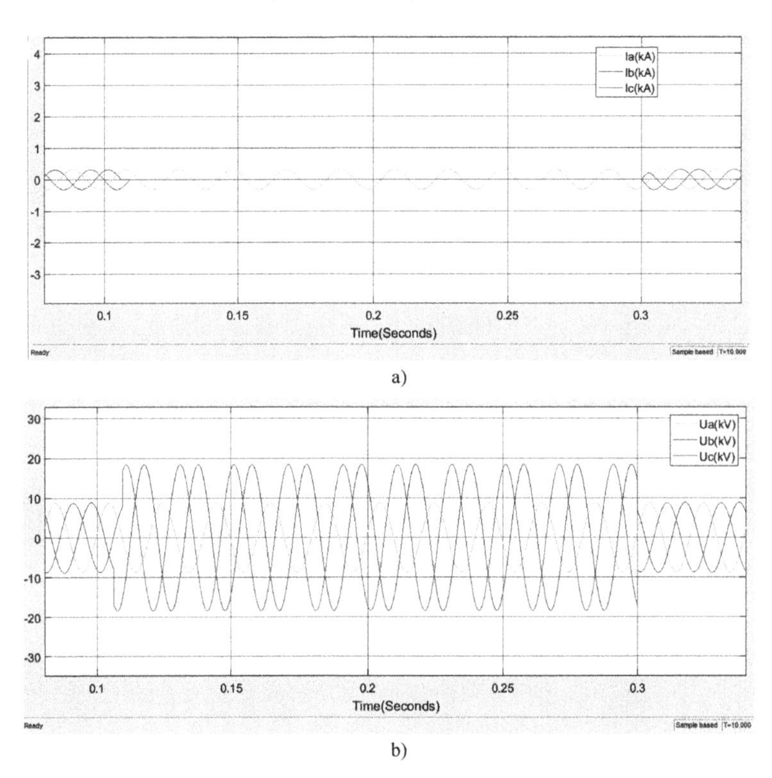

图 4-50　BC 两相断线仿真波形图

a）电流波形　b）电压波形

4.7 小结

本章重点介绍了基于 MATLAB/Simulink 的电力系统故障仿真模型以及不同类型故障仿真分析；然后介绍了用于电力系统仿真分析的标准 Simulink 模块库和电力系统模块库，并完成了无限大功率电源三相短路、同步发电机三相短路、电力系统三相短路、电力系统不对称短路以及电力系统断线仿真分析。基于 Simulink 进行电力系统故障仿真时，需要先构建仿真系统，确定电力系统元件的等效模型并输入参数，设置故障类型以及仿真参数，然后运行仿真并分析结果。

习题

4.1 请说明基于 Simulink 进行电力系统故障仿真的一般流程。

4.2 如何构建基于 Simulink 的仿真系统？

4.3 根据仿真结果分析无限大功率电源三相短路暂态过程与同步发电机三相短路暂态过程有何不同？

第 5 章　基于 Simulink 的 IEEE 14 节点系统仿真分析

本章基于 Simulink 建立 IEEE 14 母线标准试验系统的仿真模型，分析 IEEE 14 母线标准试验系统的潮流计算和短路分析。

5.1　IEEE 14 节点系统介绍

IEEE 14 节点配电网结构如图 5-1 所示。

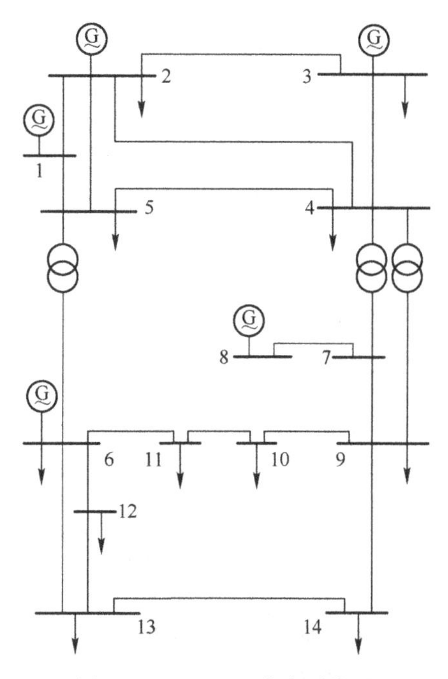

图 5-1　IEEE 14 节点系统图

经过程序计算可以得到 IEEE 14 母线标准试验系统的潮流计算结果，IEEE 14 母线标准试验系统的数据和潮流计算结果按表 5-1～表 5-5 顺序给出，所有标幺值数据都以 100 MV · A 为功率基准值，母线电压上、下限分别为 1.1 和 0.97。数据按以下顺序给出：

1）母线注入功率数据和潮流结果。

2）线路参数和变压器支路参数。

3）变压器变比，非标准变比在首端。

4）并联电容器的电纳。

5）*PV* 母线的给定电压和最大、最小的无功值。

表 5-1 IEEE 14 母线系统母线数据和潮流结果

母线编号	母线电压		发电机输出功率		负荷功率	
	幅值（p.u.）	相角（°）	有功/MW	无功/Mvar	有功/MW	无功/Mvar
1	1.0600	0.0000	232.38	-16.89	0.00	0.00
2	1.0450	-4.9808	40.00	42.40	21.70	12.70
3	1.0100	-12.7176	0.00	23.39	94.20	19.00
4	1.0186	-10.3241	0.00	0.00	47.80	-3.90
5	1.0203	-8.7825	0.00	0.00	7.60	1.60
6	1.0700	-14.2223	0.00	12.24	11.20	7.50
7	1.0620	-13.3680	0.00	0.00	0.00	0.00
8	1.0900	-13.3680	0.00	17.36	0.00	0.00
9	1.0563	-14.9462	0.00	0.00	29.50	16.60
10	1.0513	-15.1039	0.00	0.00	9.00	5.80
11	1.0571	-14.7949	0.00	0.00	3.50	1.80
12	1.0569	-15.0771	0.00	0.00	6.10	1.60
13	1.0504	-15.1586	0.00	0.00	13.50	5.80
14	1.0358	-16.0386	0.00	0.00	14.90	5.00
系统总功率	—	—	272.38	78.50	259.00	73.50

表 5-2 IEEE 14 母线系统支路数据（p.u.）

支路编号	首末端母线编号	支路电阻	支路电抗	1/2 充电电容电纳	额定电流
1	1—2	0.01938	0.05917	0.02640	1.71×2
2	2—3	0.04699	0.01979	0.02190	1.71
3	2—4	0.05811	0.17632	0.01870	1.71
4	1—5	0.05403	0.22304	0.02460	1.71
5	2—5	0.05695	0.17388	0.01700	1.71
6	3—4	0.06701	0.17103	0.01730	1.71
7	4—5	0.01335	0.04211	0.00640	1.71
8	5—6	0.00000	0.25202	0.00000	0.65
9	4—7	0.00000	0.20912	0.00000	0.65
10	7—8	0.00000	0.17615	0.00000	0.50
11	4—9	0.00000	0.55618	0.00000	0.40
12	7—9	0.00000	0.11001	0.00000	0.65
13	9—10	0.03181	0.08450	0.00000	0.50
14	6—11	0.09498	0.19890	0.00000	0.50
15	6—12	0.12291	0.15581	0.00000	0.50
16	6—13	0.06615	0.13027	0.00000	0.50
17	9—14	0.12711	0.27038	0.00000	0.50
18	10—11	0.08205	0.19207	0.00000	0.50
19	12—13	0.22092	0.19988	0.00000	0.50
20	13—14	0.17093	0.34802	0.00000	0.50

表 5-3　变压器数据

变压器序号	首末段号	变比（p. u.）
1	5—6	0. 932
2	4—7	0. 978
3	4—9	0. 969

表 5-4　并联电容数据

母线编号	电纳（p. u.）
9	0. 190

表 5-5　无功可调母线数据

母线编号	电压幅值（p. u.）	无功极限值/Mvar	
		下　限	上　限
2	1. 045	-40. 0	50. 0
3	1. 010	0. 0	40. 0
6	1. 070	-6. 0	24. 0
8	1. 090	-6. 0	24. 0

5. 2　IEEE 14 节点系统的潮流计算

基于 5. 1 节中 IEEE 14 节点系统图（见图 5-1）以及表 5-1~表 5-5 中系统结构参数和负荷功率，建立如图 5-2 所示的仿真模型。

运行 Powergui 中的 Load Flow，得到如图 5-3 所示的母线注入功率数据和潮流计算结果。将图 5-3 整理得到 Load Flow 计算潮流结果，见表 5-6。

表 5-6　Load Flow 潮流计算结果

母线编号	母线电压		发电机输出功率		负荷功率	
	幅值（p. u.）	相角（°）	有功/MW	无功/Mvar	有功/MW	无功/Mvar
1	1. 0600	0. 0000	232. 41	-15. 67	0. 00	0. 00
2	1. 0450	-5. 00	40. 00	46. 41	21. 69	12. 69
3	1. 0100	-12. 75	0. 00	26. 60	94. 20	18. 99
4	1. 0151	-10. 28	0. 00	0. 00	47. 79	-3. 90
5	1. 0176	-8. 82	0. 00	0. 00	7. 59	1. 59
6	1. 0700	-14. 68	0. 00	24. 07	11. 19	7. 50
7	1. 0516	-13. 16	0. 00	0. 00	0. 00	0. 00
8	1. 0900	-13. 16	0. 00	23. 77	0. 00	0. 00
9	1. 0365	-14. 66	0. 00	0. 00	29. 49	16. 59
10	1. 0378	-14. 76	0. 00	0. 00	9. 00	5. 79

（续）

母线编号	母线电压		发电机输出功率		负荷功率	
	幅值（p. u.）	相角（°）	有功/MW	无功/Mvar	有功/MW	无功/Mvar
11	1.0581	-14.32	0.00	0.00	3.50	1.80
12	1.0537	-15.50	0.00	0.00	6.09	1.59
13	1.0477	-15.51	0.00	0.00	13.50	5.79
14	1.0232	-16.05	0.00	0.00	14.90	5.00
系统总功率	—	—	272.41	105.18	258.94	73.43

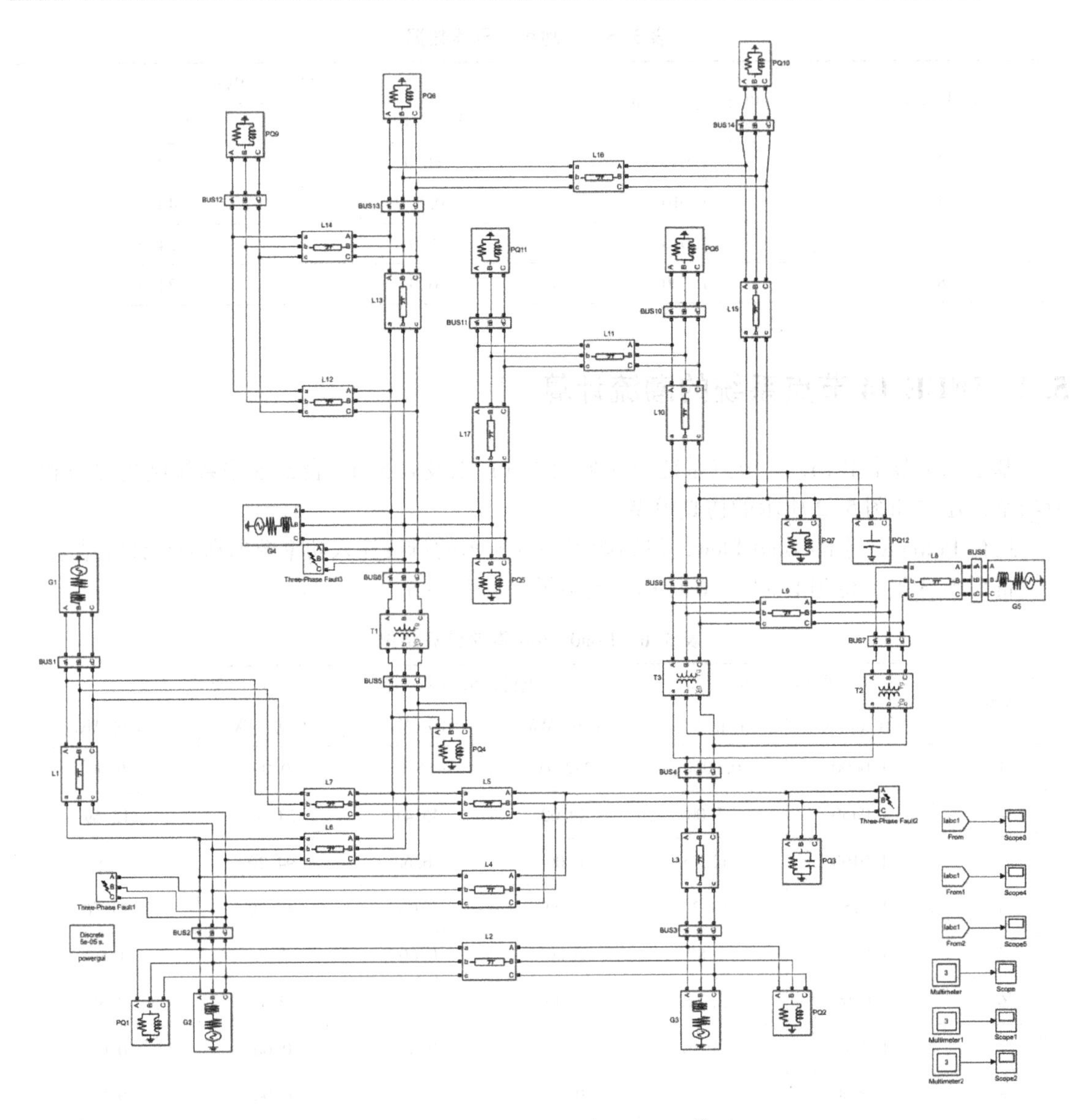

图 5-2　IEEE 14 节点系统 Simulink 模型

	Block ty...	Bus ty...	Bus ID	Vbase (...	Vref (...	Vangle (deg)	P (MW)	Q (Mv...	Qmin (Mvar)	Qmax (Mvar)	V_LF (pu)	Vangle_LF (deg)	P_LF (MW)	Q_LF (Mvar)	
1	RLC load	PQ	Bus*1*	137.99	1	0.00	9.00	5.79	-Inf	Inf	1.0378	-14.76	9.00	5.79	PQ6
2	RLC load	PQ	Bus*2*	137.99	1.0100	0.00	94.20	18.99	-Inf	Inf	1.0100	-12.75	94.20	18.99	PQ2
3	Vsrc	PV	Bus*2*	137.99	1.0100	0.00	0.00	0.00	-Inf	Inf	1.0100	-12.75	-0.00	26.60	G3
4	Vsrc	swing	Bus*3*	138.00	1.0600	0.00	0.01	0.00	-Inf	Inf	1.0600	0.00	233.41	-15.67	G1
5	RLC load	PQ	Bus*4*	137.99	1.0450	0.00	21.69	12.69	-Inf	Inf	1.0450	-5.00	21.69	12.69	PQ1
6	Vsrc	PV	Bus*4*	137.99	1.0450	0.00	40.00	0.00	-Inf	Inf	1.0450	-5.00	40.00	46.41	G2
7	RLC load	PQ	Bus*5*	137.99	1	0.00	7.59	1.59	-Inf	Inf	1.0176	-8.82	7.59	1.59	PQ4
8	RLC load	PQ	Bus*6*	137.99	1	0.00	6.09	1.59	-Inf	Inf	1.0537	-15.50	6.09	1.59	PQ9
9	RLC load	PQ	Bus*7*	137.99	1	0.00	14.90	5.00	-Inf	Inf	1.0232	-16.05	14.90	5.00	PQ10
10	RLC load	PQ	Bus*8*	137.99	1	0.00	13.50	5.79	-Inf	Inf	1.0477	-15.51	13.50	5.79	PQ8
11	RLC load	PQ	Bus*9*	137.99	1.0700	0.00	11.19	7.50	-Inf	Inf	1.0700	-14.68	11.19	7.50	PQ5
12	Vsrc	PV	Bus*9*	137.99	1.0700	0.00	0.00	0.00	-Inf	Inf	1.0700	-14.68	0.00	24.07	G4
13	RLC load	PQ	Bus*10*	137.99	1	0.00	3.50	1.80	-Inf	Inf	1.0581	-14.32	3.50	1.80	PQ11
14	RLC load	PQ	Bus*11*	137.99	1	0.00	29.49	16.59	-Inf	Inf	1.0365	-14.66	29.49	16.59	PQ7
15	Vsrc	PV	Bus*12*	138.00	1.0900	0.00	0.00	0.00	-Inf	Inf	1.0900	-13.16	0.00	23.77	G5
16	Bus	-	Bus*13*	138.00	1	0.00	0.00	0.00	0.00	0.00	1.0516	-13.16	0.00	0.00	Bus*13*
17	RLC load	PQ	Bus*14*	137.99	1	0.00	47.79	-3.90	-Inf	Inf	1.0151	-10.28	47.79	-3.90	PQ3

图 5-3　运行 Load Flow 后的潮流计算结果

5.3　IEEE 14 节点系统短路分析

分别在母线 2、母线 4、母线 6 处设置三相故障模块，设在 5 s 时发生三相短路、单相接地短路、两相短路和两相接地短路。

（1）母线 2 发生短路

母线 2 发生三相短路、A 相接地短路、BC 两相短路、BC 两相接地短路仿真结果分别如图 5-4~图 5-7 所示。

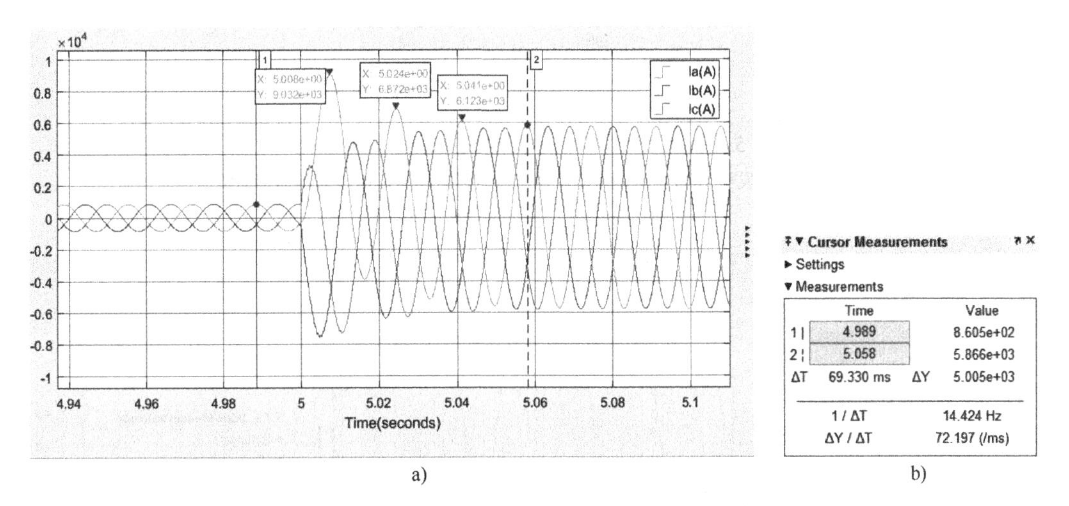

a)　　　　　　　　　　b)

图 5-4　母线 2 发生三相短路波形图及数值

a）母线 2 发生三相短路波形图　b）母线 2 发生三相短路数值

（2）母线 4 发生短路

母线 4 发生三相短路、A 相接地短路、BC 两相短路、BC 两相接地短路仿真结果分别如图 5-8~图 5-11 所示。

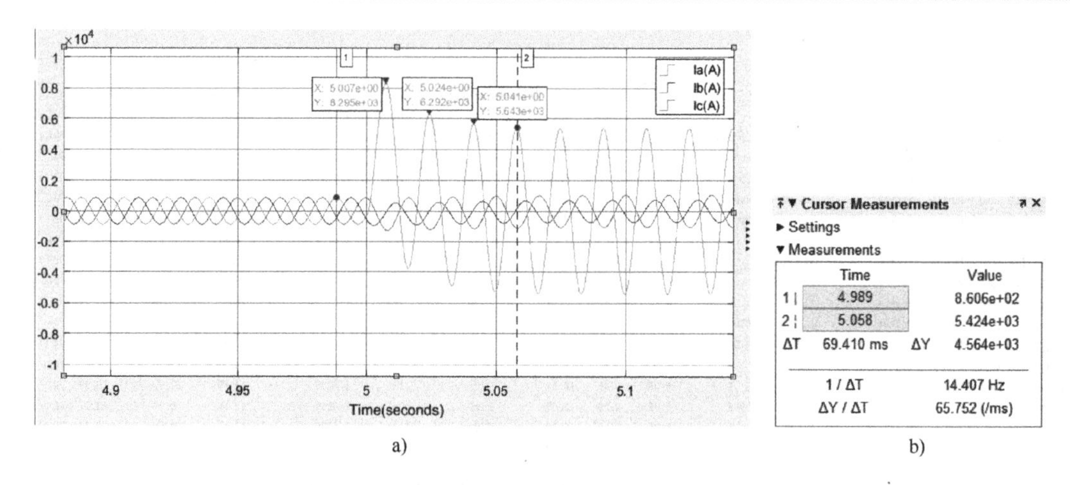

a)　　b)

图 5-5　母线 2 发生 A 相接地短路波形图及数值

a）母线 2 发生 A 相接地短路波形图　b）母线 2 发生 A 相接地短路数值

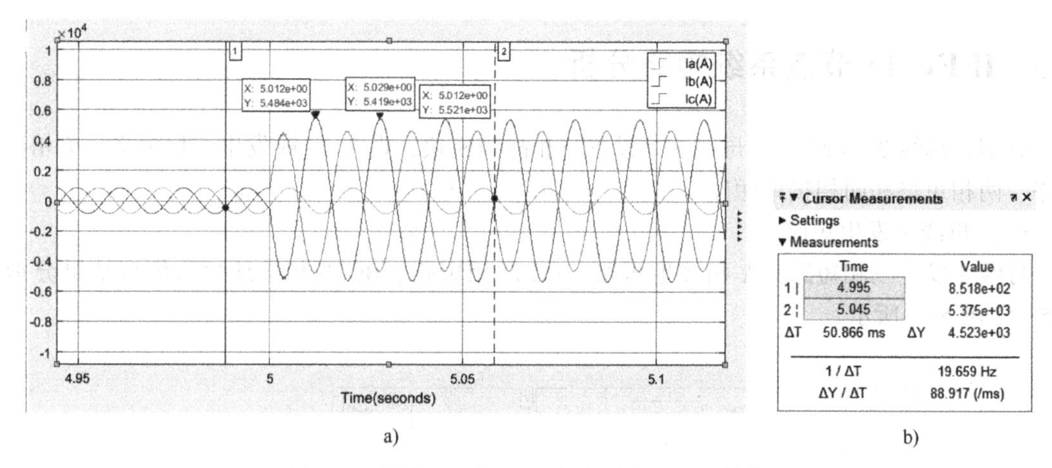

a)　　b)

图 5-6　母线 2 发生 BC 两相短路波形图及数值

a）母线 2 发生 BC 两相短路波形图　b）母线 2 发生 BC 两相短路数值

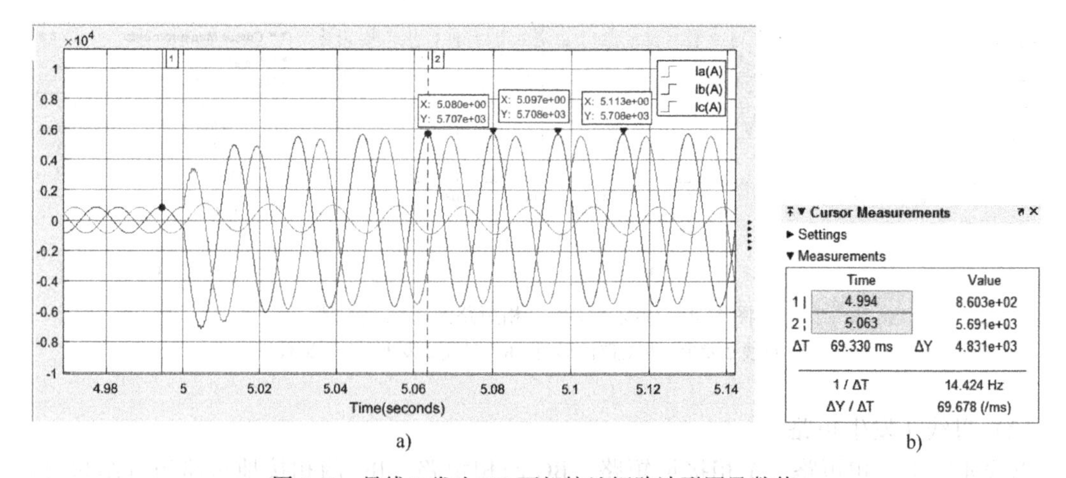

a)　　b)

图 5-7　母线 2 发生 BC 两相接地短路波形图及数值

a）母线 2 发生 BC 两相接地短路波形图　b）母线 2 发生 BC 两相接地短路数值

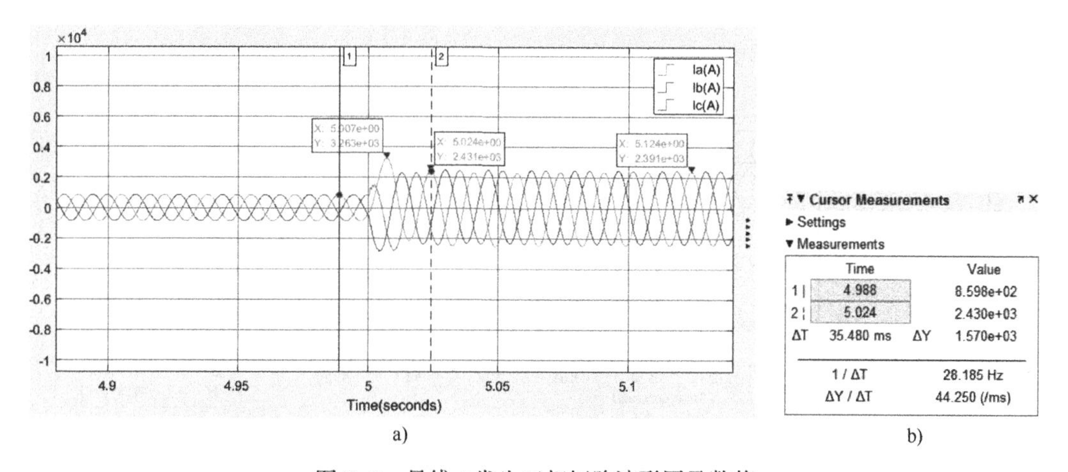

a)　　b)

图 5-8　母线 4 发生三相短路波形图及数值

a）母线 4 发生三相短路波形图　b）母线 4 发生三相短路数值

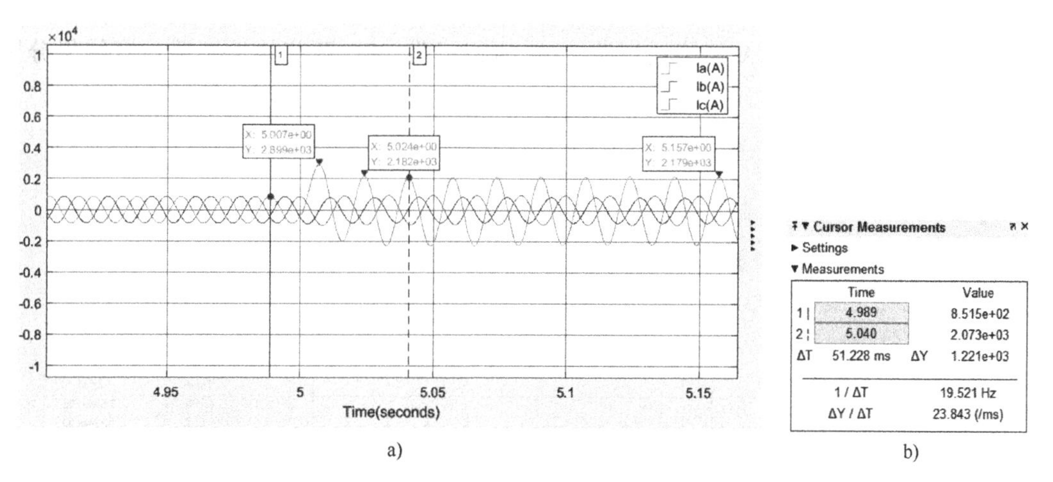

a)　　b)

图 5-9　母线 4 发生 A 相接地短路波形图及数值

a）母线 4 发生 A 相接地短路波形图　b）母线 4 发生 A 相接地短路数值

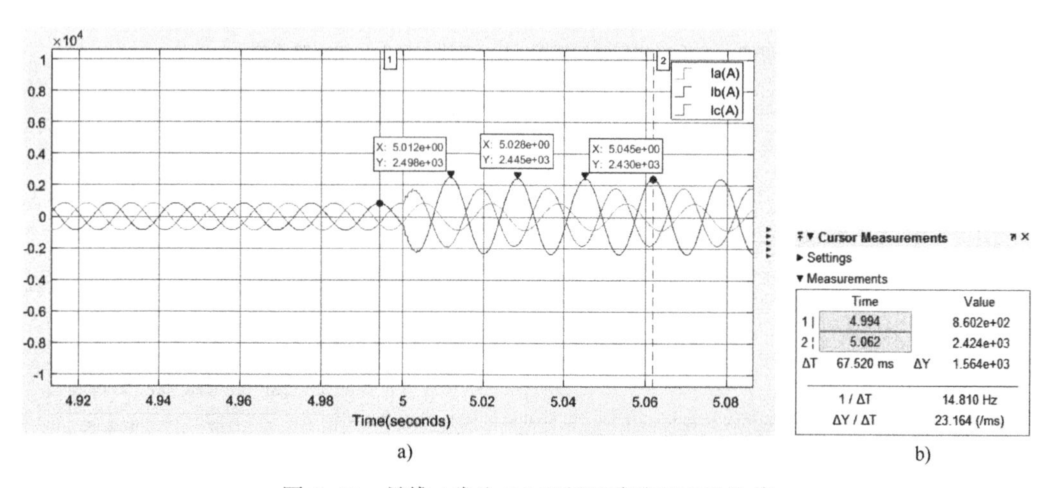

a)　　b)

图 5-10　母线 4 发生 BC 两相短路波形图及数值

a）母线 4 发生 BC 两相短路波形图　b）母线 4 发生 BC 两相短路数值

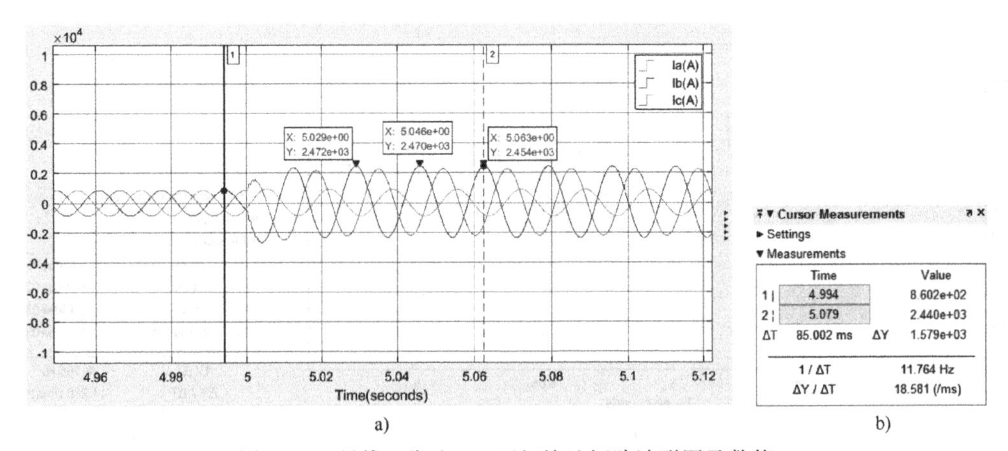

a) b)

图 5-11 母线 4 发生 BC 两相接地短路波形图及数值

a）母线 4 发生 BC 两相接地短路波形图 b）母线 4 发生 BC 两相接地短路数值

（3）母线 6 发生短路

母线 6 发生三相短路、A 相接地短路、BC 两相短路、BC 两相接地短路仿真结果分别如图 5-12～图 5-15 所示。

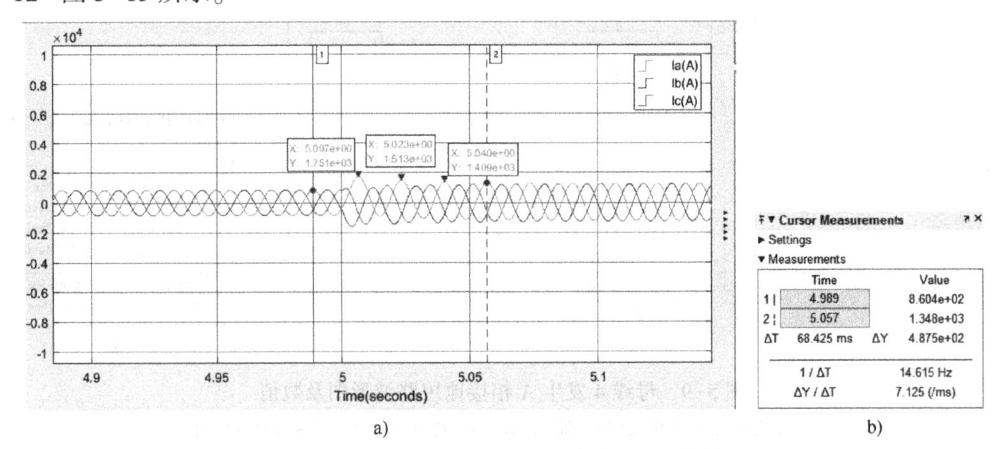

a) b)

图 5-12 母线 6 发生三相短路波形图及数值

a）母线 6 发生三相短路波形图 b）母线 6 发生三相短路数值

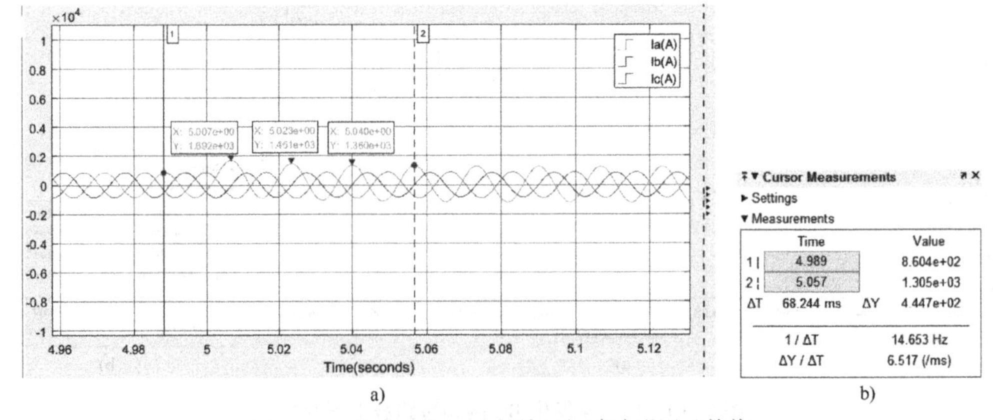

a) b)

图 5-13 母线 6 发生 A 相接地短路波形图及数值

a）母线 6 发生 A 相接地短路波形图 b）母线 6 发生 A 相接地短路数值

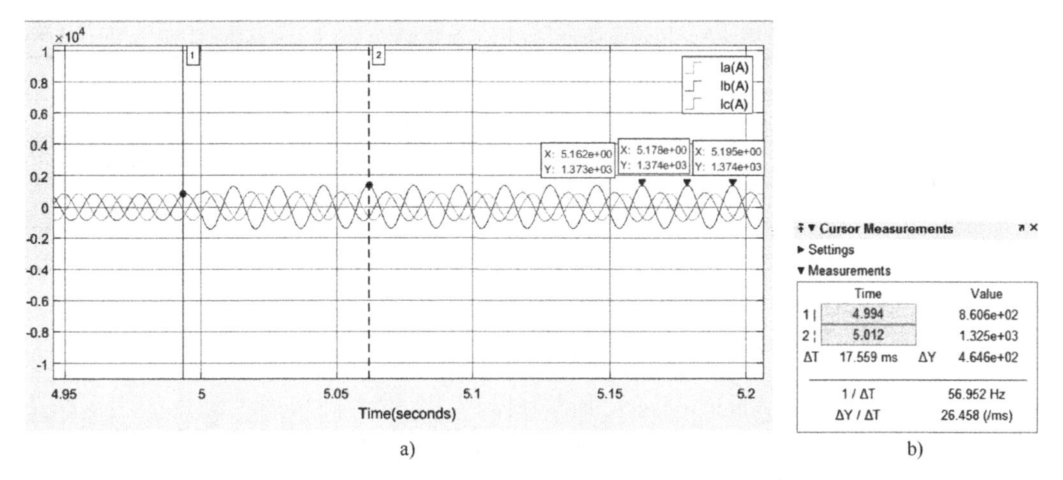

a)　　　　b)

图 5-14　母线 6 发生 BC 两相短路波形图及数值

a）母线 6 发生 BC 两相短路波形图　b）母线 6 发生 BC 两相短路数值

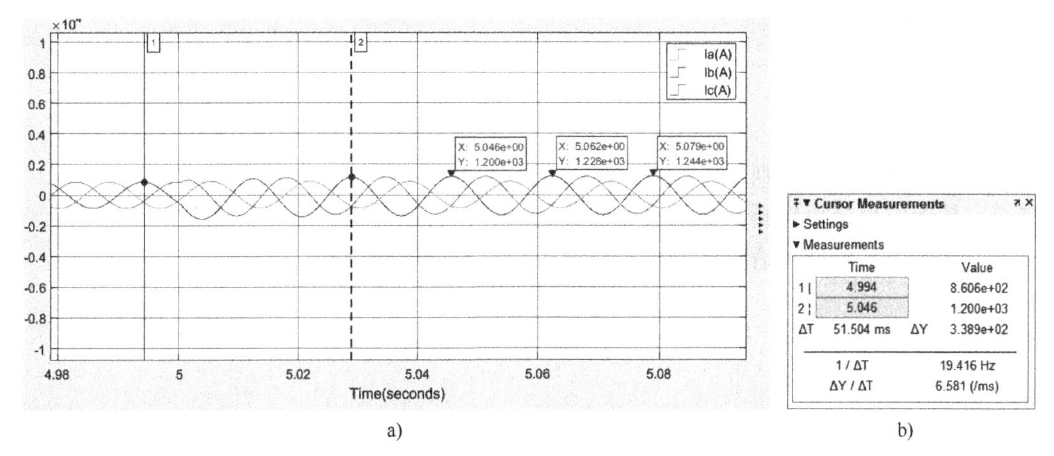

a)　　　　b)

图 5-15　母线 6 发生 BC 两相接地短路波形图及数值

a）母线 6 发生 BC 两相接地短路波形图　b）母线 6 发生 BC 两相接地短路数值

将各个母线的短路电流和稳态电流整理得到表 5-7。

表 5-7　母线 2、4、6 的稳态电流和短路电流

母　线　号	短 路 类 型	短路电流/kA	稳态电流/A
母线 2	三相短路	5. 866	860. 5
	A 相接地短路	5. 424	860. 6
	BC 两相短路	5. 375	851. 8
	BC 两相接地短路	5. 691	860. 3
母线 4	三相短路	2. 430	859. 8
	A 相接地短路	2. 073	851. 5
	BC 两相短路	2. 424	860. 2
	BC 两相接地短路	2. 440	860. 2

（续）

母 线 号	短 路 类 型	短路电流/kA	稳态电流/A
母线 6	三相短路	1.348	860.4
	A 相接地短路	1.305	860.4
	BC 两相短路	1.325	860.6
	BC 两相接地短路	1.200	860.6

5.4 小结

本章基于 Simulink 分析 IEEE 14 母线标准试验系统的潮流计算和短路分析。依据 IEEE 14 节点系统结构参数和负荷功率，建立其仿真系统。运行 Powergui 中的 Load Flow，可以得到 IEEE 14 节点系统的潮流计算结果。在仿真系统中母线处设置三相故障模块、故障类型以及仿真参数，然后运行仿真并分析结果。

习题

5.1 请通过仿真分析判断，如果改变部分节点负荷，潮流分布是否会改变？

5.2 基于仿真分析判断，如果改变部分节点负荷，故障电流是否会改变？

5.3 基于仿真模型，请尝试分析多点发生短路时的暂态过程。

第6章 基于MATPOWER的电力系统潮流计算

MATPOWER是一个基于MATLAB的m文件编写，用来解决电力系统潮流和最优潮流计算问题的软件包，将其应用在教学中有助于学生理解潮流分布的内涵。本章重点介绍如何利用MATPOWER完成电力系统潮流计算。

6.1 MATPOWER概述

6.1.1 MATPOWER简介

MATPOWER是由康奈尔大学电气学院电力系统工程研究中心的RAY D. Zimmenrman、CARLOS E. Murillo和甘德强在ROBERT THOMAS的指导下开发出来的，致力于为研究人员和教育从业者提供一种易于使用和可更新的仿真工具。MATPOWER的设计理念是用尽可能简单、易懂、可更新的代码来实现优秀的功能。

6.1.2 系统要求

1）MATLAB 5.0或以上版本。

2）MATLAB最优化工具箱（一小部分最优潮流算法需要）。

两者都可以从MathWorks获得（见http://www.mathworks.com/）。

6.1.3 安装流程

1）登录MATPOWER主页（http://www.pserc.cornell.edu/mathpower/），按照下载指导下载相关压缩文件。

2）解压下载的文件。

3）将解压后的文件放到MATLAB的PATH路径下。

6.1.4 执行潮流计算的方法

（1）执行电力常规潮流计算

若以默认的运算法则选项，计算一个简单的文件（如case9.m）的牛顿潮流，则在MATLAB命令窗口输入如下语句，然后按〈Enter〉键即可：

```
>>runpf('case9')
```

（2）执行最优潮流程序

若以默认的算法选项，计算case9.m文件中的9节点系统的最优潮流，则在MATLAB命令窗口输入如下语句，然后按〈Enter〉键即可：

```
>>runopf('case9')
```

若以关闭高耗机组处理的方式运行，则输入：

```
>>runuopf('case30')
```

6.1.5 获得帮助

当拥有 MATLAB 的内部函数和工具箱代码时，通过输入 help 加上命令或者 m 文件的名称可以获得详细的函数说明。例如，想要了解 runopf，则在 MATLAB 命令窗口输入如下语句即可获得 runopf 的解释：

```
>> help runopf
```

6.2 技术规则

6.2.1 数据文件格式

在进行潮流计算之前，首先要将电力系统的各种参数（如基准容量、节点、线路、发电机等）写成 MATPOWER 所用的数据文件格式。MATPOWER 所用的所有数据文件均为 MATLAB 的 m 文件或者 mat 文件，格式为 version2（version1 版本已被弃用）。每个 m 文件或者 mat 文件用来定义和返回变量名为“mpc”的结构体，该结构体的字段包括以下变量：baseMVA、bus、branch、gen、areas 和 gencost。其中 baseMVA 是标量，其他的都是矩阵。矩阵的每一行都对应于一个单一的节点、线路或者发电机组。列的数据类似于标准的 IEEE 和 PTI 列的数据格式。MATPOWER 案例文件的规范细节可以在 caseformat.m 中看到。caseformat.m 文件可以在 MATPOWER 主页下载的压缩文件中直接找到，也可以通过在 MATLAB 命令窗口输入如下语句获得：

```
>> help caseformat
```

下面对结构体 mpc 的部分字段做简要说明：

1）字段 baseMVA 是一个标量，用来设置基准容量，如 100 MV · A。

2）字段 bus 是一个矩阵，用来设置电力系统中各节点参数，矩阵的每一行都对应于一个单一的节点，列的数据格式为 bus_i、type、Pd、Qd、Gs、Bs、area、Vm、Va、baseKV、zone、Vmax、Vmin。

① bus_i：节点编号（正整数）。

② type：节点类型，1 为 *PQ* 节点，2 为 *PV* 节点，3 为平衡节点，4 为孤立节点。

③ Pd：有功功率负荷（MW）。

④ Qd：无功功率负荷（Mvar）。

⑤ Gs：并联电导（MW）。

⑥ Bs：并联电纳（Mvar）。

⑦ area：断面号，1~100 之间的正整数，一般设置为 1。

⑧ Vm：节点电压的幅值初值（p. u.）。

⑨ Va：节点电压的相位初值（°）。

⑩ baseKV：节点的基准电压（kV）。

⑪ zone：分区编号，1~999 之间的正整数，一般设置为 1。

⑫ Vmax：工作时节点的最高电压幅值（p. u. ）。

⑬ Vmin：工作时母线的最低电压幅值（p. u. ）。

3）字段 gen 是一个矩阵，用来设置接入电网中的发电机（电源）参数。矩阵的每一行都对应一个单一的发电机（电源），列的数据格式为 bus、Pg、Qg、Qmax、Qmin、Vg、mBase、status、Pmax、Pmin。

① bus：接入发电机（电源）的节点编号。

② Pg：发电机（电源）的有功功率输出（MW）。

③ Qg：发电机（电源）的无功功率输出（Mvar）。

④ Qmax：发电机（电源）的最大无功功率输出（Mvar）。

⑤ Qmin：发电机（电源）的最小无功功率输出（Mvar）。

⑥ Vg：发电机（电源）的电压幅值的给定值（p. u. ）。

⑦ mBase：发电机（电源）的功率基准（MV・A），如果为默认值，则是 baseMVA 变量的值。

⑧ status：发电机（电源）的工作状态，1 表示投入运行，0 表示退出运行。

⑨ Pmax：发电机（电源）的最大有功功率输出（MW）。

⑩ Pmin：发电机（电源）的最小有功功率输出（MW）。

4）字段 branch 也是一个矩阵，用来设置电力系统中各支路参数。矩阵的每一行都对应一个单一的支路，列的数据格式为 fbus、tbus、r、x、b、rateA、rateB、rateC、ratio、angle、status。

① fbus：该支路的起始节点编号。

② tbus：该支路的终止节点编号。

③ r：支路的电阻（p. u. ）。

④ x：支路的电抗（p. u. ）。

⑤ b：支路的充电电纳（p. u. ）。

⑥ rateA、rateB 和 rateC 分别为该支路长期、短期和紧急允许功率（MV・A）。

⑦ ratio：该支路的变比，如果支路元件是导线，那么 ratio 为 0；如果支路元件为变压器，且抽头在 fbus 侧，阻抗在 tbus 侧，则该变比为 fbus 侧节点的基准电压与 tbus 侧节点的基准电压之比。

⑧ angle：支路的相位角度（°），如果支路元件为变压器（或移相器），则是变压器（或移相器）的转角；如果支路元件是导线，相位角度则为 0°。

⑨ status：支路工作状态，1 表示投入运行，0 表示退出运行。

6.2.2　MATPOWER 选项

MATPOWER 在进行潮流计算时可以使用一个选项向量“mpoption”来实现对选项的控制，从而选择不同的算法及结果输出格式。在 MATLAB 的命令窗口中通过输入 mpoption 就可以显示出 MATPOWER 的默认选项内容。MATPOWER 选项向量可实现下列控制：

1）潮流算法。

2）潮流计算的中止标准。

3）最优潮流（OPF）算法。

4）对不同成本模型的默认 OPF 算法。

5）OPF 的成本转换参数。

6）OPF 的中止标准。

7）冗余水平。

8）结果输出方式。

MATPOWER 选项向量中有关潮流计算的选项描述见表 6-1，最优潮流计算的选项描述见表 6-2，潮流计算输出结果的选项描述见表 6-3。

表 6-1　MATPOWER 选项向量中有关潮流计算的选项描述

序　号	变 量 名	默 认 值	选 项 描 述
1	PF_ALG	1	潮流算法 1—Newton's method 牛顿-拉弗森法 2—Fast-Decoupled（XB version）快速解耦算法（XB） 3—Fast-Decoupled（BX version）快速解耦算法（BX） 4—Gauss Seidel 高斯-赛德尔法
2	PF_TOL	le-8	每一个单元（节点）的有功/无功最大的允许偏差
3	PF_MAX_IT	10	牛顿-拉弗森法的最大迭代次数
4	PF_MAX_IT_FD	30	快速解耦算法的最大迭代次数
5	PF_MAX_IT_GS	1000	高斯-赛德尔法的最大迭代次数
6	ENFORCE_Q_LIMS	0	机组电压无功控制限制
10	PF_DC	0	采用直流潮流模型 0—使用交流模型，采用交流算法选项 1—使用直流模型，忽略交流算法选项

表 6-2　MATPOWER 选项向量中有关最优潮流计算的选项描述

序　号	变 量 名	默 认 值	选 项 描 述
11	OPF_ALG	0	OPF 计算所采用的算法 0—根据以下顺序采用最好的默认算法 500—通用模型，MINOS 520—通用模型，fmincon 100—标准模型（旧），constr 200—CCV 模型（旧），constr 更多关于模型和操作的细节见用户手册
12	OPF_ALG_POLY	100	采用多项式成本函数的默认 OPF 算法（只有当通用模型无解时才采用）
13	OPF_ALG_PWL	200	采用分段线性成本函数的默认 OPF 算法（只有当通用模型无解时才采用）
14	OPF_POLY2PWL_PTS	10	将多项式模型转化成分段线性模型时拐点的个数
16	OPF_VIOLATION	5e-6	不平衡量的限制值
17	CONSTR_TOL_X	1e-4	copf 和 fminopf 中 X 的停止范围
18	CONSTR_TOL_F	1e-4	copf 和 fminopf 中 F 的停止范围
19	CONSTR_MAX_IT	0	copf 和 fminopf 的最大迭代次数（0 表示 2×nb+150）
20	LPC_TOL_GRAD	3e-3	lpopf 对斜率的允许最大误差
21	LPC_TOL_X	1e-4	lpopf 对 X（最小步长）的允许最大误差
22	LPC_TOL_IT	400	lpopf 的最大迭代次数
23	LPC_TOL_RESTART	5	lpopf 的最大重新开始次数
24	LPC_P_LINE_LIM	0	用有功代替视在功率潮流限制（0 或 1）
25	LPC_IGNORE_ANG_LIM	0	忽略相角差限制（无论指定与否）（0 或 1）

表6-3 MATPOWER选项向量中有关潮流计算输出结果的选项描述

序号	变量名	默认值	选项描述
31	VERBOSE	1	打印进程信息的数量 0—不打印进程信息 1—打印一点进程信息 2—打印大量的进程信息 3—打印所有的进程信息
32	OUT_ALL	-1	结果的打印控制 -1—用分散的标志来控制哪些需要输出 0—不打印任何东西 1—输出所有
33	OUT_SYS_SUM	1	打印系统概要信息（0或者1）
34	OUT_AREA_SUM	0	打印区域概要信息（0或者1）
35	OUT_BUS	1	打印母线细节信息（0或者1）
36	OUT_BRANCH	1	打印支路细节信息（0或者1）
37	OUT_GEN	0	打印机组细节信息（0或者1）
38	OUT_ALL_LIM	-1	控制打印约束信息 -1—用分散的标志来控制哪些需要输出 0—不打印任何约束（覆盖分散控制变量） 1—有约束力的约束（覆盖分散控制变量） 1—所有约束（覆盖分散控制变量）
39	OUT_V_LIM	1	控制打印电压限制信息 0—不打印任何信息 1—只打印有约束力的限制信息 2—所有约束
40	OUT_LINE_LIM	1	控制打印线路限制信息
41	OUT_PG_LIM	1	控制打印机组有功限制信息
42	OUT_QG_LIM	1	控制打印机组无功限制信息
43	OUT_RAW	0	打印perl数据库接口代码的初始数据（0或1）

典型的选项向量的使用方式如下：

首先取得默认的选项向量，即

```
>>mpopt = mpoption;
```

如果使用高斯-赛德尔法来对数据文件“case9”进行潮流计算，则在MATLAB命令窗口中输入以下两行命令即可：

```
>>mpopt = mpotion(mpopt,'PF_ALG',4);
>>runpf('case9',mpopt)
```

如果只输出系统概要信息和机组信息，则可进行如下设置：

```
>>mpopt = mpotion(mpopt,'OUT_BUS',0,'OUT_BRANCH',0,'OUT_GEN',1);
```

有关mpoption向量更详细的设置说明，请参考MATPOWER使用手册。

6.2.3 文件汇总

MATPOWER5.1文件夹中部分文件说明如下：

（1）文档文件

README　　MATPOWER 的基本介绍

README. txt　　MATPOWER 的基本介绍，为 Windows 用户使用

（2）高层方案

rundcopf. m　　运行一个直流最优潮流计算

rundcpf. m　　运行一个直流潮流计算

runduopf. m　　运行一个可以处理高价机组停机的直流 OPF

runopf. m　　运行一个最优潮流计算程序

runpf. m　　运行一个潮流计算程序

runuopf. m　　运行一个可以处理高价机组停机的 OPF

（3）数据输入文件

caseformat. m　　输入数据格式匹配的文档

case_ieee30. m　　IEEE 30 节点系统

case118. m　　IEEE 118 节点系统

case14. m　　IEEE 14 节点系统

case30. m　　改进的 IEEE 30 节点系统

case300. m　　IEEE 300 节点系统

case30pwl. m　　分段线性成本结构的 case30. m

case30Q. m　　带无功成本的 case30. m

case39. m　　39 节点系统

case4gs. m　　从 Grainger & Steveson 转化的 4 节点系统

case57. m　　IEEE 57 节点系统

case6ww. m　　来自于 Wood & Wollenberg 的 1 节点系统

case9. m　　3 机 9 节点系统（默认案例）

case9Q. m　　带无功成本的 9 节点系统

（4）各种方案使用的通用源文件和功能函数

bustypes. m　　创建参考节点，*PV* 节点和 *PQ* 节点的节点向量

compare. m　　输出两种解法之间的差别概要信息

dAbr_dV. m　　计算线路视在功率对电压的偏导，OPF 使用

dSbr_dV. m　　计算线路视在功率对电压的偏导，OPF 和状态估计使用

dSbus_dV. m　　计算节点注入复功率对电压的偏导，OPF、牛顿-拉弗森法潮流计算和状态估计使用

Ext2int. m　　将数据矩阵从外部节点编号转换为内部节点编号

hasPQcap. m　　检查机组的 *P*-*Q* 容量曲线约束

have_fcn. m　　检查选项功能能否获得

idx_brch. m　　对 branch 矩阵的列索引定义命名

idx_bus. m　　对 bus 矩阵的列索引定义命名

idx_cost. m　　对 gencost 矩阵的列索引定义命名

idx_gen. m　　对 gen 矩阵的列索引定义命名

int2ext. m　　将内部编号的数据矩阵转换为按外部编号的矩阵

isload. m	检查机组是否是可调度负荷
loadcase. m	将数据从文件或者结构体中导入数据矩阵中
makeB. m	形成快速解耦算法所需要的 ***B*** 矩阵
makeBdc. m	形成直流 PF 和 OPF 所需的 ***B*** 矩阵
makePTDF. m	形成直流 PTDF 矩阵
makeSbus. m	对指定的机组和负荷形成节点复功率注入
makeYbus. m	形成节点导纳矩阵
mpver. m	输出 MATPOWER 版本信息
printpf. m	PF 或者 OPF 解的完美输出
savecase. m	保存数据矩阵中的数据到案例文件中
mpoption. m	设置 MATPOWER 选项

(5) 潮流计算（PF）

dcpf. m	执行直流潮流计算
fdpf. m	执行快速解耦潮流计算
gausspf. m	执行高斯-赛德尔潮流计算
newtonpf. m	执行牛顿-拉弗森法潮流计算
pfsoln. m	用潮流计算的解更新数据矩阵

(6) 最优潮流（OPF）

各种 OPF 算法的通用文件：

opf. m	求解 OPF 的程序
poly2pwl. m	将多项式成本变量转换为分段线性函数
pqcost. m	将机组成本矩阵 gencost 分为有功和无功成本
totcost. m	对指定的调度情况计算所有的成本

仅由直流 OPF 使用的文件：

dcopf. m	执行直流最优潮流计算

(7) 测试（位于 t 文件夹中）

soln9_dcopf. mat	测试用数据
soln9_dcpf. mat	测试用数据
soln9_opf. mat	测试用数据
soln9_opf_ang. mat	测试用数据
soln9_opf_extrals1. mat	测试用数据
soln9_opf_Plim. mat	测试用数据
soln9_opf_PQcap. mat	测试用数据
soln9_pf. mat	测试用数据
soln9_opf. mat	测试用数据
t_auction. m	测试 extras/smartmarket 中的 auction. m
t_aution_case. m	t_auction 的测试案例
t_aution_fmincopf. m	基于 fmincon 的对 extras/smartmarket 中的 auction. m 的测试
t_begin. m	开始一个测试集合
t_case9_opf. m	OPF 测试的案例文件（版本 1 的格式）

t_case9_opfv2. m　　OPF 测试的案例文件（版本 2 的格式）
t_case9_pf. m　　潮流计算测试的案例文件（版本 1 的格式）
t_case9_pfv2. m　　潮流计算测试的案例文件（版本 2 的格式）
t_end. m　　停止一个测试集合并且输出数值
t_hasPQcap. m　　测试 hasPQcap. m
t_is. m　　测试两个矩阵在一定的范围内是否是一样的
t_jacobian. m　　对偏导进行数值测试
t_loadcase. m　　测试 load_case. m
t_makePTDF. m　　测试 makePTDF. m
t_off2case. m　　测试 off2case. m
t_ok. m　　测试一个表达式是否为真
t_opf. m　　测试 OPF 解法
t_pf. m　　测试潮流计算解法
t_run_tests. m　　运行一系列测试的框架
t_runmarket. m　　测试 runmarket. m
t_skip. m　　跳过指定的测试
test_matpower. m　　运行所有的可运行的 MATPOWER 测试

6.3　实例分析

（1）系统结构图及已知条件

系统结构图及已知条件如图 6-1 所示。

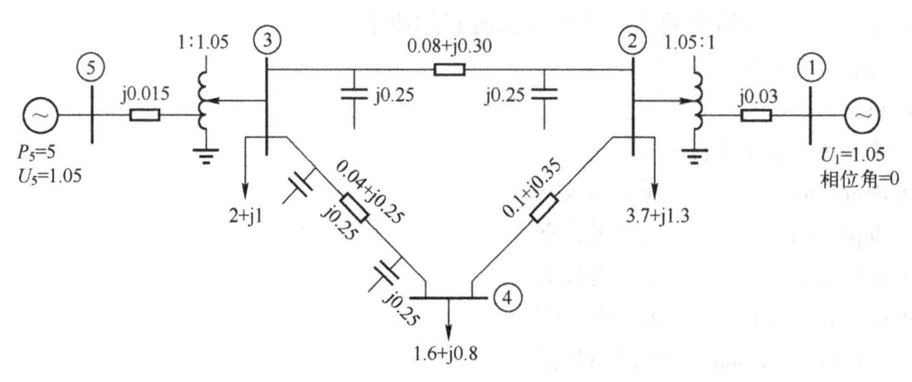

图 6-1　系统结构图

（2）主要数据

1）节点数据。

```
%% bus data
%   bus_i  type     Pd  Qd  Gs  Bs   area   Vm    Va   baseKV   zone Vmax Vmin
bus = [
    1  3  0     0     0  0  1  1.05    0  1    1    1.1 0.90;
    2  1  3.7   1.3   0  0  1  1       0  1    1    1.1 0.90;
    3  1  2     1     0  0  1  1       0  1    1    1.1 0.90;
```

```
    4  1  1.6  0.8  0  0  1  1      0  1    1  1.1  0.90;
    5  2  0    0    0  0  1  1.05   0  1    1  1.1  0.90;
];
```

2）发电机数据。

```
%% generator data
%  bus  Pg  Qg  Qmax    Qmin  Vg  mBase  status  Pmax  Pmin
gen=[
    1    0   0   150  -20  1.05   100  1   80   0;
    5    5   0   60   -20  1.05   100  1   80   0;
    ];
```

3）支路数据。

```
%%branch data
%   fbus tbus r x b rateA   rateB   rateC   ratio   angle   status
branch=[
    2   1   0      0.03   0     130  130  130  1.05   0   1;
    2   3   0.08   0.3    0.5   130  130  130  0      0   1;
    3   5   0      0.015  0     130  130  130  1.05   0   1;
    3   4   0.04   0.25   0.5   130  130  130  0      0   1;
    2   4   0.1    0.35   0     130  130  130  0      0   1;
];
```

（3）运行结果

当采用牛顿-拉弗森法计算 matpowerfivebuses.m 的交流潮流（mpoption 为默认的选项向量）时，在 MATLAB 的命令窗口中输入以下命令：

```
>> runpf('matpowerfivebuses')
```

计算机输出的结果如下：

```
MATPOWER Version 5.1, 20-Mar-2015 -- AC Power Flow (Newton)
Newton's method power flow converged in 5 iterations.
Converged in 0.10 seconds
|     System Summary
================================================================
How many?                How much?              P(MW)            Q(MvAr)
---------------------    -------------------    -------------    -----------------
Buses              5     Total Gen Capacity      160.0           -40.0 to 210.0
Generators         2     On-line Capacity        160.0           -40.0 to 210.0
Committed Gens     2     Generation(actual)        7.6              4.1
Loads              3     Load                      7.3              3.1
  Fixed            3       Fixed                   7.3              3.1
  Dispatchable     0     Dispatchable           -0.0 of -0.0       -0.0
Shunts             0     Shunt(inj)               -0.0              0.0
Branches           5     Losses(I^2 * Z)           0.28             2.05
Transformers       2     Branch Charging(inj)      —                1.0
Inter-ties         0     Total Inter-tie Flow      0.0              0.0
Areas              1
```

```
                          Minimum                        Maximum
                 ------------------------    ---------------------------------
Voltage Magnitude   0.862 p.u.  @bus 4         1.078 p.u.  @bus 3
Voltage Angle      -4.78 deg    @bus 4         21.84 deg   @bus 5
P Losses(I^2 * R)        —                     0.14 MW     @line 2-3
Q Losses(I^2 * X)        —                     0.74 MVAr   @line 3-4

|     Bus Data                                                            |
===========================================================================
Bus          Voltage              Generation              Load
 #     Mag(pu)   Ang(deg)    P(MW)     Q(MVAr)     P(MW)    Q(MvAr)
-----  -------  --------  --------  --------  -------  -------
   1   1.050     0.000*     2.58      2.30        —        —
   2   1.036    -4.282       —         —         3.70     1.30
   3   1.078    17.854       —         —         2.00     1.00
   4   0.862    -4.779       —         —         1.60     0.80
   5   1.050    21.843      5.00      1.81        —        —
                           --------  --------  -------  -------
                  Total:     7.58      4.11      7.30     3.10

|     Branch Data                                                         |
===========================================================================
Branch  From   To     From Bus   Injection    To Bus    Injection    Loss(I^2 * Z)
  #     Bus    Bus     P(MW)     Q(MVAr)      P(MW)     Q(MVAr)     P(MW)     Q(MvAr)
-----  -----  -----  --------  --------  --------  --------  --------  --------
  1      2      1     -2.58     -1.97       2.58      2.30     0.000      0.32
  2      2      3     -1.28      0.20       1.42     -0.24     0.138      0.52
  3      3      5     -5.00     -1.43       5.00      1.81     0.000      0.38
  4      3      4      1.58      0.67      -1.47     -0.41     0.118      0.74
  5      2      4      0.16      0.47      -0.13     -0.39     0.023      0.08
                                                                --------  --------
                                                       Total:    0.279      2.05
```

6.4 小结

本章在介绍 MATPOWER 安装流程和执行潮流计算方法等的基础上，对 MATPOWER 数据文件格式和选项进行了详细描述，并给出了 MATPOWER 5.1 文件夹中部分文件说明，最后以 5 节点系统为例，采用 MATPOWER 进行了牛顿-拉弗森法潮流计算。

习题

应用 MATPOWER 软件并利用各种方法（牛顿-拉弗森法等）实现图 2-2 所示的 4 节点系统的潮流计算［要求有潮流计算方法选择的设置语句、程序（修改部分的程序即可）等］，对各种计算方法所得结果进行对比分析（计算时间、迭代次数等）。

第7章　基于PowerWorld的电力系统潮流计算和故障分析

PowerWorld是一个面向对象的电力系统大型可视化分析和计算程序，其设计特点是用户界面友好以及具有优异的交互性能。PowerWorld集电力系统潮流计算、灵敏度分析、静态安全分析、短路电流计算等功能于一体，并可以实现三维可视化显示。本章重点介绍基于PowerWorld软件的电力系统潮流计算和故障分析。

7.1　PowerWorld概述

7.1.1　电力系统可视化技术

可视化技术是20世纪90年代初期随着计算机技术的发展而出现的一门新兴技术，它融合了计算机技术中的图形学、图像处理、数据管理、网络技术和人机界面等诸多分支。利用计算机图形学和图像处理技术，将数据转换成图形或图像在屏幕上显示，反映客观世界的本质和内在联系，从而有利于人们正确理解数据或过程的含义。

20世纪90年代，电力系统市场化席卷全球。这时的系统更加复杂，数据成倍增加，可视化的要求也愈加迫切。这方面的研究工作比较突出并且广泛应用于实践的首推美国学者Thomas Jeffrey Overbye教授和Mark James Laufenberg博士，其研究课题组和掌管的PowerWorld公司开展了电力系统可视化的系列研究工作，在其提出的电压等位线显示技术的基础上，对节点数据（如节点电压、电价、灵敏度、参与因子、振荡模态等）、线路数据（如线路传输容量、线路负载率、线路功率分布因子等）、稳定域（如电压稳定域、功角稳定域等）的算法和显示进行了可视化研究，主要分为两个方面：其一是侧重于大型复杂电网规划、运行和调度控制的工程应用，其二是针对电网技术的培训、演示和教学。

可视化研究只有在和所研究的领域有机融合后才能发挥其优势，大量的研究也证明了这一点，将系统数据不加处理而简单地利用图形显示的做法是低效的。电力系统可视化技术不是为了可视化而可视化，电力系统可视化的基本原理在于：一幅生动逼真的画面可以表达很多数字才能表述的信息。可视化软件的应用是为了将大量数字表述的信息用图形方式表达出来，而且更为重要的是数字间的潜在联系也可能通过图形信息更清楚地体现。对计算所得到的海量数据进行数据挖掘和综合，发现其内部的本质联系以得到可准确反映系统状态的简洁指标，并以正确的方式予以可视化显示才是可视化技术在电力系统中应用的真正内涵。无疑地，Thomas Jeffrey Overbye教授和Mark James Laufenberg博士开发的PowerWorld大型电力系统可视化程序及其各种附加专业软件包以其庞大、灵活的功能和互动、细腻的三维可视化技术赢得了科研机构、电网规划以及调度和运行人员的格外青睐。

7.1.2　PowerWorld软件介绍

PowerWorld的交互能力和可视化方法使它在胜任严谨的电网运行分析的同时，还可以用来向非专业人员阐明电力系统的运行原理和进行专业培训。V11.0 版的 PowerWorld 集电力系统潮流计算、灵敏度分析、静态安全分析、短路电流计算、经济调度 EDC/AGC、最优潮流 OPF、无功优化、GIS 功能、电压稳定分析 *PV/QV*、ATC 计算、用户定制模块等多种庞大复杂功能于一体，并利用数据挖掘技术实现强大丰富的三维可视化显示技术，使用方便、功能强大、可视化程度相当高。

PowerWorld 可视化程序确切地说是多个产品的集成，其核心是一个综合的、强大的潮流计算的软件，可以有效地求解多达 100 000 个节点的大型复杂电力系统。这使得 PowerWorld 作为一个独立的潮流分析软件包十分有用。与其他同类商业应用软件不同的是，PowerWorld 允许用户通过可缩放的彩色动画单线图来模拟一个系统。用户可以运用可视化分析程序个性鲜明的示例（CASE）编辑器对模型进行任意修改直至满意。在 PowerWorld 可视化分析程序中，输电线路的投切、负荷调整、发电机的投退及其各种功能切换以及联络线的建立等，这一切只需单击鼠标就可完成。此外，图形和动画演示的广泛使用增加了用户对系统特性、存在的问题和限制条件的理解，并且知道如何采取补救措施。

PowerWorld 提供了极为方便的模拟电力系统时间特性的工具。同样它可以可视化地显示负荷、发电量和联络线功率随时间的变化，以及因此产生的系统运行状况的变化。这项功能在解释例如电网扩建引起网络结构变化等问题上十分有用。

PowerWorld 可视化分析程序还具有一体化的经济调度、联络线功率交换经济性分析、功率传输分配因子（PTDF）计算、短路计算和故障分析的强大功能，所有这一切都通过一个主界面来实现。PowerWorld 软件主界面如图 7-1 所示。

PowerWorld 程序有两种重要的操作模式：编辑模式和运行模式。PowerWorld 软件编辑模式和运行模式的主界面分别如图 7-1a、b 所示。编辑模式用来创建新模型或修改已存在的工程示例；而运行模式则用来模拟演示实际系统，使用程序具有的各种先进的工具对所建立的电力系统模型进行各种可视化分析。通过单击程序栏“编辑模式”和“运行模式”按钮，可在两者之间随意切换，每种模式下菜单中的命令不同。

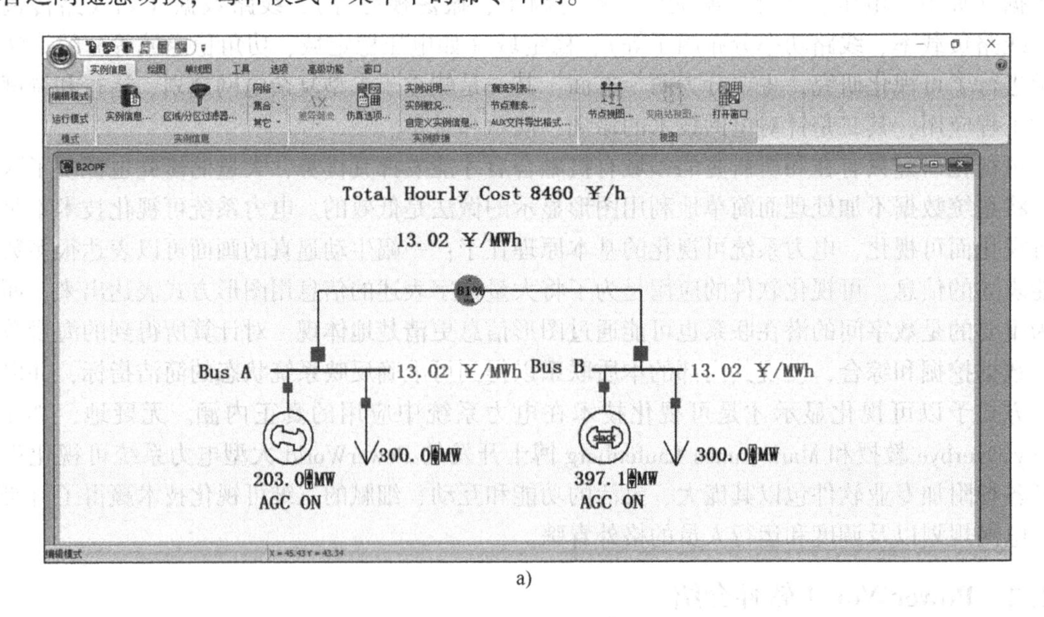

a)

图 7-1　PowerWorld 软件编辑模式的主界面

a）编辑模式的主界面

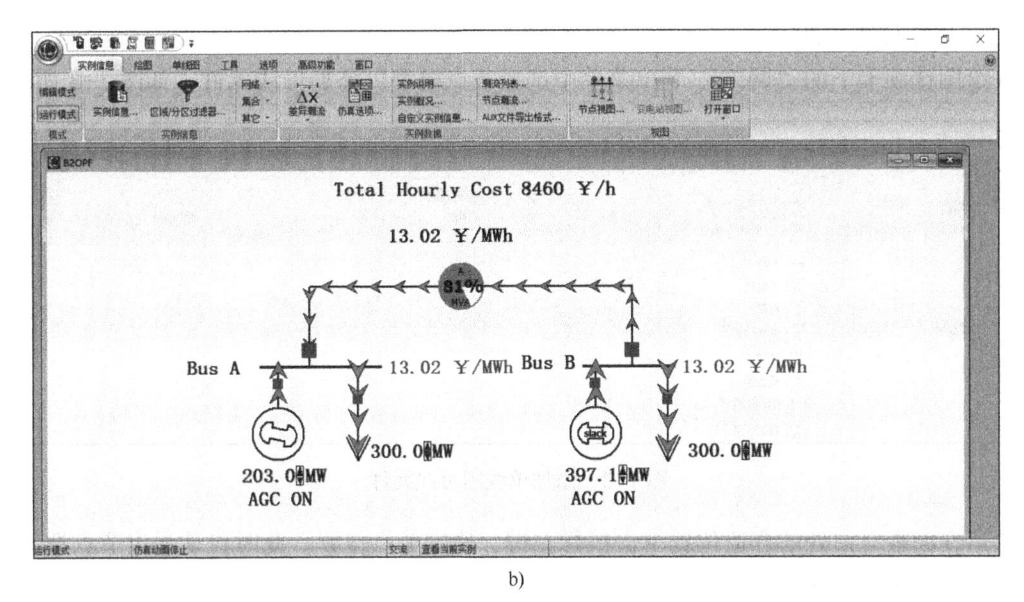

b)

图 7-1　PowerWorld 软件编辑模式的主界面（续）

b）运行模式的主界面

7.2　电力系统建模

7.2.1　电力系统单线图

对任何一个电力系统进行分析前，必须准确地对其建模。在 PowerWorld 软件中，通过创建单线图来实现建模功能，并且保存建模参数到后台数据库，这是可视化分析的前提条件。电力系统单线图建模在“编辑模式”下完成，其过程如下。

（1）创建工程示例

从文件栏选取“新建实例”选项，如图 7-2 所示，创建一个新的工程示例文件。

图 7-2　创建工程示例

(2) 添加母线元件

在绘图选项卡下的“网络”下拉菜单中选择节点模型可添加母线元件，如图 7-3 所示。

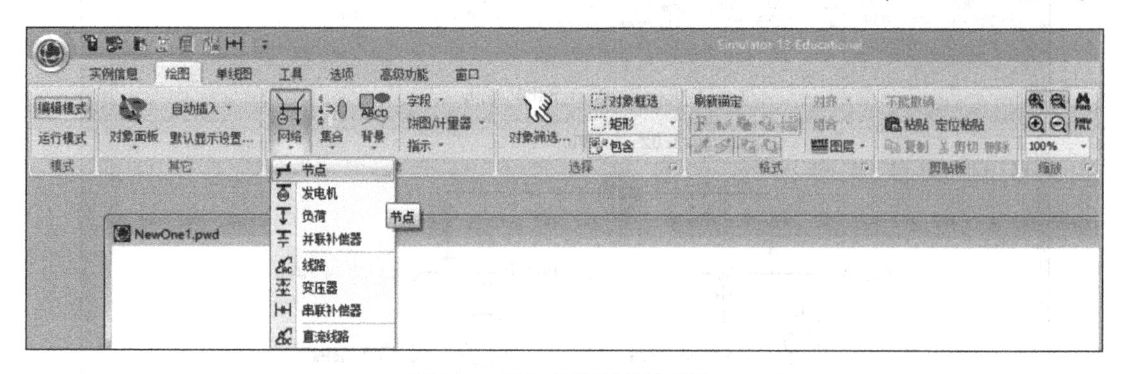

图 7-3　添加单线图母线元件

然后在面板空白处的合适位置单击鼠标左键，确定节点位置。此时自动弹出节点选项对话框，如图 7-4 所示。填入节点相关信息，再单击“确定”按钮，则母线添加完毕。

该对话框用于在编辑模式下查看或修改系统里的每一个节点的信息。运行模式下节点选项对话框和编辑模式下的非常相似。

1）节点编号：1~999 之间的唯一的编号用于识别节点。可以利用文本框右边的微调按钮迅速地移动到下一个节点（单击向上的箭头）和上一个节点（单击向下的箭头）。

2）按编号查找：通过编号来查找一个节点，把编号键入“节点编号”文本框并单击该按钮。

3）查找...：如果不知道正在查找的准确的节点编号或名字，单击此按钮打开高级搜索。

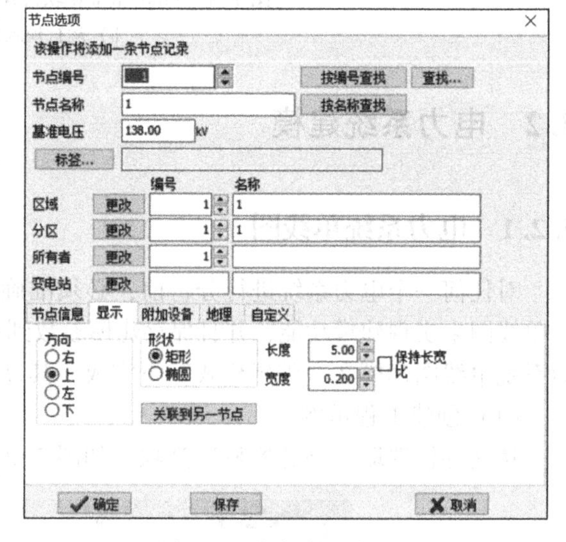

图 7-4　节点选项对话框

4）节点名称：节点的唯一的字母标识符可以由多达 8 个字符组成。

5）按名称查找：通过名字来查找一个节点，把名字键入“节点名称”文本框并单击该按钮。

6）基准电压：母线的额定电压，单位为 kV。

7）标签：单击该按钮将打开标签管理器对话框，该对话框列出了已选节点的所有标签。

8）区域编号：节点的区域编号，每一个节点必定和一个区域记录相关联。如果在模型里，一个节点被确定为属于一个并不存在的区域，那么将会创建该区域。

9）区域名称：节点的区域的字母标识符，如果该区域已经存在，没有必要键入这个值。

10）分区编号：节点的地区编号，在 1~999 之间。每一个节点必定和一个地区记录相关联。如果在模型里，一个节点被确定为属于一个并不存在的地区，那么将会创建该地区。地区为拆分大的电力系统提供了一个有用的机制。节点能被分配到独立于它们的区域指派的地区。因此，单个区域可以包含多重地区，或者单个地区能横跨多个区域。可以利用地区对话框把节点列表在一个特定的地区并且很容易地把一组节点从一个地区移动到另一个地区。

11）分区名称：节点地区的字母标识符。如果该地区已经存在，没有必要键入这个值。

12）所有者的编号：节点的所有者的编号。

13）所有者的名称：节点的所有者的名称。

14）变电站编号：节点所在的变电站的编号。

15）变电站名称：节点所在的变电站的名称。

16）确定：保存所有的改变并且关闭对话框。

17）保存：保存所有的改变，但是不关闭对话框，这就允许用户应用，例如按编号查找命令来编辑额外的节点。

18）取消：关闭对话框，忽略所有的改变。

该对话框上另有 5 个选项卡：节点信息、显示、附加设备、地理及自定义。

① 节点信息选项卡（见图 7-5）

- 节点电压：包括电压（标幺值）和相角（度），即节点当前单位电压的大小和角度。如果用户把一个新的节点插入一个已有系统，那么将不会改变初始的单位电压值，而是当第一次切换到运行模式时，仿真器将估计新节点的电压大小和角度，以这种方式来减少最初的不匹配。只有在没有以任何方式修改电压的情况下，这个自动估计才是有用的。
- 系统平衡节点：仅仅在节点可以被看作是系统的平衡节点时才选择。每个示例至少需要一个平衡节点。

② 显示选项卡（见图 7-6）

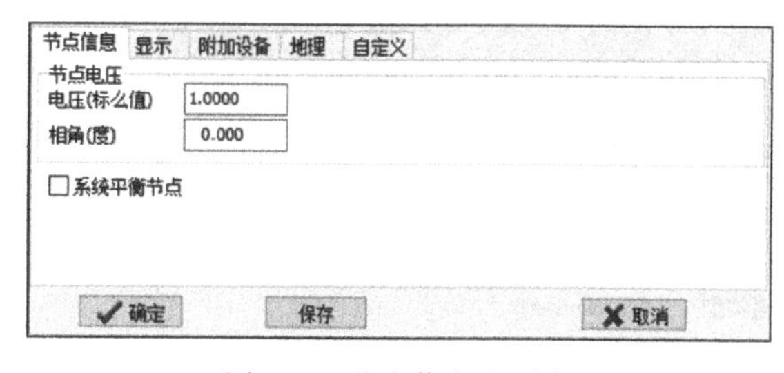

图 7-5　节点信息选项卡

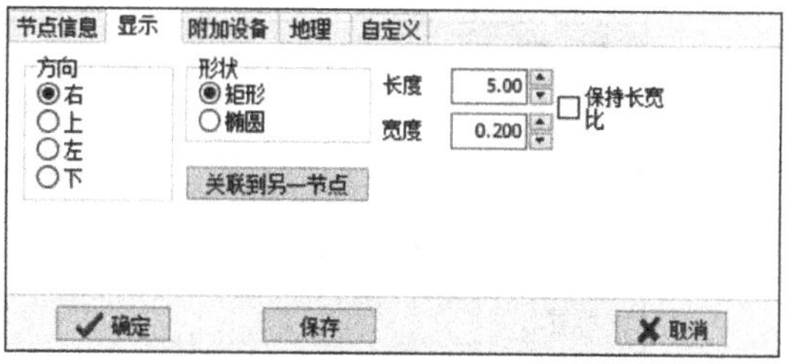

图 7-6　节点显示选项卡

- 方向：设置节点的方向。通用的选择是右、左、上、下。对通用的节点对象矩形和椭圆形，右和左类似于水平方向，上和下类似于竖直方向。
- 形状：设置节点对象的形状。
- 长度：确定椭圆形节点的竖直轴或者矩形节点的垂直侧的长度。
- 宽度：确定椭圆形节点的水平轴或者矩形节点的水平侧的长度。
- 保持长宽比：当选择该选项时，改变宽度将使长度也自动地调整以保持长度和宽度有不变的比例。若想要不依赖于宽度来调整长度，可以不选择该选项或者在调整好宽度后再单独调整长度。
- 关联到另一节点：如果右键单击节点并且打开节点选项对话框，那么就可以在“节点编号”文本框里改变该节点的编号并且单击该键强行把单线图上的节点链接到新节点编号和负荷潮流数据库里的信息。

③ 附加设备选项卡（见图 7-7）

- 节点负荷总计：在节点旁边显示有功负荷和无功负荷。从显示上用户不能改变这两个字段的任意一个，但单击下方的“添加或编辑节点负荷”后可以修改节点的负荷信息。
- 并联导纳：该节点并联补偿的电导和电纳。

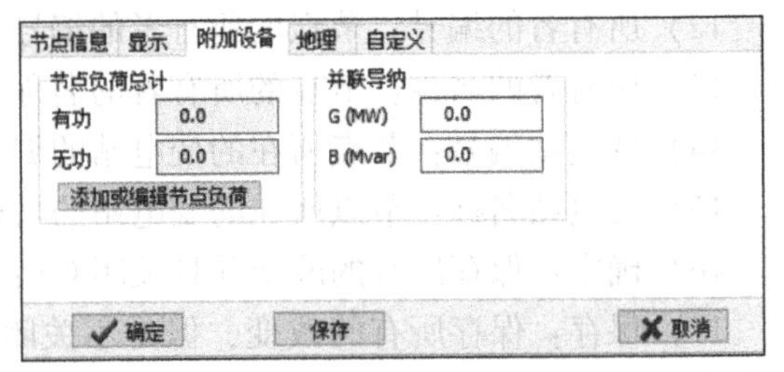

图 7-7　节点附加设备选项卡

（3）添加发电机元件

在绘图选项卡下的“网络”下拉菜单中选择发电机模型可添加发电机元件，如图 7-8 所示。

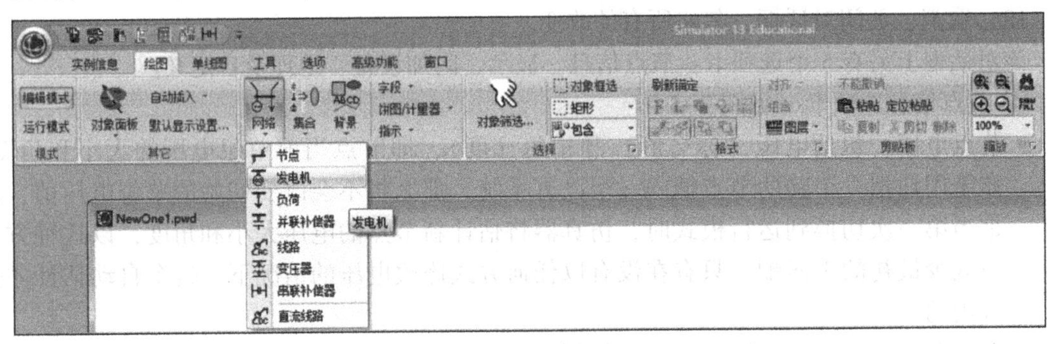

图 7-8　添加发电机元件

在与该发电机连接的节点处单击左键，则弹出发电机选项对话框，如图 7-9 所示。填入发电机有功出力，再单击“确定”按钮，然后适当调整发电机位置，则发电机添加完毕。

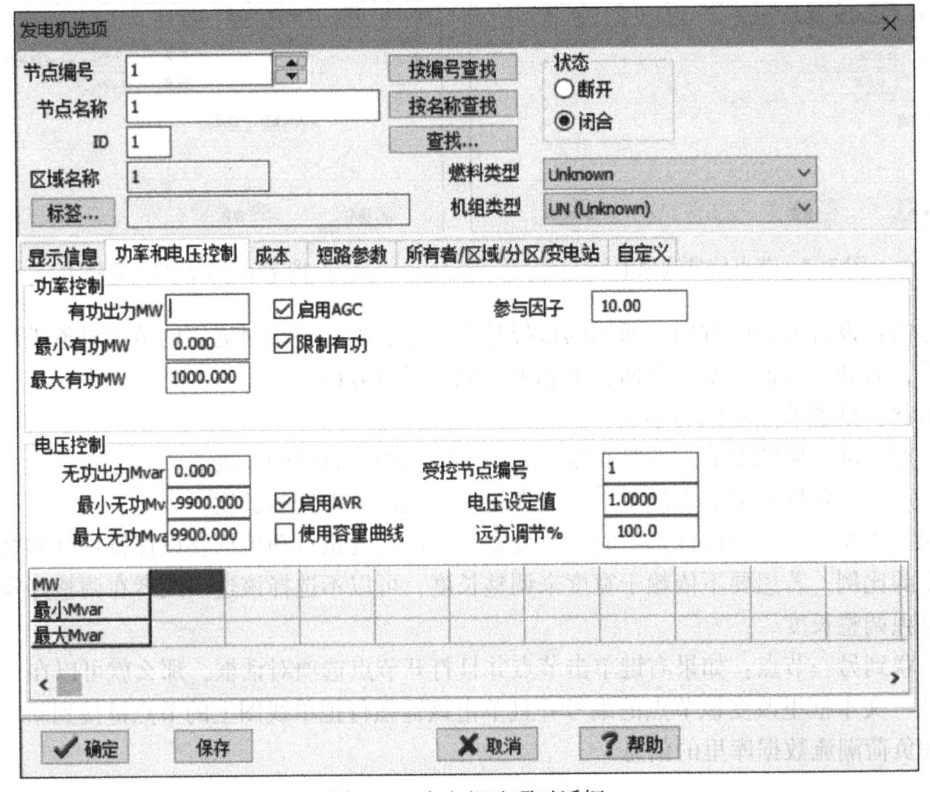

图 7-9　发电机选项对话框

该对话框用来查看和修改系统中和每个发电机相关联的参数。它也能用来插入新的发电机、删除现有的发电机。编辑模式下的发电机选项对话框和运行模式下的是完全相同的。

1）节点编号：1~999之间的可以用来识别附在发电机上的母线的一个数。下拉列表框列举了示例中所有满足由区域/地区/所有者筛选所确定的标准的发电机的母线。用户可以直接从下拉列表中选择一个节点编号，或者用户可以利用微调按钮循环发电机母线列表来选择。

2）节点名称：附在发电机上的母线的一个字母标识符，可以由多达8个字符组成。利用下拉列表框和有效的区域/地区/所有者筛选来查看示例中所有发电机名字的列表。

3）ID：文字和数字的ID可以用来区别和节点相连的多个发电机。默认值是1。

4）燃料类型：表示发电机所用的燃料类型。在大多数示例中，对于正常的负荷潮流分析该字段是多余的，因此默认值是未知的（Unknown），但是在考虑安全性的最优潮流分析中要用到该值。

5）机组类型：表示发电机机组的类型，例如联合循环、蒸汽、水等。

6）按编号查找：通过编号和ID来查找一个发电机，把编号键入“节点编号”文本框，把ID键入ID文本框，并单击该按钮。

7）按名称查找：通过名称和ID来查找一个发电机，把名称键入“节点名称”文本框，把ID键入ID文本框，并单击该按钮。

8）查找…：如果不知道正在查找的确切的发电机的编号或名称，单击这个按钮打开高级搜索。

9）状态：发电机的状态，既可以是闭合的（连接到终端节点上），也可以是断开的（没有连接到终端节点上）。用户可以利用该选项组来改变发电机的状态。

10）区域名称：终端节点所属区域。

11）标签：单击该按钮将打开标签管理器对话框，该对话框列出了已选发电机的所有标签。

为了使发电部分更详细，该对话框上另有7个选项卡：显示信息、功率和电压控制、成本、短路参数、所有者/区域/分区/变电站、自定义及稳定。

① 显示信息选项卡（见图7-10）

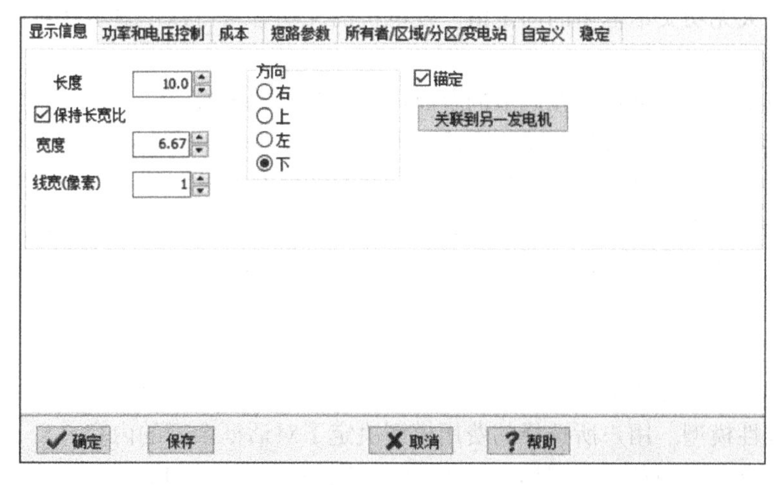

图7-10　发电机显示信息选项卡

- 长度：发电机画面的大小。
- 保持长宽比：如果选中该项，那么当改变画面大小时，画面宽度将自动按比例适当调整。如果不选该选项，那么改变画面大小时仅仅影响到发电机对象的长度。

- 宽度：显示对象的宽度。如果选中依大小的比例决定宽度，那么改变画面大小字段里值时，该画面宽度将自动设置；或者可以手动给画面宽度设置一个新值。
- 线宽（像素）：显示对象的线宽，单位是像素。
- 方向：确定所绘对象的方向。
- 锚定：如果勾选该项，那么对象将锚定到它的终端母线。
- 关联到另一发电机：在数据方面，把对象链接到不同的发电机。

② 功率和电压控制选项卡（见图 7-9）

- 有功出力：发电机的当前有功出力。
- 最小有功和最大有功：发电机的最小和最大的有功输出约束。如果选中了“限制有功”选项，那么模拟器将不允许有功输出低于最小值或者高于最大值。
- 启用 AGC：确定发电机是否可用自动发电装置（AGC），通常应该选中该选项。但是，有时用户想要手动控制发电的输出（比如要使用发电机来排除一线路越限），在这种情况下，用户应当不选择该项。
- 限制有功：如果选中该项，发电机将实施最小和最大有功约束。
- 参与因子：参与因子是用来定义当发电机可用 AGC 并且区域是分配因子控制时的发电机有功输出如何变化的参数。当用户利用 PTI 原始数据格式打开示例时，该文本框初始化为发电机每单位功率额定值。因此，参与因子信息并不以 PTI 格式保存。
- 无功出力：发电机的当前无功出力。
- 最小无功和最大无功：确定最大或最小的允许的发电机无功输出。
- 启用 AVR：确定发电机是否可用自动电压调整（AVR）。当选中该项时，发电机将自动改变它的无功输出以保持期望的终端电压在确定的无功范围之内。如果达到一个无功界限，那么发电机将不再能够保持其电压在设定值，并且其无功将保持在界限值恒定。
- 使用容量曲线：如果选中，那么发电机的无功功率约束就确定应用无功容量曲线。无功容量曲线描述了发电机无功功率约束和其有功功率输出的依赖关系。因此，将应用最小无功和最大无功文本框里的固定值。发电机的无功容量可以用显示在对话框底部的表格来定义。
- 受控节点编号：发电机正在调节的节点电压的节点的编号。
- 电压设定值：调节母线的电压标幺值。调节母线不一定是发电机的接线端母线。
- 远方调节%：该选项仅仅用于在不同的节点的多个发电机调节一个远动母线（例如，不是它们的接线端节点）时。该文本框确定远动母线维持其应有发电机供应的电压所需要的总的无功功率的百分比。默认值为 100%。如果总值不是 100%，那么将矫正所有的参与因子以得到一个调节百分比。

③ 成本选项卡（见图 7-11）

- 成本模型：模拟器能把发电机看作没有成本模型，或者既可以是三次方成本模型也可以是分段线性模型。用户所选择的费用模型决定了对话框余下的内容。
- 机组燃料成本（单位燃料费用）：燃料的费用，单位是 $/MBtu。仅仅当用户已经选择用三次方费用模型时才能指定该值。
- 运行维护可变成本：运行和维修费用。仅仅用于三次方费用模型。
- 固定成本：与运行机组相关联的固定费用。

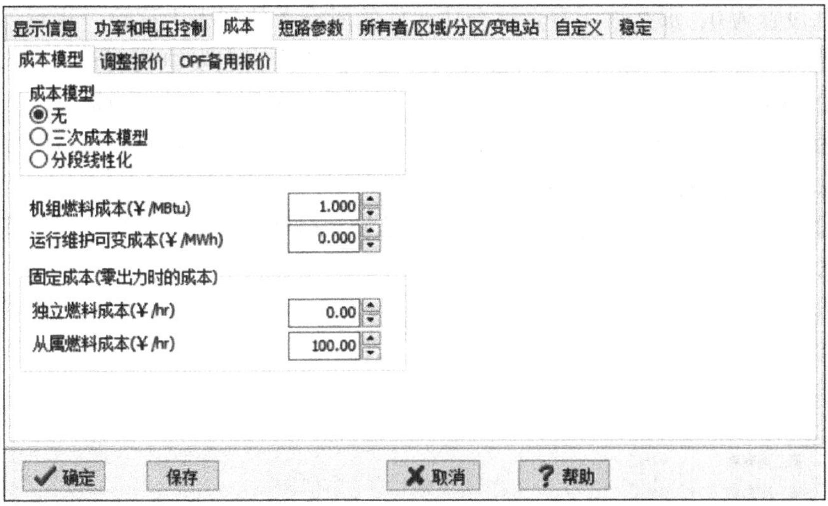

图 7-11　发电机成本选项卡

④ 短路参数选项卡（见图 7-12）

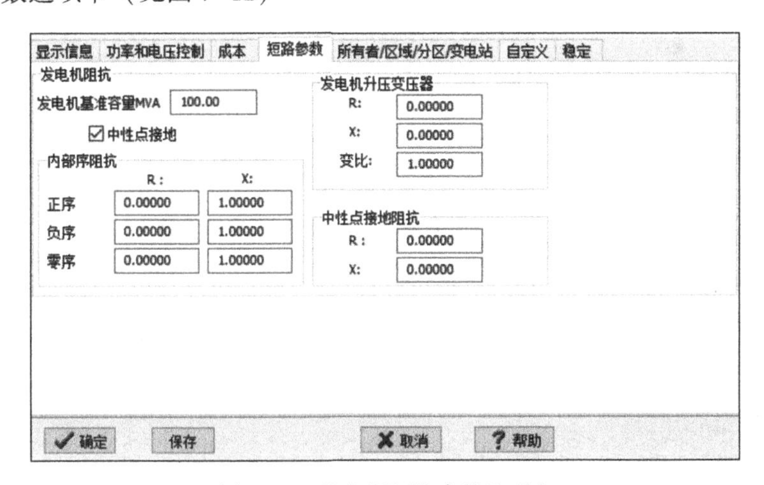

图 7-12　发电机短路参数选项卡

- 发电机基准容量：对发电机假定的基准功率。当对内部的发电机参数计算故障分析值时，用到该值。
- 中性点接地：如果发电机已经中性点接地，则选择该项。
- 发电机升压变压器（与发电机相连的变压器）：可设置电阻、电抗和变比。
- 内部序阻抗：包括发电机三个相序的内阻抗。匹配情况下，这三组值和发电机负荷潮流内阻抗是相同的。这三组值都可以修改，既可以手动修改，也可以用短路计算对话框从一个外文档来加载数值。
- 中性点接地阻抗：发电机的中性点接地阻抗。这些值和零序导纳矩阵一起使用。

⑤ 所有者/区域/分区/变电站选项卡（见图 7-13）

- 所有者：通常，模拟器支持 4 个发电机 4 个所有者。想要添加发电机的所有者，把其中一个文本框改为新的所有者编号，然后更新所有者的百分比。想要修改其中一个所有者所有权的百分比，只要修改那个所有者所在文本框的百分值即可。如果把一个所有者的百分比设置为 0，那么该所有者将会从元件的所有者的列表中移除。注意：如果用户没有设置新所有者的百分比，因为总和为 100%，那么当在发电机对话框上单击“保存”或者“确定”按钮时，模拟器将自动校正该百分比使得总和为 100%。

- 区域编号、区域名称：发电机所属区域的编号和名称。注意：用户可以把发电机的区域改为和终端节点的区域不同的值。
- 分区编号、分区名称：发电机所属地区的编号和名称。注意：用户可以把发电机的地区改为和终端节点的地区不同的值。

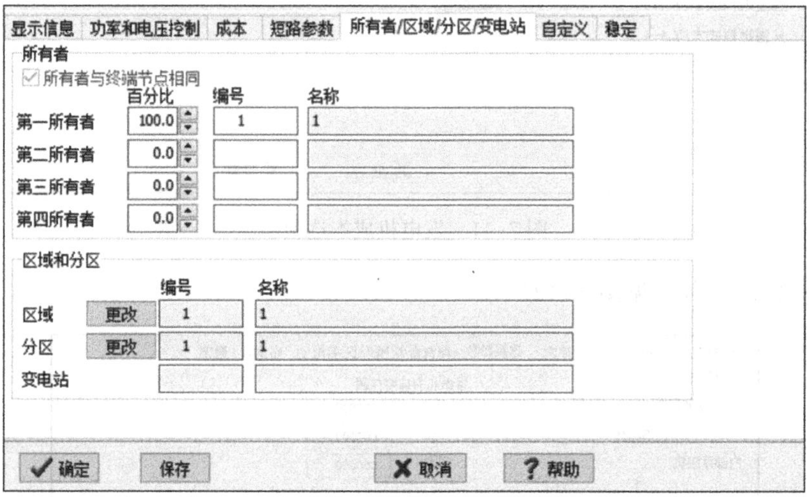

图 7-13　发电机所有者/区域/分区/变电站选项卡

（4）添加变压器元件

在绘图选项卡下的“网络”下拉菜单中选择变压器模型可添加变压器元件，如图 7-14 所示。

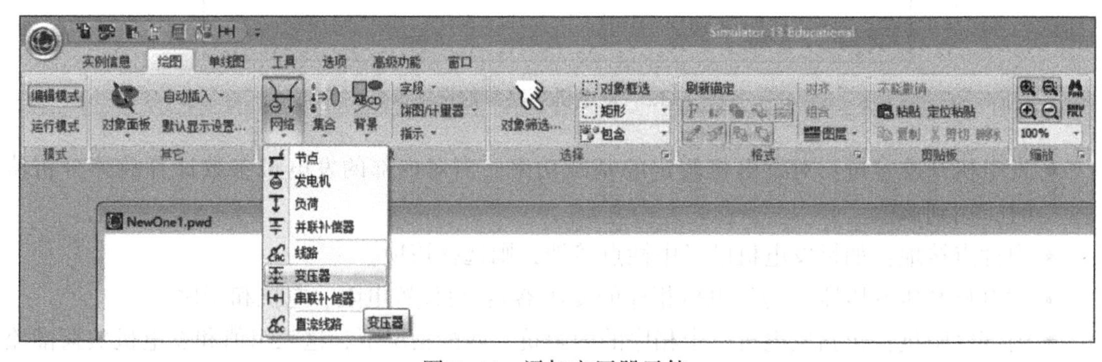

图 7-14　添加变压器元件

先左键单击连接该变压器的两个节点中的一个，然后左键双击另一个节点则会在画面上添加变压器，并弹出线路/变压器选项对话框，如图 7-15 所示。填入变压器相关参数，则变压器模型添加成功。

线路/变压器选项对话框用于查看、设定系统中相关传输线及变压器参数，也可通过该对话框插入新的传输线及变压器。需要说明的是，线路选项对话框与变压器选项对话框一样，这里一并讲解。

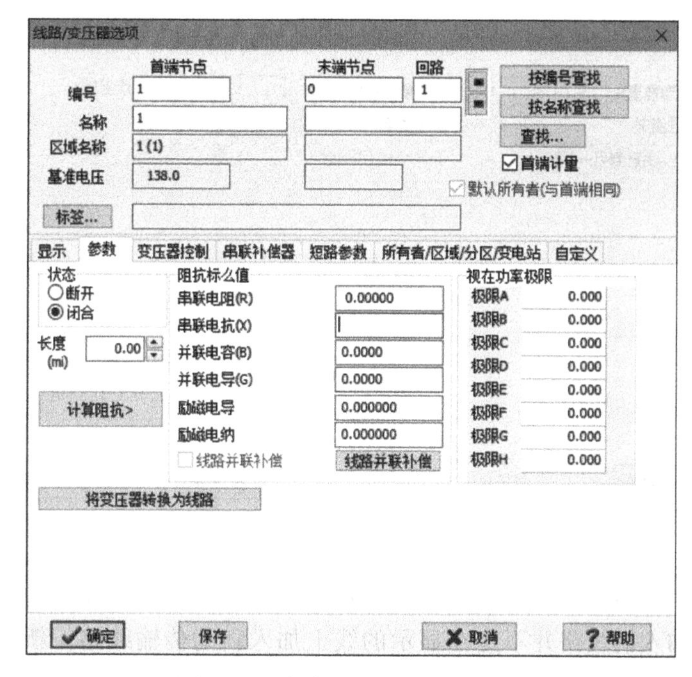

图 7-15　线路/变压器选项对话框

1）首端节点：起始节点编号及名称。对于变压器，起始节点即为有分接头侧。

2）末端节点：末端节点编号及名称。

3）回路：用一个两字母长度的量区分连接相同两个节点的多条线路。默认值为 1。

4）按编号查找：通过输入首端节点及末端节点编号和电路标识符寻找线路或变压器。鼠标单击该键，按扩展键的表遍寻系统中的线路和变压器。

5）按名称查找：通过输入首端节点及末端节点名称和电路标识符寻找线路或变压器。鼠标单击该键，按扩展键的表遍寻系统中的线路和变压器。

6）查找…：在不知道要寻找的始端或终端节点号或名字时，通过鼠标单击该按钮可启动高级搜索引擎。

7）首端计量：本项仅适用于线路及变压器连接两个地区作为联络线路的情况。当本项被选择为联络线路时，元件的首端被定义为计量端；否则，使用末端节点计算。默认值为使用首端节点计算。计算端的确定在电力传输中十分重要，因为哪部分计算传输费用要由其决定。

8）默认所有者（与首端相同）：只读选项。显示线路所有者是否与母线所有者相同。

9）区域名称：末端节点所属的控制区名称。

10）基准电压：终端总线的铭牌电压，单位为 kV。

11）标签：鼠标单击该键，打开标签管理器对话框，列出选定分支的标签。

12）确定、保存、取消：鼠标单击“确定”键将保存修改并退出本对话框；鼠标单击“保存”键将保存修改但不退出对话框。鼠标单击“取消”键退出对话框，不保存修改。

该对话框上另有 6 个选项卡：显示、参数、变压器控制、短路参数、所有者/区域/分区/变电站及自定义。

① 显示选项卡（见图 7-16）

- 线宽（像素）：显示对象的像素大小。
- 锚定：勾选该项，负荷项与相应负荷连接，随负荷改变而改变。

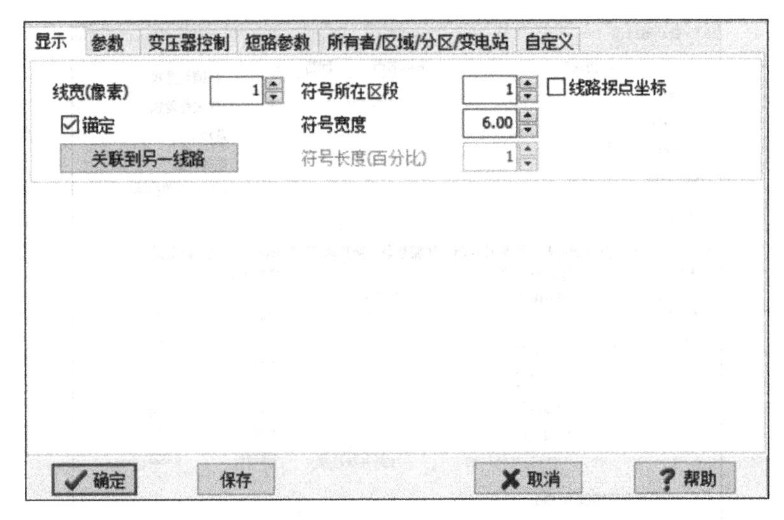

图 7-16 线路/变压器显示选项卡

- 关联到另一条线路：创建新线路与对话框中的实体相连。与保存键有相同的功能。注意：在这里加入新线路并不是在显示的线上加入新的传输线路。新线路只在本模型中存在。
- 符号所在区段：仅对变压器及电容器组对象有效。将包含变压器或电容器符号的支路命名为“段”。每个“段”包含线路最高点之间的一部分，以首端节点开始计数。
- 符号宽度：仅对变压器及电容器组对象有效。指定支路中变压器或电容器符号的大小（宽度）。
- 符号长度：符号在包含其分支的“段”上的长度。
- 线路拐点坐标：选中可以修改线路拐点的经度和纬度。

② 参数选项卡（见图 7-17）

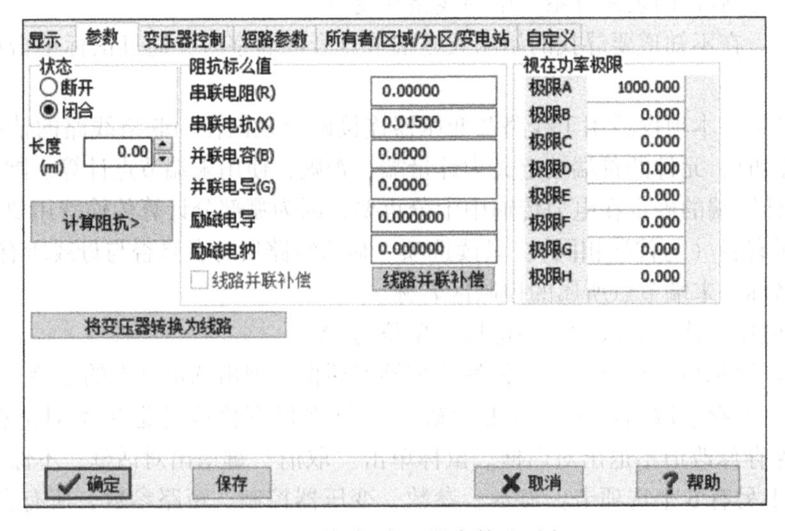

图 7-17 线路/变压器参数选项卡

- 状态：元件的当前状态。
- 阻抗标幺值：元件的串联电阻、串联电抗、并联电容、并联电导、励磁电导及励磁电纳的标幺值。

- 视在功率极限：以 MV · A 为单位为传输线路或变压器分级。PowerWorld Simulator 仿真环境允许最多 8 个不同限制级。
- 线路并联补偿：选择查看线路补偿对话框。用于更改并联线路的值。
- 计算阻抗：鼠标单击打开单位长度阻抗对话框。用于实际阻抗及当前约束与标幺值阻抗及视在功率之间的相互转换。
- 长度：获取线路长度的信息。
- 将变压器转换为线路：鼠标单击将当前选择的传输线路转化为变压器，使变压器用于指定场合。

③ 变压器控制选项卡（见图 7-18）

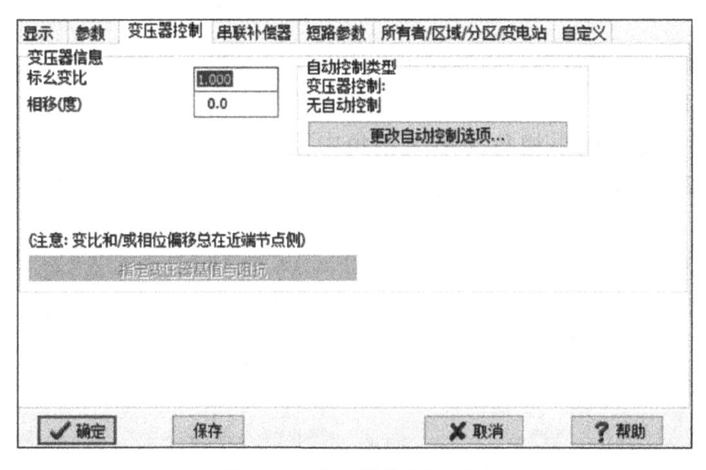

图 7-18　变压器控制选项卡

变压器控制选项卡用于不同幅值电压之间的转换或规范有功、无功潮流的传输。大部分变压器被设计成满足电压转换或满足有功或无功潮流传输的线圈。这种变压器称为 LTC 变压器（Load-Tap-Changing）或 TCUL 变压器（Tap-Changing-Under-Load）。另一种变压器称为移相变压器（Phase Shifter）。移相变压器通过改变相位角来控制通过其的有功潮流，其应用没有 LTC 变压器广泛，主要应用于电力系统中有功功率的控制。

- 标幺变比和相移（度）：标幺变比包括电压变化信息；相移（度）即相移角度。如果变压器不是自动控制，这些值都可以手动修改。标幺变比决定了对应额定变比的相对变化。该值通常在 0.9~1.1 之间变化。对于相移变压器，相移角度范围常为-40°~40°。对于 LTC 和装配变压器，相移角度应为非零。如果变压器按△-Y或Y-△方式配置，其值大约为+/- 30°。当进行错误分析时，变压器的配置十分重要。
- 自动控制类型：在编辑模式下，可以更改自动控制选项，包括无自动控制、电压调节（AVR）、无功控制及移相器控制。

无自动控制：在该控制设置中，变压器将工作在给定的变比及相移上。除非用户手动改变参数，变压器将保持其工作状态。

电压调节（AVR）：当工作在自动电压控制状态时，变压器的电压自动保持在基准母线（通常为变压器的一个终端节点）的最小和最大调节电压之间变化。可通过鼠标单击“更改自动控制选项”按钮获取参数。注意：仅在指定基准母线的前提下才能使用自动控制。LTC

变压器的抽头位置由其从指定位置移动的步数决定（在非额定情况下其比率为 1.0）。当非额定的变比大于 1.0 时，称抽头位于“raise”位置，用其数值后的“R”来表示。相应地，当非额定的变比小于 1.0 时，称抽头位于“low”位置，用其数值后的“L”来表示。例如，一个步长为 0.00625、非额定变比为 1.05 的变压器，其抽头位置应该为 8R。仅当变压器脱离自动电压控制模式时，抽头位置才可以由手动改变。在此，鼠标左键单击抽头位置抽头上升一步，右键单击下降一步。在并行控制变压器时，PowerWorld Simulator 仿真环境也会监测整个过程以避免控制器相互矛盾及潜在的抽头位置矛盾，否则将会引起变压器对象的不必要循环。

无功控制：当工作在此模式下，变压器抽头在用户指定的范围内自动地改变以保持通过变压器（从首端节点测量）的无功潮流。无功功率控制参数通过鼠标单击“更改自动控制选项”按钮查得。

移相器控制：用户可通过本对话框设定变压器单位参数。当变压器工作在移相器控制模式下，变压器相移角自动改变以保证通过变压器的有功潮流（从首端节点测量）在最大、最小值之间变化。相移角度在最小相角和最大相角中设定，单位为度。这些参数通过鼠标单击“更改自动控制选项”按钮查得。相移角度以离散的步数改变，每步大小在步长中设定，单位为度。

（5）添加线路元件

在绘图选项卡下的“网络”下拉菜单中选择线路模型可添加线路元件，如图 7-19 所示。

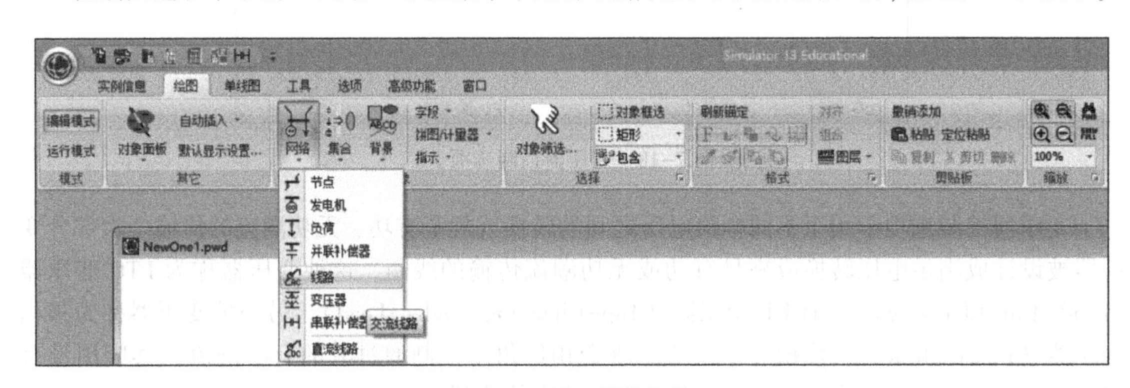

图 7-19　添加线路元件

先左键单击连接该传输线路的两个节点中的一个，然后左键双击另一个节点，则会在画面上添加传输线，并弹出线路/变压器选项对话框，如图 7-20 所示。填入传输线相关参数，则传输线模型添加成功。线路选项对话框与变压器选项对话框一样，已在添加变压器中讲解，这里不再赘述。值得指出的是，利用该对话框，也可以添加串联电容器，如图 7-21 所示。

1）串联元件状态：电容器本身具有两种状态，即旁路和在运。当串联电容器处于在运状态时，其支路视为参数栏的线路参数无功支路进行处理。如果电容器处于旁路状态，将会给电容器引入一个小阻抗（并联）支路。注意：支路状态的开启或关闭用来指示全部电路都在工作，而与电容器自身的旁路或在运状态无关。

2）串联补偿：选中该项，将把该支路看作具有旁路或在运状态的串联电容器。

（6）添加负荷

在绘图选项卡下的“网络”下拉菜单中选择负荷模型可添加负荷元件，如图 7-22 所示。

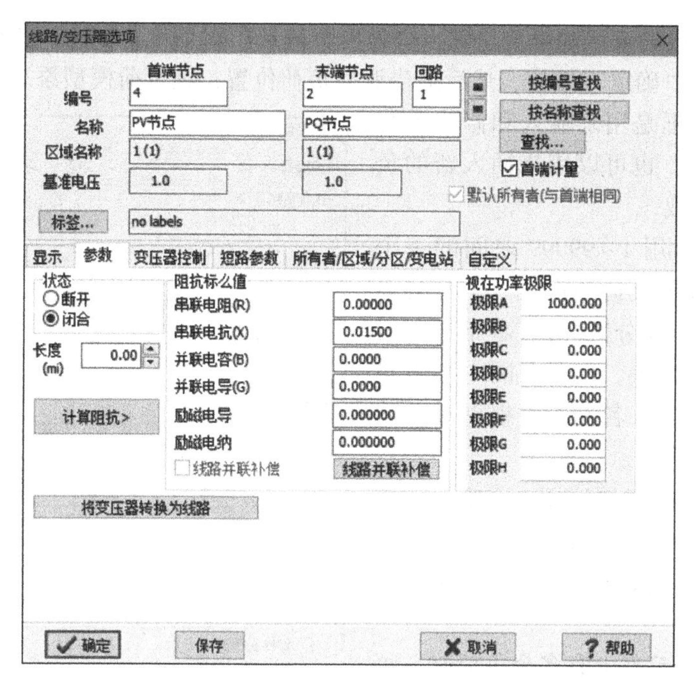

图 7-20　线路/变压器选项对话框

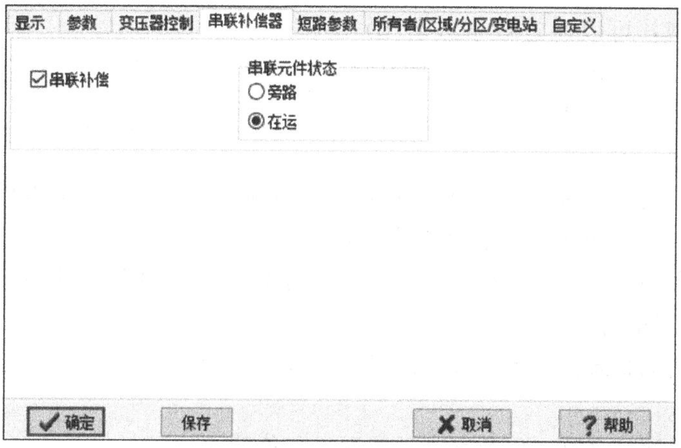

图 7-21　串联补偿器信息

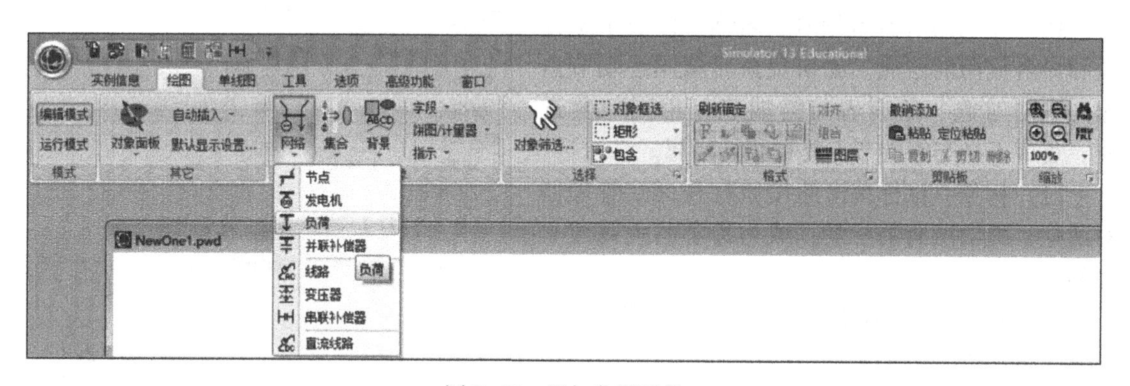

图 7-22　添加负荷元件

在与该负荷连接的节点处单击左键，则弹出负荷选项对话框，如图 7-23 所示，填入负荷相关信息，再单击“确定”按钮，然后适当调整负荷位置，则负荷模型添加完毕。

负荷选项对话框是用来输入和修改系统中负荷相关的参数，也可以用来插入新的负载和删除已有的负载。

1）节点编号：用 1～99999 之间的一个数命名每一条连接了负荷的母线。下拉列表框通过对有效的区域/分区/所有者筛选，对所有负荷母线提供列表。当要在图中插入对象时，节点编号和节点名称通常根据对象的位置自动修改。

2）节点名称：按照顺序用一个唯一的数命名连接了负荷的母线，通过有效的地区/区域/所有者筛选可以在下拉列表框中列出所有负荷节点的名称。

3）ID：当一个节点上有多个负荷时，可以用两个不同的 ID 加以区别。默认负荷 ID 等于 1，可以用 99 个数字表示不同的负荷。

4）按编号查找：可以通过数字或者 ID 查找负荷，将数字输入节点编号文本框中，然后将 ID 数输入 ID 文本框中，最后单击“按编号查找”按钮。

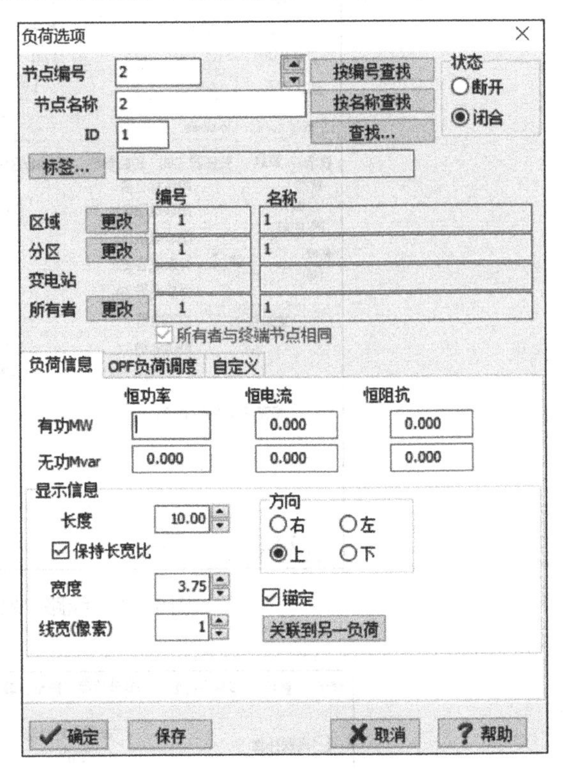

图 7-23　负荷选项对话框

5）按名称查找：可以通过名称和 ID 查找一个负荷，在节点名称文本框中输入节点名称，在 ID 文本框中输入 ID，单击“按名称查找”按钮。

6）查找：如果用户不知道已有负荷母线的代码或者名称，用户可以通过单击“查找”打开一个更加高级的搜索引擎。

7）状态：负荷的状态，即闭合（与终端节点相连）或断开（不与终端节点相连）。用此选项改变负荷状态。

8）区域编号、区域名称：以数字来计数和命名负荷的范围。

9）分区编号、分区名称：以数字来计数和命名负荷的地区。

10）变电站所有者编号、名称：以数字来计数和命名负荷的所属。如果负荷所属同终端节点相同，则勾选“所有者与终端节点相同”复选框。负荷不必与终端节点具有相同所属。

11）标签：鼠标单击此按钮打开标签管理器对话框，列出所有的标签，或为指定的负荷建立标签。

该对话框上另有 3 个选项卡：负荷信息、OPF 负荷调度及自定义。

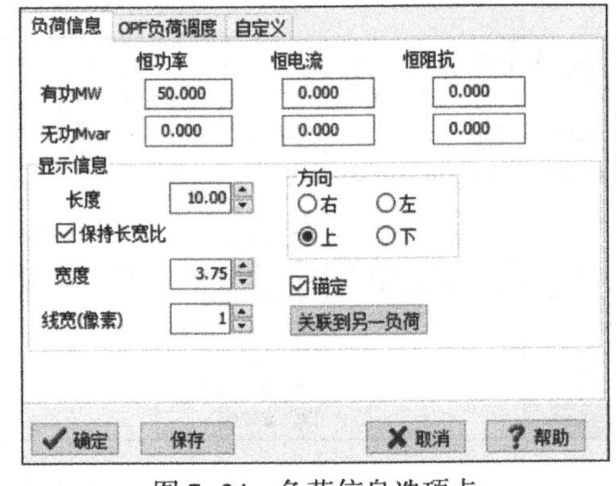

图 7-24　负荷信息选项卡

① 负荷信息选项卡（见图 7-24）

- 有功 MW 和无功 Mvar：用于显示节点有功功率及无功功率的大小。通常，负荷以“恒功率”的形式出现，这意味着负荷的数量与节点上的电压无关。仿真过程中，负荷可能以“恒电流”的形式出现，此时负荷与节点上的电压成比例变化；负荷也可能以“恒阻抗”的形式出现，此时负荷与母线电压的二次方成比例变化。该文本框中的值按每单位电压设定为 MW 和 Mvar。全部的六个框都可由用户自行定义。
- 长度：负荷模型的大小。
- 保持长宽比：如果选中，宽度将随长度的变换而改变度量。如果未被选中，只有发电机的对象长度会随显示大小的值而改变。
- 宽度：显示对象的宽度。如果“保持长宽比”被选中，本项会自动设置。同时，本值也可以手动设置新值。
- 线宽（像素）：显示对象的像素大小。
- 方向：确定绘制对象的方向。
- 锚定：如果勾选，对象将与终端节点连接。
- 关联到另一负荷：将对象与数据库记录的其他负载连接。

② OPF 负荷调度选项卡（见图 7-25）

该选项卡包含了允许负荷做 OPF 控制的设置信息。负荷可以根据指定的成本做符合 OPF 算法的处理。

- 最小有功和最大有功：OPF 处理中负荷的最大及最小有功需求。
- 启用 AGC：勾选该项，负荷会在 OPF 程序中被重处理。
- 固定收益：最小需求下负荷收益值。
- 分段线性化收益曲线：在表中可以指定有功需求水平及相应的负荷收益值，随后确定线性分段收益曲线的起点及斜率。可以通过在表上鼠标右击并在弹出菜单中选择插入点来在成本曲线上插入新的节点，或选择删除点来在成本曲线上删除已有节点；可以在适当的单元更改以编辑已有节点。

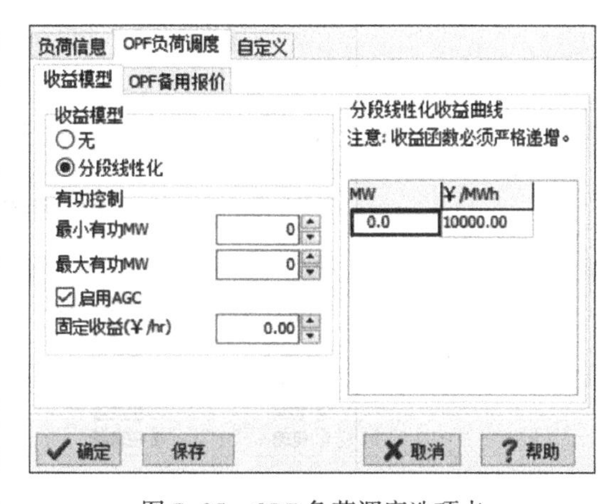

图 7-25　OPF 负荷调度选项卡

（7）添加直流线路

PowerWorld 提供直流线路模型，包括两端和多端直流线路。下面给出常见的两端直流线路建模方法。选择直流线路元件，会弹出直流线路选项对话框，如图 7-26 所示。

该对话框用于查看和修改系统中与每一条两端直流输电线路相关的参数，也可用于添加新的“两端直流输电线路”或删除已存在的线路。对话框由整流器和逆变器端点的编号及名称、回路 ID、区域名称以及 6 个独立的选项卡组成：线路参数、整流器参数、逆变器参数、实际潮流、OPF 和自定义。在编辑模式下，实际潮流选项卡不可用。

① 线路参数选项卡（见图 7-26）

该选项卡用于输入与直流线路相关的参数值。包括：

- 状态：直流传输线路的操作状态。
- 控制模式：选中“闭锁”禁止直流线路，选中“功率”保持线路中额定的有功功率，选中“电流”保持线路中额定的电流。

- 设定值：如果线路运行在有功控制模式下，设定值显示了所需要的有功功率（单位为WM）。在整流器端指定潮流时，输入正值；在逆变器端指定潮流时，输入负值。如果直流线路运行在电流控制模式时，输入所需要的线路电流值。
- 电阻：直流线路的电阻。
- 计划电压：预设直流线路电压（单位为kV）。
- 转换电压：当直流线路运行在功率控制模式时，该值为线路从恒功率转换到恒电流控制时逆变电压等级（单位为kV）。
- 组合电阻：体现逆变器电压是否为设定（组合电阻=0），或者整流器电压是否为设定（组合电阻=直流线路电阻）。仿真器并不完全支持在直流线路上设定电压（0<组合电阻<直流线路电阻），但会将所有非零的组合电阻值视为在整流器处设定电压。
- 将设定值指定到：特定的整定值显示在直流传输线路的一端。在传输线的终端保持整定值。潮流值将在相反的一端进行计算。
- 线路计量端：显示被假定为区域互换计算的直流线路端。

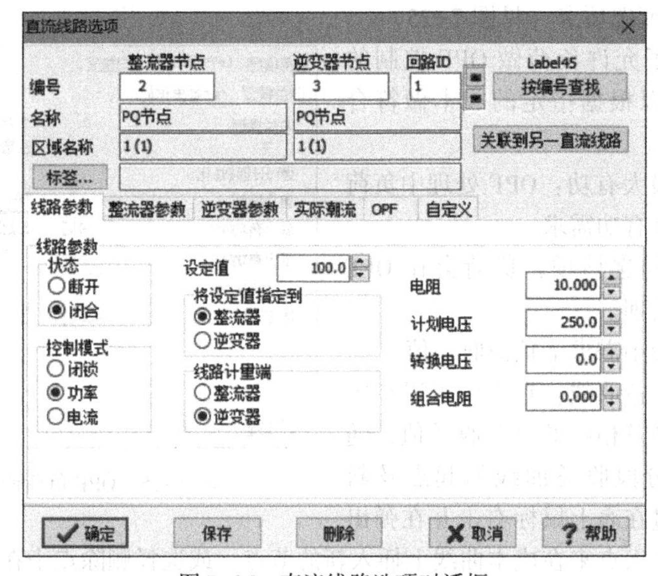

图 7-26　直流线路选项对话框

② 整流器参数选项卡（见图 7-27）

逆变器参数与整流器参数选项卡中的参数基本一样。

该选项卡用于输入与输电线路的整流器端相关的参数。包括：

- 整流桥数量：串联整流桥的数目。
- 电压基值：变压器一次侧的基准交流电压（单位为kV）。
- 变压器变比：变压器变比。
- 变压器分接头：变压器分接头设置。

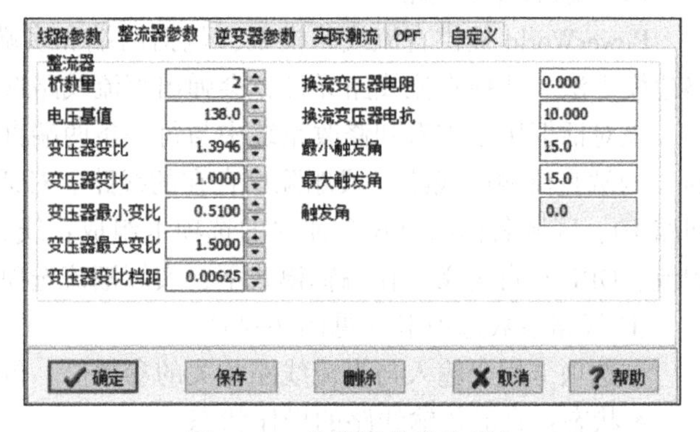

图 7-27　整流器参数选项卡

- 变压器最小/最大变比、变压器变比挡距：变压器最大/最小分接头设置及分接头步长。
- 换流变压器电阻及电抗（单位为 Ω）。
- 最小触发角、最大触发角及触发角：整流器触发角的最小值、最大值及实际值。

③ 实际潮流选项卡

该选项卡显示整流器和逆变器处实际注入线路的有功、无功、线路电压（单位为 kV）及线路电流（单位为 A）。该选项卡内容仅仅在仿真器处于运行模式时才有效。

（8）添加并联补偿器

并联补偿器既可作为电容器向系统发出无功，也可以作为电感器吸收无功。并联补偿器由很多个导纳组块组成，根据改变接入线路组块的多少离散或者连续地控制其大小。并联补偿器上附带一个断路器，用以反映该装置的状态。如果该装置支路是闭合的，那么断路器显示红色，反之，显示一个绿色方框。只要单击一下断路器，即可改变并联补偿器支路的状态。在绘图选项卡下的“网络”下拉菜单中选择并联补偿器模型，单击某一节点可在该节点并联补偿器元件，如图 7-28 所示。

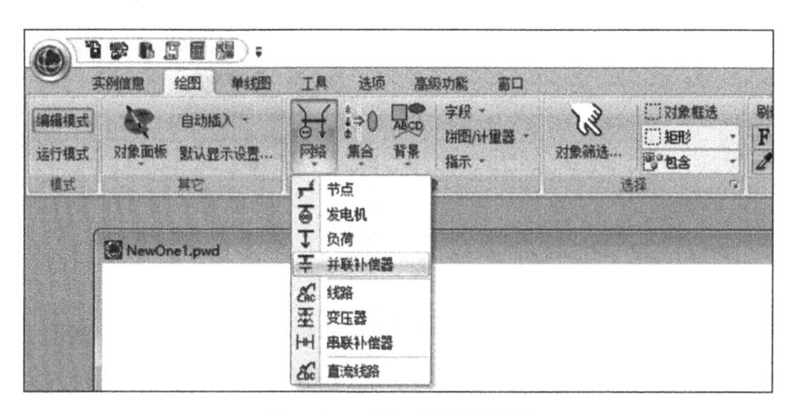

图 7-28　添加并联补偿器

在与该补偿器连接的节点处单击左键，则弹出并联补偿器选项对话框，如图 7-29 所示。填入基准无功，再单击“确定”按钮，则并联补偿器添加完毕。

节点编号自动取为并联补偿器所连接的节点。填入绘制模型的大小、线条的粗细（像素）以及并联补偿器的放置方向。基准无功文本框里给出其终端电压为标幺值 1.0 下该元件所能提供的无功。控制模式选项组决定元件是运行在固定模式还是在满足电压调节文本框中指定的电压调整范围的前提下，根据系统实际运行情况做间断或者连续的改变。

并联导纳的容量可在并联补偿器组表格中修改。表格中第一行注明每组的级数，第二行注明每级调整对应的无功。并联补偿器本身根据所填写的值进行投切。

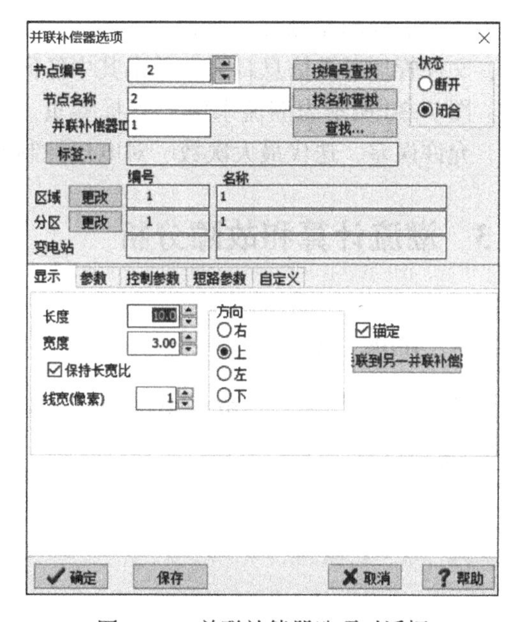

图 7-29　并联补偿器选项对话框

7.2.2 仿真环境和参数设置

按7.2.1节中讲解陆续将系统中各元件正确添加，并输入相关数据，调整外观，则完成了系统单线图的绘制，然后进行仿真参数设置。从菜单栏选择“选项”→“仿真选项”命令，打开如图7-30所示的对话框，就可以进行仿真环境和仿真参数设置。

图7-30　仿真参数设置对话框

该对话框的左侧有7个选项类别，分别是潮流求解、单线图、环境、极限、实例信息列表、文件管理以及信息日志，单击其中任何一个选项就可以单独打开一个标签页进行设置。

图7-30所示为潮流求解设置标签页。其中较重要的设置是潮流计算算法选择、基准能力、允许误差、迭代最大次数、对电压控制的设置等。

7.3 潮流计算和故障分析

7.3.1 潮流计算

如图7-31所示，单击“运行模式”按钮，进行潮流运行调试。

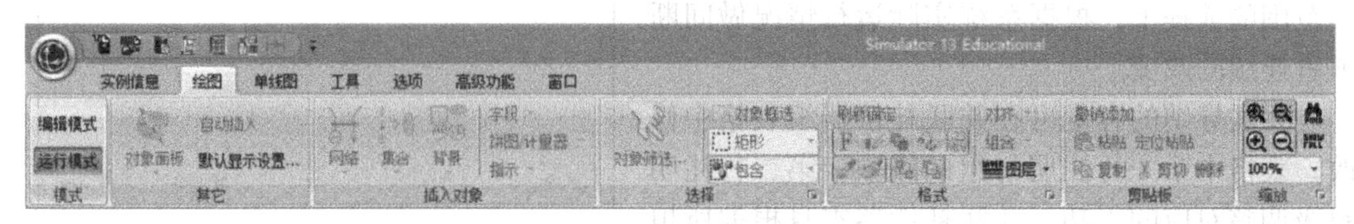

图7-31　转换到运行模式

在运行模式下，从菜单栏选择“工具”→“求解”命令，可以选择不同的潮流计算方法，然后单击●键，如图 7-32 所示，则开始按已设置好的参数运行潮流图，单击●键，即停止潮流计算。若直接单击“工具”菜单栏下的“牛拉法求解”按钮，即进行单次求解。

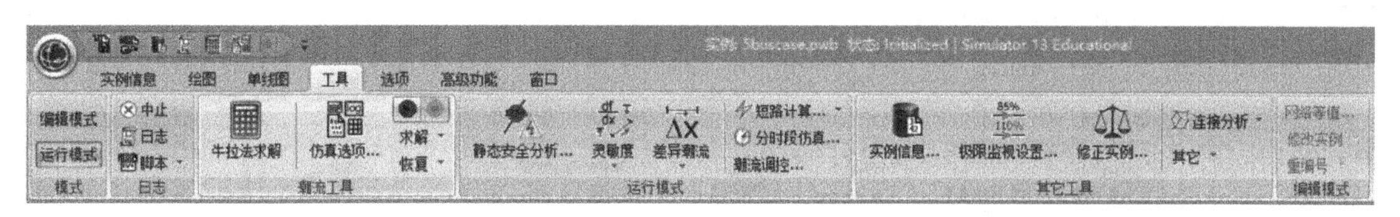

图 7-32　单击运行键

如果潮流出现不收敛的情况，可以单击“日志”按钮，如图 7-33 所示，查看日志信息。日志信息显示了求解潮流的细节，记录了计算的迭代过程，也记录了仿真器在进行各种操作时的信息，例如打开或确认示例等。

图 7-33　单击日志

在“工具”菜单栏下单击“实例信息”按钮，或者单击“实例信息”菜单栏下的“潮流列表”按钮，如图 7-34 所示，可以显示潮流计算结果；若只想查看某个节点的计算结果，可以单击“潮流列表”下方的“节点潮流”按钮，通过快捷潮流列表直接输入需要查询的节点的潮流信息。

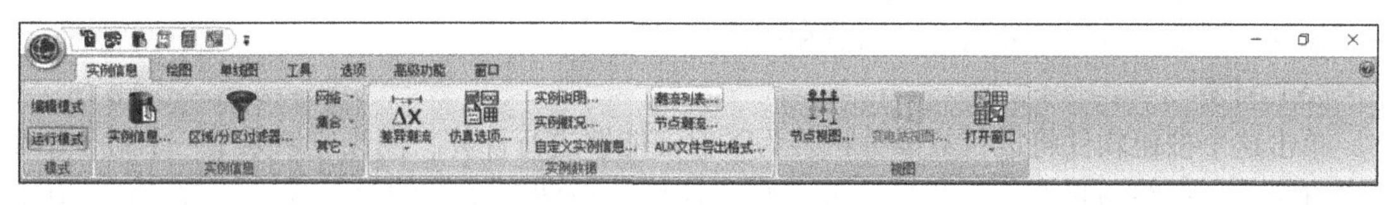

图 7-34　单击潮流列表

7.3.2　故障分析

在运行模式下，从菜单栏选择“工具”→“短路计算”命令，设置短路类型，单击“计算”按钮，得到故障数据，如图 7-35 所示。

下面介绍故障数据栏和故障选项栏部分信息。

（1）短路类型

1）单相接地短路。通过用户定义的一个对地故障阻抗来进行单相接地短路计算。把 A 相设为故障相。

2）两相短路。假设一个值为 999+j999 的对地阻抗进行两相短路计算。把 B 相和 C 相设为故障相。

3）三相对称短路。通过用户定义的一个对地故障阻抗来进行三相短路计算。

4）两相接地短路。通过定义一个接地故障阻抗来进行两相接地短路计算。

（2）电流单位

允许用户选择观察故障时是标幺值还是电流的实际值。故障结果在故障分析对话框下部以表格的形式显示，故障结果也可以在单线图里以图形化的形式显示出来。通过选择，可以把任何一个三相值单独地显示出来，或者是使三相值同时显示。

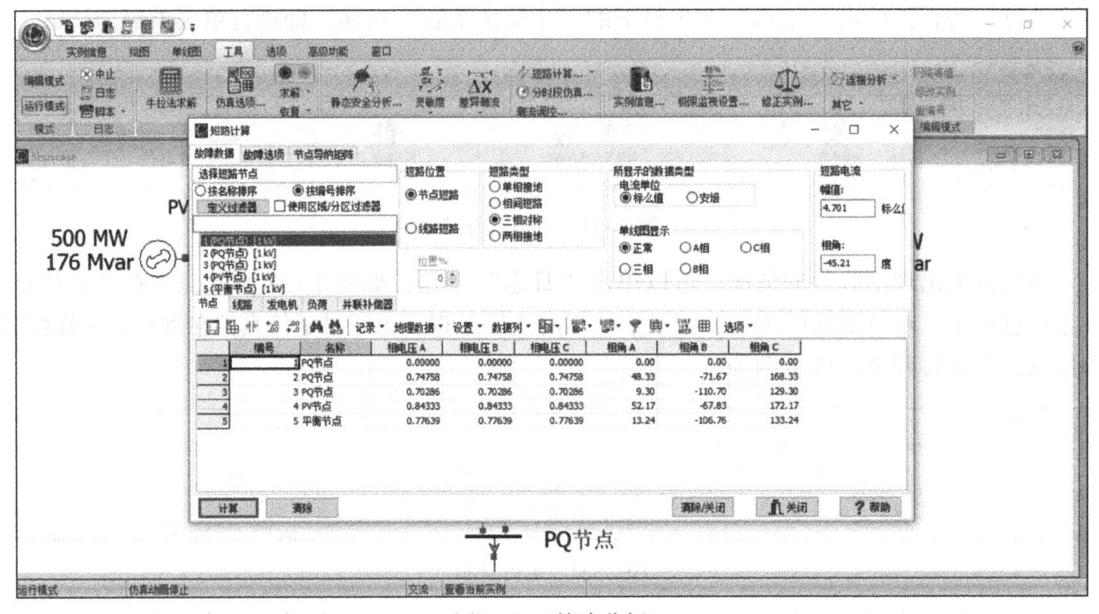

图 7-35　故障分析

（3）单线图显示

在单线图里显示故障分析结果的一些必要栏目。

（4）故障电流

显示故障发生时故障处的电流幅值和相位。

（5）计算

单击这个按钮软件将进行故障分析。为了保证能够进行计算，潮流应该处于一个对于结果来说有关的、可解的状态。因此当单击“短路计算”按钮时要做的第一件事是解潮流。用户可以在运行计算程序时通过查看信息日志来观察这一步。一旦解潮流完毕，故障分析计算开始运行，计算结果将被显示出来。

（6）短路阻抗

“故障选项”选项卡下的短路阻抗选项中的数值需要填写。无论进行何种故障计算，都是要包括短路阻抗的。电阻和电抗可以作为故障电流入地的路径，当计算用于决定其他故障量的故障电流时，故障阻抗需要被考虑进去。

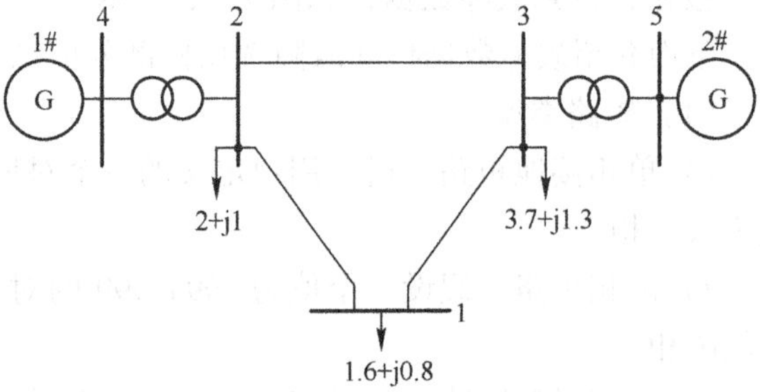

图 7-36　5 节点系统接线图

7.4　实例分析

5 节点系统接线如图 7-36 所示。

7.4.1　潮流计算过程与结果

按照 7.2 节建模方式，在编辑模式下完成该系统单线图建模，如图 7-37 所示。

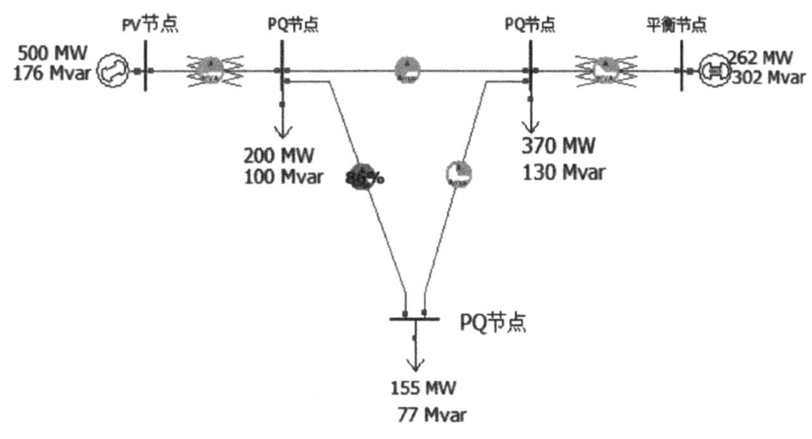

图 7-37　系统单线图

在“工具”菜单栏单击“求解”，在“求解”下拉菜单选择“牛拉法求解”命令，单击按钮，得到潮流运行图，如图 7-38 所示。

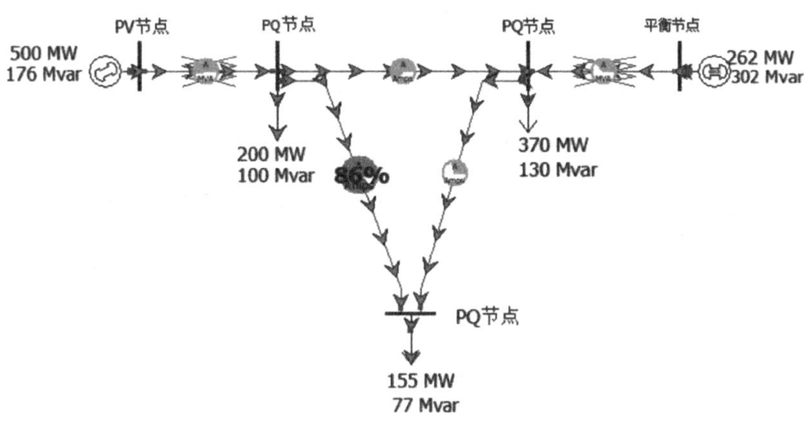

图 7-38　潮流运行图

单击“实例信息”菜单栏下的“潮流列表”按钮，得到节点潮流列表如图 7-39 所示。如果只想看一小部分母线的潮流，可单击“节点潮流”按钮，即快速潮流列表，为查看系统中个别母线提供了方便的方法，如图 7-40 所示。

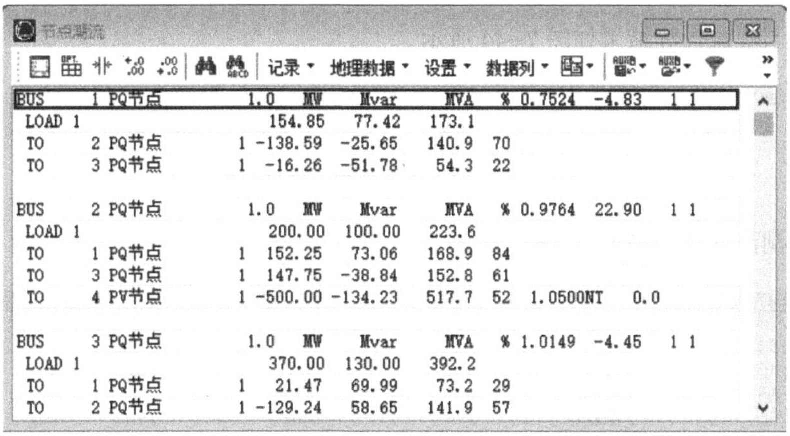

节点潮流

记录　地理数据　设置　数据列

```
BUS      1 PQ节点          1.0    MW      Mvar      MVA    % 0.7524  -4.83    1 1
 LOAD 1                     154.85    77.42    173.1
 TO      2 PQ节点        1 -138.59   -25.65    140.9  70
 TO      3 PQ节点        1  -16.26   -51.78     54.3  22

BUS      2 PQ节点          1.0    MW      Mvar      MVA    % 0.9764  22.90    1 1
 LOAD 1                     200.00   100.00    223.6
 TO      1 PQ节点        1  152.25    73.06    168.9  84
 TO      3 PQ节点        1  147.75   -38.84    152.8  61
 TO      4 PV节点        1 -500.00 -134.23    517.7  52  1.0500NT    0.0

BUS      3 PQ节点          1.0    MW      Mvar      MVA    % 1.0149  -4.45    1 1
 LOAD 1                     370.00   130.00    392.2
 TO      1 PQ节点        1   21.47    69.99     73.2  29
 TO      2 PQ节点        1 -129.24    58.65    141.9  57
```

图 7-39　潮流列表

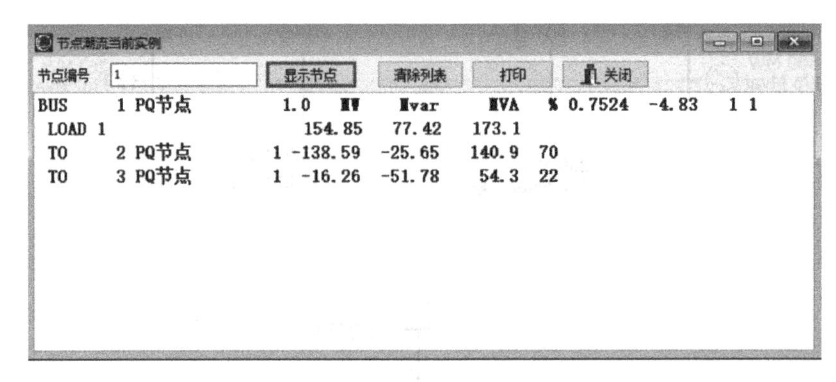

图 7-40　快速潮流列表

单击“实例信息”，节点潮流计算结果如图 7-41 所示。

	编号 ▲	名称	区域名称	基准电压	标幺电压	实际电压	相角(度)	有功负荷	无功负荷
1	1	PQ节点	1	1.00	0.75239	0.752	-4.83	154.85	77.42
2	2	PQ节点	1	1.00	0.97642	0.976	22.90	200.00	100.00
3	3	PQ节点	1	1.00	1.01489	1.015	-4.45	370.00	130.00
4	4	PV节点	1	1.00	1.05000	1.050	27.31	0.00	0.00
5	5	平衡节点	1	1.00	1.05000	1.050	0.00		

图 7-41　潮流计算结果

功率不平衡量计算结果如图 7-42 所示。

	编号	名称	区域名称	类型	有功不平衡量	无功不平衡量	视在功率不ᅬ ▼
1	1	PQ节点	1	PQ	0.00	0.00	0.00
2	2	PQ节点	1	PQ	0.00	0.00	0.00
3	3	PQ节点	1	PQ	0.00	0.00	0.00
4	4	PV节点	1	PV	0.00	0.00	0.00
5	5	平衡节点	1	Slack	0.00	0.00	0.00

图 7-42　功率不平衡量计算结果

发电机潮流计算结果如图 7-43 所示。

	编号 节点	名称 节点	ID	状态	有功出力	无功出力	设定电压	AGC	AVR	最小有功	最大有功	最小无功	最大无功
1	4	PV节点	1	Closed	500.00	176.39	1.05000	YES	YES	0.00	1000.00	-40.00	210.00
2	5	平衡节点	1	Closed	262.22	302.20	1.05000	YES	YES	0.00	1000.00	-40.00	210.00

图 7-43　发电机潮流计算结果

变压器控制潮流计算结果如图 7-44 所示。

	首端节点	首端节点名称	末端节点	末端节点名称	回路	类型	状态	变比	相角(度)	自动控制	受控节点	当前调节量	调节误差	最小调节量	最大调节量	最小变比▲	最大变比	档距
1	4	PV节点	2	PQ节点	1	Fixed	Closed	1.05000	0.00000	No	0	0.00000	-0.51000	0.51000	1.50000	0.85714	1.04762	0.00595
2	3	PQ节点	5	平衡节点	1	Fixed	Closed	1.05000	0.00000	No	0	0.00000	-0.99000	0.99000	1.00000	0.85714	1.04762	0.00595

图 7-44　变压器控制潮流计算结果

支路参数潮流计算结果如图 7-45 所示。

	首端节点编号	首端节点名称	末端节点编号	末端节点名称	回路	状态	是否变压	R	X	B	极限A MVA	极限B MVA	极限C MVA
1	2	PQ节点	1	PQ节点	1	Closed	No	0.04000	0.25000	0.50000	200.0	0.0	0.0
2	3	PQ节点	1	PQ节点	1	Closed	No	0.10000	0.35000	0.00000	250.0	0.0	0.0
3	2	PQ节点	3	PQ节点	1	Closed	No	0.08000	0.30000	0.50000	250.0	0.0	0.0
4	4	PV节点	2	PQ节点	1	Closed	Yes	0.00000	0.01500	0.00000	1000.0	0.0	0.0
5	3	PQ节点	5	平衡节点	1	Closed	Yes	0.00000	0.03000	0.00000	1000.0	0.0	0.0

图 7-45　支路参数潮流计算结果

支路状态潮流计算结果如图 7-46 所示。

	首端节点编号	首端节点名称	末端节点编号	末端节点名称	回路	状态	是否变压	有功 首端节点	无功 首端节点	视在功率 首端节点	视在功率极限	%视在功率极	有功损耗	无功损耗
1	2	PQ节点	1	PQ节点	1	Closed	No	152.3	73.1	168.9	200.0	84.4	13.66	47.42
2	3	PQ节点	1	PQ节点	1	Closed	No	21.5	70.0	73.2	250.0	29.3	5.20	18.21
3	2	PQ节点	3	PQ节点	1	Closed	No	147.7	-38.8	152.8	250.0	61.1	18.51	19.81
4	4	PV节点	2	PQ节点	1	Closed	Yes	500.0	176.4	530.2	1000.0	53.0	0.00	42.17
5	3	PQ节点	5	平衡节点	1	Closed	Yes	-262.2	-258.6	368.3	1000.0	40.0	0.00	43.56

图 7-46　支路状态潮流计算结果

负荷潮流计算结果如图 7-47 所示。

	编号 节点	名称 节点	区域名称Load	分区名称Load	ID	状态	有功	无功	视在功率	恒功率有功负	恒功率无功负
1	1	PQ节点	1	1	1	Closed	154.85	77.42	173.13	160.00	80.00
2	2	PQ节点	1	1	1	Closed	200.00	100.00	223.61	200.00	100.00
3	3	PQ节点	1	1	1	Closed	370.00	130.00	392.17	370.00	130.00
4	4	PV节点	1	1	1	Closed	0.00	0.00	0.00	0.00	0.00

图 7-47　负荷潮流计算结果

7.4.2　故障分析过程与结果

（1）单相接地短路

在运行模式下单击“短路计算”按钮，选择节点 1 单相接地短路，短路计算结果如图 7-48 所示。

编号	名称	相电压 A	相电压 B	相电压 C	相角 A	相角 B	相角 C
1	PQ节点	0.00000	1.24406	1.11940	0.00	-146.91	146.41
2	PQ节点	0.56916	1.18473	1.33091	45.29	-118.64	157.09
3	PQ节点	0.55557	1.35639	1.20438	-7.35	-137.59	135.92
4	PV节点	0.65680	1.23299	1.43331	50.53	-114.49	159.84
5	平衡节点	0.62393	1.34527	1.24420	0.65	-133.16	137.70

a)

首端节点编	首端节点名	末端节	末端节点名	回路	是否变压器	相电流 A 首端节点	相电流 B 首端节点	相电流 C 首端节点	相电流 A 末端节点	相电流 B 末端节点	相电流 C 末端节点
2	PQ节点	1	PQ节点	1	No	1.85601	1.96398	1.43767	1.98957	1.88267	1.83144
3	PQ节点	1	PQ节点	1	No	1.16096	0.64876	0.67248	1.16096	0.64876	0.67248
2	PQ节点	3	PQ节点	1	No	1.54421	1.66408	1.51406	1.49103	1.28402	1.49366
4	PV节点	2	PQ节点	1	Yes	4.97971	5.45518	4.64554	5.22870	5.72794	4.87782
3	PQ节点	5	平衡节点	1	Yes	3.94052	3.65338	3.30099	4.13755	3.83605	3.46604

b)

编号 节点	名称 节点	相电流 A	相电流 B	相电流 C	相角 A	相角 B	相角 C
4	PV节点	4.97971	5.45518	4.64554	2.03	-109.58	130.66
5	平衡节点	4.13755	3.83605	3.46604	-53.00	-163.04	67.69

c)

编号 节点	名称 节点	ID	相电流 A	相电流 B	相电流 C
1	PQ节点	1	2.01407	2.33335	2.12741
2	PQ节点	1	2.27956	2.35957	2.21296
3	PQ节点	1	3.76873	3.93083	3.74808
4	PV节点	1	0.00000	0.00000	0.00000

d)

图 7-48　单相接地短路计算结果

a）节点的短路计算结果　b）线路的短路计算结果　c）发电机的短路计算结果　d）负荷的短路计算结果

（2）两相短路

在运行模式下单击“短路计算”按钮，选择节点 1 两相短路，短路计算结果如图 7-49 所示。

编号	名称	相电压 A	相电压 B	相电压 C	相角 A	相角 B	相角 C
1	PQ节点	0.75240	0.37618	0.37618	-4.83	175.17	175.17
2	PQ节点	0.97643	0.62132	0.96383	22.90	-86.87	165.56
3	PQ节点	1.01490	0.69366	0.88025	-4.45	-125.98	133.36
4	PV节点	1.05001	0.69760	1.06367	27.31	-80.90	168.77
5	平衡节点	1.05001	0.75233	0.94308	0.00	-119.55	136.05

a)

首端节点编号	首端节点名	末端节点	末端节点名	回路	是否变压器	相电流 A 首端节点	相电流 B 首端节点	相电流 C 首端节点	相电流 A 末端节点	相电流 B 末端节点	相电流 C 末端节点
2	PQ节点	1	PQ节点	1	No	1.72954	2.91902	2.11445	1.87325	2.97284	2.44848
3	PQ节点	1	PQ节点	1	No	0.72134	1.63165	1.78617	0.72134	1.63165	1.78617
2	PQ节点	3	PQ节点	1	No	1.56454	1.45400	1.64220	1.39842	1.32153	1.59745
4	PV节点	2	PQ节点	1	Yes	5.04955	5.05260	4.70619	5.30202	5.30523	4.94150
3	PQ节点	5	平衡节点	1	Yes	3.62907	3.84421	3.58043	3.81053	4.03642	3.75945

b)

编号 节点	名称 节点	相电流 A	相电流 B	相电流 C	相角 A	相角 B	相角 C
4	PV节点	5.04955	5.05260	4.70619	7.88	-116.59	125.61
5	平衡节点	3.81053	4.03642	3.75945	-49.05	-171.89	66.51

c)

编号 节点	名称 节点	ID	相电流 A	相电流 B	相电流 C
1	PQ节点	1	2.30104	1.15052	1.15052
2	PQ节点	1	2.29006	1.45722	2.26053
3	PQ节点	1	3.86418	2.64112	3.35153
4	PV节点	1	0.00000	0.00000	0.00000

d)

图 7-49　两相短路计算结果

a）节点的短路计算结果　b）线路的短路计算结果　c）发电机的短路计算结果　d）负荷的短路计算结果

7.5　小结

本章在介绍电力系统可视化技术和 PowerWorld 软件的基础上，对单线图建立过程进行了详细讲解，包括母线、发电机、变压器、线路、负荷、直流线路、并联补偿器元件的添加及仿真环境和参数设置，并给出了潮流计算和故障分析方法，最后以 5 节点系统为例，采用 PowerWorld 软件进行牛顿-拉弗森法潮流计算和不同类型的故障分析。

习题

应用 PowerWorld 软件，建立图 2-2 所示的 4 节点系统的单线图；并应用该软件进行潮流计算、短路电流计算（可选择若干条可行支路开断情况进行计算），要求有分析结果。

第8章　基于ETAP的电力系统仿真分析

ETAP是电力电气分析、电能管理的综合分析软件系统的简称，是一款功能全面的综合型电力及电气分析计算软件，能为发电、输配电和工业电力电气系统的规划、设计、分析、计算、运行、模拟提供全面的分析平台和解决方案。

8.1　ETAP简介

ETAP是美国OTI集团公司研发生产的电力及电气系统综合计算分析软件和实时在线控制、智能电网系统产品，也是电力系统规划、设计、分析、操作、培训和计算机仿真的全方位的综合性软件。ETAP能为发电、配电、新能源微电网、工业电力电气系统从规划到设计，从分析、计算、仿真到实时运行控制，提供强大的综合平台和解决方案。运用ETAP标准的离线仿真模块，可以完成潮流分析、短路计算、谐波分析、直流潮流等。ETAP还可以通过实时运行数据，实现高级监测、实时仿真、优化、能量管理系统和高速智能甩负荷等功能。

ETAP允许用户直接利用图形化的单线图和地下电缆管道系统进行运算操作，其程序在概念设计上有如下三大主要特点。

（1）虚拟现实操作

程序操作与实际的电气系统相似。例如，打开或合上断路器、停止运行某一设备、改变电机或负荷的运行状态时，其断电部件便以灰色显示在单线图上。ETAP包含了许多新概念，可以直接从单线图上决定保护装置的配合动作。

（2）数据的全面集成

ETAP将系统设备的电气、逻辑、机械及物理属性都包含在一个数据库中。例如，一条电缆不仅拥有电气属性和物理尺寸的数据，还载有指示其缆道布线的信息。这样，一条电缆的数据既可用于潮流计算或短路计算（需要电气参数和连接方式），又能进行电流载流量的重新校核运算（需要物理布线数据）。数据集成提供了整个系统数据的一致性，并避免了同一数据的多次输入。

（3）简明数据录入

ETAP对每一个电气装置进行详细的数据跟踪。数据编辑器对每一特定计算规定最小数据量，从而加快了数据的输入，并以最符合逻辑的输入数据方式为不同类型的分析或设计建立编辑器。

ETAP单线图的许多特性可以帮助用户建立各种复杂的网络。例如，每个设备都有各种方向、大小和显示符号（IEC或ANSI的选择）。单线图亦允许在支路和母线之间安置多重保护装置。

在ETAP平台上，用户可以根据实际电网情况，建立电气接线图。然后对已建立的电气接线图进行潮流分析、短路计算、电机加速分析、谐波分析、保护设备配合和动作序列分析、暂态稳定分析、变压器容量估计和分接头优化、蓄电池放电分析和容量估计、电机起动分析、可靠性评估、优化潮流、补偿电容器最佳位置分析、不平衡潮流分析、风力发电机和光伏太阳能发电分析等。

8.2 ETAP 工作环境

本节将通过介绍 ETAP 的工作环境界面，使读者初步掌握 ETAP 的基本操作方法。在桌面双击 ETAP 快捷方式图标，或者在开始菜单里单击 ETAP 选项，即可进入 ETAP 工作界面。工作界面主要由菜单栏、工具栏、当前工作窗口及消息日志等组成，如图 8-1 所示。

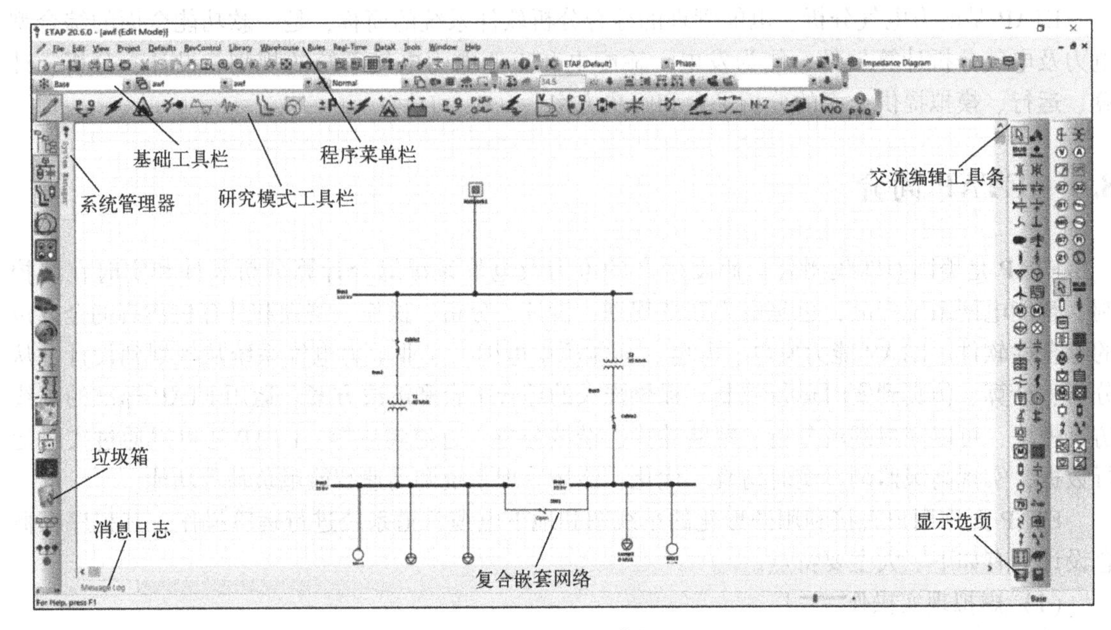

图 8-1 ETAP 工作界面

通过信息日志（Message Log），可以查看 ETAP 工程最近的消息。日志框可以扩大或减小。

8.2.1 工具栏

工具栏包括工程工具栏（Project Toolbar）、系统工具栏（System Toolbar）、模式工具栏（Mode Toolbar）（图 8-1 中研究模式工具栏）、主题工具栏（Theme Toolbar）、基础和修订工具栏（Base and Revision Toolbar）。

1. 工程工具栏（Project Toolbar）

工程工具栏如图 8-2 所示，包括：新建项目，打开项目，保存；打印，打印预览，分页预览；剪切，复制，粘贴，平移，矩形选择，放大，缩小，向前，向后，最佳缩放；撤销，重做；文本框，折线文本框，显示网格线，检查电路连通性，开关闭锁执行；超链接，项目跟踪；功率计算器，弧闪计算器，电容器风险分析计算器；查找；帮助。其功能见表 8-1。

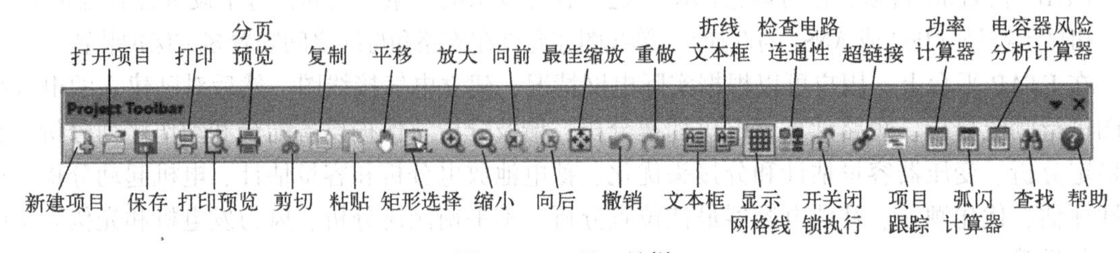

图 8-2 工程工具栏

表 8-1　工程工具栏命令功能

命　　令	命令功能
新建	新建一个工程文件
打开	打开一个工程文件
保存	保存工程文件
打印	打印激活界面，如单线图或地下电缆管道系统
打印预览	预览激活界面显示图的打印效果
分页预览	直接在单线图上分页预览
剪切	从激活界面显示图中剪切所选设备
复制	从激活界面显示图中复制所选设备
粘贴	从回收站单元粘贴设备到激活界面显示图中
平移/手型工具	使用鼠标移动单线图或地下电缆管道系统
矩形选择	单击和拖动鼠标在单线图或地理信息系统上绘制矩形选择区域
放大	放大单线图或地下电缆管道系统
缩小	缩小单线图或地下电缆管道系统
向前	重复当前单线图大小
向后	撤销当前单线图大小
最佳缩放	将单线图调整到适合视窗的最佳大小
撤销	撤销上一个动作命令，包括移除元件
重做	返回已经做的命令
文本框	在激活界面显示图中放置文本框
折线文本框	单击以放置折线文本框（打开或关闭的多边形形状）
显示网格线	在单线图中显示网格线
检查电路连通性	检查单线图中不带电的设备或支路
开关闭锁执行	切换联锁执行器以检查联锁逻辑冲突（Switching Interlock Enforcer to check interlock logic conflict，SIE）
超链接	为设备或单线图添加超级链接
项目跟踪	启动项目跟踪窗口，可用于创建和管理各种项目任务和重要工作的进度
功率计算器	激活功率计算器
弧闪计算器	打开 DGUV-I 203-078 Arc 弧闪计算器
电容器风险分析计算器	打开电容器风险分析计算器
查找	在单线图中寻找某一设备
帮助	打开帮助，了解有关 ETAP 的更多信息

2. 系统工具栏（System Toolbar）

系统工具栏如图 8-3 所示，包括：系统管理器、网络系统、保护设备配合系统、StarZ 系统、地下电缆管道系统等。

（1）系统管理器（System Manager）

ETAP 提供了一个与工程配套的系统管理器。此窗口为图形化树形结构，包括与工程相关的参数选择、配置、分析案例、数据库和元件等信息。

图 8-3 中，单击系统工具栏上的“系统管理器（工程视图）”按钮，可扩展项目树来显示这些条目，如图 8-4 所示，单击“+”符号（在方框中）可将项目树扩展开，显示更多信息，

而单击“-”符号（在方框中）则只显示部分信息。在某一条目上单击鼠标右键，将出现一个上下文菜单，允许用户对所选的条目进行某些操作。

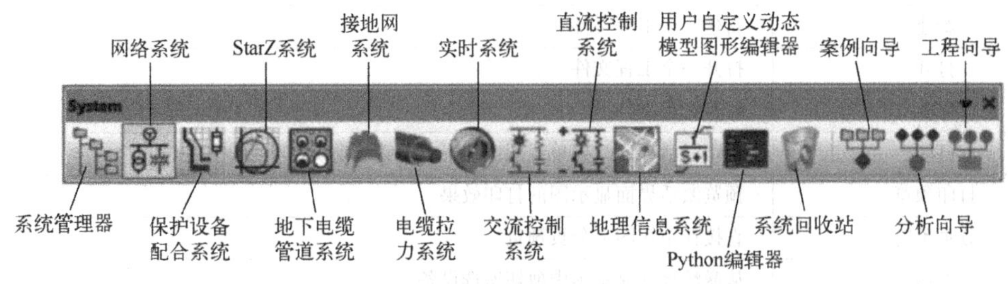

图 8-3　系统工具栏

图 8-4　系统管理器

（2）网络系统（Network Systems）

图 8-3 中，单击系统工具栏上的“网络系统”可切换到网络系统图。ETAP 提供了一个图形化的编辑器来构造单线图，通过单线图编辑工具栏可以进行图形化的添加、删除或连接设备；调整大小；显示或关闭网格线；改变设备大小、方向、标准或可见性；输入属性；设置运行方式等操作。

（3）保护设备配合系统（Star Systems）

ETAP 继电保护系统允许用户进行稳态和动态设备同步、保护和测试等分析。继电保护系统运用了智能单线图、全面的设备数据库和一个完整的三维数据库。

ETAP 数据库提供了全面和最新的保护设备信息。ETAP 设备数据库配备了常用的厂商数据和工业标准。另外，ETAP 允许用户新建和添加设备的 TCC 曲线，TCC 曲线运用了先进的数字化绘图点与公式的技术。

（4）StarZ 系统

StarZ 系统提供所有必要的工具用于访问、导航和协调特定于距离和传输线保护的继电保护元件。单击系统工具栏上的 StarZ 系统按钮，将打开上次访问的 StarZ 视图并将其激活。StarZ 视图保存在系统管理器的 StarZ 文件夹下，通过右键单击 StarZ 文件夹并选择“新建”或单击新建 StarZ 演示文档按钮，可以创建一个新的 StarZ 视图，也可以复制一个现有的 StarZ 视图。在系统管理器中，双击 StarZ 视图名称以打开现有的 StarZ 视图，用户也可以右键单击 StarZ 视图名称以查看、保存、清除、重命名（使用“属性”命令）。

（5）地下电缆管道系统（UGS）

ETAP 提供了完全图形化的地下电缆管道系统，每一个 ETAP 项目为其地下电缆管道系统提供了多重视图，每一视图是管道及其附近热源的一个截面图。使用编辑工具栏可以添加电缆管道（管道敷设和/或直接埋设）、电缆管道导管以及直接埋设管道的位置，外部热源、地下电缆管道所用的电力电缆等。在地下电缆管道系统显示图上，可以图形化地调整电缆管道、导管、电缆以及外部热源来表示电缆布线，从而提供了一个用以指导电缆载流量衰减分析的物理环境。这些分析包括电缆温度计算、载流量优化、电缆容量计算以及暂态电缆温度计算。

（6）接地网系统（Ground Grid Systems，GGS）

在人们的工作或生活环境中如果存在电力设备，则安全问题是非常值得重视的。接地网系统的正确设计是保证电力系统安全工作和保护电力系统施工人员生命安全的一个关键因素。在非对称故障时，接地体的地电位升高将会给接触到该接地体的任何人带来触电的危险。ETAP 提供了一个三维的、完全图形化的工具，从而可正确地进行接地网系统的设计，该设计遵从 IEEE 或有限元法（FEM）标准。

使用接地网系统之前，必须首先将一个接地网插入单线图上。而在插入之前必须选择交流编辑工具条上的接地网按钮，在单线图上双击该接地网，在选定使用设计标准（IEEE 或 FEM）后，将会出现接地网编辑器，使用系统工具栏上的“接地网系统”按钮打开已有的接地网窗口。

（7）电缆拉力系统（Cable Pulling Systems）

准确预测电缆拉力强度对于设计电缆管道系统是非常必要的，它使得用户可以避免过于保守的设计和施工方法，从而可以获得明显的成本收益（即在构建管道系统时节省投资）。

ETAP 的电缆拉力分析（CP）单线图用于决定电缆在被牵拉到管道时所经受的张力和侧压力。它能够考虑到具有复杂牵拉几何路径的不同容量的电缆。在管道的每个弯曲点和牵拉点处采用逐点的计算方法，并根据计算得到的前向和反向的张力来决定最佳的牵拉方向。

单击在系统工具栏上的“电缆拉力系统”按钮启动电缆拉力系统。创建一个电缆拉力分析案例后，双击“电缆拉力（CP）”按钮进入 CP 显示图。CP 显示图分为三个部分：构造示意图、导体横截面图和三维拉力路径图。导体横截面图主要用于编辑电缆和电缆导管的工程特性。三维拉力路径图只能对拉力的几何路径进行三位立体显示。CP 显示图让用户可以图形化地排列电缆、段和拐点，为电缆拉力设计分析提供了一个物理环境。

（8）实时系统（PSMS）

ETAP 实时系统（PSMS）是一个智能的计算机能量管理应用软件。PSMS 作为一个运行工作站，可以监测、控制和优化电力系统。在监测系统的同时，工作站可以利用实时数据执行全方位的电力系统分析。

ETAP 实时系统是 ETAP 电力系统分析软件在在线方面的延伸。ETAP 实时系统可以将现有的电力系统连接到 ETAP 模型；收集，监测，并记录数据；设置报警；仿真系统响应；执行控制动作；运行操作预演分析；查看输出报告和图形。

(9) 直流控制系统（Control Systems）

ETAP 将电力系统分析和控制回路分析集成到一个电气分析程序。用户可以通过单击系统工具栏的“直流控制系统”按钮进入直流控制系统。控制系统图（CSD）仿真控制设备的动作顺序，例如，螺线管、继电器、受控接触器、多步接触器和包括冲击条件的激励源。CSD 的功能包括仿真动作顺序确定，起动和回复电压计算，自动报警，蓄电池容量估计，控制系统动作顺序的单步仿真，控制设备和接触之间的逻辑互锁的仿真，计算设备运行电压和电流，电缆/电线的长度校正，使用控制框图动作序列的蓄电池放电计算损耗和任意时间的电流值等。

(10) 地理信息系统（GIS Systems）

ETAP 图形用户界面与 GIS 数据及地图相结合。GIS 数据转换模块使用户可以看到图形化的地图、子地图，并利用关联的数据运行电力系统仿真。用户可以通过单击系统工具栏的“地理信息系统”按钮进入地理信息系统。ETAP 将根据计算结果自动更新 GIS 数据库，所有用户都可以获取此数据库中的当前信息。

(11) 用户自定义动态模型图形编辑器（User-Defined Dynamic Model Graphical Editor，UDM）

ETAP 用户自定义动态模型是一个图形逻辑编辑工具，允许用户自己定义同步电机、普通负荷和风力发电机模型的调速器，励磁器和电力系统稳定器（PSS）模型，这个模块允许连接到 ETAP 的暂态稳定分析程序，这个模型可以在 ETAP 里的图形逻辑编辑器里面编辑，也可以导入 MATLAB Simulink 文件。

用户可以通过单击系统工具栏的按钮进入用户自定义动态模型图形编辑器，也可以从同步发电机、同步电机、等效负荷或者风力发电机等其他地方打开 UDM 编辑器，如从同步发电机个别编辑页面（调速器、励磁器 &PSS 页面）访问 UDM 编辑。

(12) 系统回收站（System Dumpster）

系统回收站由一定数量的回收站单元组成，这些单元中包含了已经删除的或者从单线图或地下电缆系统中复制的设备。在用户从单线图或地下电缆系统中剪切一个或一组设备时，ETAP 会将其放入回收站单元中。这些单元在用户没有将其明确地清除出回收站之前，会一直保留在其中。如果从回收站中清除了某单元，ETAP 将从该项目数据库中自动地删除该单元中所有的元件。当回收站单元内驻有一个或一组设备时，用户可以移动或粘贴该单元的副本到原单线图或地下电缆管道系统上。也就是说，用户创建的单线图或地下电缆管道系统，回收站都为其提供了一个保存位置，用户可以方便地利用它进行复制、粘贴等。注意，用户只能从项目视图中激活回收站显示图。

用户可以通过单击系统工具栏的按钮进入系统回收站。

3. 模式工具栏（Mode Toolbar）

在系统工具栏上单击“网络系统”按钮后，模式工具栏将被激活，它包含了所有与单线图相关的分析模块。模式工具栏如图 8-5 所示，包括编辑、潮流分析、短路计算、弧闪、电机起动分析、谐波分析、暂态稳定性、保护装置配合、直流潮流、直流短路、直流弧闪、蓄电池、不平衡潮流、最优潮流、可靠性估计、最佳电容器位置、开关切换序列管理及预想事故分析。

通常，ETAP 在网络系统中的有三种操作模式：编辑、交流分析和直流分析。交流分析模式包括各种分析模块，例如，潮流分析、短路计算、电机加速、暂态稳定和继电保护等。

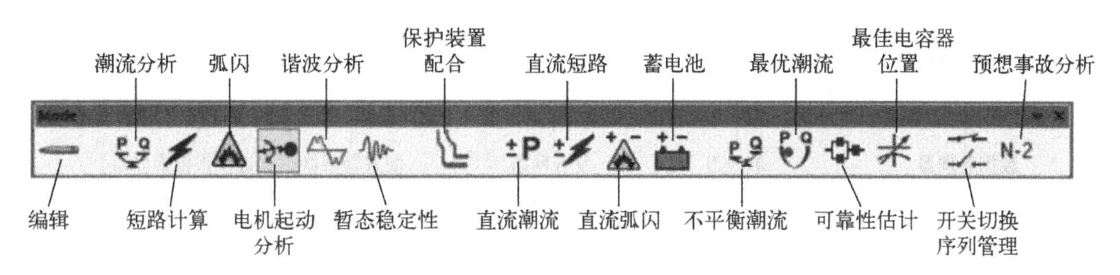

图 8-5　模式工具栏

通过编辑模式可创建单线图、更改系统连接、编辑工程属性、保存项目以及生成水晶（Crystal）报告格式的报告。通过单击“编辑”按钮（用铅笔图形表示）可以选择编辑模式，直流设备、交流设备以及二次设备的编辑工具条/栏可通过按下“铅笔”图标来将其激活，并且显示在屏幕的右方。编辑模式下可进行的编辑操作包括：拖拉设备；连接设备；更改 ID；剪切、复制及粘贴设备；从回收站移动；嵌入 OLE 工程；剪切、复制和粘贴 OLE 工程；合并两个 ETAP 工程；隐藏/显示保护设备编组；旋转设备；调整设备大小；改变符号；编辑属性；运行报告管理。

通过分析模式（Study Mode）可以创建和修改分析案例、进行系统分析、查看报警条件及查看输出报告和图形。当某一分析模式被激活时，所选的分析相应的分析工具栏出现在屏幕的右方。单击模式工具栏上按钮，进入相应的分析模式，从而可以进行分析、传送数据、更改显示选项。几种常用的分析模式包括：潮流分析、短路分析、电机起动分析、谐波分析、弧闪、保护装置配合、暂态稳定性、直流潮流、直流短路、直流弧闪、蓄电池、不平衡潮流、最优潮流、可靠性估计、最佳电容器位置、开关切换序列管理及预想事故分析。

在某一分析模式被激活时，除了分析工具栏外，还将会自动显示分析案例工具栏。通过分析案例工具栏，可以控制和管理解决方案参数以及输出报告，分析案例工具栏可用于所有 ETAP 配置。

4. 主题工具栏（Theme Toolbar）

主题工具栏（见图 8-6）包含一些按钮，通过这些按钮，用户可以使用 ETAP 中的许多常用命令（见表 8-2）来执行快捷方式，以更改设备连接器、符号颜色和背景的颜色和线条样式。

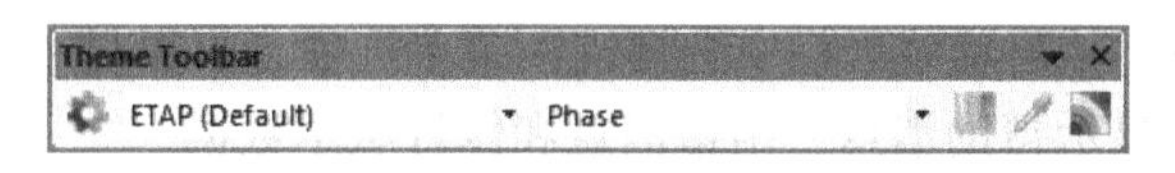

图 8-6　主题工具栏

表 8-2　常用命令

命　令	命令功能
主题管理器（Theme Manager）	自定义单线图演示文档的外观
主题名称（Theme Name）	从已保存的主题配置列表中选择
主题颜色编码（Theme Color Coding）	选择当前主题名称的颜色编码
标准颜色（Colors Normal）	根据主题颜色编码将选定的组件颜色更改为普通颜色
自定义颜色（Colors Custom）	将选定的组件颜色更改为自定义颜色
激活灯饰线	激活灯饰线

5. 基础和修订工具栏（Base and Revision Toolbar）

基础和修订工具栏如图 8-7 所示，包括：

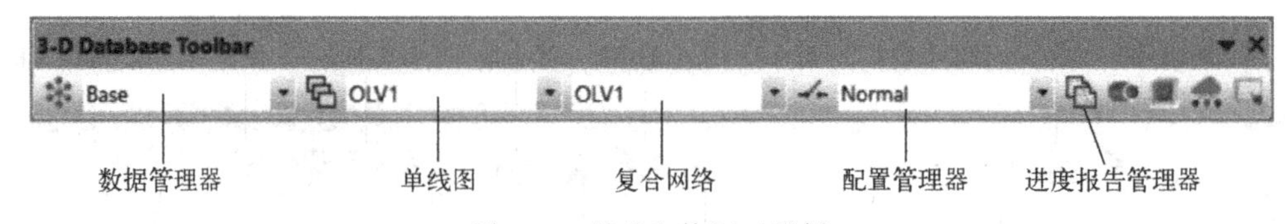

图 8-7　基础和修订工具栏

1）数据管理器：没有数目限制的修订版本，用于保存多重设置的工程属性。可以查看基础和修订数据的差别。

2）单线图：没有数目限制的显示图用于设置同一系统的不同显示。

3）复合网络：项目中的复合网络列表，用于快速查找和访问。

4）配置管理器：没有数目限制的配置，用于保存开关设备或负荷的开断状态。

5）进度报告管理器：打印母线、支路以及负荷调度。

8.2.2　菜单

ETAP 菜单栏的内容将根据活动窗口或视图的类型而有所不同。ETAP 中存在以下不同类型的菜单栏，包括启动菜单栏、单线图菜单栏、地下管道系统菜单栏、回收站菜单栏、电缆拉力系统菜单栏和接地网系统菜单栏。

（1）启动菜单栏

启动 ETAP 且尚未打开项目文件时，将显示启动菜单栏。该菜单栏包含有限数量的菜单选项。启动菜单栏中有如下一些可选菜单。

1）【File】(文件)：从启动菜单栏中选择文件菜单中的选项，可以生成新工程文件、打开现有工程文件或者退出 ETAP。启动菜单条中的文件菜单中提供了如下几个菜单命令。

New Project，新建工程，即生成新的工程文件。

Open Project，打开工程，即打开已有的工程文件。

Download NetPM Project，下载项目，即从 NetPM 下载项目。

文件列表，最近打开的 ETAP 文件列表。

Exit，退出，即退出和关闭 ETAP。

2）【View】(视图)：从启动菜单栏中选择视图菜单选项，可以显示或隐藏在显示屏底部的状态栏，该帮助行用于显示帮助消息、出错消息和修订版本数据。

3）【Help】(帮助)：ETAP 帮助。

（2）单线图菜单栏

在某一单线图的显示图处于激活状态时，将会显示单线图菜单栏。单线图菜单栏中包含了丰富的菜单选项，如图 8-1 所示。

1）【File】(文件)：文件管理和转换。单线图菜单栏上的“File”菜单选项提供命令见表 8-3。

表 8-3　“File”菜单提供的命令

命　　令	命令功能
新建工程	生成新的工程文件
打开工程	打开已有的工程文件
上传 NetPM 工程	将注册的工程文件上传到 NetPM（仅 Project Master）
下载 NetPM 工程	从 NetPM 下载工程文件

（续）

命　　令	命令功能
关闭工程	关闭已打开的工程文件
注销	注销或切换到另一个用户或更改访问等级后进入一个工程
保存工程	保存工程文件
复制工程到	在不影响已打开的工程文件的情况下将工程保存为指定的工程文件名
保存设备库	保存设备库文件
打印设置	选择页面布局以及打印机和打印机连接
打印预览	显示将要打印的视图
打印	打印单线图
批量打印	一次打印显示的全部或多张视图。可显示主单线图的元件、复合网络的元件、复合电机的元件
转换旧的继电器	当检测到 ETAP 3.0.2 版本或更早版本中创建的继电器时，提供该选项。该选项允许将“旧”过电流继电器转换为新的继电器格式
Email 工程文件	提供用于通过电子邮件和其他方法发送收集的数据的 zip 文件的选项
最近工程清单	显示最近在 ETAP 中打开项目的列表
退出	关闭项目文件并退出 ETAP

2）【Edit】(编辑)：剪切、复制、粘贴。单线图上菜单栏的“Edit”菜单提供命令见表 8-4。

表 8-4　“Edit”菜单提供命令

命　　令		命令功能
撤销		撤销元件的移动、隐藏，连接的移动、添加或删除，也可以使用〈CTRL+Z〉执行
重做		重复执行已撤销的动作，也可以使用〈CTRL+Y〉执行
回收站	剪切	在单线图上删除元件并移动到回收站
	复制	从单线图中复制所选的设备到回收站
	粘贴	从回收站粘贴所选的单元到单线图
	从回收站移动	从回收站移动已选的单元到单线图
选择全选		选中单线图上的全部选定元件
取消所有选定		取消全部单线图上的选定
OLE	剪切	删除单线图上的 OLE 项目到剪切板
	复制	从单线图上复制 OLE 到剪切板
	清除	从单线图上删除已选的 OLE 项目
	粘贴	从剪切板粘贴项目到单线图
	粘贴特殊	从剪切板粘贴目标或图像到单线图
	插入新对象	插入新的 OLE 项目到单线图
	链接	编辑单线图上链接的 OLE 项目
	项目 Object	为 OLE 项目预留动作

3）【View】(视图)：显示不同的工具栏。

4）【Project】(工程)：工程标准和设置。

5）【Defaults】(默认值)：即字体及设备的默认设置。

6）【RevControl】(版本控制)：即基础版本和修订版本数据对照。

7）【Library】(设备库)：数据库访问和管理。

8）【Warehouse】(仓库)：仅适用于 GIS 视图的仓库访问。

9）【Rules】(规则)：制定工程规则和最佳实践方案。

10）【Real-Time】(实时)：EMS、ILS、Tag File（标记文件）和 Active X 操作，只用于 ETAP 实时软件。

11）【DataX】(数据交换)：访问数据交换功能。

12）【Tools】(工具)：全局尺寸/符号和设备编组。

13）【Window】(窗口)：窗口管理。

14）【Help】(帮助)：使用帮助。

（3）地下管道系统菜单栏

地下管道系统菜单条（UGS）在 U/G 管道系统显示图激活时显示。地下电缆管道系统菜单条中包含了丰富的菜单选项，包括【File】、【Edit】、【View】、【Project】、【Library】、【Warehouse】、【Rules】、【Defaults】、【RevControl】、【Window】、【Help】。

（4）回收站菜单栏

回收站菜单栏在系统回收站激活时显示，该菜单栏包含【Edit】、【Window】、【Help】三个菜单。

（5）电缆拉力系统菜单栏

电缆拉力界面在 ETAP 之外的独立窗口打开。电缆拉力系统菜单栏在电缆拉力模块打开并激活时显示，包括【File】、【Home】、【View】、【Help】。单击“Create New”可以生成新的电缆拉力分析案例，ETAP 生成分析案例的数目没有限制。

（6）接地网系统菜单栏

接地网界面在 ETAP 之外的独立窗口打开。当打开并激活一个接地网显示图时，显示接地网系统菜单栏，包括【File】、【Edit】、【View】、【StudyCase】、【Default】、【Help】。

8.3 系统建模

ETAP 提供了一种完全图形化的用户界面（Graphical User Interface，GUI），用于构建单线图。用户可以图形化地进行元件添加、删除、重定位、放大缩小、连接设备、显示或隐藏网格、更改设备规格（大小）、更改设备方向、更改符号、显示或隐藏保护设备、输入（电气）属性值、设置工作状态等操作。

单击图 8-7（基础和修订工具栏）中可以创建一个新的单线图。当创建了一个新的单线图时，工作界面置于编辑模式下（配置状态设为默认，也称为正常配置），同时隐藏网格且关闭连接状态检查。当用户打开（或激活）一个现有的单线图时，该显示图最后一次保存的属性也会一并打开，这些属性包括模式（如编辑、潮流、短路、电机起动等）配置状态、显示选项、视图规格和视图位置。

当用户创建一个新项目时，将会自动创建一个单线图图形显示，其标识与默认单线图的标识相同，且其标识后还附有一个具有唯一性的数字，以便于区别。

展开图形显示树状图，在单线图上单击右键，然后选择属性，单线图的名称可以从项目视图中进行更改，也可以在单线图的背景上双击以进行更改。

ETAP 单线图是对称三相系统的单线图表示，单线图是进行所有分析的起点。用户可以用单线图的编辑工具栏连接母线、支路、电机、发电机和保护设备，从而构建电气系统。用户在设备上双击即可打开设备编辑器，以输入编辑设备的项目参数属性，包括额定值、设定值、负荷和连接等。各设备的默认值可在将设备放入单线图之前进行修改，这样可将数据输入量降为最少。ETAP 单线图的许多特性可以帮助用户建立各种复杂的网络。例如，每个设备都有各种方向、大小和显示符号（IEC 或 ANSI）。单线图也允许在支路和母线之间安置多个保护装置。

电力系统元件模型以及系统拓扑结构是电力系统分析计算的基础。元件模型对应的是物理元件的数学模型，系统结构映射的是电力系统实际的电气连接关系。因此，以下任何一个分析计算都是以电力系统模型为基础，刻画电力系统在某个时间断面或者时间区域内的稳态或暂态运行条件及响应。

8.3.1　ETAP 元件的操作

ETAP 提供用于单线图建模的完全图形化的用户界面，利用界面上的菜单和工具栏可以完成许多对 ETAP 元件的操作。

1. 元件的选择

将鼠标指针放在对象上，然后在按住〈Ctrl〉键的同时，单击鼠标左键，可以选择单线图中的设备。使用〈Ctrl〉+单击鼠标左键，可选择单线图中的设备或取消该选择。元件选定操作是其他操作（包括复制、移动、删除）的前提操作。当选定了某一设备时，其颜色显示为红色。取消选择的交流设备显示为黑色，取消选择的直流设备显示为蓝色。

2. 选择一组设备

为选择一组（多个）设备，可以按〈Ctrl〉+单击鼠标左键，添加设备到所选的组中或者删除所选组中的设备。可以采用“矩形框”选择一组设备，如图 8-8 所示。采用“矩形框”选择一组设备时，不要把鼠标指针放在任一设备上，单击鼠标左键并保持按下，拖动鼠标指针到所需的位置（保持鼠标左键按下），然后松开鼠标左键，此时可看到由一个虚线矩形框所标出的区域，该区域即为所选的区域，如图 8-8a 所示。松开鼠标左键时，该矩形中的所有设备均将以红色显示，如图 8-8b 所示。

3. 自动选择

用〈Alt〉+单击鼠标左键，可以一次选择多个元件。如图 8-9a 所示，当按住〈Alt〉键并用鼠标左键单击一条母线时，ETAP 将会自动选择所有与母线相连的负载，所有与这些负载相连的保护设备也同时被选择。如果有连接到母线上的支路，在边界框中的支路组件也会被选中。在图 8-9a 中，紫色的文本框显示的就是一条低压母线的边界框。断路器和变压器 T3 在边界框中，因此它们被选中了。

当按住〈Alt〉键并用鼠标左键单击一个负荷时，ETAP 将自动选择从负荷连接到母线上的所有设备，如图 8-9b 所示。

4. 元件的提取

在编辑模式下，建立 ETAP 单线图的第一步是将需要的元件（或设备）从相关工具栏中提取出来，并且放置在 ETAP 窗口（编辑模式）中。提取元件的方法如下：

1）鼠标左键单击工具栏中的元件，拖拽到 ETAP 窗口（编辑模式）上。

2）鼠标左键单击工具栏中的元件，然后将光标移至单线图，然后再次单击以将其放下。移动光标时，不必按住鼠标键。

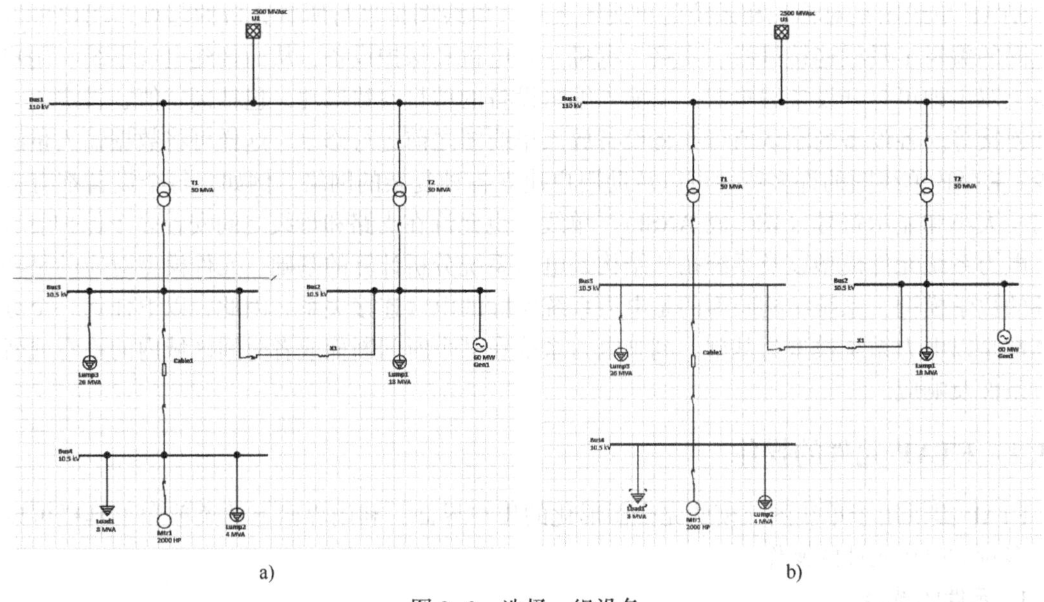

a)　　　　　　　　b)

图 8-8　选择一组设备

a）选择　b）选中

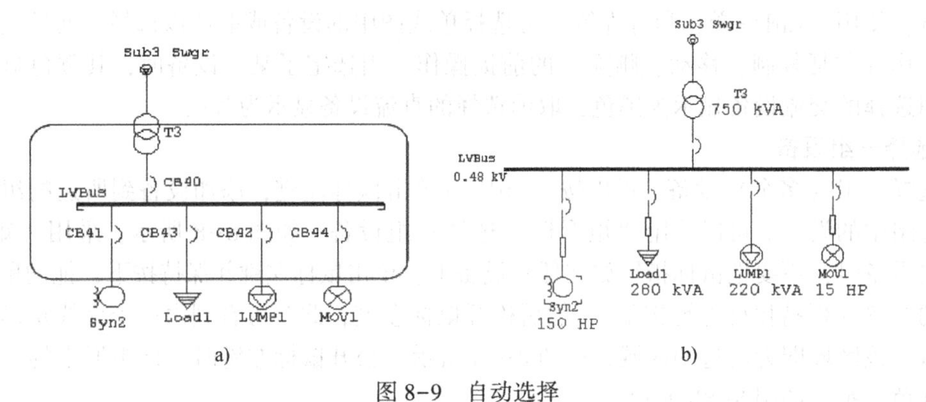

a)　　　　　　　　b)

图 8-9　自动选择

3）双击工具栏中的某一元件，单击鼠标将所选元件放置在某个位置，以添加多个相同元件到单线图中。

5. 元件的移动（或拖动）

将鼠标指针放在某一设备上，单击鼠标左键并保持按下，拖动鼠标指针到所需的位置（保持鼠标左键按下），然后松开鼠标左键，可将设备放于该位置，如图 8-10 所示。

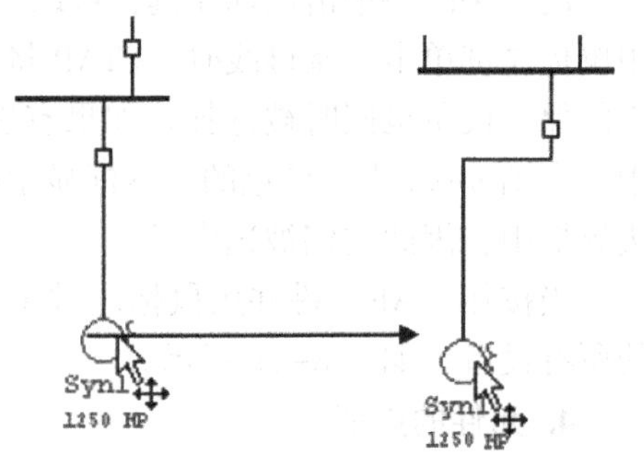

图 8-10　元件的移动

6. 元件的剪切、复制、粘贴

（1）剪切

剪切命令，用于从单线图中删除所选择的设备，并将其放入回收站。用户只能在编辑模式下剪切设备。用户可以通过单击鼠标右键，从弹出菜单中选择剪切命令，来剪切所选的设备。剪切一个或一组设备的另一种方法是：选择待剪切的设备，然后单击编辑菜单或工程工具栏上的“剪切”按钮或者按〈Delete〉键。当剪切一个或一组设备时，它们将从单线图上删除掉，并放入回收站中。

（2）复制

使用编辑菜单中的复制命令或工程工具栏上的“复制”按钮，可从单线图中复制所选取的设备，并将其放入回收站单元中。用户也可以单击鼠标右键，从弹出菜单中选择复制命令来复制一个或一组选定的设备。

在编辑模式下复制一个或一组设备时，它们以新的标识名称被复制到回收站中，但同时保留其他所有的数据和属性。

（3）粘贴

用户可以从回收站单元中粘贴一个或一组设备到指定的视图。首先从回收站中选择一个单元，然后激活某一视图（可以是单线图或地下电缆管道系统），该视图是用户将要粘贴设备进入的视图。然后从编辑菜单中选择粘贴命令，或者单击工程工具栏上的“粘贴”按钮，也可以单击鼠标右键从弹出菜单中选择粘贴命令，即可将所选单元粘贴到激活的视图。

如果有一个以上的设备被粘贴，被粘贴的单线图将进行编组以方便拖动单线图到用户希望的位置上。如果用户想取消单线图编组，在所粘贴的设备上单击右键，从右键菜单中选择取消组合即可。

只可以在编辑模式下粘贴设备。当从回收站粘贴某一设备时，ETAP 将为其分配一个新的标识，同时保留该设备的其他所有的数据和属性。

7. 拖动复制

在 ETAP 项目文件中，可以利用鼠标对所选的设备进行拖动复制的操作，如图 8-11 所示。在 ETAP 中，可以通过一个鼠标的动作将设备拖至需要的地方，拖动复制类似于复制设备（不同于剪切，也不同于清除设备）。

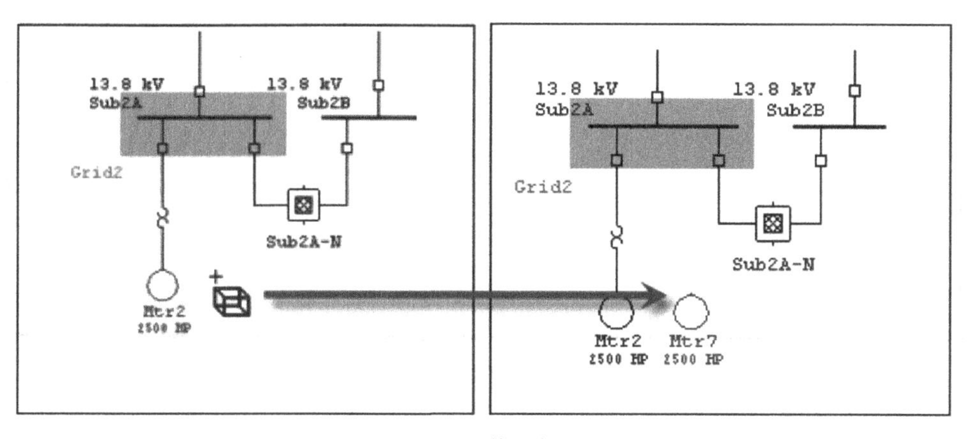

图 8-11　拖动复制

应用拖动复制功能的方法如下：

1）选择需要进行拖动复制的设备。

2）按〈Shift〉键+鼠标左键，拖动设备到需要放置的地方。

3）在放置设备的合适的地方松开鼠标左键。

8. 元件的删除

选中需要删除的元件，按〈Delete〉键即可删除选中元件。

9. 元件的参数设置

将鼠标指针放在某一对象或按钮上，然后重复地单击鼠标左键两次。例如，双击单线图中的某一设备将显示该设备的属性编辑器。对于复合网络和复合电机，双击将显示该复合设备的嵌套单线图。

8.3.2 编辑单线图

当创建了一个新的单线图时，ETAP 置于编辑模式下（配置状态设为默认），同时隐藏网格，且关闭连接状态检查。当打开（激活）一个现有的单线图时，该显示图最后一次保存的属性也会一并打开，这些属性包括模式（编辑、潮流、短路、电机起动等）、配置状态、显示选项、视图规格和视图位置。本节以新建工程“Project1”为例，介绍单线图的编辑。

1. 新建单线图/新建工程

单击桌面上的“ETAP”图标，打开 ETAP 软件，如图 8-12 所示，图中显示“启动菜单栏”。

图 8-12　ETAP 启动界面

打开“File”下拉菜单，单击“New Project”，即可开始一个新工程。将会打开生成新工程文件对话框，如图 8-13 所示。

图 8-13 中，输入文件名，如“Project1”，工程文件名最长为 30 个字符；选 Metric（50 Hz），选择文件保存的路径，单击“Browse”可以更改文件保存的路径，单击“OK”按钮。然后将会打开用户信息对话框，在用户名区域内，输入用户名（最多 20 个字符），然后单击“确定”按钮。ETAP 将生成一个名为“Project1”的单线图，用户可以开始向其中添加设备或者开始编辑单线图。当生成一个新工程时，ETAP 会自动地赋予用户所有的访问级别特权。当生成一个新工程后，打开了 ETAP 软件的编辑模式，如图 8-14 所示。

对于工程安全性要求不高，或者是 ETAP 的单个用户，建议新建工程文件时不要使用密码，并且授予用户完全的访问权限。当然，用户可以设置密码。

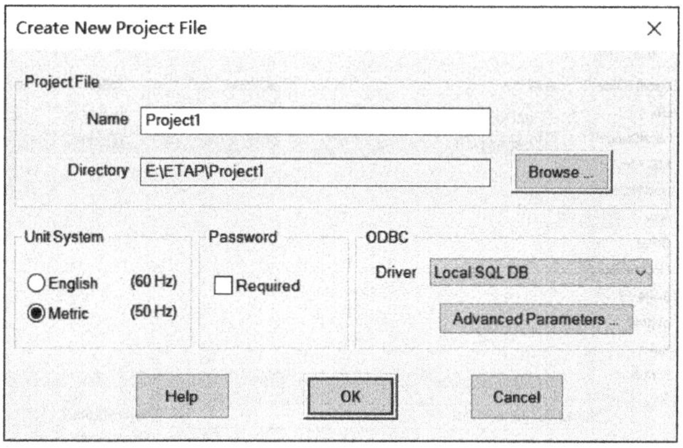

Create New Project File
Project File
Name
Project1
Directory
E:\ETAP\Project1
Browse ...
Unit System
English
(60 Hz)
Metric
(50 Hz)
Password
Required
ODBC
Driver
Local SQL DB
Advanced Parameters ...
Help
OK
Cancel

图 8-13　新建工程文件

ETAP 20.6.0 - [OLV1 (Edit Mode)]
File Edit View Project Defaults RevControl Library Warehouse Rules Real-Time DataX Tools Window Help
Message Log

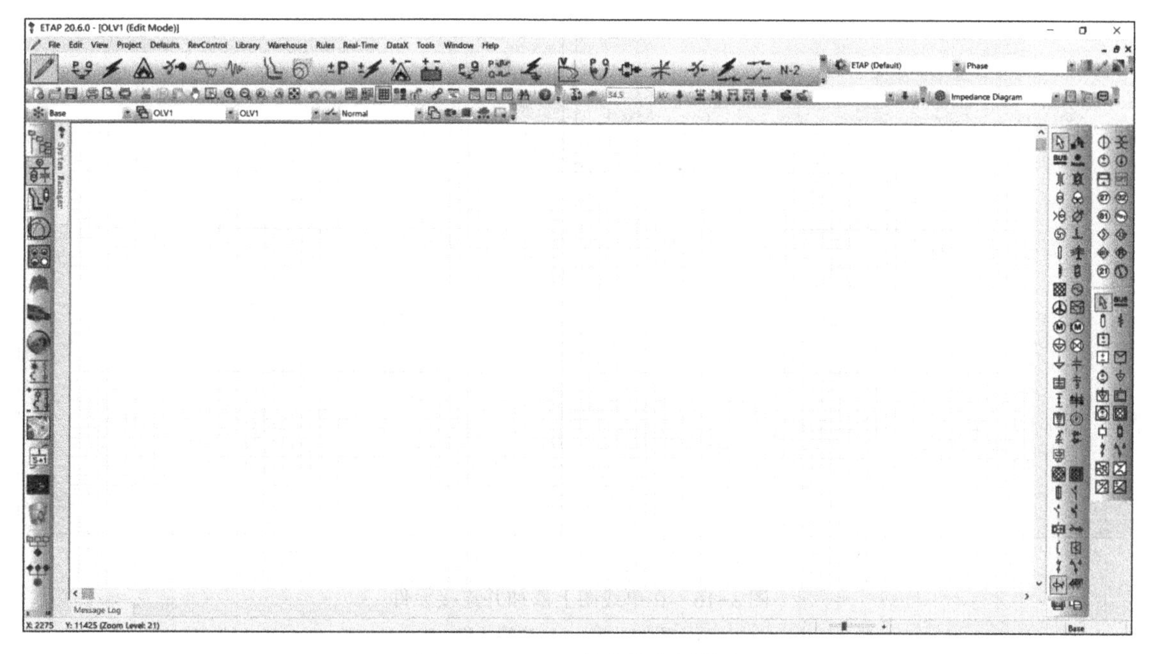

图 8-14　ETAP 软件的编辑模式

2. 打开工程

可以通过单击“File”菜单中“Open Project”，打开一个现有的工程文件（以前保存的），如图 8-15 所示。用户还可以在工程窗口中的工程名称上单击鼠标右键，打开其右键菜单，从中选择打开工程。

如果用户正在编辑某一工程，此时还想打开一个以前保存过的工程，则当前打开的工程必须是在编辑或分析模式下，并且程序将会提醒用户保存当前的工程。

3. 元件的连接

在图 8-14 新建工程文件中添加设备，如图 8-16a 所示，然后连接元件如图 8-16b 所示，建立单线图。

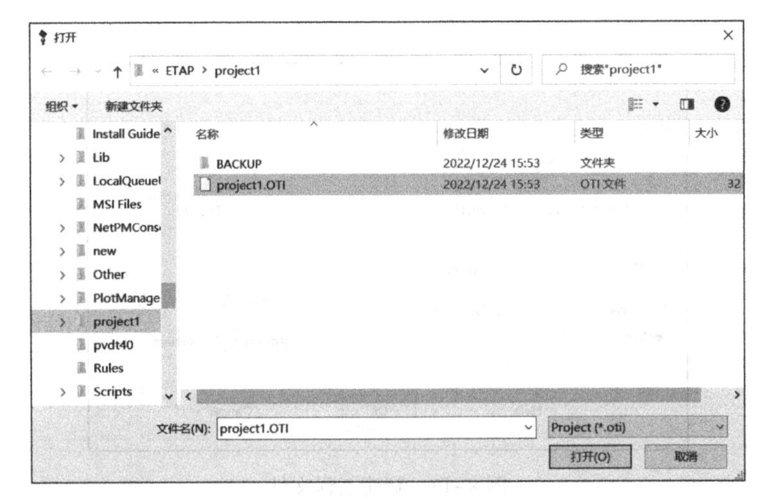

图 8-15　打开工程

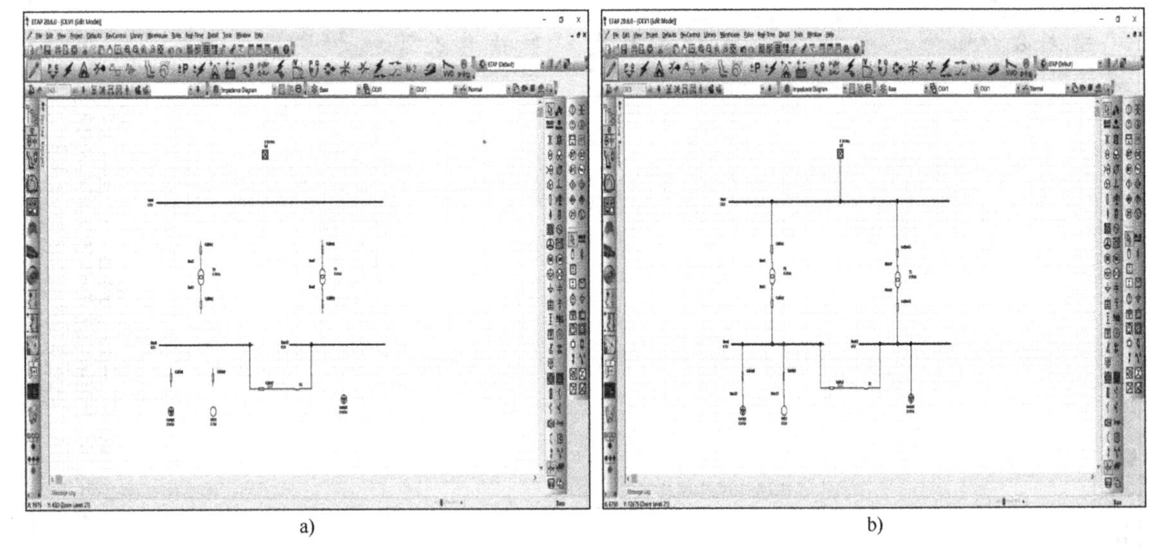

a)　　　　　b)

图 8-16　在单线图上添加并连接元件

a）添加元件　b）连接元件

（1）元件的连接端子

连接元件的“连接端子”，可以完成元件的连接。每个元件都有一个或多个（最多 20 个）“连接端子”。“连接端子”是图形工具（由红色小方块表示连接点），用于将元件连接在一起。元件及其“连接端子”的数量如下：

1）电源（同步发电机、电网和电池）只有一个“连接端子”。

2）负载（同步电机、异步电机、直流电机、静态负载、MOV、电容器、滤波器等）只有一个“连接端子”。

3）支路（两绕组变压器、线路、电缆、阻抗、电抗器等）、保护装置（高低压断路器、熔断器）和继电器有两个“连接端子”。

4）三绕组变压器、电压和电流互感器具有三个“连接端子”。

5）开关设备有两个“连接端子”。

6）双掷开关具有三个“连接端子”。

7）过电流继电器和电流表有两个“连接端子”。

8）电压表、电压继电器和频率继电器只有一个“连接端子”。

9）复合电机只有一个“连接端子”。

10）复合网络具有无限个“连接端子”。

11）转换器（直流转换器、充电器、逆变器）有两个“连接端子”。

12）母线被视为一个长的“连接端子”（沿其长度方向为连续的“连接端子”）。

（2）元件与母线的连接

将设备连接到母线方法如下：

1）将光标放在元件的“连接端子”上（“连接端子”显示为红色），单击并拖动鼠标左键到母线。当母线变成红色时，释放左键。

2）拖动元件并将其“连接端子”放置在母线上。

3）放置一个新元件，其“连接端子”位于母线顶部。

需要注意：母线被认为是一个长的“连接端子”，元件与母线的连接始终从元件到母线进行。继电器不能连接到母线。一个元件只有一个“连接端子”可以连接到同一母线。

（3）元件和元件的连接

鼠标左键单击元件，将光标放在元件的连接端子上，鼠标左键单击元件的连接端子（呈红色），并将其拖动到要连接的设备，当后一个元件的连接端子变成红色时，松开鼠标左键。

鼠标左键单击元件，并将其拖到母线或保护设备上，在母线或连接端子也变为红色时释放鼠标左键。同样地，拖放保护装置，使其连接端子位于任何支路或负载元件的连接端子上方。

注意，支路不能互相连接，ETAP 会自动在它们之间插入母线。支路不能连接到负载、等效电网、复合电机和复合网络上。继电器只能连接到电流互感器或其他继电器。用户不能使用连接器或电流互感器直接连接两条母线。

4. 自动连接

为了提高单线连接和断开交流和直流元件的效率和便利性，在编辑模式下可添加“自动连接”工具。该工具提供以下功能：自动选择可用的连接端子；将选定设备自动连接到最接近的突出显示的设备；从新放置的设备中自动选择可用的连接端子；自动提供连接其他元件的连接线；自动断开和重新连接元件之间的现有连接线。

“自动连接”按钮在编辑工具栏中可用，按下后将变为绿色背景，此时激活了“自动连接”。当显示绿色背景色时，可以再次按下此按钮将其停用。

当“自动连接”按钮处于激活状态时，将新设备添加到单线图会有所不同，例如，光标的颜色变为红色以表示“自动连接”模式，并且为母线之外的任何新设备提供了连接线。从编辑工具栏中选择设备后，该设备附加到光标上用于放置在单线图中，但是单击鼠标左键时，如果新元件的连接端子与另一个可连接的连接端子或母线相邻，如图 8-17 所示，则：

1）相邻设备突出显示以表示可能的连接。

2）第一次单击将使连接和设备仍附加到光标上。

3）第二次单击将设备放单线图中，如果有其他可用的连接端子，则为另一连接端子提供动态连接线。

4）下一次单击将连接线连接到下一个元件，直到没有剩余的连接端子为止。

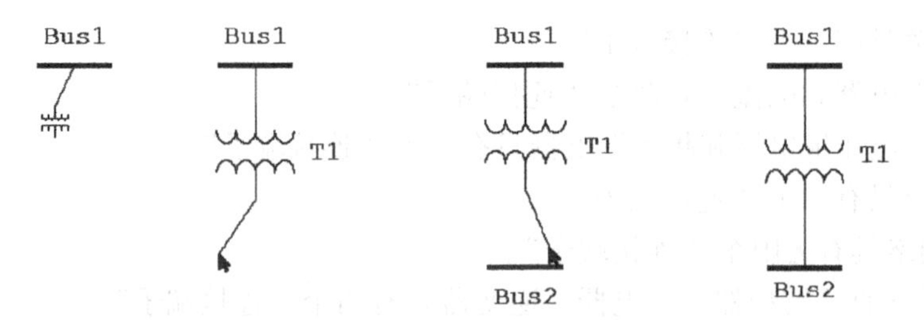

图 8-17　自动连接元件

如果所有设备连接端子均不与另一个可连接的连接端子或母线相邻，则：

1）第一次单击将新设备放在单线图中，并且光标变为动态连接线的末端。

2）第二次单击使新设备与下一个设备连接，并且如果有其他可用的连接端子，光标将成为动态连接线到新设备连接端子的末端。

3）下一次单击将另一条连接线连接到下一个设备，直到没有剩余的连接端子。

5. 自动断开和重新连接

自动断开连接和重新连接，为将连接线从已连接的元件断开并将其重新连接到另一个元件方面提供了便利。

双击任何连接线都会将该连接线与连接的元件断开连接，并且光标将根据以下规则成为动态连接线的末端：

1）如果连接线在元件和母线之间，则将其从母线端断开。

2）如果连接线不在元件和母线之间，则将其从另一连接端子至双击位置断开。

6. 设备尺寸

当添加一个设备到单线图中时，该设备的默认规格（大小）为 3。在该设备上单击鼠标右键，使用右键菜单命令“Size”可更改其规格。使用“Size”命令可选择一个规格（1、2、3、4 或 5）。选中单线图的一部分，在其中右键单击打开快捷菜单并选择“Size”命令，可以修改一组设备的尺寸。

7. 元件符号

ETAP 单线图中的设备显示为两类图形符号，即 ANSI 标准和 IEC 标准。有些设备的符号，如母线，这两种标准都是一样的。用户可为最新添加的设备设置符号，也可为任一个现有的设备更改符号。当用户添加了设备到单线图时，新设备的符号采用 ANSI 或 IEC 的项目标准。

在某一设备上单击鼠标右键，将显示其右键菜单，使用“Symbol”（符号）命令，然后选择 ANSI 或 IEC，即可更改现有设备的符号。如果需要改变一组设备的符号，可用鼠标选中单线图的一部分后在其中右键单击打开快捷菜单，从中选择“Symbol”命令并选择新的设备符号。

可以利用菜单“Tools”中的“Symbols”命令更改现有设备的符号。利用菜单“Tools”中的“Symbols”命令下拉列表“Global Substitution”（整体替换）可以激活“Symbols Quick Pick”（快速替换编辑器）；也可以通过右键单击演示文稿空白处的任意位置，选择符号并单击“整体替换”来访问快速替换编辑器。

8. 元件旋转

在某一设备上单击鼠标右键，将显示其右键菜单，选中“Rotate”（旋转）命令并选择其中一个方向（-90、90、180 等）。

9. 元件锁定/解锁

双击该元件以访问其属性编辑器，然后单击锁定图像以在锁定/解锁之间切换。锁定编辑器属性后，所有工程数据都将显示为只读信息。即使元素属性被锁定，用户可以更改条件信息（服务和状态）。

用户还可以通过突出显示一组元件或单个元件，右键单击一个元件的空白部分的任意位置，从而在不访问属性编辑器的情况下，将一组元件或单个元件从“锁定”状态全局更改为“解锁”状态，反之亦然。

10. 设备投入或退出服务

如果要将设备投入状态变为备用状态或反之，可以双击设备进入编辑器，并在“Condition”中在投入和备用两种状态间进行切换；也可以通过突出显示一组元件，右键单击单线图空白部分的任意位置并选择“状态-服务”，将一组元件从“运行中”更改为“退出运行”，反之亦然。

11. 设备状态

状态用于描述设备的服务状态。要更改任何设备的状态，可双击该设备以访问其属性编辑器，然后从下拉菜单中选择该元素的状态。

某些状态具有灵活的服务状态，例如，“已建成”“新建”“已移除”和“修改过的”可以处于服务中或服务停止状态。某些状态具有固定的服务状态，例如，“已删除”“仓库”“废弃”和“其他”处于服务停止状态。

或者，用户也可以通过简单地突出显示组或单个设备，右键单击单线图空白部分的任意位置并选择，来更改一组设备或单个设备的状态。

12. 母线区域分类

该功能允许用户在单线图中按地区、区域和范围对母线进行分组，以便于对指定组进行分析和结果过滤。地区、区域和范围分配是通过母线编辑器进行的。ETAP 会根据母线区域分类自动传播区域信息。

13. 元件排列

排列工具提供了排列元件的功能。想要排列元件，首先需要选择想要排列的元件。在单线图上右击，选择“Alignment”（排列）并从排列选项中选择一个排列方式。一共有 10 个排列方式：直线排列、间隔排列、中心排列、中间排列、顶端排列、低端排列、左端排列、右端排列、水平分布和垂直分布。排列过程是基于一个基准元件的。基准元件根据用户选择定义。元件四周带有蓝色转角的元件就是基准元件。

14. 保护设备状态

断路器、熔断器、继电器、电压互感器和电流互感器均被视为保护设备。但是，只有开关设备（断路器、开关、电流接触器和熔断器）具有状态（打开或关上）。对某一断路器的状态的更改，是为当前激活的配置状态而更改的。可使用右键菜单或从编辑器中更改状态。

15. 组合与取消组合

为了对设备进行组合，首先选择设备，然后使用工具菜单或右键菜单，之后从下拉的列表中选择“Group”（组合）命令。为取消组合，可单击该设备组中的任一设备即可取消组合。

8.3.3　利用主题管理器设置属性

主题管理器用于更改设备连接器的颜色和线条样式、符号颜色和背景。主题管理器还可用于确定单线图上组件和结果层的整理选项。

主题编辑器可以在主题工具栏上找到，单击主题工具栏上可以打开主题编辑器，如图 8-18 所示。ETAP 安装后，应用于所有视图的标准主题称为 ETAP（默认）主题。注意：主题可以用于单线图和控制回路图。同时，使用右键手动定义的颜色将不受主题的影响。

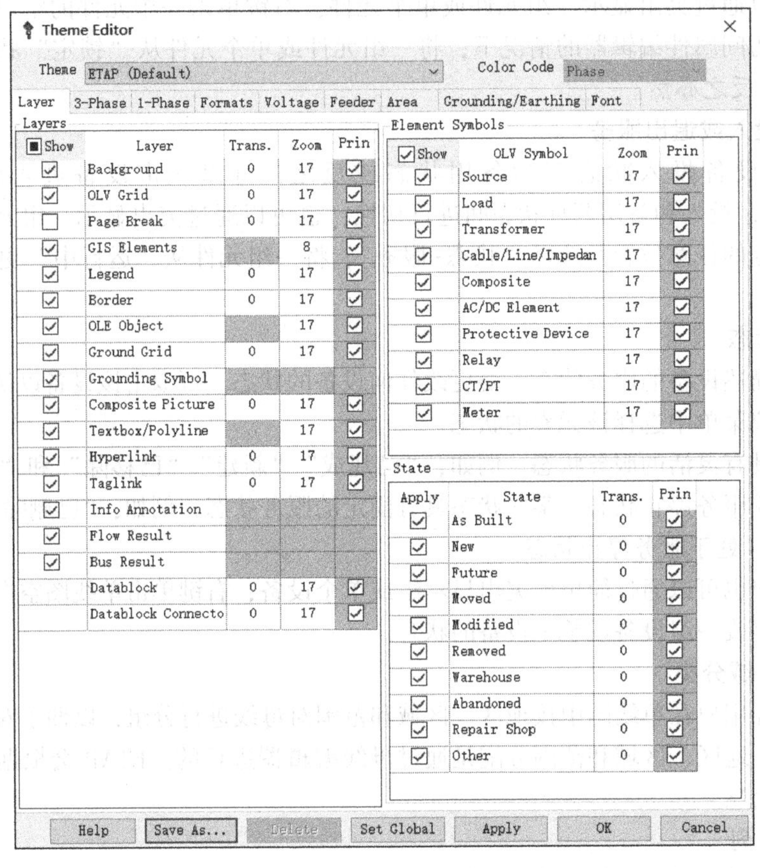

图 8-18　主题编辑器

主题管理器包括以下选项卡：Layer（层）、3-Phase（三相）、1-Phase（单相）、Formats（格式）、Voltage（电压）、Feeder（馈线）、Area（区域）、Grounding/Earthing（中性点接地/安全接地）、Font（字体）。

1. Theme（主题）

主题是由下拉菜单控制的，通过在下拉菜单可以切换主题。当在不同主题间切换时，颜色是在主题编辑器中切换的。单击“Apply”或“OK”按钮后，主题或样式才会应用于当前视图。如果默认颜色更改为一个新的主题，主题名称将自动更改为“修改后的默认 xx”。

2. Save As（另存为）

单击“Save As”按钮可以重命名选中的主题，将显示对话框，允许用户指定一个新的主题名称。

3. Delete（删除）

单击“Delete”按钮，可以删除选中的主题。但是，默认主题是无法删除的。

4. Set Global（全局设置）

如果单击全局设置，将显示“Select Presentations”对话框，可以选择在 ETAP（默认）主题或用户自定义主题中显示的视图。主题设置同样应用于用户的整个工程，包括所有选定的视图（不包括接地网、电缆拉力、GIS 和 Star）。

5. Color Code（颜色编码）激活

通过“Color Code”给带电导体选择颜色编码。未通电导体的颜色是基于三相页面（见图 8-19）的颜色选择的。带电导体可以根据下面标准进行颜色编码：

（1） Phase（相）

为单线图上元件和注释选择用户定义的颜色。用户自定义颜色是基于在三相交流和直流部分中定义的颜色。

（2） Voltage（电压）

选择电压可以按照额定电压定义颜色。当选择了基于电压定义颜色，在电压选项卡中定义颜色。

（3） Area（区域）

选择区域可以根据区域分配定义颜色。当选择了基于区域定义颜色，在区域选项卡中定义颜色。

（4） Grounding（中性点接地）

选择“Grounding”可以根据变压器中性点接地形式定义颜色。当选择基于中性点接地定义颜色，在中性接地/安全接地选项卡中定义颜色。

（5） Earthing（安全接地）

根据系统安全接地定义颜色。当选择基于安全接地定义颜色，在中性点接地/安全接地选项卡中定义颜色。

6. Layer（层）

此选项卡可控制显示或隐藏与单线图相关的图层，无论激活了什么颜色代码。使用此部分设置可见的图层、图层透明度和缩放整理。图 8-18 中，Show（显示）用于指示图层组是否可见；Trans.（透明度）用于设置图层透明度，可从 0（纯色）设置到 100（透明），也可以在下拉列表中键入或选择此值；Zoom（缩放）用于图层可见或隐藏的缩放级别的设置；Print（打印），控制要展平并打印到外部打印机或 PDF 的图层。

7. 3-Phase（三相）

主题编辑器中三相选项卡如图 8-19 所示。

（1） Standard Element Colors（标准的元件颜色）

Energized（带电）：三相 AC（交流）和 DC（直流）带电导体和元件选择颜色和线路式样。

De-energized（不带电）：三相 AC 和 DC 不带电导体和元件选择颜色。

Pins（接头）：三相 AC 和 DC 元件连接头选择颜色，当鼠标移动到接头上时，接头会用选择的颜色突出显示。

Selected（选定）：三相 AC 和 DC 选定选择颜色，当元件被单击且选中时，选定的元件将使用选择颜色突出显示。

Faulted Bus（故障母线）：三相 AC 和 DC 故障母线选择颜色，这个颜色只用在短路和保护模块。

Background（背景）：选择单线图背景颜色。

Grid（网格）：选择单线图颜色和网格尺寸或者间距。

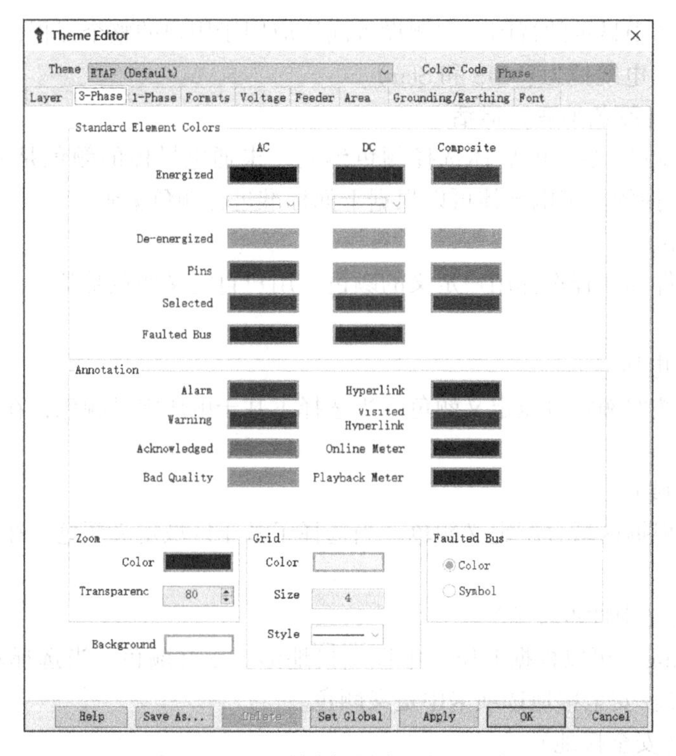

图 8-19 主题编辑器中三相选项卡

（2）Faulted Bus（故障母线）

图 8-19 中右下角的故障母线选项组，用于选择故障母线是根据现实颜色显示还是根据符号显示。符号显示一般用于在打印机上打印单线图、显示短路结果时使用。

表 8-5 为用于不同运行模块的默认颜色。

表 8-5 不同运行模块的默认颜色

模块	元 件	连通性检查	状 态	颜 色		注 释
所有	AC 设备	投运	通电的	黑色		
所有	AC 设备	投运	不通电的	灰色		
所有	AC 设备	退出	任意	黑色		
所有	DC	投运	通电的	蓝色		
所有	DC	投运	不通电的	灰色		
所有	DC	退出	任意	蓝色		
所有	（复合元件/远程连接器）	投运	通电的	黑色		
所有	（复合元件/远程连接器）	投运	不通电的	灰色		

（续）

模块	元　　件	连通性检查	状　　态	颜　　色		注　　释
所有	（复合元件/远程连接器）	退出	不通电的	紫红色		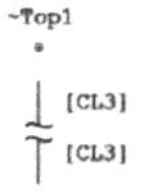
所有	AC 接头	任意	任意	紫红色		
所有	DC 接头	任意	任意	青色		
所有	（复合元件/远程连接器）	任意	不通电的	柠檬色		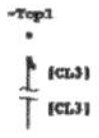
所有	AC/DC/组合选择元件	任意	任意	红色		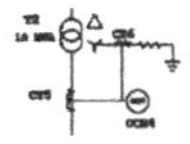
所有	AC 注释（annotation）	—	显示选择元件	蓝色		
所有	单相两线—A 相	投运	通电的	蓝绿色		点画线
所有	单相两线—B 相	投运	通电的	蓝绿色		点点画线
所有	单相两线—C 相	投运	通电的	蓝绿色		点点画线
所有	单相两线—C 相	投运	通电的	蓝绿色		点点画线
所有	单相支路	投运	通电的	绿色		虚线
所有	单相支路	投运	不通电的	灰色		实线
所有	单相支路	退出	任意	黑色		实线
所有	单相三线支路	投运	通电的	亮绿色		虚线
所有	单相三线支路	投运	不通电的	灰色		实线
所有	单相三线支路	退出	任意	黑色		实线
运行案例	母线	投运/退出	错误	洋红色		基础电压问题
潮流	母线，电缆，传输线，电抗器，变压器，配电板，保护设备，发电机	投运/退出	报警	红色		临界限制，过载
潮流	母线	投运/退出	警告	洋红色		边界限制
短路	母线	投运/退出	故障	暗红色		故障母线
短路	保护设备	投运/退出	报警	红色		过量

8. 1-Phase（单相）

单击“1-Phase”选项卡将弹出带电导体编辑器，可以更改单相连接器、元件颜色和线条样式，如图 8-20 所示。单相是指两线系统，三线也可以是两相两线和三线连接系统。

9. Formats（格式）

单击“Formats”选项卡将弹出格式编辑器，如图 8-21 所示，根据单位和值的范围自动更改结果精度或小数点位数。结果参数从 ETAP 的各种模式计算出的参数列表中选择，例如，通过潮流和基于潮流计算模块计算的功率。结果参数的精度调整将影响潮流、电机起动、稳定性等类似的计算。

图 8-20　主题编辑器中单相选项卡

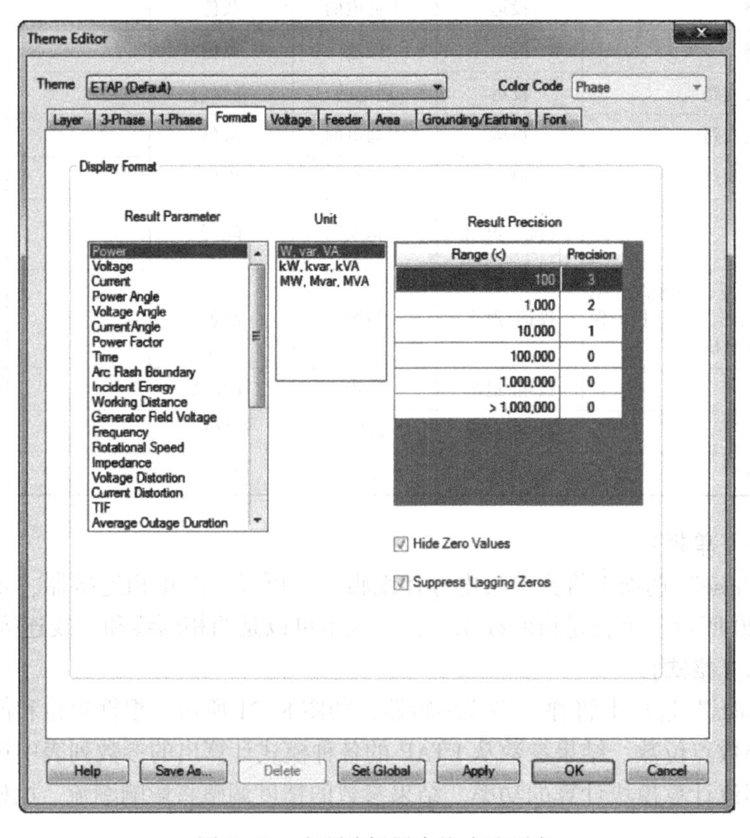

图 8-21　主题编辑器中格式选项卡

可以为每个结果参数选择单位。例如，Power（功率），将 W、var、V · A 作为一组单位。用户可以调整每个单元的结果精度并使用主题管理器进行保存，即 W、var、V · A 可以具有一组结果精度，而 kW、kvar、kV · A 具有另一组结果精度。隐藏零值选项，可以自动隐藏任何零值。抑制滞后零点选项，自动从小数点后的数字结果中删除所有滞后或尾随零。

10. Voltage（电压）

单击“Voltage”选项卡将弹出电压编辑器，可以基于单线图上元件的电压来定义颜色。每一个颜色都对应包括低于或等于列出的额定电压范围。单击“Add”（添加）按钮，可以添加一个新的带有选定颜色的额定电压。单击“Delete”（删除）按钮，可以删除一个已有的额定电压及其颜色。

11. Feeder（馈线）

单击“Feeder”选项卡将弹出编辑器，可以根据单线图中的馈线断路器设置，选择为馈线着色的代码。通过断路器编辑器，可以在单线图中分配馈线断路器。Feeder ID 是用户定义的文本，并显示在主题管理器中，如果未定义 ID，则将断路器 ID 用作馈线 ID。

12. Area（区域）

在单线图上根据元件的区域分类定义颜色，如图 8-22 所示。区域分配是使用母线编辑或者单线图上图形选择和右键菜单中分类选项实现的。ETAP 将根据母线区域分类自动传递区域信息。

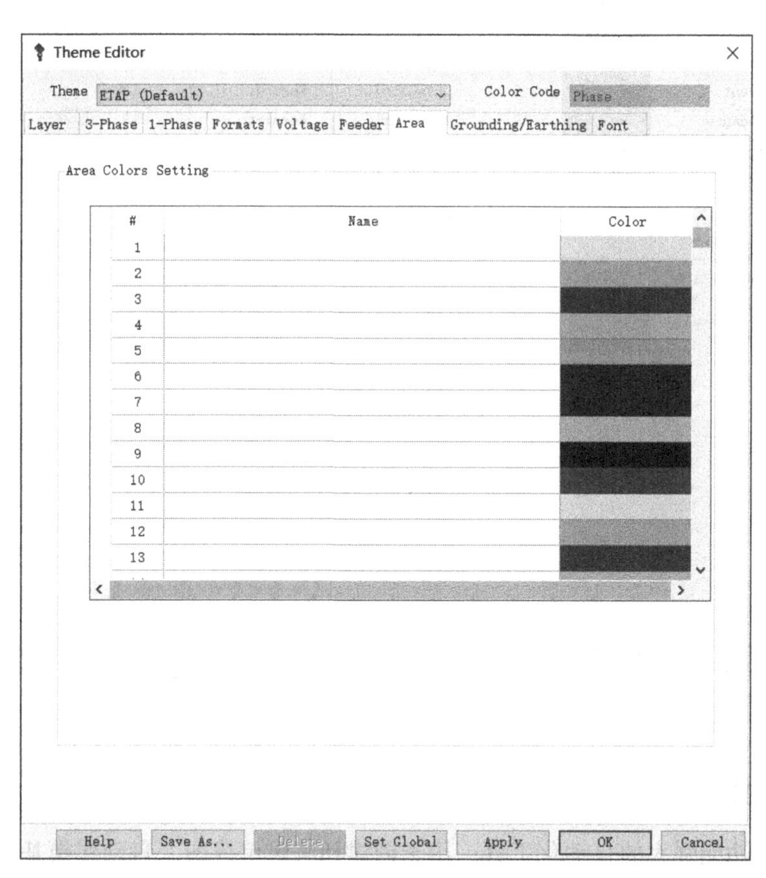

图 8-22 主题编辑器中区域选项卡

13. Grounding/Earthing（中性点接地/安全接地）

单击“Grounding/Earthing”选项卡将弹出编辑器，可以选择中性点接地类型颜色，接地类型包括固体、低阻抗、高阻抗和不接地。对于经阻抗接地系统，低阻抗和高阻抗接地系统之间的断点需要定义。默认设置下，低阻抗系统在电抗器、电阻器或者变压器接地阻抗允许大于50 A 接地电流。

基于中性点接地类型颜色编码可以用于整个网络，其中包括中压和低压系统。基于安全接地类型颜色编码只用于低压系统。

14. Font（字体）

在单线图中为设备信息和结果定义字体样式（颜色、线条等），如图 8-23 所示。当显示选项设置为使用主题管理器时，可以使用颜色部分。通过信息字体，定义在单线图上显示的信息文本的注释、颜色、大小、字体类型、样式、透明度、缩放级别和打印选项。

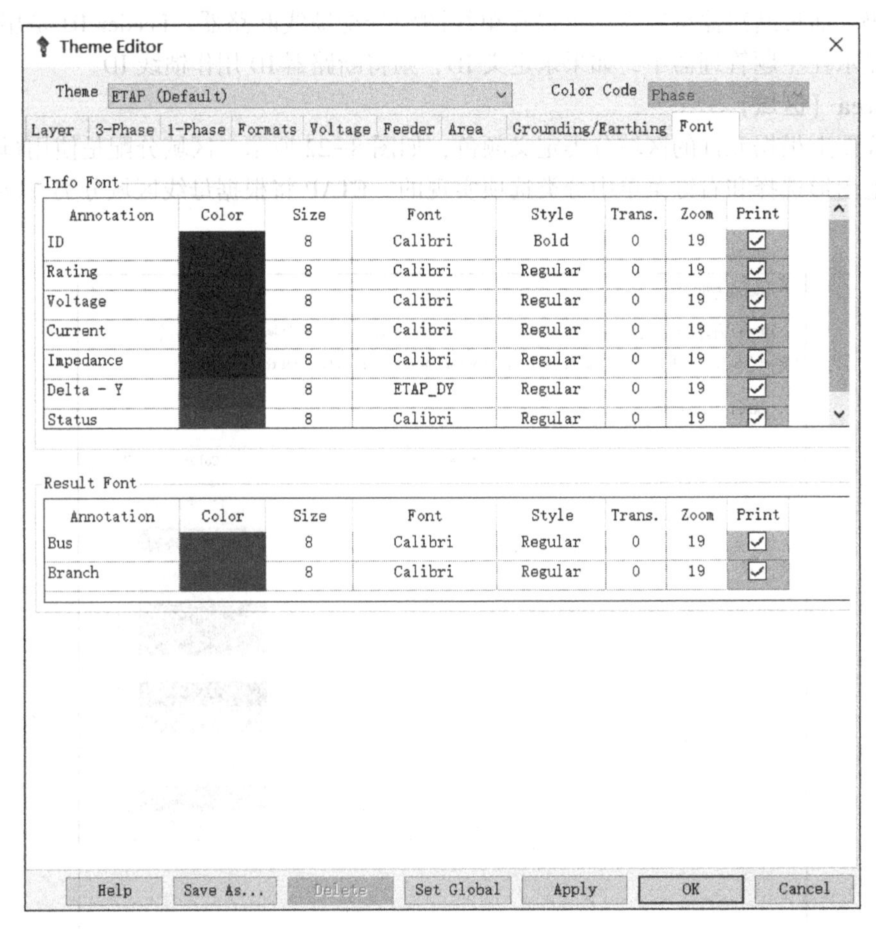

图 8-23　主题编辑器中字体选项卡

8.3.4　自动建模

自动建模是功能强大的自动化工具，用于创建和编辑单线图。自动建模基于规则设计，提供了可指定所需的间距和合适电压的规则手册，以及自动创建和对齐连接的设备、自动为母线和连接的元件分配电压的功能，可以大大减少构建和配置单线图所花费的时间。可以通过工具栏、自动连接、自动插入、自动对齐、建模规则访问自动建模提供的功能。

1. 自动建模工具栏

单击图 8-24 中按钮，此按钮将突出显示并打开“自动建模”，启动单线图自动建模。启用“自动建模”后，将大大简化单线图中设备的创建和修改。单击即可关闭自动建模。仅在启用自动建模后才能访问“自动建模”规则手册中定义的自动间距和电压首选项。

图 8-24　自动建模工具栏

启用“自动建模”后，单击按钮可以快速访问包含间距和电压首选项的“规则手册”编辑器，如图 8-25 所示。在此编辑器中所做的任何更改将在单击“确定”后生效。而且，这些设定值需要在 ETAP 菜单栏“Rules”中保存，否则这些值不会保存到实际规则文件中。

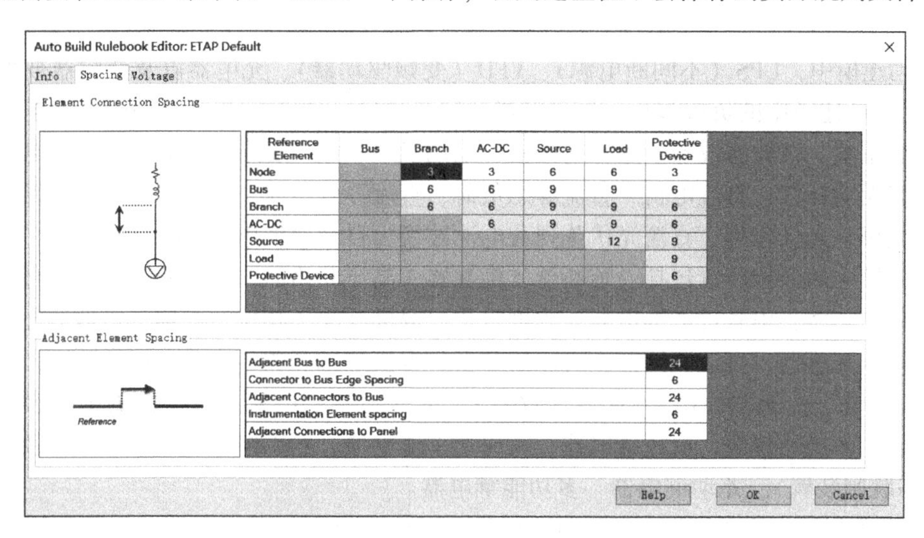

图 8-25　“规则手册”编辑器

启用“自动建模”后，通过 13.8 kV 组合框显示自动分配给项目中增加的新母线的基准电压。使用自动建模功能增加变压器后，ETAP 会自动将列表中的一个基准电压分配给变压器二次母线。选择任何一条母线后，单击“13.8 kV”中箭头，可以选择组合框中显示的电压并分配给已经选择的母线。用户也可以通过在组合框中手动键入电压，并将其添加到此列表中。应用手动输入的电压后，它还会添加到规则手册的标称电压列表中，该列表仅处理交流电压。单击按钮，可将所选设备垂直对齐。单击按钮，可将所选设备水平对齐。

当“自动建模”关闭时，单击母线水平对齐按钮时，此按钮将使所有与所选择母线连接的馈线在下方（或在环绕母线的右侧）对齐，并在母线的整个长度上均匀地隔开馈线。这种对齐方式不能校正馈线中连接的设备之间的间距，它只会使每个馈线中的设备彼此对齐并使馈线隔开。在这种情况下，不应用自动构建间距规则。

启用“自动建模”时，母线水平对齐按钮显示为，单击此按钮，选择母线后，将在母线下方（或在环绕母线的右侧）对齐所有与母线连接的馈线，并根据“自动建模”规则手册中定义的相邻间距规则将馈线隔开。

当“自动建模”处于启用状态，且仅选择了一个设备时，可以启用下游对齐。选择单个设备后，单击按钮可以将规则手册间距应用于所选参考设备下游和下方的所有连接设备。

单击按钮可以打开模板快速选择窗口，然后选择要添加到项目中的模板。配置模板后，会将其添加到工具栏上的模板组合框中，以供将来快速选择。

至少选择一个元件时，将激活按钮。单击此按钮将根据所选元件创建一个新模板。创建新模板后，它将被添加到工具栏上的模板组合框中，以供将来快速选择。Template - 01 下拉列表将以历史顺序显示最近添加/删除的模板，列表中的模板将在关闭项目后保存。

2. 设备的自动连接

为了简化不同类型设备排列方法，自动建模能识别每个设备属于某个设备类别。

交流母线和直流母线被视为自动建模中的母线。交流节点和直流节点被视为自动建模中的节点。可以被视为自动建模中支路的设备包括：双绕组变压器、开口三角形变压器、三绕组变压器、母线槽、电缆、传输线、阻抗、电抗器、高压直流输电线路、直流电缆、直流阻抗、直流转换器。

在自动建模中，UPS（不间断电源）、VFD（变频驱动器）、充电器以及变频器被视为AC-DC组件。自动建模中的负载包括：异步电机、同步电机、等效负荷、电动阀、静态负荷、电容、配线板系统、谐波滤波器、远程连接器、电动发电机组（旋转式UPS）、复合电机、复合网络、静态无功补偿、直流电机、直流静态负荷、直流等效负荷。等效电网、同步发电机、风力涡轮发电机、光伏阵列、直流光伏阵列和电池被视为自动建模中的电源。

自动建模中的保护装置包括：熔断器、接触器、高压断路器、低压断路器、重合器、接地开关、过载加热器、串联过载继电器、单掷开关、双掷开关、相位适配器、接地适配器、电流互感器、电压互感器、直流断路器、直流熔断器、直流单掷开关、直流双掷开关。

“自动建模”中的“继电器/仪表（仪器）”元件包括：电流互感器、电压互感器、电压表、电流表、多功能仪表、电压继电器、反向功率继电器、频率继电器、中压固态跳闸继电器（中压固态跳闸装置）、差动继电器、多功能继电器。

在编辑模式下启用“自动建模”时，元件工具栏将仅突出显示可能连接到编辑模式的元件。单击工具栏中任何已启用的元件将自动将其连接到编辑模式突出显示的设备，并在其间应用规则手册间距。配置后，新设备再次突出显示，工具栏更新并仅显示下一步可能连接的元件。当突出显示的设备具有多个可用的连接端子时，“自动建模”将提示用户指定要连接的对象。

3. 自动插入设备

当在编辑模式下突出显示两个设备之间的连接器时，“自动建模”还将仅显示可能在此类连接上插入的设备。

当突出显示已经连接的负载或电源时，“自动建模”将仅显示可能在其之前插入的设备。在这种情况下，使用规则手册间距将负载或电源隔开。

当突出显示具有现有连接的母线时，其他连接将使母线向右扩展（对于垂直的总线，则向下扩展），并在连接器之间应用规则手册相邻的间距。

当选择仅包含多个负荷类型设备时，“自动建模”将允许在所有突出显示的负荷类型元件之前一次插入已启用的设备。

8.4　潮流分析

ETAP 潮流分析模块可以计算辐射式和环网的母线电压、支路功率因数、电流以及整个电力系统的功率分布。潮流分析可计算（并判断）电压降、负荷预测、母线/变压器/电缆的过载警告、标识和显示处于临界状态的母线电压、标识和显示过载设备等。潮流分析时，需要先完成元件的需求数据输入。计算需求数据部分描述了进行潮流计算所必需的数据以及在什么地方输入这些数据。潮流分析案例编辑器部分解释了如何创建一个新的分析案例、设定分析案例时需要的数据及其设定。潮流工具栏部分解释了如何启动一个潮流计算、如何打开并查看输出报告及如何选择显示选项。

8.4.1　元件的需求数据

双击单线图的元件图标，打开元件编辑器，即可录入元件的相关参数。同时，ETAP 软件还另外提供了一些快速录入数据的便捷方式，如：①采用元件数据库，快速录入元件参数；②非独立参数可选择不同录入参数，ETAP 自动转换为系统内部参数。

1. 等效电网

等效电网需要录入参数的属性页有信息属性页、额定值属性页。

（1）信息属性页

信息属性页如图 8-26 所示，在信息属性页选择合适的模式，包括 Swing（平衡节点）、Voltage Control（电压控制）、Mvar Control（无功控制）、PF Control（功率因数控制）。

平衡节点：等效电网终端的电压大小和相角由用户指定，输出的有功和无功根据计算得到。注意系统中至少要有一个平衡节点。在信息属性页选择运行模式，对于工业系统一般选择平衡节点。

电压控制：等效电网输出的有功和电压大小由用户指定的值，无功和相角由计算得到。即等效电网作为 *PV* 节点，参与系统的电压控制。

无功控制：等效电网终端输出的有功和无功由用户指定，电压大小和相角由计算得到。即等效电网作为 *PQ* 节点，模拟一个出力恒定的电源或容量恒定的负荷。

功率因数控制：等效电网终端输出的有功和功率因数由用户指定，电压大小和相角由计算得到。功率因数控制模式和无功控制模式类似。

（2）额定值属性页

额定值属性页如图 8-27 所示，Rated kV（额定电压），指电网额定电压，一般指电压等级，用户可以直接输入等效电网的额定电压。然后在发电种类栏设置实际运行的电压百分数，推荐在 normal 栏设置，一般取 100%、103%、105%。

发电类型：等效电网的不同发电类型用于不同方案的潮流计算，即指定不同的运行值。不同模式下可指定的数据不同。

1）平衡节点：%V 和相角。

2）电压控制：%V 和有功 MW。

3）无功控制：有功 MW 和无功 Mvar。

4）功率因数：有功 MW 和 PF。

2. 同步发电机

同步发电机需要录入参数的属性页有信息属性页、额定值属性页。

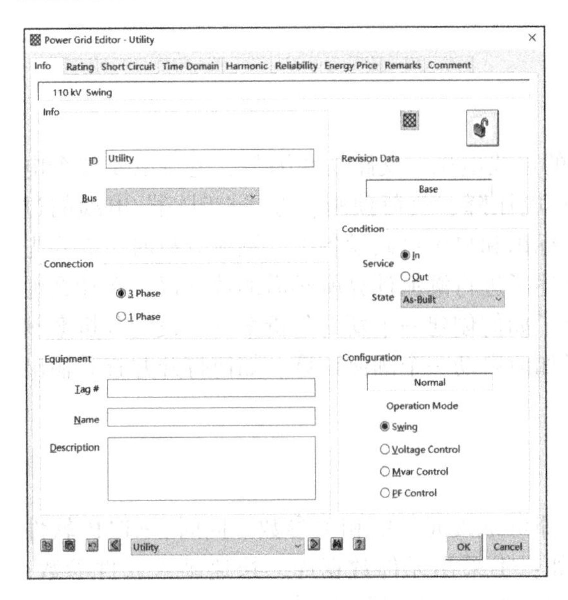

图 8-26　等效电网信息属性页

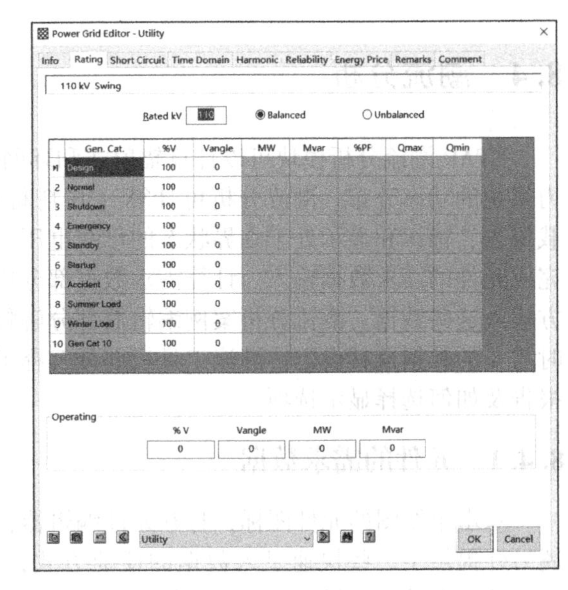

图 8-27　等效电网额定值属性页

(1) 信息属性页

同步发电机信息属性页如图 8-28 所示，需要选择发电机的运行模式。一般发电机推荐选择电压控制，如系统中只有发电机供电推荐选择平衡节点。

(2) 额定值属性页

同步发电机额定值属性页如图 8-29 所示，需要录入的参数额定值（Rating）包括额定功率、额定电压、功率因数和效率。发电种类栏填写正常运行时的发电功率和功率因数。注意：在信息属性页选择哪种运行模式，在该属性页发电种类栏填写相应的数据，填写正确的数据项底色为白色。

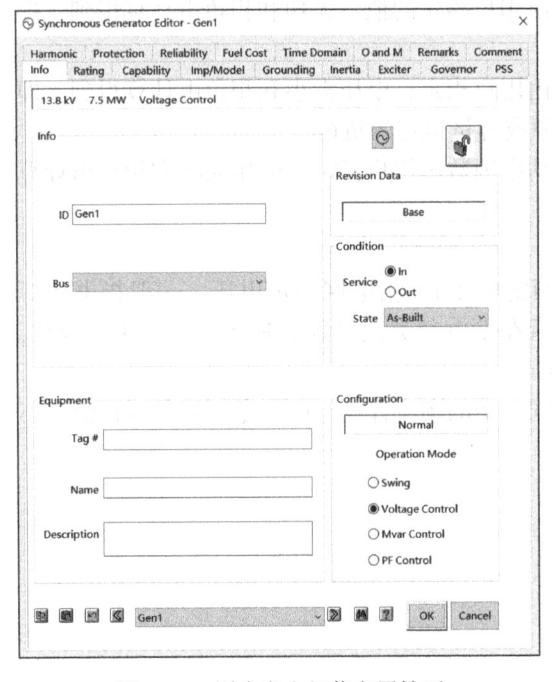

图 8-28　同步发电机信息属性页

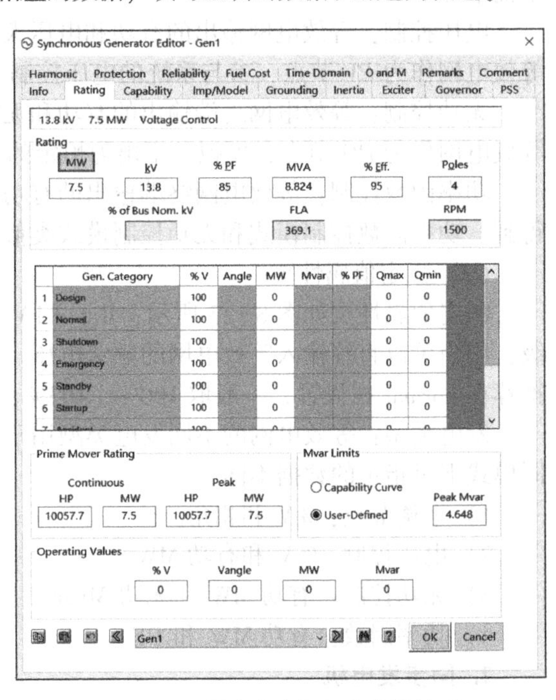

图 8-29　同步发电机额定值属性页

3. 母线

利用母线的信息属性页可以指定母线编号、状态、额定电压、初始运行电压（包括幅值和相角），如图 8-30 所示。

4. 双绕组变压器

双绕组变压器额定值属性页、分接头属性页、阻抗属性页分别如图 8-31~图 8-33 所示。

（1）额定值属性页

在图 8-31 所示额定值属性页，输入双绕组变压器一次侧和二次侧的额定电压、额定容量、类型/等级、运行冷却、安装、告警数值、Z 基准值。变压器的一次、二次电压额定值单位为 kV；变压器额定容量，单位为 MV · A 或 kV · A（通过单击按钮来切换）。

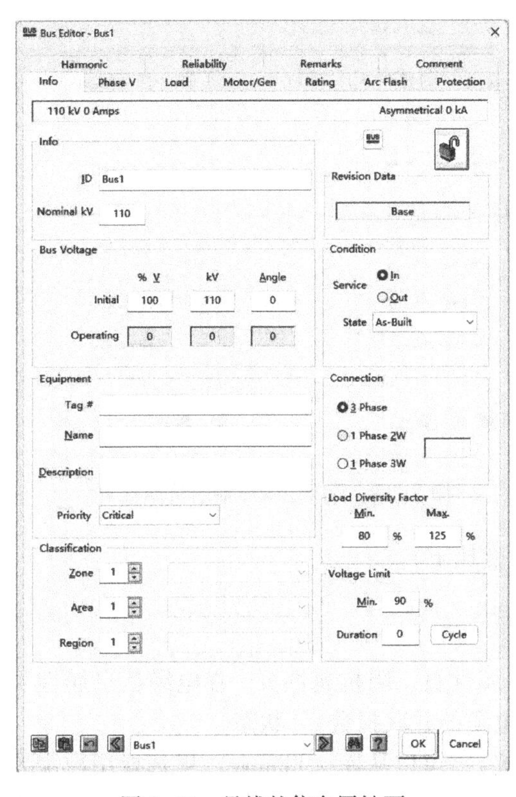

图 8-30　母线的信息属性页

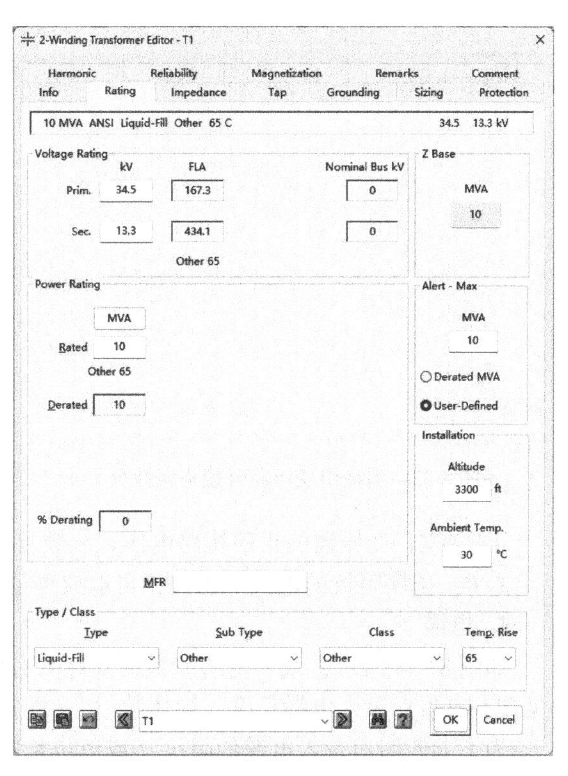

图 8-31　双绕组变压器额定值属性页

（2）分接头属性页

在双绕组变压器分接头属性页（见图 8-32），输入固定分接头（Fixed Tap）档位，推荐根据潮流分析结果设置档位。如果是采用有载分接开关（Load Tap Changers，LTC），则选中图中的 AVR，然后单击 LTC 按钮进行设置。

%Tap：输入变压器分接头设置的百分比，或者单击该按钮让它显示“kV”，然后输入该变压器分接头的设置（kV）。ETAP 可以模拟固定分接头转换开关，通过单击向上、向下按钮把分接头值设为-5.0%、-2.5%、0、2.5%或 5.0%。

当 AVR 复选框被选中时，变压器带载调压分接头按钮有效。单击该按钮输入变压器带载调压分接头信息（最大值、最小值、步长和控制目标及允许偏差范围）。

如果勾选 LTC，ETAP 潮流分析会自动确定 LTC 数据（位置）。如果勾选潮流分析案例编辑器中“更新变压器带载调压分接头”，ETAP 潮流分析会把 LTC 数据（位置）更新到这里。

(3) 阻抗属性页

在图 8-33 所示阻抗属性页，设定双绕组变压器的阻抗、Z 偏差及 Z 基准值。

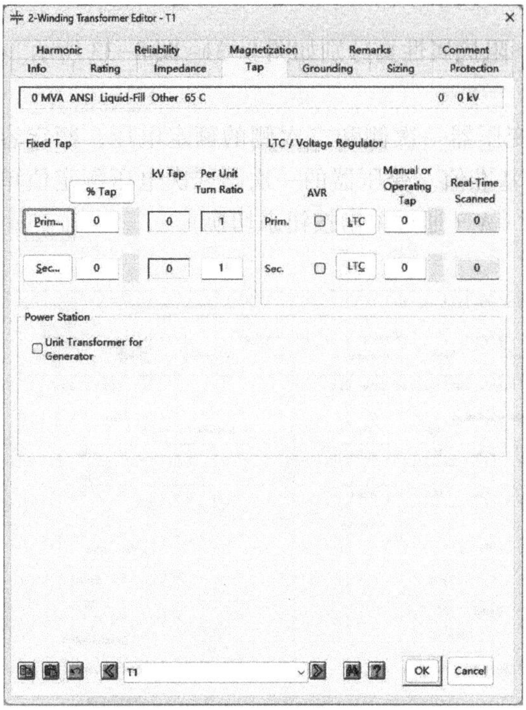

图 8-32　双绕组变压器分接头属性页

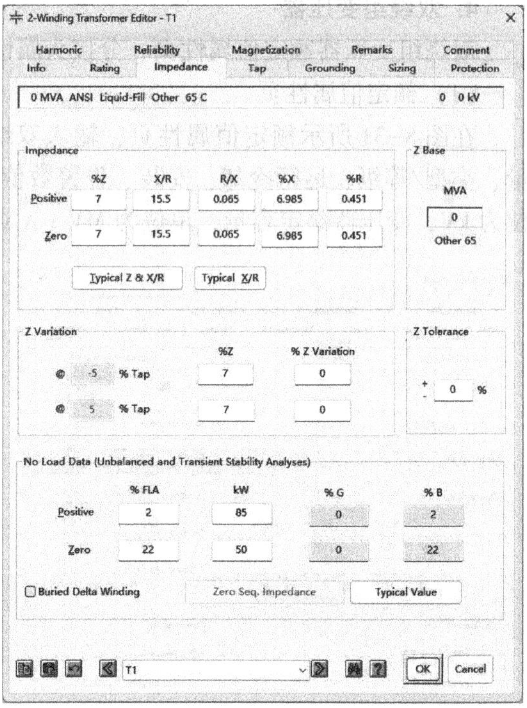

图 8-33　双绕组变压器阻抗属性页

正序%Z：变压器的正序短路电压百分数（额定变比下）。

X/R：正序阻抗的电抗电阻比，可取典型值。

5. 电缆

如图 8-34 所示，录入电缆参数的属性页有信息属性页、阻抗属性页。在电缆信息属性页（见图 8-34a）录入电缆长度、导体数/相（即每相电缆的并联根数）、状态。

为了方便用户录入电缆的阻抗（或单位长度阻抗），可以从库（Library）里选择用户需要的电缆信息，包括绝缘类型、导体材料、额定电压和尺寸等，ETAP 会根据所选的信息从库里提取出相应的电缆阻抗填到模型中。

电缆正序或零序阻抗可以在 Option（选项）中选择：库、计算值以及用户自定义。如果库中没有合适的电缆，可在库中新建电缆或直接在阻抗属性页填写阻抗参数。如果在信息属性页里选择了电缆，会从库里提取数据填阻抗属性页（见图 8-34b）。

6. 传输线

如图 8-35 所示，传输线录入参数的属性页有信息属性页、阻抗属性页。在传输线的信息属性页（见图 8-35a）填写传输线编号、长度、传输线连接的首末节点编号、状态等信息。输入传输线长度需要为长度数据选择单位。

在传输线的阻抗属性页（见图 8-35b）可以选择计算值或用户自定义；需要为传输线的阻抗（每相）数据选择单位。在阻抗属性页选择用户自定义数据，然后输入计算阻抗，选择相应单位。

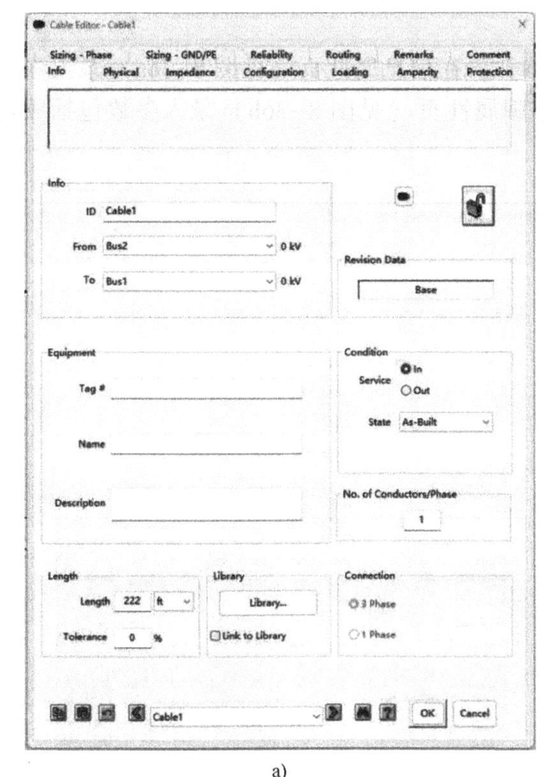

a)

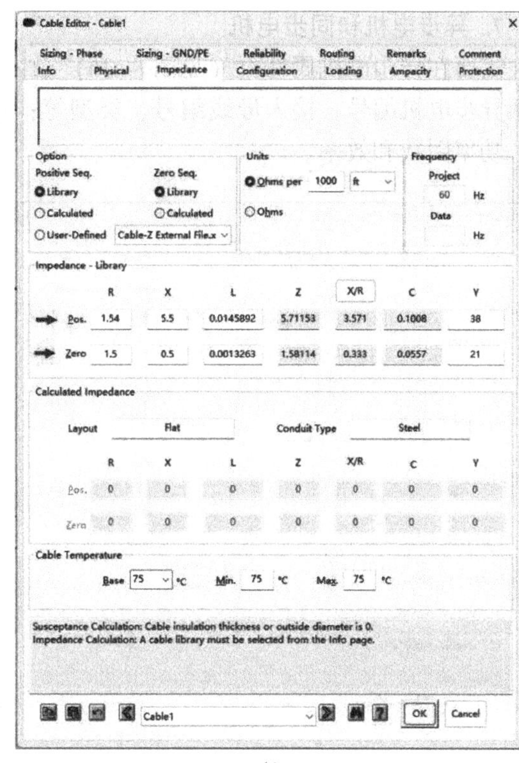

b)

图 8-34　电缆属性页

a）信息属性页　b）阻抗属性页

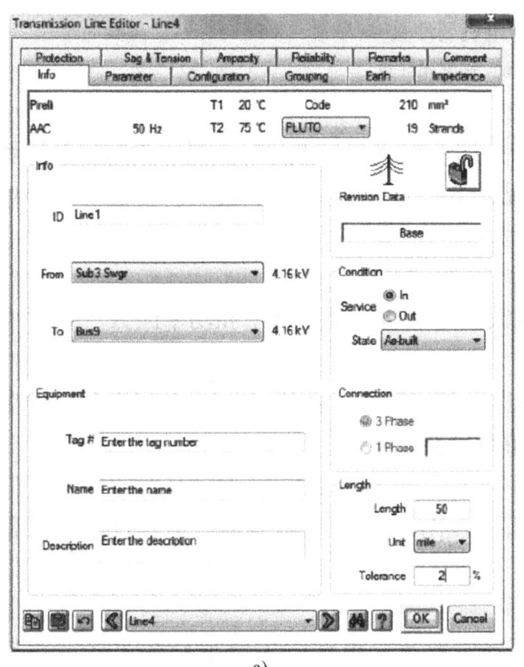

a)

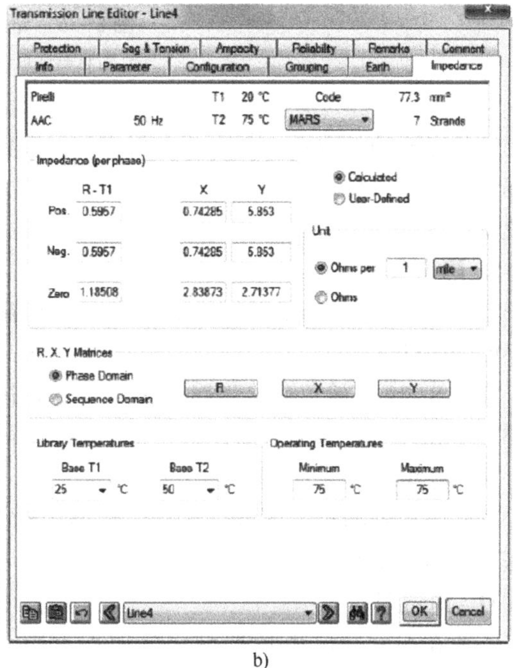

b)

图 8-35　传输线属性页

a）信息属性页　b）阻抗属性页

7. 异步电机和同步电机

需要在异步电机属性页（见图 8-36）录入参数，在信息属性页（见图 8-36a）录入参数包括异步电机编号、接入母线编号、类型等；铭牌属性页（见图 8-36b）录入参数包括额定值、功率因数和效率。

a) b)

图 8-36 异步电机属性页

a）信息属性页 b）铭牌属性页

同步电机的参数录入与异步电机类似，在信息属性页（见图 8-37a）录入参数包括同步电机编号、接入母线编号和类型；铭牌属性页（见图 8-37b）录入参数包括额定值、功率因数和效率。

8. 静态负荷

在图 8-38 中静态负荷属性页（负荷页）输入额定电压、额定功率和功率因数。

9. 等效负荷

在图 8-39 等效负荷铭牌属性页填入额定电压、额定容量、视在功率、功率因数、调节电机类负荷和一般照明类负荷比例，在 normal 项填写负荷系数。

10. 电容器

并联电容器的相关参数可在其编辑器中输入，在图 8-40a 电容器额定值属性页输入额定电压、每组容量和组数。

11. 电抗器

需要在图 8-40b 电抗器额定值属性页填入额定电流、电压、正序阻抗和 X/R（可取典型值）。

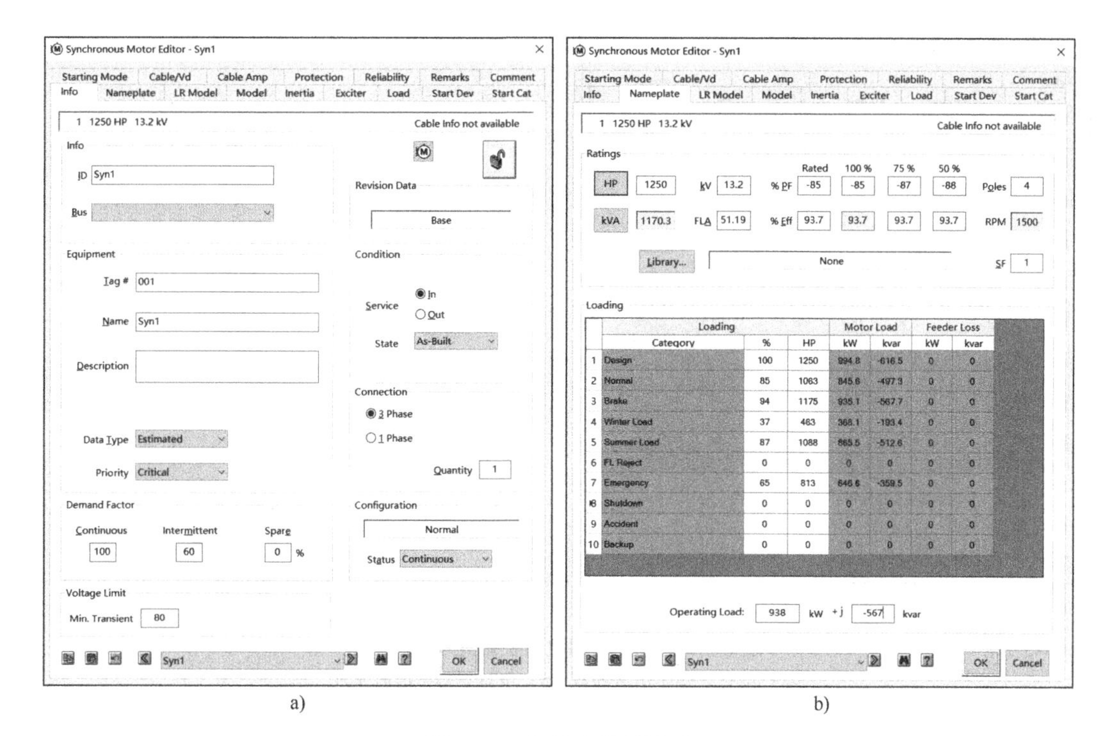

图 8-37　同步电机属性页

a）信息属性页　b）铭牌属性页

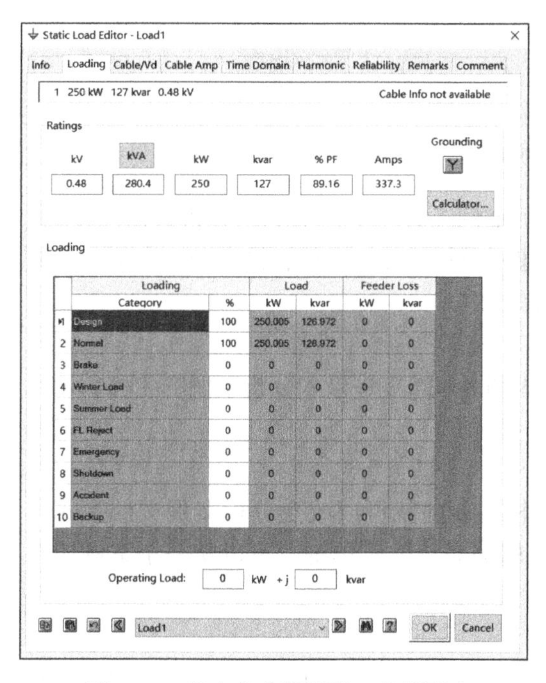

图 8-38　静态负荷属性页（负荷页）

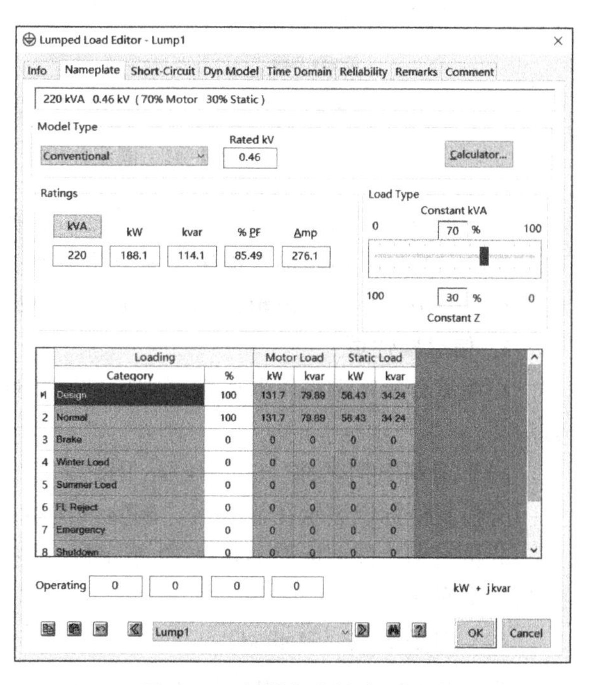

图 8-39　等效负荷铭牌属性页

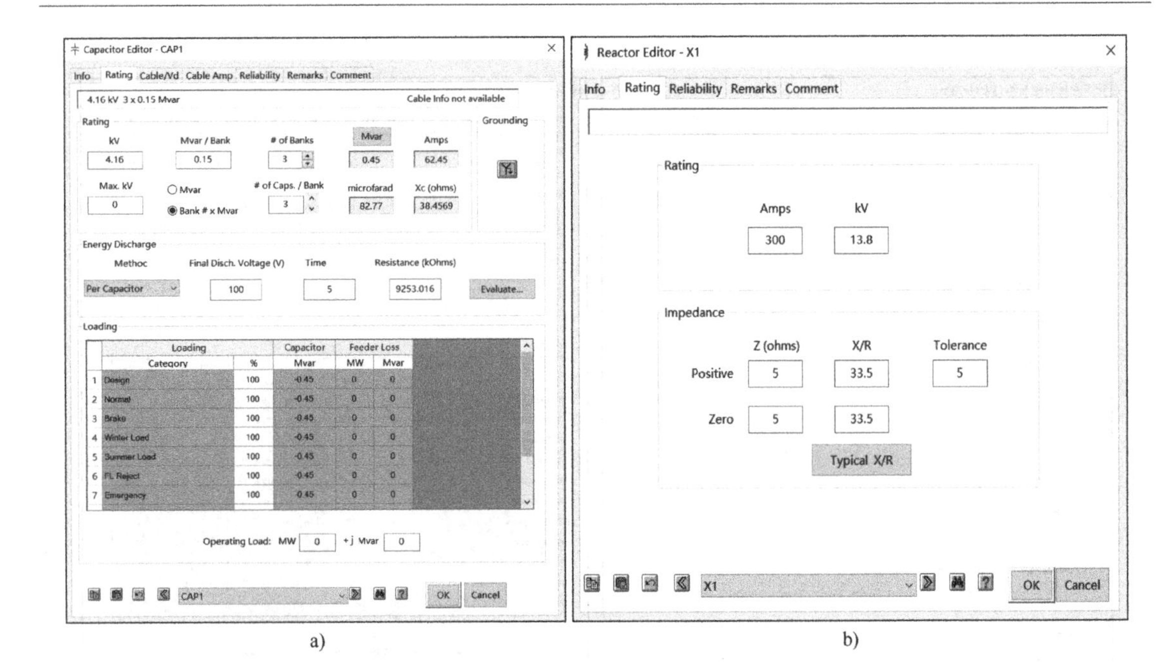

a) b)

图 8-40 电容器和电抗器额定值属性页

a）电容器额定值属性页 b）电抗器额定值属性页

8.4.2 潮流分析案例属性设置

单击模式工具栏上“潮流分析”按钮，可以进入潮流分析模式。在潮流分析模式激活时，除了短路分析工具栏外，还将会自动显示分析案例工具栏（见图 8-41）。

图 8-41 潮流分析模式下的分析案例工具栏

在潮流分析模块中，录入元件参数之后，在分析案例工具栏上，单击“分析案例”按钮，打开潮流分析案例编辑器，编辑潮流分析案例。创建一个新的分析案例，设定分析案例时需要的数据。潮流分析案例编辑器属性页如图 8-42 所示。

1. 信息属性页

在潮流分析案例编辑器属性页中信息属性页（见图 8-42a）中录入分析案例的名称、计算方法。

（1）分析案例名称（Study Case ID）

分析案例标识显示在输入区。删除旧的标识，输入新的就可以改变分析案例文件夹的名字。分析案例文件夹标识不超过 12 个字母，使用编辑器底部的菜单键，可以从一个案例切换到另一个案例。

（2）计算方法（Method）

潮流分析模块的计算方法有以下三种可选，包括牛顿-拉弗森法、自适应牛顿-拉弗森法和快速解耦法。对于牛顿-拉弗森法和自适应牛顿-拉弗森法，首先进行几次高斯-赛德尔法迭代，以建立一组可靠的母线电压初始值（因为牛顿-拉弗森法的收敛性高度依赖于初始母线电压）。

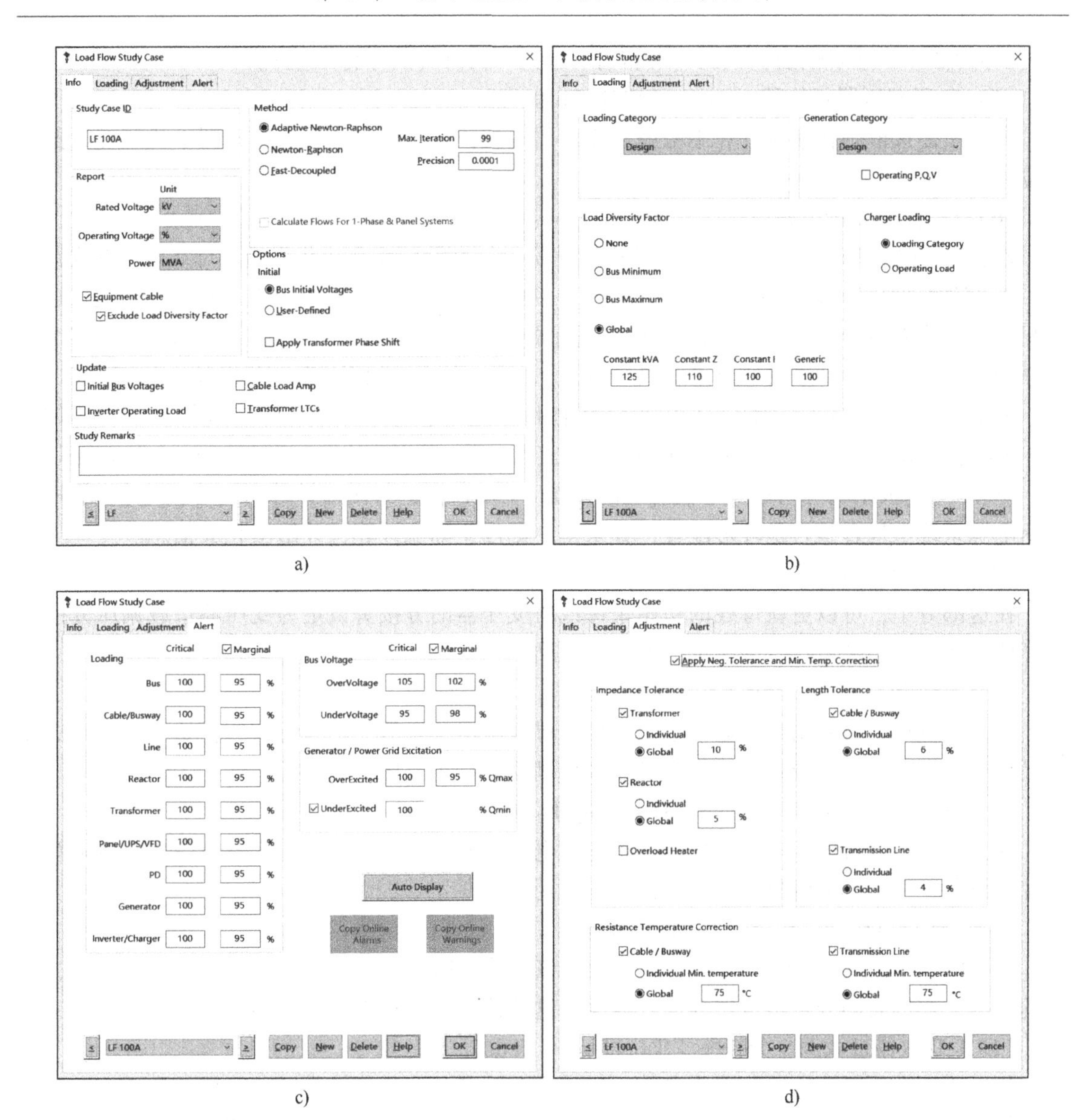

图 8-42　潮流分析案例编辑器属性页

a）信息属性页　b）负荷属性页　c）报警属性页　d）调整属性页

（3）最大迭代次数（Max. Iteration）

在此文本框中输入迭代次数的最大值。如果在指定的迭代次数之前解决方案尚未收敛，程序将停止并通知用户。对于牛顿-拉弗森法和快速解耦方法，推荐值和默认值为 99。

（4）精度（Precision）

在此文本框中输入用于检查收敛性的解精度值。此值决定最终解决方案的精度。对于牛顿-拉弗森法和快速解耦法，将精度与迭代之间每个母线（有功和无功）的功率差进行比较。如果迭代之间的功率差小于或等于精度，则达到所需的计算精度要求。

如果解决方案收敛，但不匹配值较高，则降低精度值以使结果更精确，然后再次运行程序（可能需要增加迭代次数）。

注意：较小的精度值会导致较低的不匹配（较高的精度），以及较长的运行时间。对于牛顿-拉弗森法和快速解耦法，默认（和推荐）值为 .0001（功率标幺值）。

（5）应用变压器相位移（Apply XFMR Phase Shift）

勾选该复选框则在潮流计算中考虑到变压器的相位移。可在变压器编辑器中找到变压器的相位移。

（6）计算单相/配电板系统（Calculate Flows For 1-Phase & Panel Systems）

勾选这个选项，则系统在进行潮流计算的时候，会计算单相/配电板系统的母线电压和支路潮流，并且计算的结果将显示在单线图和报告中。单相/配电板系统可以定义为辐射式子系统，通过主配电板，可以将单相不间断电源或者移相适配器连接到三相系统中。电力系统可以包含多个单相/配电板系统，每一个单相/配电板系统或者是三相配电板、单相不间断电源或者是相适配器。

如果不勾选这个选项，则在分析中每一个单相/配电板系统的负荷将考虑为顶层元件的整体负荷，负荷总和基于系统的额定电压，不考虑任何支路损耗。顶层元件作为系统中的一个独立负荷。

单相/配电板系统可以是一个辐射式的系统，ETAP 在进行潮流计算时，在配电板/单相不间断电源系统中检查是否是环形配置，如果是，则停止潮流计算，并给出相关信息。

（7）更新（Update）

在这部分中，可以更新母线的初始条件或将变压器的分接头设定为变压器带载调压分接头计算值。在后来的潮流运行中所选部分将被更新。

（8）初始母线电压（Bus Initial Voltages）

选择该选项，将会用潮流运行结果来更新母线电压的幅值。因为更新后初始母线电压更接近最终结果，所以，母线电压更新会导致以后潮流运行更快地收敛。

（9）逆变器运行负荷（Inverter Operating Load）

在交流潮流分析中，逆变器代表一个连续电源。勾选该选项时，逆变器所带负荷将更新为逆变器设备，在直流潮流分析中可用作直流负荷。

（10）运行负荷和电压（Operating Load & Voltage）

当 ETAP 有在线功能时该选项有效。勾选该复选框后，计算结果就会更新电源、负荷、母线的数据，在以后的分析中可用为输入数据。这些值也显示在设备编辑器中。

（11）变压器带载调压分接头（Transformer LTCs）

勾选该选项更新变压器分接头参数，反映变压器带载调压分接头设定。也就是说，变压器的分接头设定由变压器带载调压分接头潮流精度决定。在短路计算中考虑变压器带载调压分接头阻抗时这项功能很有用。勾选这个选项将同样在显示图设置上显示带载调压分接头。

（12）电缆负荷电流（Cable Load Amp）

选择该项将从上一次运行潮流分析中转移数据到电缆负荷电流数据。

（13）报告（Report）

额定电压（Rated Voltage）：在输出报告中以 V 或 kV 为单位显示母线标称电压，在下拉列表中选择优先单位。

母线运行电压（Operating Voltage）：输出报告中母线电压的计算值可表示成 V 或 kV 的形式，也可表示为母线额定电压的百分数。单击百分数或电压进行选择。

功率（Power）：输出报告中功率、负荷和发电机功率计算值可以表示成 MV · A 或 kV · A 的形式，从下拉列表中选择首选项。

2. 负荷属性页

在潮流分析案例负荷属性页中（见图 8-42b）中选择负荷类型、发电类型和负荷调整系数。负荷类型和发电类型选择为“Design”。

运行 P，Q（Operating P，Q），当 ETAP 有在线功能时该选项有效，当该复选框被勾选时，由在线数据或以前数据更新的运行负荷将用到潮流分析中。运行 P，Q，V（Operating P，Q，V），当 ETAP 安全锁有在线功能时该功能有效，当勾选该选项时，由在线数据或之前的潮流分析结果更新的发电运行值将应用于当前的潮流分析。

负荷差异系数（Load Diversity Factor）中，可以指定应用于负荷种类的负荷差异系数，选项包括“无（None）”“母线最小（Bus Minimum）”“母线最大（Bus Maximum）”。当选择了运行负荷选项后，在计算中将不考虑负荷差异系数。

选择“无”后，计算中将直接应用负荷种类中指定的负荷百分数。

当选择“母线最小”选项后，所有直接连接在各条母线上的电机和其他负荷将乘以母线最小负荷系数。利用该选项，用户可以仿真各条母线不同最小差异系数下的潮流分析案例。最小母线负荷分析功能可以应用于校核在系统轻载的情况下变压器分接头和电容器组对系统电压的影响。

当选择“母线最大”选项后，所有直接连接在各条母线上的电机和其他负荷将乘以母线最大负荷系数。利用该选项，可以仿真各条母线不同最大差异系数下的潮流分析案例。当考虑电力系统将来的增长负荷并且每条母线的最大负荷值不同时，这个分析选项是非常有用的。

负荷差异系数选择“Global”（全部）；然后设置负荷差异系数，一般可以将该负荷差异系数看作同时系数，对“Constant kVA”（恒容量）、“Constant Z”（恒阻抗）、“Constant I”（恒电流）、“Genetic”（通用）分别设置同时系数。

3. 报警属性页

潮流分析案例编辑器的报警属性页用于设定模拟报警装置，如图 8-42c 所示。它根据预设定允许值和系统拓扑结构来确定非正常负荷条件，通知用户。在保护设备、母线、变压器、电缆、电抗器、发电机等有过载现象发生时，该系统报警。有两种不同的报警形式：以图形显示在单线图中或显示在报警框中。

（1）临界和边界报警（Critical/Marginal Alerts）

这是潮流分析后的两种报警类型。临界报警和边界报警之间的区别在于使用不同的值决定是否报警。临界报警时，在报警窗口中显示报警信号，过载设备在单线图中变为红色。对于边界报警也一样，只是设备显示为紫红色。另外，如果用户想显示边界报警，则必须勾选边界报警。如果一个设备既达到了临界报警参数又达到了边界报警参数，则只显示临界报警。应该说明的是，为了让 ETAP 为每种设备类型提供报警，在该属性页中输入的设备额定值和百分值都不能是 0。以下部分给出了报警将要检验的设备额定值。

（2）负荷（Loading）

用户在该区域中输入的数值，用于确定、根据潮流计算的结果是否应该报警。

母线报警（Bus Alert）：在百分数值输入区内输入的数据决定了母线报警。监控参数是流经母线的额定连续电流的百分数。如果潮流计算所得的连续电流比设定值大，程序将报警。

电缆报警（Cable/Busway Alert）：如果超越了电缆容量允许的边界和临界百分比限制，潮流模块将发出电缆报警。电缆允许的容量在电缆编辑器容量属性页中指定。

传输线报警（Line Alert）：如果超越了传输线整定容量边界和临界百分比限制，潮流模块将发出传输线报警。传输线整定容量在传输线编辑器容量属性页中指定。

电抗器报警（Reactor Alert）：如果超越了电抗器额定电流边界和临界百分比限制，潮流模块将发出电抗器报警。电抗器额定电流在电抗器编辑器额定值属性页中指定。

变压器报警（Transformer Alert）：如果超越了电抗器额定电流边界和临界百分比限制，潮流模块将发出变压器报警。电抗器额定电流在电抗器编辑器额定值属性页中指定。模拟报警使用于双绕组变压器和三绕组变压器。

配电板报警（Panel/UPS/VFD Alert）：如果超越了配电板额定电流边界和临界百分比限制，潮流模块将发出配电板报警。配电板额定电流在配电板编辑器额定值属性页中指定。

保护设备报警（Protective Device Alert，PD）：如果超越了保护设备预先设定的参数边界和临界百分比限制，潮流模块将发出保护设备报警。

发电机报警（Generator Alert）：如果超越了发电机额定功率边界和临界百分比限制，潮流模块将发出发电机报警。发电机额定功率在发电机编辑器额定值属性页中指定。

（3）母线电压（Bus Voltage）

母线电压报警（Bus Voltage Alert）：如果潮流计算结果中母线电压值比设定的额定值的百分数大或小，就会生成母线电压报警。母线电压报警包括过电压报警和欠电压报警。

（4）发电机/等效电网励磁（Generator/Power Grid Excitation）

发电机/等效电网励磁报警（Generator/Power Grid Excitation Alert）：发电机和电网励磁模拟报警系统监控额定无功百分数限制。如果潮流计算结果超过发电机励磁极限百分数上限时，发出过励磁报警。如果低于指定的励磁百分数下限时，即为欠励磁报警。用户可以选择在没有励磁监测情况下运行潮流计算。如果勾选了欠励磁（UnderExcited，Q_{min}）复选框，系统将发出欠励磁报警。发电机最低欠励磁百分数下限为 Q_{min} 的 100%。

在潮流计算中 ETAP 有两种发电机报警。如果潮流计算发电机有功输出小于功率下限 P_{min}，ETAP 发出低功率报警。用户可以在发电机编辑器容量属性页中指定 P_{min}。P_{min} 必须不为零，才能使 ETAP 发出报警。同时，如果发电机为平衡节点模式，且潮流计算有功输出为负，ETAP 将产生一个 $P_{out}<0$ 的报警。

自动显示（Auto Display）：如果自动显示选项被选择，潮流计算完成后报警窗口自动打开。如果没有选择，报警窗口将通过单击潮流工具栏上的“报警视图”按钮打开。

4. 调整属性页

该属性页允许用户指定长度、设备电阻和阻抗的容差调整。每一种容差调整的应用，可以基于单个设备容差百分比设定值或全局指定的百分比设定值。

容差通常应用于电气计算中，特别是在实际设备数据可疑、制造商数据表反映的容差或是新电气系统设计的案例分析情况中。

8.4.3 潮流分析案例

1. 潮流分析工具栏

在模式工具栏单击“潮流分析”按钮，潮流分析模式被激活，潮流分析工具栏出现在屏幕的右方，如图 8-43 所示。单击潮流分析工具栏上按钮，可以进行相关分析、传送数据、更改显示选项。

（1）运行潮流分析（Run Load Flow Studies）

从分析案例编辑器中选择一个分析案例，然后单击“运行潮流分析”按钮进行潮流分析，将弹出一个对话框，在对话框中可对输出文件名设置提示，设定输出报告的名称，分析结果将显示在单线图和输出报告上。

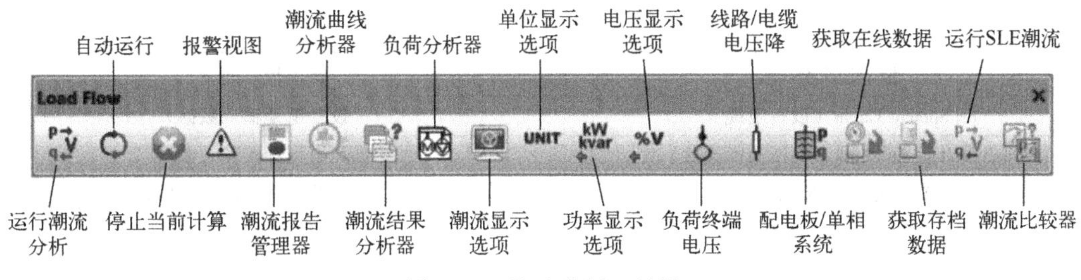

图 8-43　潮流分析工具栏

(2) 自动运行 (Auto Run)

单击“自动运行”按钮激活或取消自动运行潮流分析。当自动运行按钮处于激活状态时，下列动作都会运行潮流分析：

1) 一个保护设备已经改变状态。

2) 一个元件已经改变属性。

3) 潮流分析案例已经改变。

(3) 停止当前计算 (Halt Current Calculation)

停止图标按钮正常情况下是灰色的，当潮流计算已经开始，这个按钮开始启用并显示红色的终止图标，单击这个按钮将终止计算。

(4) 报警视图 (Alert View)

潮流计算之后，单击该按钮打开报警视窗，将会列出在案例编辑器中设置的超过临界和边界报警的设备。

(5) 潮流报告管理器 (Load Flow Report Manager)

ETAP 提供水晶格式的潮流输出报告。报告管理器提供的报告分为 4 项 (完整的报告、输入、结果和概要)，以方便查看报告的不同部分。用户可以在每项选择不同的打开方式，可以以水晶报告格式查看或将报告保存为 PDF、MS Word、Rich Text 或 Excel 格式。如果想将某一格式设置为默认打开格式，可选择设置为默认选项框。

在报告管理器中选择任何格式的水晶报告。根据选择的格式，可以打开整个潮流计算报告或一部分，格式名称和对应的输出报告部分见表 8-6。

表 8-6　输出报告情况

格 式 名 称	输出报告部分
Adjustment (调整)	指明误差和温度调整系数
Alert-Complete (完整报警)	提供完整的系统报警报告
Alert-Critical (关键报警)	只提供关键报警的概要
Alert-Marginal (临界报警)	只提供临界报警概要
Branch Loading (支路负荷)	支路负荷结果
Branch (支路)	支路输入数据
Bus Loading (母线负荷)	显示过负荷母线信息
Bus (母线)	母线输入数据
Cable (电缆)	电缆输入数据
Complete (完整报告)	包括所有输入和输出数据的完整报告
Cover (封面)	输出报告的封面

（续）

格式名称	输出报告部分
Equipment Cable（设备电缆）	设备电缆输入数据
High Voltage DC Link（高压直流连接）	高压直流连接输入数据
Impedance（阻抗）	提供系统中详细的阻抗信息
Line Compensation（线路补偿）	显示线路补偿输入数据
Line Coupling（连接线）	显示传输线连接阻抗数据
Load Flow Report（潮流报告）	潮流计算结果
Losses（损耗）	支路损耗结果
NO Protective Devices（保护设备）	显示正常打开的保护设备
Panel Report（配电板报告）	配电系统潮流计算结果
Reactor（电抗器）	电抗器输入数据
Summary（概述）	潮流计算概要
SVC	静态无功补偿器输入数据
Transformer（变压器）	变压器输入数据
UPS Report（UPS 报告）	UPS 系统潮流计算结果

同样可以通过单击分析案例工具栏“查看输出报告”按钮查看输出报告，潮流计算在选择工程目录里提供输出文件清单。单击输出报告名称，然后单击“查看输出报告”按钮即可查看任何输出报告清单。

（6）潮流结果分析器（Load Flow Result Analyzer）

通过潮流结果分析器可以在同一界面查看多个不同分析案例的计算结果，并且可以对比计算结果。

（7）负荷分析器（Load Analyzer）

负荷分析器工具及其报告是为负荷安排报告设计的。这个模块允许用户直接报告多层连接的元件系统的负载情况（称为连接负荷），或应用不同的倍增系数（称为运行负荷）。

（8）潮流显示选项（Load Flow Display Options）

潮流分析的结果将显示在单线图中。单击“潮流显示选项”按钮可进行编辑。

（9）单位显示选项（Unit Display Options）

单击“单位显示选项”按钮可打开或关闭单位显示。

（10）功率显示选项（Power Flow Display Options）

功率显示选项包括：[kW kvar kW/kvar kVA Amp kVA/Amp]、[MW Mvar MW/Mvar MVA Amp MVA/Amp]或[W var W/var VA Amp VA/Amp]。

（11）电压显示选项（Voltage Display Options）

单击选择电压显示选项：[%V kV Volt]。

（12）负荷终端电压（Load Terminal Voltage）

单击显示负荷终端电压。

（13）线路/电缆电压降（Line/Cable Voltage Drop）

单击显示线路或电缆电压降。

（14）配电板/单相系统（Panel/Single Phase System）

单击显示配电板或单相系统计算结果。

（15）获取在线数据（Get Online Data）

装有 ETAP 在线能量管理系统，当系统监控在线时，单击该按钮可运行潮流和采集实时数据。用户会注意到运行负荷、母线电压和编辑器都被在线数据更新了。

（16）获取存档数据（Get Archived Data）

装有 ETAP 存档回放的系统，所有的图形显示都是回放形式，单击该按钮可以将这些数据传到用户的图形显示中并运行潮流分析。用户会注意到运行负荷、母线电压和编辑器都被存档数据更新了。

（17）潮流比较器（Load Flow Comparator）

当 ETAP 实时系统安装后利用在线数据运行潮流分析，可以通过该按钮打开潮流比较视图，列出所有的 ETAP 实时输出和潮流计算结果的比较。

2. 案例分析

设置图 8-16 单线图上元件的参数，编辑好潮流分析案例（LF）后，单击潮流分析工具栏中的“运行潮流分析”按钮，ETAP 运行潮流分析案例 LF，选取输出报告名称为 LF_Report。潮流分析出现报警提示：母线 Bus4 的电压低于 95%标称电压，Bus2 的电压低于 98%标称电压；电缆 Cable1 电流超过额定电流，达到 962.9%；发电机运行功率等于额定功率，即达到 100%；变压器 T1 出现过负荷状态。

潮流分析步骤如下：

1）在编辑模式下，编辑单线图。

2）双击单线图的元件图标，打开元件编辑器，即可录入元件的相关参数。

3）单击模式工具栏上“潮流分析”按钮，可以进入潮流分析模式。在分析案例工具栏中单击“分析案例”并访问潮流分析案例编辑器，新建分析案例。

4）单击潮流分析工具栏中的“运行潮流分析”按钮，进行相应的潮流分析。

5）查看潮流分析报告。

单击潮流分析工具栏中的“潮流显示选项”按钮，潮流分析的结果将显示在单线图中，如图 8-44 所示。

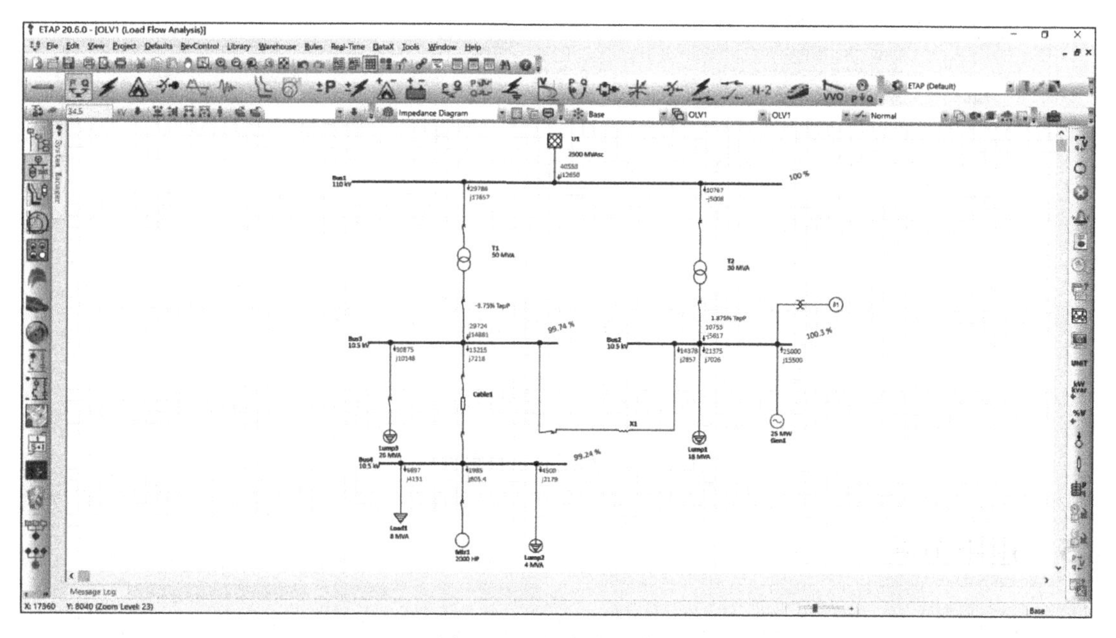

图 8-44　潮流分析结果

单击潮流分析工具栏中的“潮流报告管理器”按钮，可以输出潮流分析结果的报告，如图 8-45 所示。

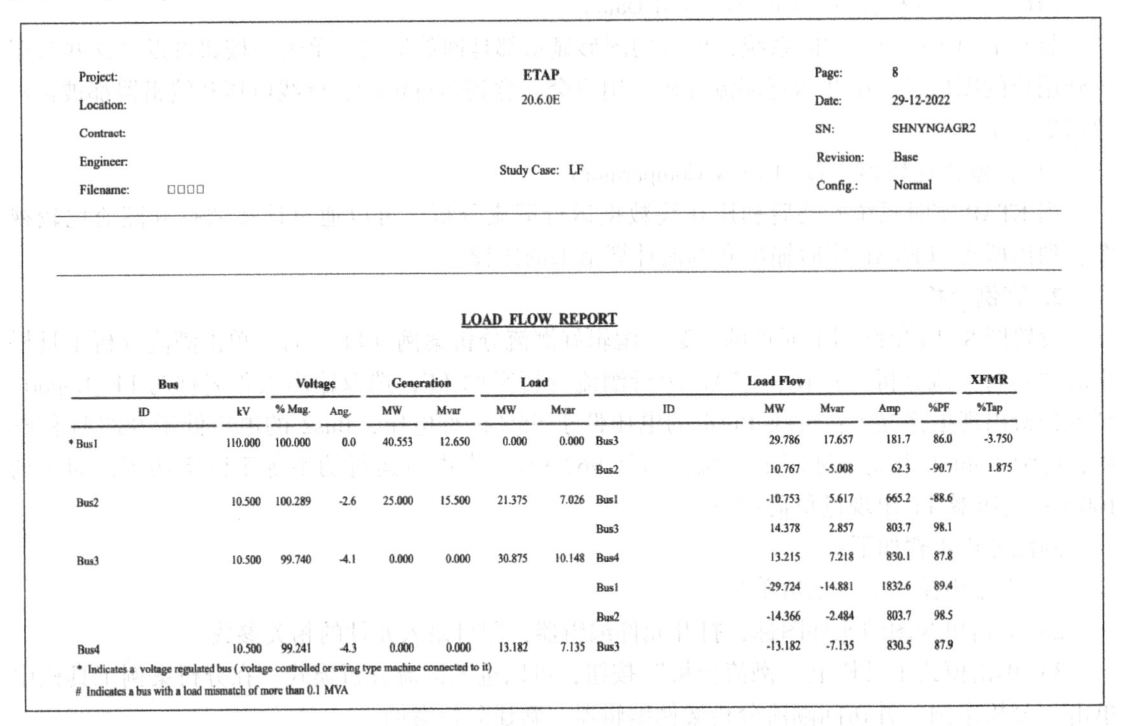

Project:	ETAP	Page: 8
Location:	20.6.0E	Date: 29-12-2022
Contract:		SN: SHNYNGAGR2
Engineer:	Study Case: LF	Revision: Base
Filename: □□□□		Config.: Normal

LOAD FLOW REPORT

Bus		Voltage		Generation		Load		Load Flow					XFMR
ID	kV	% Mag.	Ang.	MW	Mvar	MW	Mvar	ID	MW	Mvar	Amp	%PF	%Tap
* Bus1	110.000	100.000	0.0	40.553	12.650	0.000	0.000	Bus3	29.786	17.657	181.7	86.0	-3.750
								Bus2	10.767	-5.008	62.3	-90.7	1.875
Bus2	10.500	100.289	-2.6	25.000	15.500	21.375	7.026	Bus1	-10.753	5.617	665.2	-88.6	
								Bus3	14.378	2.857	803.7	98.1	
Bus3	10.500	99.740	-4.1	0.000	0.000	30.875	10.148	Bus4	13.215	7.218	830.1	87.8	
								Bus1	-29.724	-14.881	1832.6	89.4	
								Bus2	-14.366	-2.484	803.7	98.5	
Bus4	10.500	99.241	-4.3	0.000	0.000	13.182	7.135	Bus3	-13.182	-7.135	830.5	87.9	

* Indicates a voltage regulated bus (voltage controlled or swing type machine connected to it)

# Indicates a bus with a load mismatch of more than 0.1 MVA

图 8-45　潮流分析结果报告

单击潮流分析工具栏中的“报警视图”按钮，将会列出在案例编辑器中设置的超过临界和边界报警的设备，如图 8-46 所示。

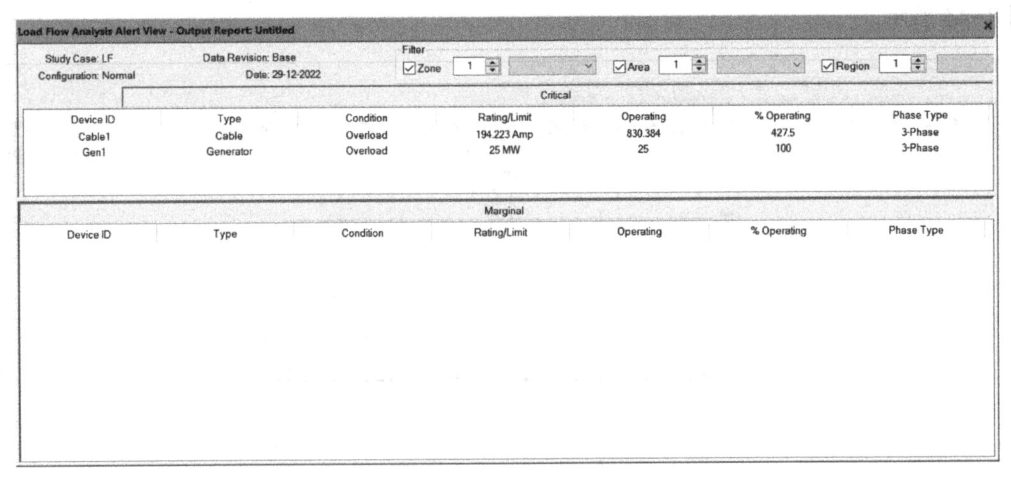

图 8-46　潮流分析报警窗口

8.5　短路分析

ETAP 短路分析程序能进行电力系统中三相、单相接地、两相及两相接地短路情况分析。

该程序分析计算系统中总的短路电流和单个电动机、发电机以及公用设施的短路影响。故障分析以最新的 ANSI/IEEE（C37 系列）和 IEC（IEC 909 等）版本为标准。

利用短路工具栏开始一个短路电流计算，打开并查看输出报告，或选择显示选项。短路分析案例编辑器（The Short-Circuit Study Case Editor）能告诉用户如何创建一个新的分析案例、需要什么参数以及如何设定。

8.5.1　元件的需求数据

双击单线图的元件图标，打开元件编辑器，即可录入元件的相关参数。

1. 等效电网

短路电流计算所需要数据有额定电压、三相短路容量 MVAsc 和抗阻比 X/R。

对于不对称短路电流计算还需要接地方式和参数、单相短路容量 MVAsc 和抗阻比 X/R。

必须录入的参数是额定值属性页中的额定电压、短路额定值。

在等效电网额定值属性页，输入等效电网额定电压（即电压等级）、电压百分数和相角。输入等效电网的额定电压，然后在发电种类项设置实际运行的电压百分数，推荐在 normal 栏设置，一般取 100%、103%、105%。

等效电网短路属性页提供在短路、电机起动、暂态稳定、电机保护等分析中模拟等效电网作为一个电源时的信息。在等效电网短路属性页（见图 8-47）选择系统接地（Grounding）方式，只有接地和不接地两种。不接地连接方式有“丫”型和“△”型；接地连接方式有丫直接接地、经电阻或电抗接地，接地阻抗通过单相短路阻抗来反映。如果在额定值属性页中选择了“不平衡”，则忽略“接地”选项，并且该等效电网被认为是接地的。

在图 8-47 中，短路额定值（SC Rating）选择如下：

1）3-Phase（三相）——三相短路阻抗、三相短路电流、三相短路容量填其中的一个。

2）1-Phase（单相）——单相短路阻抗、单相短路电流、单相短路容量填其中的一个。

短路容量（MVAsc），为三相和单相接地故障指定短路容量。当用户输入或修改短路容量或 X/R，ETAP 重新计算相应的短路阻抗值。

抗阻比 X/R，一般根据电压等级来取经验值，35~110kV 取 15，110kV 取 20，220kV 取 25。

kAsc（短路电流），输入从等效电网处的短路贡献电流，如果指定容量及 X/R 这个值将会更新。

图 8-47 中，SC Impedance（短路阻抗）选项指定短路阻抗（电阻和电抗）百分数在 100MV·A基准下。三相等效电网短路阻抗值包含正序、负序和零序。当用户输入或修改短路阻抗值时，ETAP 重新计算相应的三相和单相故障容量和 X/R。

图 8-47 中，接地故障回路阻抗（Earth/Ground Fault Loop Impedance）指定等效电网的等效接地/接地故障回路阻抗（Z_e）。此部分仅在三相电网为 1kV 或以下且接地类型为任何接地类型（NEC 除外）时可见。

2. 同步发电机

同步发电机必须录入参数的属性页有额定值属性页、阻抗/模型属性页和接地属性页。

1）额定值属性页中，需要录入的参数包括额定功率、额定电压和功率因数。

2）阻抗/模型属性页（见图 8-48a）中，需要录入的参数包括 X''_d、X'_d、X_2、X_0、X/R，也可取动态模型中的典型数据。输入 X''_d 直轴次暂态电抗百分值、X'_d 直轴暂态电抗百分值、X_2 负序电抗百分值、X_0 零序电抗百分值以及抗阻比 X/R。

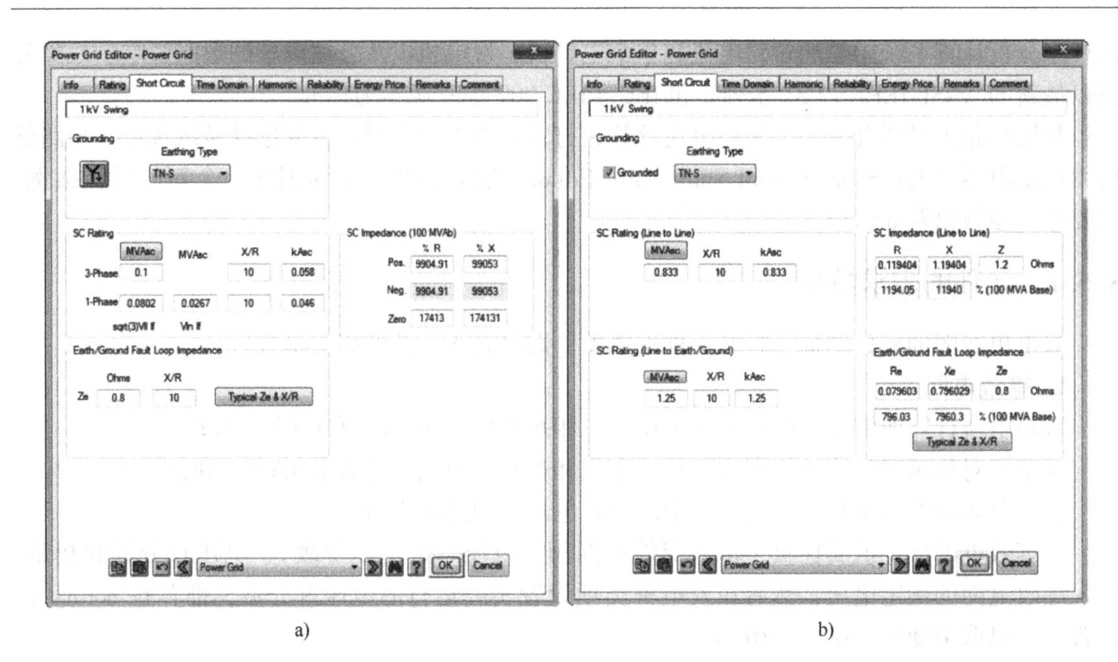

a) b)

图 8-47 等效电网短路属性页

a）三相等效电网短路属性页 b）单相等效电网短路属性页

3）接地属性页（见图 8-48b）中，选择接地类型，填写接地电流。

注意：有时候知道接地阻抗，可以修正接地电流得到想要的接地阻抗。

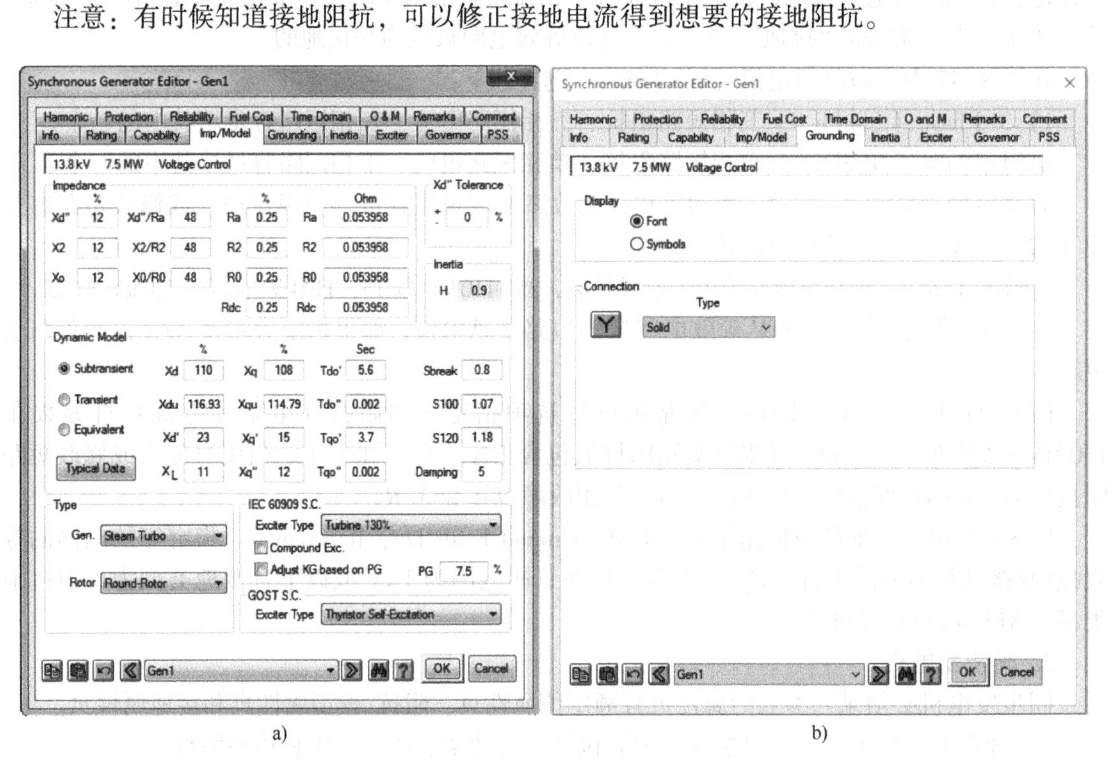

a) b)

图 8-48 同步发电机阻抗/模型属性页和接地属性页

a）阻抗/模型属性页 b）接地属性页

3. 母线

在母线的信息属性页中录入母线的额定电压。

4. 变压器

双绕组变压器需要录入参数的属性页有额定值属性页、阻抗属性页和接地属性页。可能用到的是分接头属性页。

1）在额定值属性页输入变压器的额定电压、额定容量、阻抗百分数、*X/R*（可选典型值）。

2）在阻抗属性页指定双绕组变压器的阻抗、变比和容差数据。

3）在接地属性页（见图 8-49）选择变压器各绕组的连接形式和接地方式。

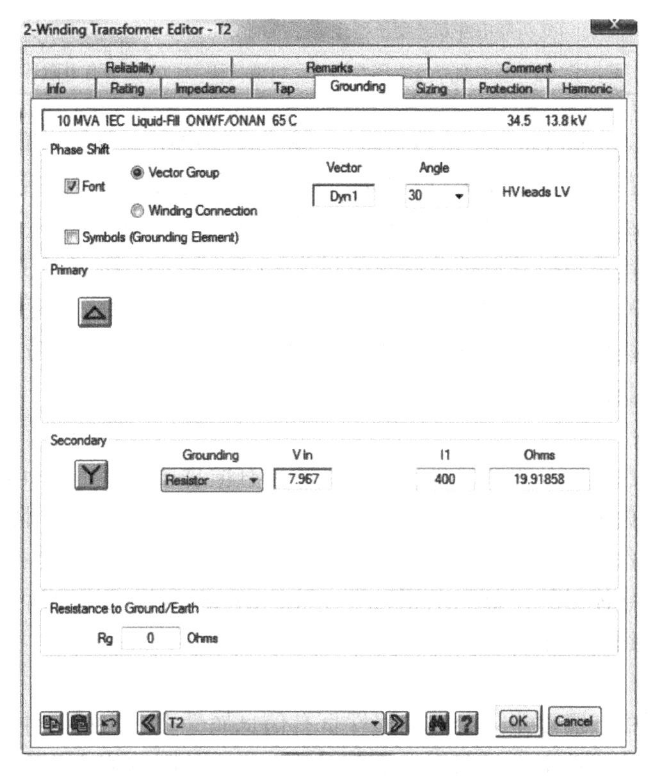

图 8-49　双绕组变压器接地属性页

① Phase Shift（相位移）：在图 8-49 中，Phase Shift（相位移）允许用户指定与变压器相关的相位移并在单线图上显示接地联结组标号或绕组连接。

Symbols（符号）：应用单线符号，显示接地连接方式。

Vector Group（矢量组）：在 IEC 矢量字符串中选中该选项显示变压器联结组标号，如 YNyn3、Dd0、Yd1、Dyn1 等。在矢量组名称中，上面的部分描述了高压侧的接地类型和绕组连接，下面的部分描述了低压侧的接地类型和绕组连接。数字部分代表了在时钟位置高压侧领先低压侧的相位移，因此 1 和 3 各自代表了相位移为 30°和 90°。如 Dyn1 表示高压侧是三角形联结，低压侧是星形联结直接接地，并且高压侧电压角度领先低压侧电压角度 30°。

Winding Connection（绕组连接）：选择该选项显示变压器联结组标号为 DY、DD、YD 或 YY。

② Primary（一次侧）：选择变压器一次侧接地方式。

③ Secondary（二次侧）：选择变压器二次侧接地方式。

对于星形联结绕组，接地类型选择见表 8-7。

表 8-7　接地类型

类　型	描　述
Open	中性点不接地（不接地）
Solid	直接接地，在中性点接地路径没有加入阻抗
Resistor	变压器中性点经电阻接地
Reactor	变压器中性点经电抗接地
Xfmr-Reactor	变压器中性点经变压器接地，接地变压器二次侧带有电抗器
Xfmr-Resistor	变压器中性点经变压器接地，接地变压器二次侧带有电阻器

④ Resistance to Ground/Earth（接地电阻）：输入接地电阻，单位为 Ω。

4）分接头：固定分接头（Tap% /kV Tap）Tap%——输入变压器分接头设置的百分比，或者单击该按钮让它显示“kV”，然后输入该变压器分接头的设置（kV）。可以通过单击向上、向下按钮模拟固定分接头转换开关把分接头值设为-5.0、-2.5、0、2.5 或 5.0。

在短路计算中 LTC 和固定分接头作用和用法一样。如果在短路分析案例编辑器里信息属性页中变压器分接头组里选择调整基准电压，ETAP 短路电流计算时会考虑到分接头的实际位置，即变压器用实际变比。

5. 电缆

在电缆编辑器属性页中，需要录入参数的属性页有信息属性页、阻抗属性页。

在电缆信息属性页中输入电缆长度、导体数/相。在阻抗属性页填写阻抗参数。

为了方便用户录入电缆的阻抗（或单位长度阻抗），可以从库里选择用户需要的电缆信息，包括绝缘类型、导体材料、额定电压和尺寸等，ETAP 会根据用户所选的信息从库里提取出相应的电缆阻抗加到模型中。

6. 传输线

在传输线属性页中，需要录入参数的属性页有信息属性页、阻抗属性页。在信息属性页输入传输线长度；在阻抗属性页选择用户自定义，输入每相的阻抗值或单位长度阻抗/导纳值。

7. 电抗器

在额定值属性页，录入额定电流、额定电压、正序和零序阻抗（单位为 Ω）、X/R（可取典型值）。

8. 异步电机和同步电机

在异步电机编辑器属性页中，需要录入参数的属性页有铭牌值属性页、模型属性页。

1）在铭牌属性页，需要输入的参数是额定电压、额定功率、功率因数和效率。

2）模型属性页（见图 8-50a），需要输入的参数是堵转电流倍数、堵转功率因数。

对于不对称短路电流计算还需要设置接地方式和参数、X_0（零序电抗）、X_2（负序电抗）。同步电机（见图 8-50b）和异步电机参数录入类似。

9. 等效负荷

在等效负荷属性页中，需要录入参数的属性页有铭牌属性页、短路属性页。

1）在铭牌属性页需要输入的参数有额定电压、额定功率和功率因数。

2）在短路属性页（见图 8-51）中的 LRC 输入堵转电流倍数。

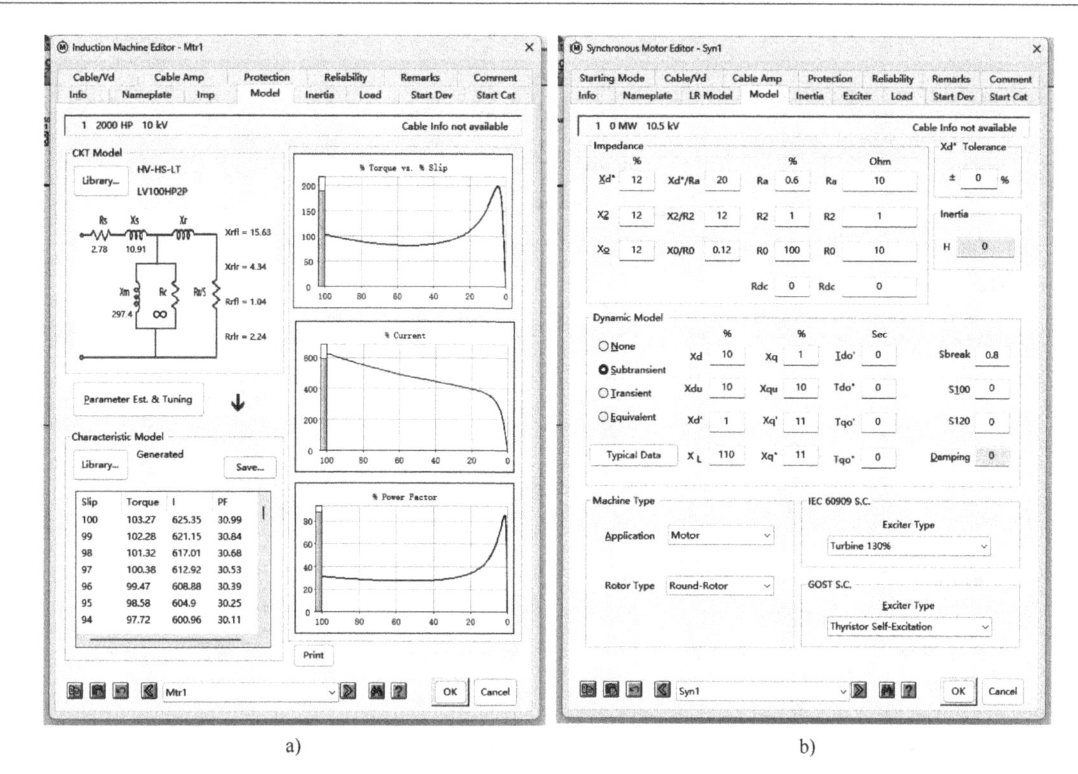

a)　　　　　　　　b)

图 8-50　电机模型属性页

a）异步电机模型属性页　b）同步电机模型属性页

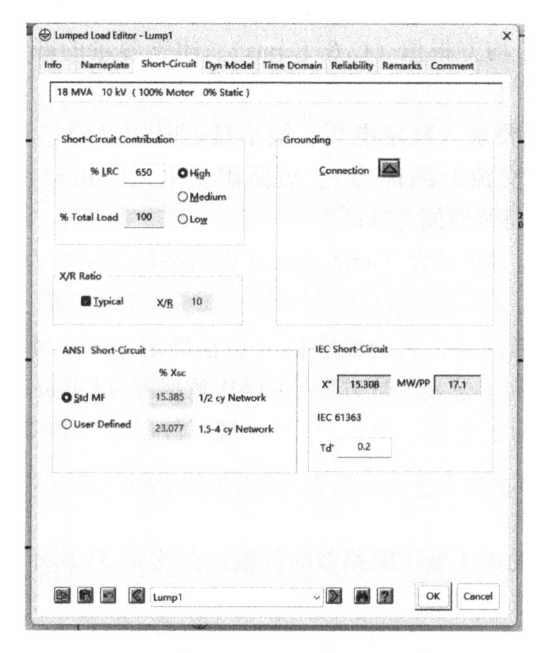

图 8-51　等效负荷短路属性页

用于不平衡短路计算的其他数据包括接地类型和参数。

10. 高压断路器

短路电流计算中所需要的高压断路器数据在图 8-52 所示的高压断路器额定属性页中

输入。

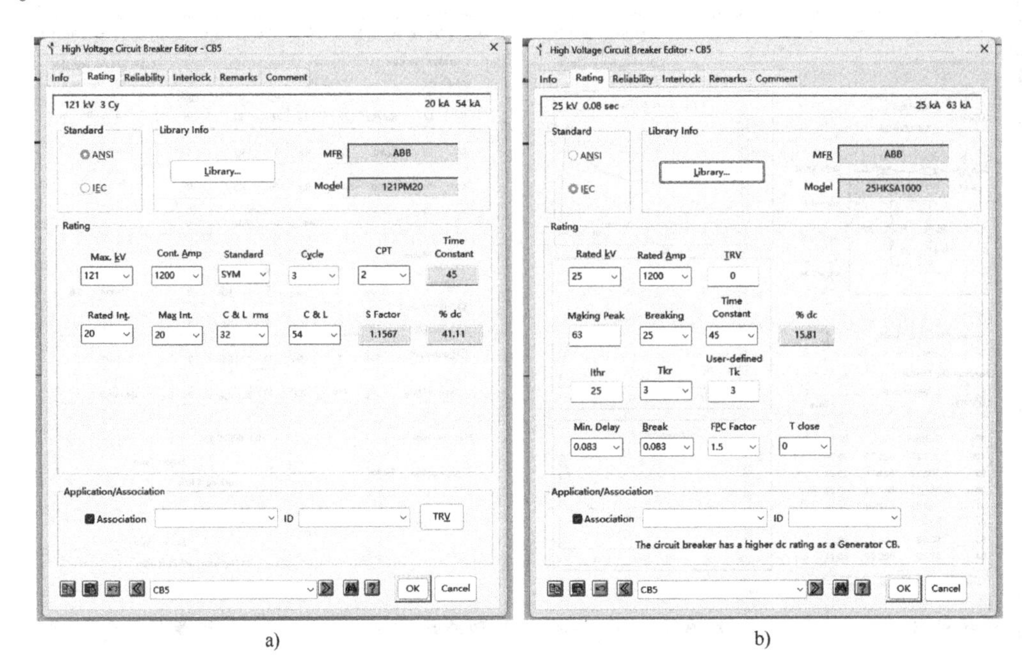

a)　　　　　　　　　　　　b)

图 8-52　高压断路器额定属性页

a）ANSI 标准断路器　b）IEC 标准断路器

1）ANSI 标准断路器需要录入最大电压、额定瞬时值（额定开断能力）、最大瞬时值（最大开断能力）、闭锁容量的均方根值（C & L rms）、闭锁容量的峰值（C & L peak）、标准、周波。

2）IEC 标准断路器需要录入额定电压、最小延迟时间（s）、动稳定电流（峰值电流）、交流开断电流（有效值，交流开断能力）、短路耐受电流（Ithr）、短路耐受电流持续时间（Tk）、额定短路耐受电流持续时间（Tkr）。

ETAP 根据额定开断能力和最大开断能力来计算断路器开断能力。在断路器所连母线的额定电压条件下计算该值。

对于一个型号确定的断路器，它的额定值（包括额定电压、额定电流、最小延时、动稳定电流等）都是确定的。为了录入参数方便，ETAP 数据库（Library）里已经录入了一些世界上知名厂商常见断路器型号的参数。单击“库”，打开数据库提取窗口，可以从里面选择需要的断路器型号。

11. 低压断路器

短路电流计算中需要的关于低压断路器的数据，在图 8-53 所示的低压断路器额定属性页中输入。

1）ANSI 标准断路器需要录入类型（功率，塑壳式或绝缘型）、额定电压、开断能力、测试功率因数。

2）IEC 标准断路器需要录入类型（功率，塑壳式或绝缘型）、额定电压、最小延迟时间（s）、动稳定电流（峰值电流）、交流开断电流（有效值，交流开断能力）、短路耐受电流（Ithr）、短路耐受电流持续时间（Tk）、额定短路耐受电流持续时间（Tkr）。

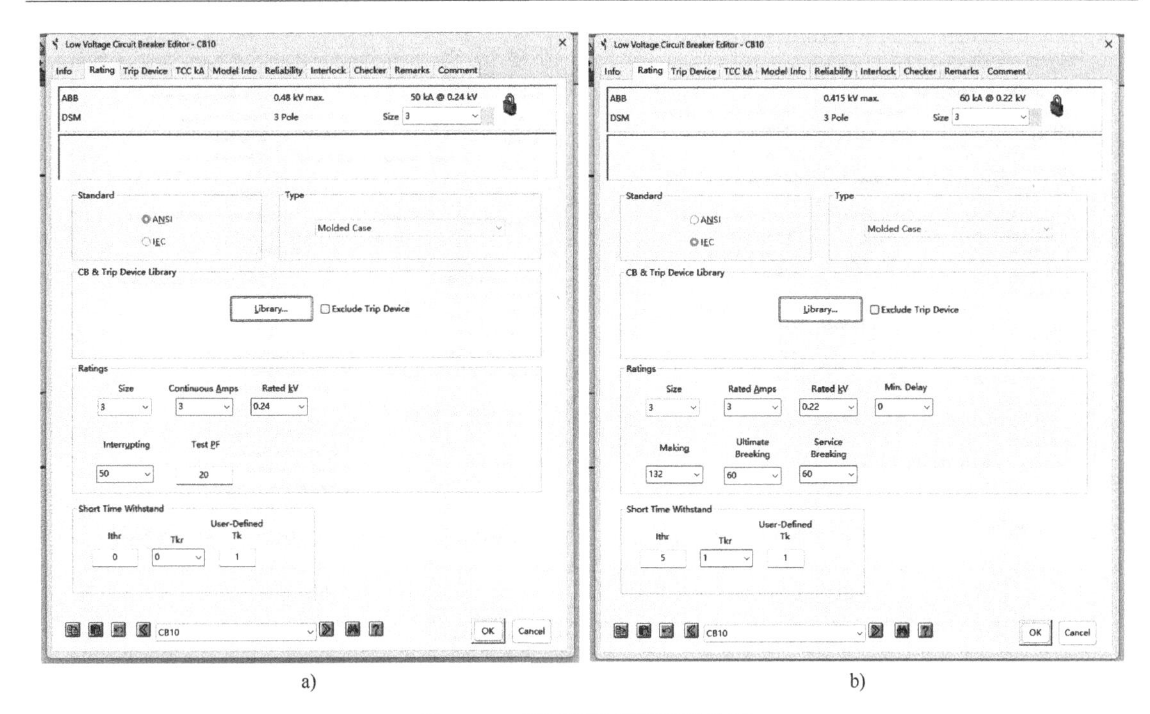

a)　　　　b)

图 8-53　低压断路器额定属性页

a）ANSI 标准断路器　b）IEC 标准断路器

12. 熔断器

短路电流计算中需要的熔断器数据，在熔断器额定属性页中输入。

1）ANSI 标准熔断器：熔断器额定电压、开断能力、测试功率因数。

2）IEC 标准熔断器：熔断器额定电压、交流开断能力有效值、测试功率因数。

8.5.2　短路分析案例属性设置

单击模式工具栏上“短路分析”按钮，可以进入短路分析模式。在短路分析模式被激活时，除了短路分析工具栏外，还将会自动显示分析案例工具栏（见图 8-54）。在分析案例工具栏中单击“分析案例”按钮就可以访问短路分析案例编辑器。用户也可以通过单击短路分析案例文件夹从系统管理器访问此编辑器。

图 8-54　短路分析模式下的分析案例工具栏

在短路计算模块中，录入元件参数之后，单击短路分析案例编辑器，通过其属性页设置短路分析所需数据。短路分析案例编辑器属性页如图 8-55 所示，设置参数包括精度控制变量、故障母线选择、输出报告选项等。“短路电流分析”根据所选分析案例的设定来计算并输出报告。在 ETAP 中可以创建无穷多个分析案例，在不同的分析案例之间可轻松切换，无须每次重新设定选项。

1. 信息属性页

在信息属性页录入分析案例名称，选择母线（选择故障母线），其余项选择默认值。

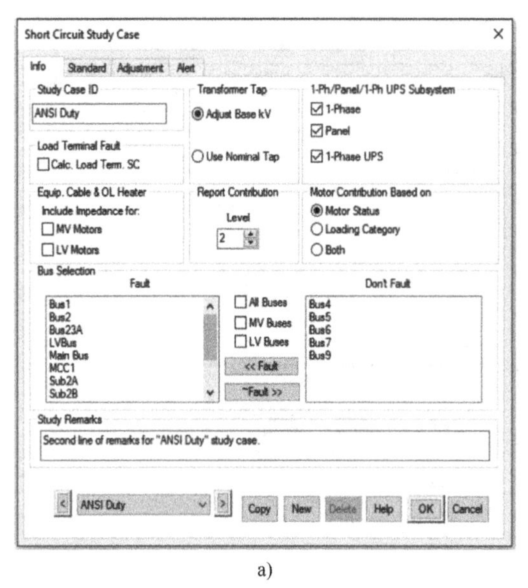

a)

b)

c)

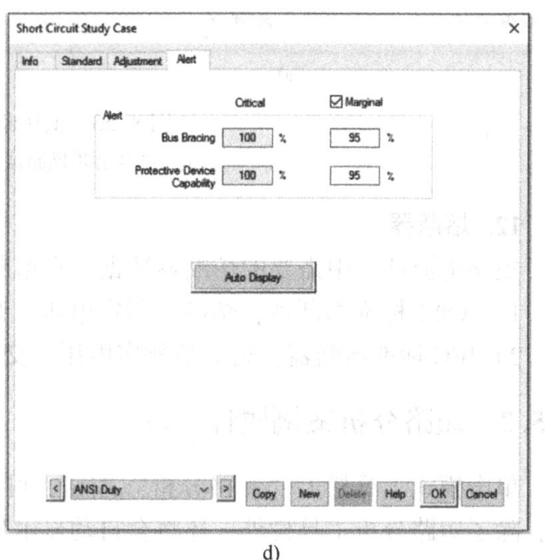

d)

图 8-55 短路分析案例编辑器属性页

a）信息属性页 b）标准属性页 c）调整属性页 d）报警属性页

（1）分析案例标识（Study Case ID）

分析案例标识显示在输入区。删除旧的标识，输入新的就可以改变分析案例的名称，分析案例标识不超过 12 个字母。

（2）变压器分接头（Transformer Tap）

有两种方法可以对变压器非标准分接头进行设定，即调节基准电压（Adjust Base kV）、使用标称分接头（Use Nominal Tap）。

调节基准电压：母线的基本电压是使用变压器匝数比来计算的，其中包括变压器的额定值以及非标准分接头设定。在环网系统中，如果变压器分接头位置被用于调节基准电压，那么就可以应用不同的基准电压值。

使用标称分接头：变压器的额定电压用作计算母线基本电压的变压器匝数比（即忽略所

有偏离标称值的抽头设置，并且不调整变压器阻抗）。但是，即使使用了这个选项，在某些情况下，环形系统仍然可能包含不兼容电压比的变压器。这可能导致在同一故障母线上应用两个不同的基本电压值，从而阻止短路计算的继续进行。在这种情况下，可能会生成相应的错误消息。要纠正这种情况，用户需要更改回路中的一个变压器的额定值。

（3）计算负荷终端短路电流（Calc. Load Term. SC）

勾选这个复选框可以计算负荷终端的短路电流。故障分析执行的负荷终端有异步电机终端、同步电机终端、静态负荷终端、电容器组和 MOV 终端。负荷终端故障电流计算在用户运行设备 Duty（运行状态）分析时给出，该分析应用于连接于母线的三相和单相负荷。

（4）单相/配电板/单相 UPS 子系统（1-Ph/Panel/1-Ph UPS Subsystem）

ETAP 允许用户执行单相系统、三相系统、单相配电板和单相 UPS 的短路计算。信息属性页有 3 个选项，这 3 个选项可以选择包括在设备运行状态计算的子系统的类型。当选中配电板（Panel）选项后，所有的配电板子系统（三相或单相）将包括在设备运行分析计算中。当选中单相 UPS（1-Phase UPS）选项后，所有的单相 UPS 子系统将包括在设备运行计算中。当选中单相（1-phase）选项后，所有连接于相适配器的单相子系统将包括在设备运行计算中。

（5）电缆/过载发热器（Cable/OL Heater）

在选项组中选择恰当的选择框，使中压和/或低压电机的设备电缆和过载发热器的阻抗包括在短路分析中。

（6）报告（Report）

反馈等级（Contribution Level）中指定母线等级数，来选择用户想查看的从单个母线到故障母线的短路电流反馈分量的母线数量。对于大系统而言，选择高的母线等级会导致输出报告很大。该选项默认值为 1，建议用户输入的值不要大于 3。

（7）电机反馈基于（Motor Contribution Based on）

用户能够选择“在短路分析中考虑电机分量”的选项。

1）电机状态（Motor Status）：选择该选项时，在短路分析中产生的电机状态分量是连续的或断续的，在短路分析中不考虑备用状态的电机。

2）负荷类型（Loading Category）：选择该选项时，要在选择框中选择一种负荷类型。非零负荷的电机在短路电流计算中会产生分量，而零负荷的电机在短路分析中不予考虑。

3）两者（Both）：选择该选项时，如果满足电机状态条件或负载类别条件，都将在短路分析中产生分量。也就是说，想把一个电机置于短路分析之外，必须是电机处于备用状态，同时负荷类别设为零负荷。

（8）母线选择（Bus Selection）

ETAP 可以同时设定一条或多条故障母线。但在分析过程中，母线故障是单独发生的，而不是同时发生的。根据设定的故障类型，分析程序为每条故障母线都设定了三相、线-线、线-线-地故障，以便于短路分析。

第一次打开短路分析案例编辑器时，所有母线都列在“非故障”栏，也就是说，没有母线是故障的。在分析案例中用户可以决定哪条母线故障。在“非故障”栏中激活母线标识，单击“故障”按钮（<<fault），则被激活的母线就出现在“故障”栏中。在“故障”栏中激活母线标识，单击“非故障”按钮（~fault>>），则该母线就出现在“非故障”栏中，用户从“故障”栏中移走该母线。

如果用户想设定所有的母线、中压母线或低压母线故障，选择相应选项，单击“故障”按钮，则所定义的母线就从“非故障”栏转移到“故障”栏中。想要移走所有母线、中压母线或低压母线，选择相应选项，单击“非故障”按钮，则所选母线就会从“故障”栏转移到“非故障”栏中。

注意：配电板和相位适配器单相母线不能指定为故障，因此不会出现在母线故障列表中。

（9）分析注释（Study Remarks 2nd Line）

可输入不超过 120 个字的信息，这些信息将打印在输出报告属性页页眉的第二行。注释是关于每个分析案例的特别信息。属性页页眉的第一行在项目菜单中输入，是所有分析案例的通用信息。

2. 标准属性页

短路分析案例编辑器标准属性页面如图 8-56 所示，在短路分析中可使用 ANSI、IEC 和 GOST 标准，单击标准符号来选择短路分析的标准。每种标准都有不同的精度控制变量（故障前电压、计算方法等）。

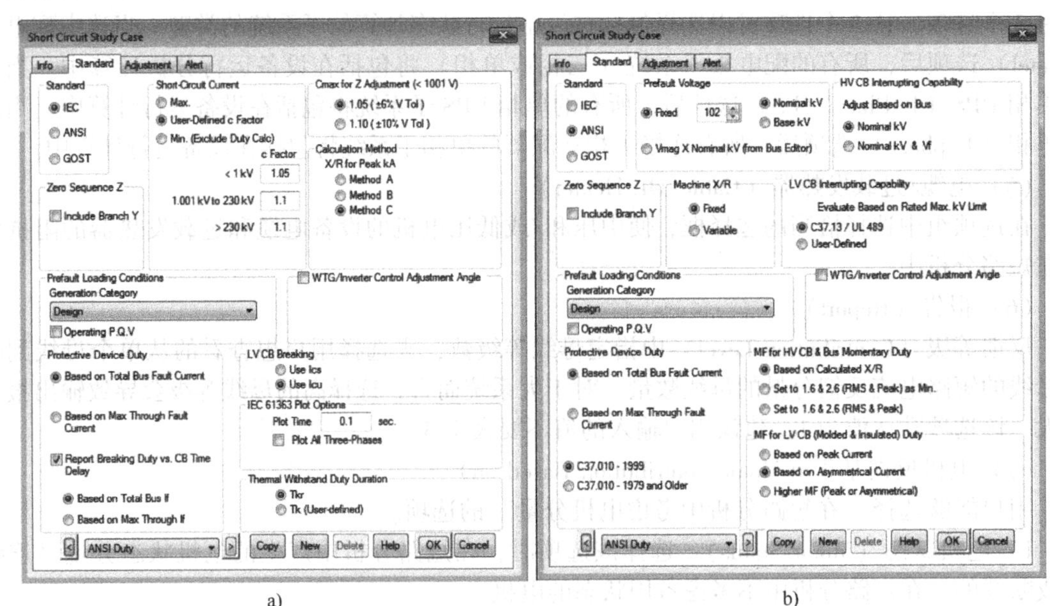

a)　　　　　　　　　　　　　　　　b)

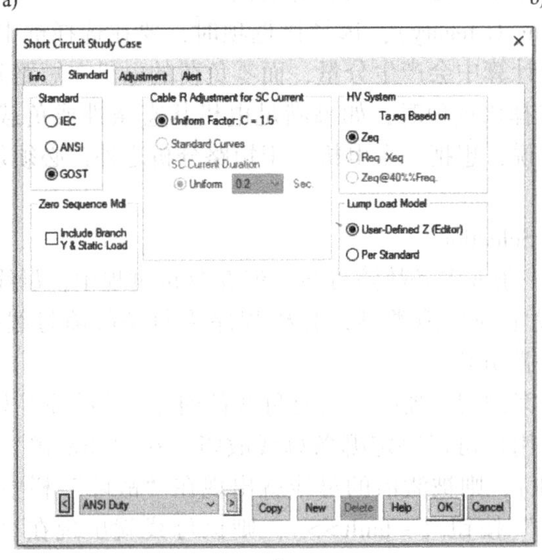

c)

图 8-56　短路分析案例编辑器标准属性页

a）IEC 标准属性页　b）ANSI 标准属性页　c）GOST 标准属性页

创建一个新的分析案例时，短路分析标准与用户在项目标准编辑器中设定的项目标准一样，可通过项目菜单访问所设定的标准。分析案例标准可单独改变。国内一般都选择 IEC，下面介绍 IEC 标准属性页参数设置。

（1）短路电流（Short-Circuit Current）

在此选项中，指定要计算的最大或最小短路电流，并根据选择指定不同的 c 系数来修改电源电压。该项提供 3 个选项：Max.（最大值）、User-Defined c Factor（用户定义的 c 因子）和 Min.（最小值）。当选择最大值选项时，c 因子值见表 8-8，IEC 60909—2016 标准中定义的 c 因子最大值用于计算最大故障电流。

表 8-8　最大短路电流下 c 因子值

选　　项	c 因子值
<1001 V	1.051（或 1.1，取决于 c_{max} 选项）
1.001～230 kV	1.10
>230 kV	1.10

当选择用户自定义 c 因子，ETAP 使用用户自定义 c 因子，c 因子范围见表 8-9。

表 8-9　c 因子范围

选　　项	c 因子值
<1001 V	0.1～1.95
1.001～230 kV	0.1～1.95
>230 kV	0.1～1.95

注意：超出表 8-10 建议范围的用户定义 c 因子的应用应在工程监督下进行。一些国家可能会根据其网络工作电压的预期变化而采用 c 因子范围内的变化。超出范围使用 c 因子可以认为超出了 IEC 60909—2016 的范围。

表 8-10　c 因子建议范围

选　　项	c 因子值
<1001 V	0.95～1.10
1.001～230 kV	1.00～1.10
>230 kV	1.00～1.10

当选择最小值选项时，c 因子值见表 8-11，使用 IEC 60909—2016 标准中定义的 c 因子的最小值来计算最小故障电流。

表 8-11　最小短路电流下 c 因子值

选　　项	c 因子值
<1001 V	0.95
1.001～230 kV	1.00
>230 kV	1.00

如果选择最大或用户定义的 c 因子选项：

1）负的容差值应用于同步发电机和同步电机直轴暂态电抗（X''_d）。

2）若在分析案例中设置选项应用于阻抗容差，负的容差值将使用在变压器阻抗、电抗器阻抗和过载发热器阻抗。

3）若在分析案例中设置选项应用于长度容差，负的容差值将应用在线路长度和电缆长度。

4）如果在“分析案例”中设置了按个别工作温度调整电阻值的选项，则将使用最低工作温度来调整电缆和线路电阻。

如果选择了最小选项：

1）正的容差值用于同步发电机和同步电机直轴暂态电抗（X''_d）。

2）若在分析案例中设置选项应用于阻抗容差，正的容差值将使用在变压器阻抗、电抗器阻抗和过载发热器阻抗。

3）若在分析案例中设置选项应用于长度容差，正的容差值将应用在线路长度和电缆长度。

4）如果在“分析案例”中设置了按个别工作温度调整电阻值的选项，则将使用最高工作温度来调整电缆和线路电阻。

（2）计算方法（Calculation Method）

计算峰值电流使用的 X/R 如下。

1）方法 A：在计算峰值电流时使用统一的抗阻比 X/R。

2）方法 B：在计算峰值电流时使用短路位置的抗阻比 X/R。

3）方法 C：在计算峰值电流时使用相同的频率。

（3）保护设备选型（Protective Device Duty）

用户可以选择母线总的故障电流或通过保护设备的最大电流来比较保护设备功能。

1）基于总的母线故障电流（Based on Total Bus Fault Current）。选择该复选框，则用总的母线故障电流与所有保护设备的额定值进行比较。对于高压回路断路器，在 IEC 短路计算标准中仍作为非发电机高压断路器考虑。

2）基于流过的最大故障电流（Based on Max Through Fault Current）。选择该复选框，用最大流经故障电流进行比较保护设备的额定值。最大故障电流是指通过保护设备的故障电流和总故障电流减去通过设备的电流的结果中较大的那个值。

3）报告开断选型和断路器延时（Report Breaking Duty vs. CB Time Delay）。在 IEC 设备功能计算中，勾选该选项，将在各个故障计算水晶报告结果属性页中输出不同延迟时间下开断电流。用户可以基于总的故障电流或最大直通故障电流选择显示开断功能。在该复选框下总的母线故障电流和最大直通故障电流选项与“保护设备功能”选项无关。

（4）低压断路器开断电流（LVCB Breaking）

允许用户指定低压断路器开断电流额定值，用于与计算的故障电流做比较。

1）使用 Ics（Use Ics）。若选择该选项，ETAP 将使用额定的短路开断容量来与 IEC 60909—2016 短路标准下计算的开断电流做比较。

2）使用 Icu（Use Icu）。若选择该选项，ETAP 将使用额定短路极限开断容量来与 IEC 60909—2016 短路标准下计算的开断电流做比较。

（5）阻抗调整最大 c 因子（Cmax for Z Adjustment（<1000 V））

允许用户指定在计算 K 校正因数时使用哪个常数，以校正变压器和发电机等设备的阻抗。

选择“1.05（±6% V Tol）”选项，用 $c_{max}=1.05$ 计算带有6%的电压容差系统的阻抗修正因数。

选择“1.1（±10% V Tol）”选项，用 $c_{max}=1.1$ 计算带有10%的电压容差系统的阻抗修正因数。

（6）GB/T 21066—2007 绘图选项（GB/T 21066—2007 Plot Options）

允许用户自定义 GB/T 21066—2007 计算程序的“绘图选项”。

绘图时间（Plot Time）：该项允许用户延长 GB/T 21066—2007 瞬态短路计算的绘图时间。可以输入的最大时间是 99 s。

如果选择“绘制所有三相（Plot All Three-Phases）”选项，则 ETAP 将绘制电源系统的所有三相，以进行 GB/T 21066—2007 瞬态短路计算。如果系统是平衡的，各相之间的相角差为120°或-120°。

（7）热耐受持续时间（Thermal Withstand Duty Duration）

允许用户指定用于 HVCB 和 LVCB 热评估的持续时间。

如果选择“Tkr”选项，则 ETAP 将使用额定短时耐受时间与通过 IEC 60909—2016 短路程序计算出的通过设备的等效热短路电流进行比较。

如果选择“Tk（User-Defined）”选项，ETAP 将使用用户定义的短时间耐受时间（在保护设备编辑器的额定值属性页面中输入），与 IEC 60909—2016 短路程序计算出的通过设备的热等效短路电流进行比较。

3. 调整属性页

短路分析案例编辑器调整属性页（见图 8-55c）同时应用于 ANSI 和 IEC 标准。该属性页包括了导体电阻、电缆长度、变压器阻抗和其他的不同类型的调整。

（1）阻抗容差（Impedance Tolerance）

该项允许用户考虑设备电阻和阻抗容差调整。每一种容差调整可以应用于单个的设备容差百分数设置或整个的指定的百分数。

1）变压器阻抗调整（Transformer Impedance Adjustment）：此调整将应用于变压器阻抗。该调整包括正序、负序和零序阻抗，具体取决于要执行的故障类型（三相或相对地、两相对地和相间）。变压器阻抗调整在短路计算中的最终效果是将阻抗减小指定的百分比容差值。例如，如果变压器阻抗为12%，容差为10%，则短路计算中使用的调整后阻抗将为10.8%，从而导致更高的故障电流。

通过使用变压器编辑器额定属性页中指定的容差百分比值，可以将阻抗调整应用于单个变压器；也可以通过在短路分析案例编辑器调整属性页中选择和指定一个非0%的全局容差来指定全局变压器阻抗调整。全局阻抗调整将覆盖任何单独的变压器容差值。

2）电抗器阻抗调整（Reactor Impedance Adjustment）：该调整应用于电抗器阻抗。短路模块中通过指定的容差百分数来减小电抗器阻抗，这将产生一个更小的阻抗和由此而产生的更大的故障电流。例如，若电抗器阻抗为0.1 Ω，容差为5%，在短路计算中所使用的调整的电抗器阻抗将为0.095 Ω。

该阻抗调整可以通过使用在电抗器编辑器额定属性页中指定的容差百分数应用于单个电抗器；也可以通过在相应的短路分析案例编辑器调整属性页中选择和指定一个大于0的全局容差

来指定。全局阻抗调整将覆盖任何单独的电抗器容差值。

3）过载发热器电阻调整（Overload Heater Resistance Adjustment）：该调整应用于过载发热器电阻。短路模块中通过指定的容差百分数来减小过载发热器电阻，这将产生一个更小的电阻和由此而产生的更大的故障电流。例如，若过载发热器电阻为0.1Ω，容差为5%，在短路计算中所使用的调整的过载发热器电阻将为0.095Ω。

该阻抗调整可以通过使用在过载发热器编辑器额定属性页中指定的容差百分数应用于单个过载发热器。一个全局的过载发热器阻抗调整也可以通过在相应的短路分析案例编辑器调整属性页中选择和指定一个大于0%的全局容差来指定。全局电阻调整将覆盖任何单独的过载加热器容差值。该调整仅应用于在中压和低压电机中选择了“电缆/过载发热器”选项的情况。

（2）长度容差（Length Tolerance）

该组允许用户考虑容差调整到电缆和传输线长度。每一个容差调整可以应用于单个的设备容差百分数设置或全局的指定的百分数。

1）电缆长度调整（Cable Length Adjustment）：该调整应用于电缆长度。短路计算中通过指定的容差百分数来减小电缆长度，这将产生一个更小的阻抗和由此而产生的更大的故障电流。例如，若电缆长度为200km，容差为5%，在短路计算中所使用的调整的电缆长度将为190km。

通过使用电缆编辑器信息属性页中指定的容差百分数，可以将长度调整应用于单个电缆；也可以通过在短路分析案例编辑器调整属性页的相应栏中选择并指定一个0%以外的全局容差来指定全局电缆长度调整。全局长度调整将覆盖任何单独的电缆容差值。

2）传输线长度调整（Transmission Line Length Adjustment）：该调整应用于传输线长度。短路模块中通过指定的容差百分数减小传输线长度，这将产生一个更小的阻抗和由此而产生的更大的故障电流。例如，若传输线长度为2km，容差为2.5%，在短路计算中所使用的调整的传输线长度将为1.95km。

该长度调整可以通过使用在传输线编辑器信息属性页中指定的容差百分数应用于单个传输线；也可以通过在相应的短路分析案例编辑器调整属性页中选择和指定一个大于0%的全局的容差来指定。全局长度调整将覆盖任何单独的传输线容差值。

（3）电阻温度校正（Resistance Temperature Correction）

该组设置允许用户考虑基于最低运行温度下电缆和传输线导体的电阻校正。每一个温度电阻调整可以应用于单个的电缆/传输线最低温度设置或全局的指定的值。

1）电缆电阻温度校正（Resistance Temperature Correction for Cable Resistance）：该调整应用于电缆导体电阻。短路模块基于最低的运行温度调整电缆电阻，如果最低工作温度低于导体的额定基准温度，那么电阻将减小。

该温度校正可以通过使用在电缆编辑器阻抗属性页中指定的最低运行温度应用于单个电缆。一个全局的温度校正也可以通过在相应的短路分析案例编辑器调整属性页中选择和指定一个最低温度来指定。全局温度校正值将覆盖任何单独的电缆阻抗属性页面最低温度。

2）传输线电阻温度校正（Resistance Temperature Correction for Transmission Line Resistance）：该调整应用于传输线导体电阻。短路模块基于最低的运行温度调整传输线电阻，如果最低温度低于额定的导体温度，那么电阻将减小。

该温度校正可以通过使用在传输线编辑器阻抗属性页中指定的最低运行温度应用于单

个传输线。一个全局的温度校正也可以通过在相应的短路分析案例编辑器调整属性页中选择和指定一个最低温度来指定。全局温度校正值将覆盖任何单独的传输线阻抗属性页面的最低温度。

（4）短路阻抗（Fault Zf）

用户可以在不对称短路计算中考虑短路阻抗，可以指定短路阻抗应用于所有故障母线。

4. 报警属性页

用户可在报警属性页（见图 8-55d）中设定短路电流计算结果报警。目的是在短路分析中就一些预先设定的条件为用户提出警告。在进行短路电流计算之后，基于预设定的设备额定值和系统拓扑来确定报警。

短路电流计算中有两种报警：临界报警和边界报警。两者之间的区别在于它们对于相同监控参数的不同百分值条件。如果遇到临界报警情况，在报警视图窗口会看到警告，而过载设备会在单线图中显示为红色。对于边界报警也一样，不同的是过载设备显示紫红色。如果用户想要显示边界报警，则必须选中边界报警。如果一个设备既符合临界报警又符合边界报警，则只显示临界报警。

（1）母线报警（Bus Alert）

母线的短路模拟报警用来监控峰值和对称/不对称情况。这些情况由母线额定值和短路分析结果决定。在短路分析报警属性页中设定的监控参数对临界报警是 100%，边界报警由用户设定。

（2）保护设备报警（Protective Device Alert）

保护设备模拟报警的设定与母线报警相似。用户可在短路分析编辑器的报警设定属性页中输入边界报警情况下的监控参数的百分数。但是，对于临界报警，该值固定为 100%。

对于所有保护设备，电流额定值将与最大通过故障电流或总母线故障电流进行比较，具体取决于短路分析案例标准属性页中保护设备功能选择。

（3）边界设备限制（Marginal Device Limit）

ETAP 标识所有的瞬时和中断性能超过容量的设备，在单线图中以红色显示该设备，并在输出报告中进行标识。选择边界设备限制选项，然后以设备功能的百分比指定边界限制，以标记具有边界功能的设备。

例如，考虑一个断路器，其额定分断电流值为 42 kA，计算出的短路值为 41 kA，不超过此断路器的能力；但是，如果将边界设备限制设置为 95%，则断路器将在输出报告中标记出来，并在单线图中会作为边界设备而显示紫色。

（4）自动显示（Auto Display）

短路编辑器的报警设定属性页的自动显示功能，允许用户决定是否在短路电流计算结束时自动显示报警视图窗口。

8.5.3 短路分析案例

1. 短路分析工具栏

在模式工具栏单击“短路分析”按钮，短路分析模式被激活，短路分析工具栏出现在屏幕的右方，如图 8-57 所示。单击潮流分析工具栏上按钮，可以进行相关分析、传送数据、更改显示选项。

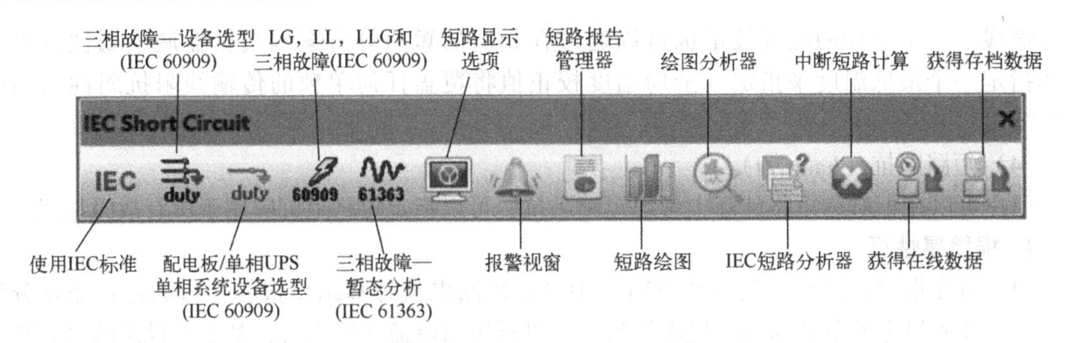

图 8-57　IEC 短路分析工具栏

当短路编辑器中设定为 IEC 参数，系统处于短路模式时，IEC 工具栏是激活的，下面介绍 IEC 工具栏。

（1）三相故障—设备选型（IEC 60909）（3-Phase Faults - Device Duty（IEC 60909））

单击该按钮进行 IEC 60909—2016 标准下的三相故障分析，计算故障母线的初始对称电流有效值（均方根）、峰值电流、对称/不对称中断电流有效值、稳态短路电流有效值及它们的直流补偿量。该程序检验保护设备在故障电流情况下的额定运行和开断容量，并对不适合设备进行标识。发电机和电动机通过其正序次暂态电抗建模。

（2）配电板/单相 UPS/单相系统设备选型（IEC 60909）

单击这个按钮可以运行 IEC 60909—2016 标准的单相短路计算。该分析计算用于单相系统保护设备容量估计的初始对称电流（I''_k），计算中包括主配电板、单相 UPS 和相适配器下的系统。这些子系统主要是单相系统，但在主配电板下允许有三相元件。

（3）LG，LL，LLG 和三相故障（IEC 60909）

单击该按钮进行单相接地、两相、两相接地短路等的三相故障分析（IEC 60909 标准下）。计算故障母线的初始对称电流有效值（均方根）、峰值、对称开断电流有效值和稳态短路电流有效值。

发电机的模型由正序、负序和零序电抗决定，电动机的模型由堵转转子阻抗决定。在连接系统正序、负序和零序时，要考虑到发电机、电动机、变压器的接地形式和绕组连接方法。

（4）三相故障—暂态分析（GB/T 21066—2007）

单击该按钮进行 GB/T 21066—2007 标准下的三相故障分析。计算故障母线的实际短路电流的瞬时值、直流补偿、短路电流包络线、交流分量，对整个短路电流的直流补偿瞬时值百分数。输出结果列成表格。

发电机以其正序次暂态电抗为模型，电动机的模型由它的堵转转子阻抗决定。在计算过程中还要考虑其次瞬态和瞬态时间常数，以及直流时间常数。

（5）短路显示选项

查看显示选项部分，自定义单线图中短路电流注释的显示选项，该对话框也包含 IEC 短路分析结果和相关的设备参数的选项。

（6）报警视窗

进行短路分析后，单击该按钮打开报警视图，该视图根据分析案例中的设置列出所有具有严重和边界违规的设备。

（7）短路报告管理器

短路输出报告以水晶报告的格式输出。报告管理器共有 4 页（完整的报告、输入、结果及总结）可供用于查看输出报表的不同部分。水晶报告的格式显示在报告管理器中的每页上。

也可以在分析案例工具栏中单击“查看输出报告”按钮来查看输出报告。所选程序目录中有所有输出文件的列表，短路电流计算可以调用。想要查看任何一个输出报告，单击输出报告的名字，再单击查看输出报告按钮就可以了。用户可以以 PDF、MS Word、Rich Text 格式打开并存储报告。如果用户想使报告的选择项为默认值时，可以单击设置默认复选框。

（8）短路绘图

单击此按钮以打开 GB/T 21066—2007 的图形选择编辑器，选择输出类型。

（9）IEC 短路分析器

此图标将打开短路设备选择分析器（也称为 ANSI/IEC 短路分析器）。

（10）中断短路计算

停止标志按钮通常是禁用的。启动短路计算后，此按钮将启用并显示红色停止标志。单击此按钮将终止计算。

（11）获取在线数据

用户可以通过按此按钮将实时数据代入离线的单线图中并运行计算。注意，运行负荷、母线电压和分析案例编辑器将被在线数据更新。

（12）获取存档数据

用户可以将来自 ETAP 回放模式获得的存档数据代到演示文稿中，并通过按下此按钮进行分析。用户会注意到运行负荷、母线电压和分析案例编辑器将被存档数据更新。

2. 案例分析

短路分析步骤如下：

1）在编辑模式下，编辑单线图。

2）双击单线图的元件图标，打开元件编辑器，即可录入元件的相关参数。

3）单击模式工具栏上“短路分析”按钮，可以进入短路分析模式。在分析案例工具栏中单击分析案例并访问短路分析案例编辑器，新建分析案例。

4）单击短路分析工具栏上“短路分析”按钮，进行相应的短路分析。

5）查看短路分析报告。

以图 8-16 单线图为例，设置单线图上元件的参数，编辑好短路分析案例 LF2 后，单击短路分析工具栏的“三相故障—设备选型”按钮，ETAP 运行三相短路分析案例 LF2，选取输出报告名称为 LF_Report2。

单击短路分析工具栏的“短路显示选项”按钮，短路分析的结果将显示在单线图中，如图 8-58 所示。打开“显示选项”，在“结果”页的“三相故障”框中，选择显示“对称初始值”或者“峰值”，可以实现参数显示切换。

单击短路分析工具栏的“短路报告管理器”按钮，可以输出短路分析结果的报告，如图 8-59 所示。

单击短路分析工具栏的“报警视窗”按钮，打开报警视图，将会列出在分析案例编辑器中设置的超过临界和边界报警的设备，如图 8-60 所示。

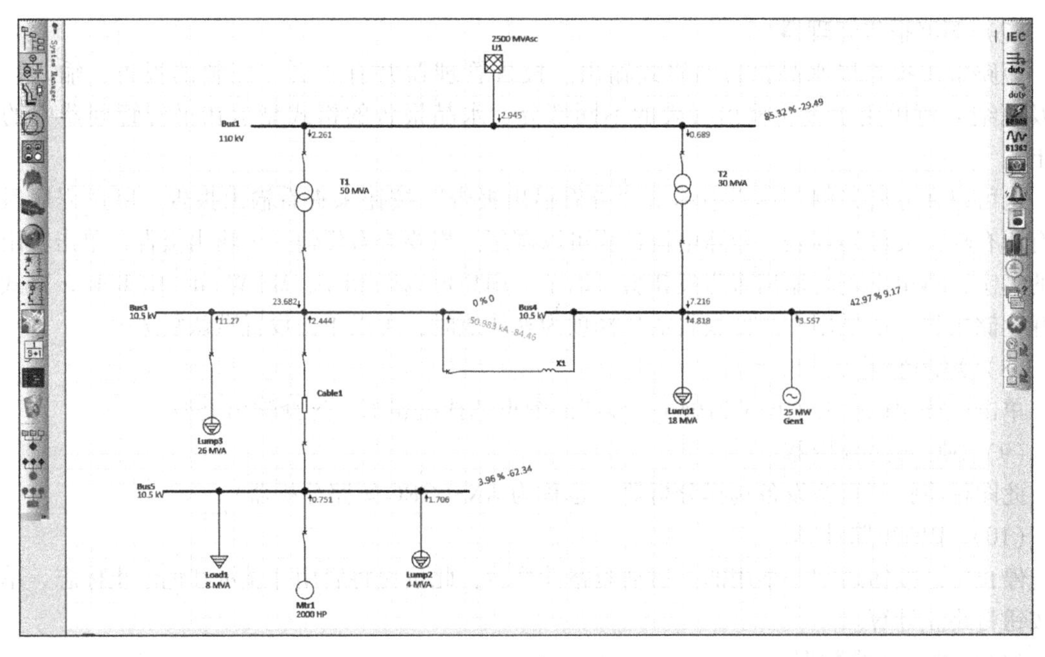

图 8-58　短路分析结果

Project:		**ETAP**	Page:	10
Location:		20.6.0E	Date:	28-01-2023
Contract:			SN:	SHNYNGAGR6
Engineer:		Study Case: LF2	Revision:	Base
Filename:	66666		Config.:	Normal

SHORT-CIRCUIT REPORT

3-Phase fault at bus: **Bus3**

Nominal kV = 10.500
Voltage c Factor = 1.10 (User-Defined)
Peak Value = 140.188 kA Method C
Steady State = 36.920 kA rms

Contribution		Voltage & Initial Symmetrical Current (rms)				
From Bus ID	To Bus ID	%V From Bus	kA Real	kA Imaginary	X/R Ratio	kA Magnitude
Bus3	Total	0.00	2.937	-53.319	18.2	53.399
Bus5	Bus3	3.96	0.480	-2.397	5.0	2.444
Bus1	Bus3	86.04	0.582	-23.875	41.0	23.882
Bus4	Bus3	49.68	0.753	-15.833	21.0	15.851
Lump3	Bus3	115.50	1.121	-11.214	10.0	11.270
Mtr1	Bus5	115.50	0.256	-0.706	2.8	0.751
Lump2	Bus5	115.50	0.225	-1.691	7.5	1.706
Bus4	Bus1	49.68	-0.018	0.578	33.0	0.578
U1	Bus1	110.00	0.073	-2.857	39.1	2.858
Gen1	Bus4	110.00	0.208	-5.514	26.5	5.518
Lump1	Bus4	115.50	0.362	-4.264	11.8	4.279

图 8-59　短路分析结果报告

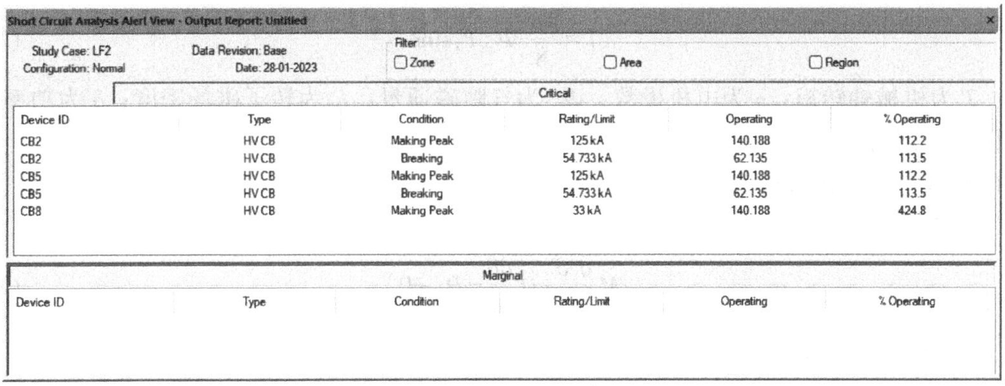

Short Circuit Analysis Alert View - Output Report: Untitled

Study Case: LF2　Data Revision: Base
Configuration: Normal　Date: 28-01-2023
Filter: ☐ Zone　☐ Area　☐ Region

Critical

Device ID	Type	Condition	Rating/Limit	Operating	% Operating
CB2	HV CB	Making Peak	125 kA	140.188	112.2
CB2	HV CB	Breaking	54.733 kA	62.135	113.5
CB5	HV CB	Making Peak	125 kA	140.188	112.2
CB5	HV CB	Breaking	54.733 kA	62.135	113.5
CB8	HV CB	Making Peak	33 kA	140.188	424.8

Marginal

Device ID	Type	Condition	Rating/Limit	Operating	% Operating

图 8-60　短路分析报警窗口

8.6　暂态稳定分析

在系统变化或干扰时，暂态稳定分析分析电力系统变化中、前、后的动态响应和稳定极限。该分析程序模拟电力系统的动态特性，执行用户设定的事件和动作，求解系统网络方程和机械微分方程，并得到系统和电机在时域内的响应。通过这些响应，用户可以确定系统的暂态特性，做稳定评估，设置保护设备参数，并运用必要的补偿或加强措施来提高系统稳定性。

电力系统暂态稳定分析是一项综合性的任务，需要电机动态模型、电机控制系统模型（如励磁系统和自动调压器、调速器和涡轮/发动机系统、电力系统稳定器）、电网建模、数值计算和电力系统机电平衡理论的知识。

ETAP 暂态稳定性分析模块完全符合以下标准：

IEEE 标准 1110™—2002，电力系统稳定分析中同步发电机建模实践和应用的 IEEE 指南；

IEEE 标准 421.5—2002，电力系统稳定性研究的励磁系统模型的 IEEE 推荐实践；

IEEE 标准 115—2009，同步电机试验程序指南（饱和模型）。

（1）进行电力系统暂态稳定分析的目的

电力系统的动态特性在系统设计和运行时有很大的意义。暂态稳定分析确定了系统中电机功率相角和转速偏离、系统电力频率、电机输入有功和无功功率、传输线和变压器注入功率，以及母线电压等级。这些系统指标都为系统稳定评估提供了依据。计算结果显示在单线图中，也可输出图形或报告。对于暂态稳定分析，应该模拟系统中对系统运行有重大影响的电机组。总的仿真时间应足够长，以便获取确定的稳定结果。

（2）电力系统稳定性定义

电力系统稳定性是在正常和非正常运行情况下确保电力系统机电平衡的一个特性。电力系统稳定性可以被定义为在系统各种位置指定的一个同步电机在故障或清除故障的扰动下保持同步的能力。同样地，也显示了系统中异步电机在扰动后保持转矩来带动负荷的能力。

同步电机在电力系统稳定中起到决定性的作用，因为在干扰期间或干扰之后，它们功率相角都会振荡从而导致系统功率振荡。根据这些振荡额定值的不同，系统的机电平衡可能被破坏或产生不稳定现象。所以电力系统稳定有时候也指同步电机功率相角稳定。

（3）发电机转矩方程

发电机转矩方程定义了机械转矩、定子电压、励磁系统和功率相角之间的关系，发电机转矩方程是电力系统暂态稳定分析中常用的方程之一，如下：

$$T=\frac{\pi p^2}{8}\Phi_{\text{air}}F_{\text{r}}\sin\delta \tag{8-1}$$

式中，T为机械轴转矩；p为电机极数；Φ_{air}为气隙磁通量；F_{r}为转子磁场密度；δ为功率相角（或转子位置角）。

（4）发电机平衡方程

发电机平衡方程如下：

$$M\frac{\mathrm{d}^2\delta}{\mathrm{d}t^2}+D\frac{\mathrm{d}\delta}{\mathrm{d}t}=P_{\text{M}}-P_{\text{E}} \tag{8-2}$$

式中，M为惯量常数；D为整定常数；P_{M}为输入机械功率；P_{E}为输出电磁功率。

发电机平衡方程表明了功率相角是机械功率和电磁功率之间平衡的函数。系统中任何破坏这种平衡的变化，都会导致功率相角在振荡的方式下瞬时改变到新的位置。这种振荡通常称为功角摇摆。

（5）稳定极限

电力系统有两种稳定极限：静态稳定极限和暂态稳定极限。

1）静态稳定极限。系统在受到在小的或一般性的干扰后，所有的同步电机都达到稳态运行状态或接近于干扰前的运行状态，则认为系统是静态稳定的。同步电机的静态稳定极限是：它的功率相角要小于90°。

2）暂态稳定极限。暂态或动态稳定性就是系统在突然变化或受到干扰（如短路、发电机故障、负荷突然变化、线路跳闸或其他类似的故障时或故障后）系统的稳定性。如果系统在受到严重的干扰后，同步电机都没有失去同步的达到稳定运行参数，则该系统是暂态稳定的。同步电机的暂态稳定极限是：它的功率相角要小于180°。

（6）不稳定问题的原因以及后果

引起电力系统不稳定问题的主要原因包括（但不限于）：短路；与主网系统失去连接；失去发电网中的一部分（发电机断开）；起动一台对系统发电容量有很大影响的电动机；传输线、电容器等的开关操作；负荷影响（电动机和静态负荷）；负荷或发电机的大幅度突然变化。

电力系统不稳定问题的后果经常是非常严重的，可能导致设备的长久性损坏和停止，并导致整个区域电力系统瓦解。典型的后果包括：整个区域中断供电；负荷中断；低压情况；对设备的损坏；继电器和保护设备故障。

8.6.1 元件的需求数据

进行暂态稳定分析，必须有所有的潮流计算数据。另外，还要有电机动态模型数据、负荷模型数据、控制单元如励磁机和调速器数据等。暂态稳定计算所需数据包括母线数据、支路数据和保护设备数据。

（1）母线数据

暂态稳定分析需要的母线数据包括：母线ID、标称电压、条件、负荷调整系数（当负荷调整系数选项设定为最大和最小调整系数时）。

（2）支路数据

1）两绕组和三绕组变压器。暂态稳定分析需要的变压器数据包括：变压器名称、母线连接、额定电压kV和功率MV·A、状态/条件（Condition）、正序阻抗和X/R、阻抗变化、阻抗容差、固定分接头和有载分接头控制（LTC）设置、标准正序或负序连接的相位移，或者用户定义结构的相位移。

2）电缆。暂态稳定分析需要的电缆数据包括：电缆 ID；母线连接；条件；长度、单位；容差；每相导体数；电缆型号，额定电压和尺寸（从库里选择用户需要的电缆信息）；电缆正序阻抗，电抗和电纳值（基于用户输入数据）；阻抗单位；基本温度和最小温度。

3）传输线（Transmission Line）。暂态稳定分析需要的传输线数据包括：传输线名称；母线连接方式；条件；长度、单位和容差；导体相位，接地线和配置参数（来自于数据库或者用户输入）；导线正序阻抗，电阻和电纳值（用户定义值被使用）；阻抗单位；基本温度和最小温度。

4）阻抗。暂态稳定分析需要的阻抗数据包括：阻抗 ID；母线连接；条件；正序电阻、电抗、电纳值；单位和相关参数。

5）电抗器。暂态稳定分析需要的电抗器数据包括：阻抗名称；母线连接方式；条件；正序阻抗，电阻和电纳值；单位和相关参数。

（3）保护设备数据（Protective Device Data）

暂态稳定分析需要的保护设备数据包括：保护设备名称；条件；母线和支路连接方式；状态。

（4）电流互感器/电压互感器数据

暂态稳定分析需要的互感器数据包括：电流互感器/电压互感器名称；母线或支路或电源或负荷连接方式；条件；一次和二次额定值。

（5）继电器数据

暂态稳定分析需要的继电器数据包括：继电器名称；CT/PT 连接方式；条件；设置，单位，CB 名称，动作，电压继电器延时和频率继电器延时；设备，名称，动作，设置，启动，逆功率继电器时滞；脱扣元件，设备，名称，动作，MV 固态脱扣继电器（SST）的瞬时启动；继电器元件，Level/Zone，设备，名称，动作，瞬时切断范围，脱扣，电机继电器（MR）和过载继电器（OCR）时滞。

（6）等效电网数据

暂态稳定分析需要的等效电网数据包括：等效电网名称；母线连接方式；运行模式（平衡节点、电压控制，无功 Mvar 控制或 PF 控制）；额定电压 kV；发电种类名称以及每种的相关数据；平衡节点模式的电压百分比%V 和相角；电压控制模式的电压百分比%V，有功发电和无功 Mvar 极限（Q_{max}和 Q_{min}）；无功控制模式的有功 MW 和无功 Mvar 发电，以及无功 Mvar 极限（Q_{max}和 Q_{min}）；PF 控制模式的有功 MW 发电，操作 PF 百分比和无功 Mvar 极限（Q_{max}和 Q_{min}）；三相短路容量 MVAsc 和抗阻比 X/R。

（7）同步发电机数据

暂态稳定分析需要的同步发电机数据包括：同步发电机名称；母线连接；条件；运行模式（平衡节点、电压控制，无功 Mvar 控制或功率因数控制）；额定功率 MW；额定电压 kV；额定功率因数百分比%PF；额定容量 MV · A；额定效率百分比%Eff；极数；发电类型名称和每种类别的相关数据；平衡节点模式的电压百分比%V 和相角；电压控制模式的电压百分比%V，有功 MW 发电和无功 Mvar 限值（Q_{max}和 Q_{min}）；无功控制模式的有功 MW 和无功 Mvar 发电以及无功 Mvar 限值（Q_{max}和 Q_{min}）；PF 控制模式的有功 MW 和操作的功率因数以及无功 Mvar 限值（Q_{max}和 Q_{min}）；动态模型类型（无、等效电路、暂态或次暂态）；转子类型（隐极或凸极）。

1）等效电路模型。等效电路模型参数包括：X''_d、X''_d/R_a、R_a、X_2、X_2/R_2、R_2、X_0、X_0/R_0、R_0、X_d、X_q、X_{du}、X_{qu}、X'_d、X_L、T'_{d0}。

2）暂态模型隐极电机类型。暂态模型隐极电机类型参数包括：X''_d、X''_d/R_a、R_a、X_2、X_2/R_2、R_2、X_0、X_0/R_0、R_0、X_d、X'_d、X'_q、X_q、X_L、X_{du}、X_{qu}、T'_{d0}、T'_{q0}。

3）次暂态模型隐极电机类型。次暂态模型隐极机类型参数包括：X''_d、X''_d/R_a、R_a、X_2、X_2/R_2、R_2、X_0、X_0/R_0、R_0、X_d、X'_d、X''_q、X'_q、X_q、X_L、X_{du}、X_{qu}、T''_{d0}、T'_{d0}、T''_{q0}、T'_{q0}。

4）暂态模型凸极机类型。暂态模型凸极机类型参数包括：X''_d、X''_d/R_a、R_a、X_2、X_2/R_2、R_2、X_0、X_0/R_0、R_0、X_d、X'_d、X'_q、X_q、X_L、X_{du}、X_{qu}、T'_{d0}。

5）次暂态模型凸极机类型。次暂态模型凸极机类型参数包括：X''_d、X''_d/R_a、R_a、X_2、X_2/R_2、R_2、X_0、X_0/R_0、R_0、X_d、X'_d、X''_q、X'_q、X_q、X_L、X_{du}、X_{qu}、T''_{d0}、T'_{d0}、T''_{q0}；阻尼系数；原动机转速（RPM）、惯量（WR^2）或者时间常数（H）；联轴器转速（RPM）、惯量（WR^2）或者时间常数（H）；发电机转速（RPM）、惯量（WR^2）或者时间常数（H）；包括张力系数效应的阻尼系数 D_1 和 D_2、弹性系数 K_1 和 K_2；励磁器选择（内置或 UDM）。

6）内置：固定励磁，或者励磁器类型和所有相关参数。用户自定义动态模型：UDM 模型文件名字（ID）、控制母线 ID、调速器选择（内置或 UDM）。

7）内置：没有（没有调速器），或者调速器类型和所有相关参数。用户自定义动态模型：UDM 模型文件名字（ID）、PSS 选择（内置或 UDM）。

8）内置：没有（没有 PSS），或者 PSS 类型和所有相关参数。用户自定义动态模型：UDM 模型文件名字（ID）。

（8）同步电机数据

暂态稳定分析需要的同步电机数据包括：同步电机名称；母线连接；条件；状态和相关的需求因数；数量；额定功率 kW/hp；额定电压 kV；额定功率因数以及 100%、75%和 50%负荷时的功率因数；额定效率以及 100%、75%和 50%负荷时的效率因数；每种类型的负荷类型名称和负荷百分比；设备电缆数据；动态模型类型（无、等效、暂态或次暂态）；转子类型隐极转子或凸极。

1）等效模型。参数包括：X''_d、X''_d/R_a、R_a、X_2、X_2/R_2、R_2、X_0、X_0/R_0、R_0、X_d、X_q、X_{du}、X_{qu}、X'_d、X_L、T'_{d0}。

2）暂态模型隐极电机类型。参数包括：X''_d、X''_d/R_a、R_a、X_2、X_2/R_2、R_2、X_0、X_0/R_0、R_0、X_d、X'_d、X'_q、X_q、X_L、X_{du}、X_{qu}、T'_{d0}、T'_{q0}。

3）次暂态模型隐极电机类型。参数包括：X''_d、X''_d/R_a、R_a、X_2、X_2/R_2、R_2、X_0、X_0/R_0、R_0、X_d、X'_d、X''_q、X'_q、X_q X_L、X_{du}、X_{qu}、T''_{d0}、T'_{d0}、T''_{q0}、T'_{q0}。

4）暂态模型凸极机类型。参数包括：X''_d、X''_d/R_a、R_a、X_2、X_2/R_2、R_2、X_0、X_0/R_0、R_0、X_d、X'_d、X'_q、X_q、X_L、X_{du}、X_{qu}、T'_{d0}。

5）次暂态模型凸极机类型。参数包括：X''_d、X''_d/R_a、R_a、X_2、X_2/R_2、R_2、X_0、X_0/R_0、R_0、X_d、X'_d、X''_q、X'_q、X_q、X_L、X_{du}、X_{qu}、T''_{d0}、T'_{d0}、T''_{q0}。

（9）异步电机数据

暂态稳定分析需要的异步电机数据包括：异步电机名称；母线连接；条件；应用类型（电动机或发电机）；状态和相关的需求参数；数量；额定功率 kW/HP；额定电压 kV；额定滑差百分比%或者转速；极数；额定功率因数以及 100%、75%和 50%负荷时的功率因数；额定效率以及 100%、75%和 50%负荷时的效率因数；每种类型的负荷类型名称和负荷百分比；设备电缆数据；模型类型（无或 CKT）。

1）Single1 CKT 模型。参数包括：X_{lr}、X_{oc}、X/R、T'_{d0}。

2）Single2 CKT 模型。参数包括：R_s、X_s、X_m、R_r、f_1、R_r、l_r、X_r。

3）DBL1 和 DBL2 CKT 模型。参数包括：R_s、X_s、X_m、R_{r1}、R_{r2}、X_{r1}、X_{r2}；电机转速（RPM）、惯量（WR^2）或者时间常数（H）；联轴器转速（RPM）、惯量（WR^2）或者时间常数（H）；负荷转速（RPM）、惯量（WR^2）或者时间常数（H）；包括张力系数效应的阻尼系数 D_1 和 D_2、弹性系数 K_1 和 K_2；负荷转矩类型（无、多项式或者曲线）；选择多项式或者曲线负荷转矩类型时的来自库里的负荷模型；每种类型的起动类型名称和起动负荷百分比；起动设备类型和相关参数。

（10）HV 直流连接库

暂态稳定分析需要的感应 HV 直流连接库数据包括：元件名称；母线连接；条件；额定属性页的所有数据；整流器控制属性页的所有数据；逆变器控制属性页的所有数据；交流控制器的所有数据；关闭重启控制属性页的所有数据。

（11）SVC 数据

暂态稳定分析需要的感应 SVC 数据包括：元件名称；母线连接；条件；额定电压（kV）；感应额定量（QL、IL、BL 三者之一）；电容额定量（QC、IC、BC 三者之一）；最大感应额定量（QL（Max）、IL（Max）两者之一）；最大电容额定量（QC（Min）、IC（Min）两者之一）；所有在模型属性页的数据。

（12）风力发电机数据（Wind Turbine Generator，WTG）

暂态稳定分析需要的异步风力发电机数据包括：风力发电机名称；母线连接；条件；数量；WTG 类型（类型 1，2，3，4）；WTG 控制类型（WECC、Generic、UDM）；额定功率、额定电压、额定功率因数百分数、额定效率百分比和极数。

1）类型 1 WECC。数据包括：发电百分数，每种类型的 Q_{max}、Q_{min}；模型（无或 CKT）；涡轮机属性页（风力发电机属性中 Turbine 属性页）的数据；风属性页的数据（风力发电机属性中 Wind 属性页）；变桨距控制属性页的数据（风力发电机属性中 Pitch Control 属性页）；惯性。

2）类型 2 WECC。数据包括：发电百分数，每种类型的 Q_{max}、Q_{min}；模型（无或 CKT）；涡轮机属性页的数据；风属性页的数据；控制属性页的数据；变桨距控制属性页的数据；惯性。

3）类型 3 WECC。数据包括：发电百分数，每种类型的 Q_{max}、Q_{min}；Imp/模型属性页的数据在模型一节；涡轮机属性页的数据；风属性页的数据；控制属性页的数据；变桨距控制属性页的数据；惯性。

4）类型 4 WECC。数据包括：发电百分数，每种类型的 Q_{max}、Q_{min}；模型 Imp/模型属性页的数据在模型一节；涡轮机属性页的数据；风属性页的数据；控制属性页的数据；惯性。

5）类型 3 Generic。数据包括：风力速度百分数，每种类型的 Mvar、Q_{max}和 Q_{min}；模型种类（无或 CKT），如果选择“无”，就建成恒定电力发电机模型；对于 Single 2 CKT 模型，数据是 R_s、X_s、X_m、R_r、f_1、R_r、l_r、X_r；涡轮机空气动力和动力效率 Cp；风力扰动和平均基础速度；整流器和变桨距控制；电机转速（RPM）、惯量（WR^2）或者时间常数（H）；联轴器转速（RPM）、惯量（WR^2）或者时间常数（H）；负荷转速（RPM）、惯量（WR^2）或者时间常数（H）。

6）用户自定义动态模型 1，2，3，4。数据包括：用户自定义动态模型名字；电机驱动阀门数据；电机驱动阀门名称；母线连接；条件；初始状态和相关需求因数；数量；额定功率 kW/hp；额定电压 kV；额定功率因数；额定效率；额定转矩；锤击和小型开关标志；笼型转子（LR），无负荷（NL），正常情况，额定转矩（额定 T）电流百分比%，功率因数百分比 %PF和时间期限；每种类型的负荷类型名称和负荷百分比；设备电缆数据；状态（如就绪或没有就绪）。

(13) 静态负荷数据

暂态稳定分析需要的静态负荷数据包括：静态负荷名称；母线连接；条件；数量；状态和相关需求因数；额定电压 kV；额定容量 kV · A/MV · A；额定功率因数；每种类型的负荷类型名称和负荷百分比；设备电缆数据。

(14) 等效负荷数据

暂态稳定分析需要的等效负荷数据包括：等效负荷名称；母线连接；条件；状态和相关需求因数；额定电压 kV；模型类型（常规、不平衡、指数、多项式或综合）。

1）常规模型。数据包括：额定电压、额定容量 kV · A/MV · A、有功功率 kW/MW、无功功率 kvar/Mvar、功率因数、固定的负荷容量百分数、恒功率和恒阻抗负荷百分比；期望的负荷种类的负荷百分数。

2）不平衡模型。数据包括：额定电压、每相的额定容量 kV · A/MV · A、有功功率 kW/MW、无功功率 kvar/Mvar、每相的功率因数、固定的负荷容量百分数、恒定阻抗负荷百分数、恒定负荷电流百分数；期望的负荷种类的负荷百分数。

3）指数模型。数据包括：额定电压、P_0、Q_0、a、b、K_{pf}和 K_{qf}；期望的负荷种类的负荷百分数。

4）多项式模型。数据包括：额定电压、P_0、Q_0、p_1、p_2、p_3、K_{pf}、q_1、q_2、q_3 和 K_{qf}；期望的负荷种类的负荷百分数。

5）综合模型。数据包括：额定电压、P_0、Q_0、a_1、a_2、K_{pf1}、K_{pf2}、b_1、b_2、K_{qf1}、K_{qf2}、p_1、p_2、p_3、p_4、p_5、q_1、q_2、q_3、q_4、q_5；期望的负荷种类的负荷百分数；动态模型类型。

(15) 电容器数据

暂态稳定分析需要的电容器数据包括：电容器名称；母线连接方式；条件；状态和相关需求因数；额定电压 kV；无功功率 Mvar/组和组数；每种类型的负荷类型名称和负荷百分比；设备电缆数据。

(16) 配电板计划（Panel Schedule）

暂态稳定分析需要的配电板计划数据包括：配电板计划名称；相连接；条件；内部链接（负荷）的每相额定量（回路）；外部链接（负荷）的连接和负荷；每相（回路）的各个负荷类型名称和负荷百分比。

(17) 谐波滤波器数据

暂态稳定分析需要的谐波滤波器数据包括：谐波滤波器名称；母线连接；条件；滤波器类型；电容器额定电压和单相电容器无功功率；电抗器 X_1 和 Q 因数；电阻 R；接地连接。

(18) 后备电源数据

暂态稳定分析需要的后备电源数据包括：后备电源名称；母线连接；条件；状态和相关需求因数；交流额定数据；I_{max}；旁路开关状态；UPS 负荷选择（根据负荷类型或相连的负荷）；操作输入 PF（额定或用户定义的）；UPS 负荷每种类型的百分比；短路对交流系统的贡献（K_{ac}、I_{sc}）。

(19) 变频器数据

暂态稳定分析需要的变频器数据包括：变频器名称；母线和负荷连接；条件；旁路开关状态；额定输入/输出电压、容量、频率、效率，输入的功率因数；操作的输入功率因数，频率，V/Hz 比率；启动控制类型，控制参数，电流限制。

(20) 充电器数据

暂态稳定分析需要的充电器数据包括：充电器名称；母线连接；条件；状态和相关需求因数；额定交流数据；每种类型的负荷百分比。

(21) 逆变器数据

暂态稳定分析需要的逆变器数据包括：逆变器名称；母线连接；条件；交流操作模式（平衡、电压控制、Mvar 控制或 PF 控制）；额定交流数据；短路对交流数据的贡献；发电属性页每种发电类型数据。

8.6.2 暂态稳定分析案例属性设置

单击模式工具栏上“暂态稳定性”按钮，可以进入暂态稳定分析模式。在暂态稳定分析模式激活时，除了暂态稳定分析工具栏外，还将会自动显示分析案例工具栏（见图 8-61）。在分析案例工具栏中单击“分析案例”按钮，就可以访问暂态稳定分析案例编辑器。用户也可以从项目视图中单击暂态稳定分析案例文件夹来访问该编辑器。

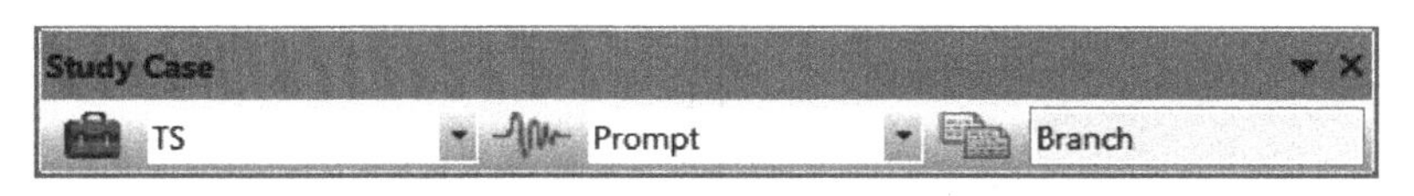

图 8-61　暂态稳定分析模式下的分析案例工具栏

用户可以单击在暂态分析案例工具栏上的“新建”按钮复制一个已有案例到新建案例中。用户也可以转到系统管理器，选择“多维数据库”部分，选择分析案例下拉列表，右键单击暂态分析案例文件夹（见图 8-62），选择“新建”。然后程序将创建一个新的分析案例，它是默认分析案例的副本，并将其添加到暂态稳定性分析案例文件夹中。

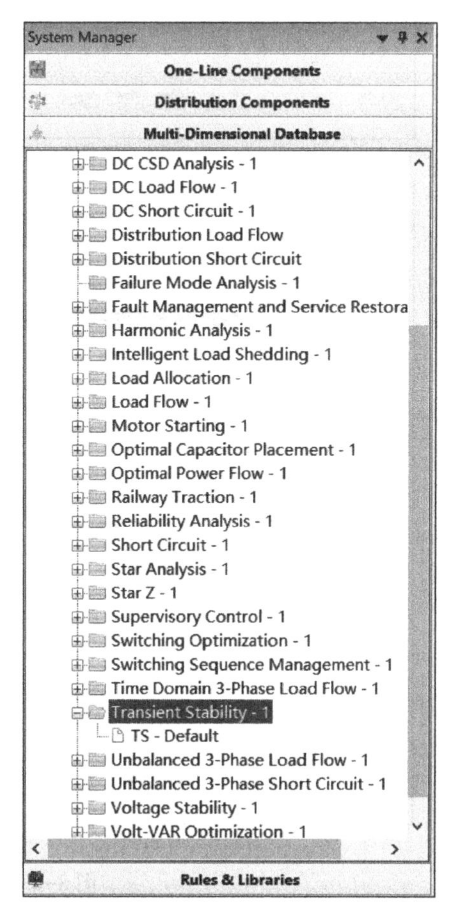

图 8-62　新建暂态分析案例

在分析案例工具栏中单击“分析案例”按钮，通过其属性页设置暂态稳定分析所需数据。暂态稳定分析案例编辑器属性页如图 8-63 所示，暂态稳定分析案例编辑器包括信息属性页、事件属性页、绘图属性页、动态模型属性页和调整属性页。暂态稳定分析案例编辑器包含精度控制变量、启动前负荷条件、事件和动作设定、电机模拟选项及输出报告的一系列选项。在 ETAP 中可以创建并保存无穷多个分析案例。暂态稳定计算根据工具栏所选的分析参数的设定来计算并输出报告。在不同的分析案例之间可轻松切换无须每次重新设定选项。

1. 信息属性页

在该属性页设定通用参数和分析案例信息。

(1) 分析案例名称（Study Case ID）

在输入区录入分析案例名称。用户可以删除旧的名称，输入新的分析案例名称。

(2) 初始潮流 (Initial Load Flow)

用户可以在该部分指定初始负荷潮流计算方案参数。初始潮流算法可以选择“自适应牛顿-拉弗森方法 (Adaptive Newton-Raphson)”或“牛顿-拉弗森方法 (Newton-Raphson)”。

输入最大迭代次数 (Max. Iteration): 如果迭代次数达到设定的最大迭代次数后，暂态分析仍无法收敛，程序会停止并通知用户，推荐的最大迭代次数默认值为2000。

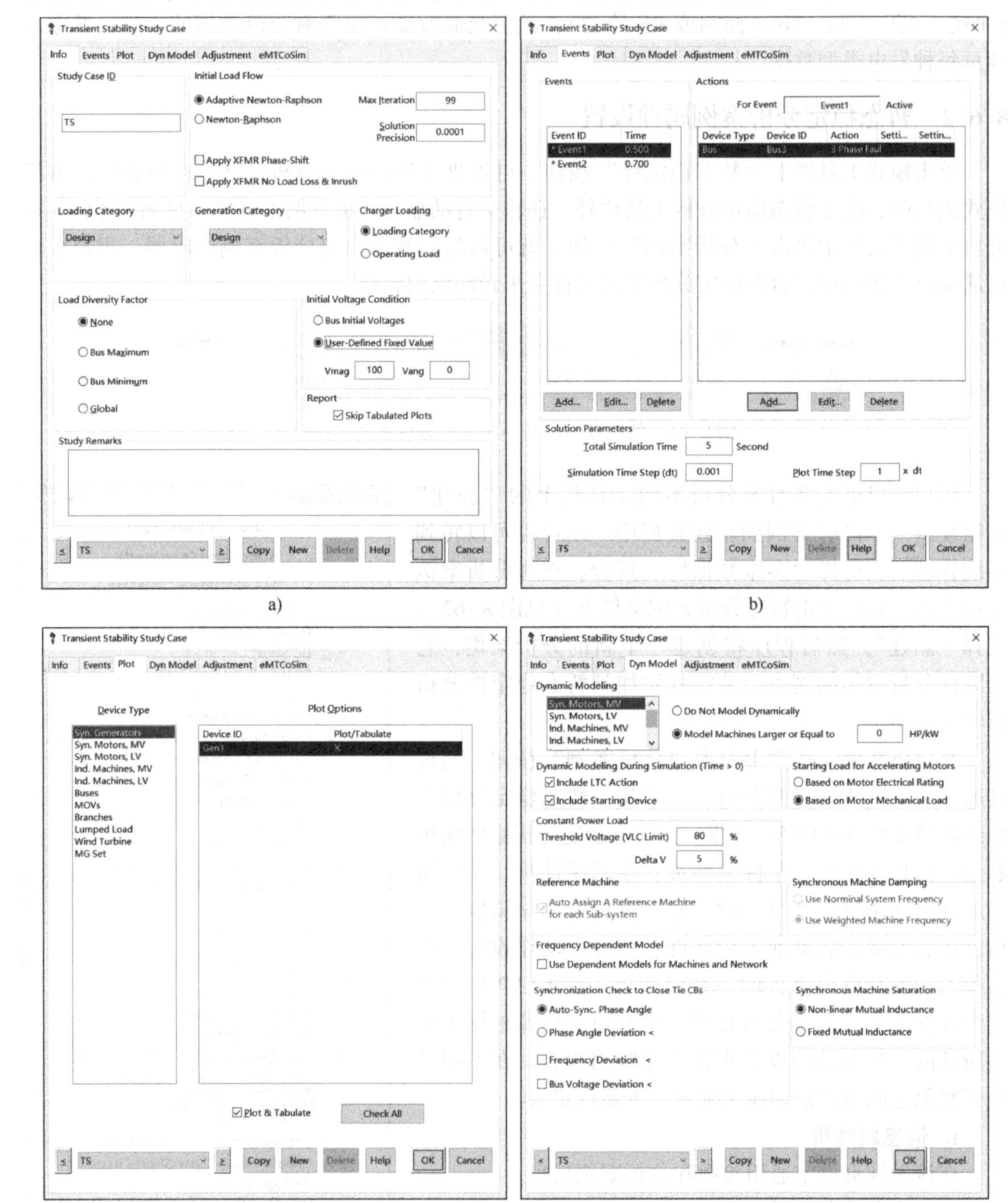

图8-63 暂态稳定分析案例编辑器属性页

a) 信息属性页 b) 事件属性页 c) 绘图属性页 d) 动态模型属性页

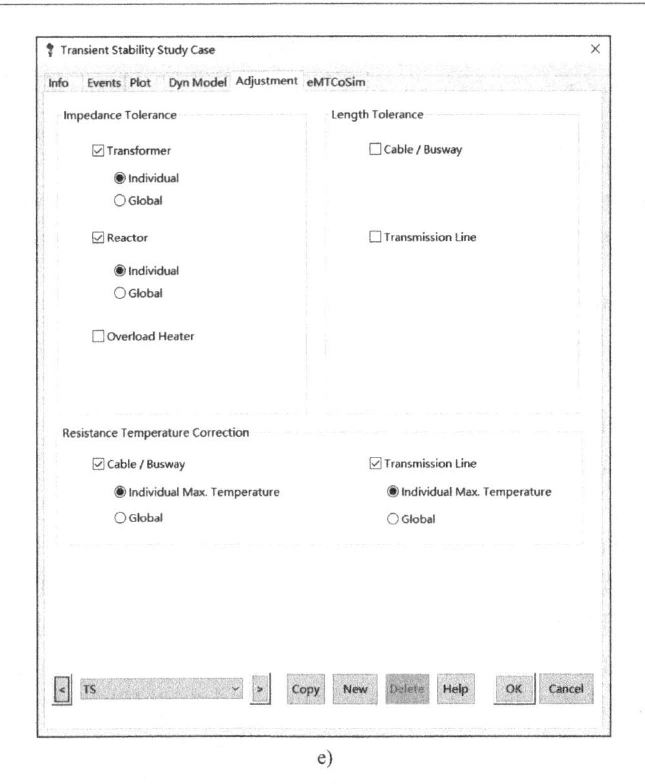

e)

图 8-63　暂态稳定分析案例编辑器属性页（续）

e）调整属性页

输入用于检验收敛性的精度（Solution Precision）：该值决定了计算中希望的精确度，推荐默认值为 0.000001。

勾选“应用变压器相位移（Apply XFMR Phase-Shift）”复选框，则在暂态稳定初始负荷计算和仿真时间计算时，考虑变压器相位移，可在变压器编辑器中找到相位移；否则，变压器相位移被忽略（即不论变压器绕组连接方式如何，相位移为 0）。

（3）负荷类型（Loading Category）

负荷种类有 10 种，在负荷类型框中选择其中一种。可以通过选择一种负荷指定系统初始的运行负荷。初始负荷情况将为暂态稳定分析建立一个初始的正常运行情况。无论选择哪种类型，ETAP 都会为指定的电机和其他负荷使用设定的负荷百分数。如果 ETAP 有实时在线功能，“运行负荷（Operating P，Q）”选项是可用的，单击该选项可以运行在相关设备编辑器中设定的有功功率和无功功率。运行负荷的有功功率和无功功率也可以从 ETAP 在线数据中获取。

注意：用户可以从电机编辑器中的铭牌属性页或大部分设备的负荷属性页中为 10 种类型负荷设定负荷条件。谐波滤波器的负荷将从它的参数中计算得出，SVC 负荷由初始潮流计算。

（4）发电种类（Generation Category）

该选项为当前暂态稳定分析选择 10 种发电机类型中的一个。选择一种发电机类型后，ETAP 会为所选类型发电机运用相应的发电机控制，这个发电机控制已经在发电机额定属性页和电网编辑器里指定，并且会根据发电机和电网所处工作状态有所不同。发电机和电网的工作状态在发电机和电网编辑器上选择。表 8-12 显示了发电机控制的工作状态。

表 8-12　发电机控制的工作状态

运行模式	发电机种类控制
平衡节点	%V 和 Angle
电压控制	%V 和 MW
无功控制	MW 和 MVar
功率因数控制	MW 和 PF

如果 ETAP 有实时在线功能，“运行（Operating P，Q，V）”选项是可用的，当单击该选项时，从在线数据和先前负荷潮流分析更新的发电机工作值会在负荷潮流分析中得到运用。

（5）负荷调整系数（Load Diversity Factor）

在暂态稳定初始负荷计算中应用的选择负荷调整系数，如下：

1）无（None）：选择“无”选项时使用在所选负荷类型中为单个负荷设定的负荷百分数，不考虑调整系数。

2）母线最大值（Bus Maximum）：选择该选项时，直接与每条母线相连的电动机和其他负荷将乘以母线最大调整系数。通过这个选项，可以为暂态稳定分析的初始负荷定义每条母线的不同最大调整系数。当考虑到将来电力系统负荷和每条母线有不同的最大负荷时，该选项有很大作用。

3）母线最小值（Bus Minimum）：选择该选项时，直接与每条母线相连的电动机和其他负荷将乘以母线最小调整系数。通过这个选项，可以为暂态稳定分析的初始负荷定义每条母线的不同最小调整系数。该选项在一些研究轻负荷条件作用的案例里是很有用的。

4）全部调整（Global）：输入适用于所有恒定功率、恒定阻抗、普通和恒定负荷的调整系数。选择该选项时，ETAP 将把所选负荷类型中所有的电动机、静态负荷、恒定电流负荷和普通负荷乘以输入的负荷调整系数值。

恒定功率（Constant kVA）负荷包括异步电机、同步电机、带电机负荷的传统和不平衡等效负荷、UPS 和充电器。恒定阻抗（Constant Z）负荷包括静态负荷、电容器、谐波滤波器、电机驱动阀门 MOV 和带静态负荷的常规和失衡等效负荷。恒定电流（Constant I）负荷包括具有恒定电流负荷的失衡（不平衡）等效负荷。普通负荷（Generic）包括运用指数、多项式或者全面模型的等效负荷模型。

（6）充电器负荷（Charger Loading）

1）负荷类型（Loading Category）：选择这选项时，使用充电器编辑器的负荷属性页的负荷类型中设定的有功功率和无功功率。

2）运行负荷（Operating Load）：选择该选项时，使用充电器编辑器的负荷属性页中运行负荷部分设定的有功功率和无功功率。如果选择该选项，应先运行一个直流潮流计算来计算充电器负荷。

（7）初始电压条件（Initial Voltage Condition）

所有母线电压和相角的初始条件可以在此指定，用于负荷潮流计算。

1）母线初始电压（Bus Initial Voltages）：选择该选项时，可以用母线编辑器信息属性页输入的母线电压和相角设置负荷潮流初始条件。

2）用户定义的定值（User-Defined Fixed Value）：该选项允许用户用固定电压量和相角设置初始负荷潮流条件。一旦选定该固定初始条件选项，用户就必须输入初始电压值作为母线额定电压的百分值。母线电压量和母线电压相角的默认值分别是 100%和 0。

（8）分析注释（Study Remarks）

在该注释框中输入不超过 120 个字的信息。这些信息将打印在每页输出报告页眉的第二行，为每个分析案例提供信息。页眉的第一行是对所有分析案例都适用的信息，在程序信息编辑器中输入。

2. 事件属性页

在该属性页中设计并存储暂态稳定分析中的假设、事件和一些方案参数。

（1）事件（Events）

在此列表中，所有用户定义的事件都按时间顺序显示，以便用户清楚地了解分析案例中的事件顺序。激活的事件用“*”标记，并在前面列出，后面是不激活的事件。

事件名称（Event ID）是事件唯一的名字，最多为 12 个字母。时间（Time）是关联事件发生的时间，单位是 s。

1）增加事件：单击“Add”（增加事件）按钮可增加一个新的事件，并打开事件编辑器，如图 8-64 所示。

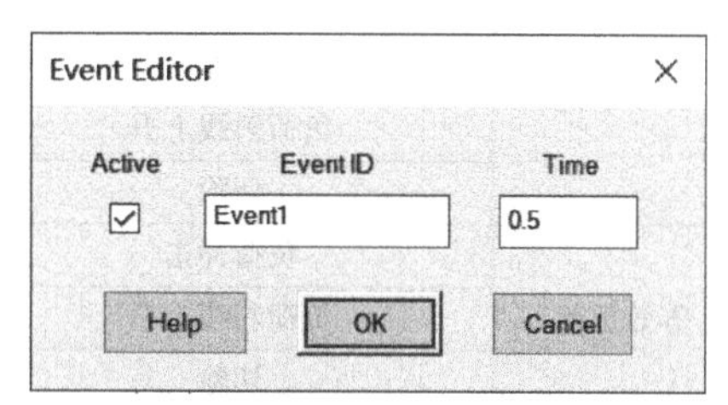

图 8-64　在事件编辑器增加新事件

2）激活事件：勾选“Active”复选框激活事件，只有激活事件才能参与到分析中。再次单击则取消选择，只是暂时是事件失效，并不是删除此事件。

3）编辑事件：单击“Edit”（编辑事件）按钮打开事件编辑器并编辑一个现存的事件；也可双击事件列表中的某个事件来激活事件编辑器。

4）删除事件：单击“Delete”（删除事件）按钮从列表中删除一个现存事件。

（2）动作（Actions）

每个事件都可包含一系列的动作（系统变化和干扰）。当用户在事件编辑器中选择一个事件时，与事件相关的动作就显示在动作列表中。各个动作由设备类型、设备名称、一个动作、设置 1 和设置 2 构成。事件名称可根据用户的需要显示在动作列表的顶部。表 8-13 显示了设备类型及其相关动作。设置 1 是负荷斜线上升的百分数，而设置 2 是负荷斜线上升的时间。

表 8-13　设备类型及其相关动作

设备类型	动　作	设　置　1	设　置　2
母线	三相故障/清除故障	—	—
电缆	故障/清除故障	与总长度的百分比	—
传输线	故障/清除故障	与总长度的百分比	—
阻抗	故障/清除故障	与总长度的百分比	—
断路器	打开/关闭	—	—
单向开关	打开/关闭	—	—
熔断器	跳闸	—	—
接触器	打开/关闭	—	—
发电机	非固定频率运行	—	—
	固定频率运行	—	—
	起动	—	—
	失磁	—	—
	发电机冲击	电功率变化百分数	—
	发电机斜线上升	电功率变化百分数	时间变化百分数
	电压冲击	电压变化百分数	—
	电压斜线上升	电压变化百分数	时间变化百分数
	切除	—	—

（续）

设备类型	动　作	设　置　1	设　置　2
公共电网	电压冲击	电压变化百分数	—
	电压斜线上升	电压变化百分数	时间变化百分数
	切除	—	—
同步电机	加速	—	—
	负荷冲击	负荷变化百分数	—
	负荷	负荷变化百分数	时间变化百分数
	切除	—	—
异步电机	加速	—	—
	负荷冲击	负荷变化百分数	—
	负荷斜线上升	负荷变化百分数	时间变化百分数
	切除	—	—
等效负荷	负荷冲击	负荷变化百分数	—
	负荷斜线上升	负荷变化百分数	时间变化百分数
	切除	—	—
MOV	起动	—	—
风轮机	U-D 风力扰动		
	阵风		
	斜坡风		
风轮机（Zone）	U-D 风力扰动		
	阵风		
	斜坡风		
VFD	频率变化	频率变化百分数	

1）增加动作：单击“Add”（增加动作）按钮打开动作编辑器增加新的故障，如图 8-65 所示。从设备类型下拉列表框中选择一种设备类型，从动作下拉列表框中选择动作。

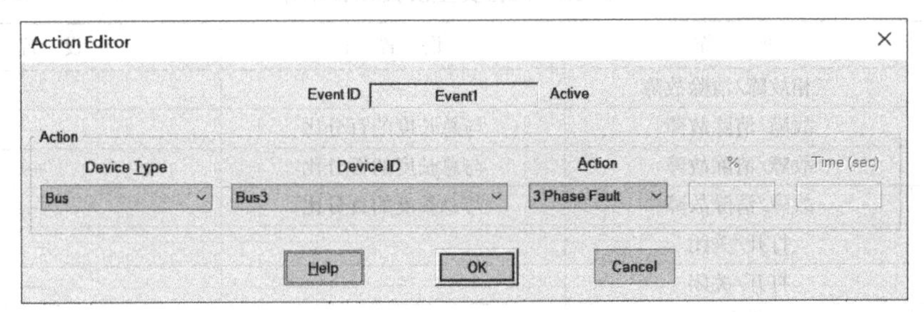

图 8-65　在动作编辑器增加新的故障

2）编辑动作：单击“Edit”（编辑事件）按钮编辑动作；也可以双击列表中的动作弹出动作编辑器。

3）删除动作：单击“Delete”（删除事件）按钮删除一个动作。

（3）解决方案参数（Solution Parameters）

1）总的仿真时间（Total Simulation Time）：设置一个暂态分析案例总的仿真时间，单位为 s，最大默认值为 9999 s。

2）仿真步长（Simulation Time Step）：暂态稳定仿真中步长以 s 为单位，该值应该比最小时间常量小，以保证用户可以看到所有的励磁和调速响应。该值越小，所需计算越多，计算次数就会增加。此值推荐为0.001 s。步长太小，误差可能增加。

3）绘图步长（Plot Time Step）：该值确定了ETAP记录绘图仿真结果的频率。例如，用户指定的绘图步长是20步，则每20个仿真步长ETAP就会绘点，也就是对于0.001的仿真步长，这个绘制步长是0.02 s。该值越小，绘制的图形就会越平滑，但是硬盘上的图形文件可能会变得很大。ETAP会在整个仿真过程中以这个时间间隔记录绘图信息。

3. 绘图属性页

在该属性页中将选择暂态稳定分析结果制成图形的设备。

1）设备类型（Device Type）：通过该选项选择一种设备类型或种类。

同步发电机（Syn. Generations）：电机组全部由同步发电机组成。

中压同步电机（Syn. Motors，MV）：电机组全部由额定值为1.0 kV及以上的同步电机组成。

低压同步电机（Syn. Motors，LV）：电机组全部由额定值低于1.0 kV的同步电机组成。

中压异步电机（Ind. Machines，MV）：电机组全部由额定值等于1.0 kV及以上的异步电机组成。

低压异步电机（Ind. Machines，LV）：电机组全部由额定值低于1.0 kV的动态模型异步电机组成。

母线（Buses）：由所有母线组成的设备组。

电机驱动阀门（MOVs）：由初始打开或闭合状态的电机驱动阀门组成的设备组。

支路（Branches）：由不同类型支路组成的设备组，母连开关除外。

等效负荷（Lumped Load）：所有等效负荷组成的设备组。

风力机（Wind Turbine）：该设备组包含所有的风力机。

2）绘图选项（Plot Options）：一旦选择了一个电机或设备组，所有设备都显示在图形选项中供用户选择。

设备名称（Device ID）：除了非动态模型电机外的可选电机组或设备组的设备组名称。

图形/列表（Plot/Tabulation）：单击该栏来为一个特定设备选择或不选图形/图表选项。一旦选定这个选项，会在所选设备后显示一个“X”。选择该选项后，在暂态稳定输出报告中显示所选设备的信息，并存储在图形文件中绘成图形。

图形和图表复选框（Plot & Tabulations）：这是对所选设备选择图形/图表选项的另一种方法。

4. 动态模型属性页

如果想动态模拟系统中的同步电机、异步电机和等效负荷，该属性页用来作总体设置。电机分为中压（大于或等于1.0 kV）和低压（1.0 kV以下）同步和异步电机组。

在电机的编辑器中设定了动态模型并且选择总体模拟电机组，电机或者等效负荷就可以进行动态模拟。所有的同步发电机和风力发电机都是动态模拟的。

（1）动态模型（Dynamic Modeling）

动态模型中包括：中压同步电机、低压同步电机、中压异步电机、低压异步电机、等效负荷。

选择“不进行动态模拟（Do Not Model Dynamically）”选项，在暂态稳定分析中不对这组电机进行动态模拟，不管个别电机是否设为动态模型。

选择“模拟大于或等于某值的电机（Model Machines Larger or Equal to）”选项，相应电机组中额定值大于或等于在功率输入值（HP/kW）中所输入值的电机就被动态模拟，小于的电机就不被动态模拟。注意：进行动态模拟的电机在它的编辑器中也应设定为动态模型。

（2）模拟过程中的动态模型（时间>0）（Dynamic Modeling During Simulation（Time>0））

1）包含 LTC 动作（Include LTC Action）：如果用户想在时间大于 0 s 时完全包含或排除 LTC 操作，则选择此选项，ETAP 将考虑独立的 LTC 初始延时和为带有 LTC 选项（分接头属性页）的变压器指定操作时间。

2）包含起动设备（Include Starting Device）：如果用户想在电机加速时完全包含或排除起动设备，则选择此选项，ETAP 将考虑电机加速时起动设备的控制方案。

（3）加速电机起动负荷（Starting Load for Accelerating Motors）

在电机加速计算中，电机和负荷的转矩的差异是电机的加速转矩。在 ETAP，负载转矩模型被指定为转矩百分比作为一个使电机速度归一化的功能。这个负荷转矩以电机电气额定值或机械负荷为基准。在这个组中，用户可指定想用的暂态稳定模式。

1）以电机电气额定值为基准（Based on Motor Electrical Rating）：当选择该项，假设用户在电机编辑中选的负荷转矩模型仅代表负荷曲线为速度的方程，负荷转矩值将会被调整使转矩的同步速度等于 100%。这意味着，用改进的负荷曲线，电机将在额定电压和额定速度下以 100%启动负荷消耗额定功率。当这个选项被选中，被构建的负荷转矩模型对计算结果没有影响。

2）以电机机械负荷为基准（Based on Motor Mechanical Load）：当选中该项，就假设在电机编辑器中选中的负荷转矩模型表示实际负荷基于额定输出转矩。应用负荷曲线将没有任何调整。

（4）恒容量负荷（Constant Power Load）

1）阈值电压（VLC 限制）（Threshold Voltage（VLC Limit））：该项用于控制一个恒功率负荷转换为暂态稳定计算的恒阻抗负荷。如果所连接母线的电压在此限制以下，则所有相关的负荷（恒功率和恒阻抗）将会发生负荷类型转换。VLC 限制单位为百分数，其典型值为 80%，指定变化范围是 0~200%。

2）电压偏差（Delta V）：为了避免在负荷类型转换过程中电压发生忽然振荡，在电压边界条件中将会使用范围为+/-5%的 VCL 限制，此设置表示如果所连接的母线电压低于-5%的 VCL 限制，恒功率负荷将会转换为恒阻抗负荷；另一方面，如果所连接母线电压恢复到+5%的 VCL 限制，则负荷将恢复到恒功率负荷。

（5）参考电机（Reference Machine）

自动为每个子系统配置参考电机。默认情况下，选中并禁用此选项。

（6）同步电机阻尼（Synchronous Machine Damping）

为激活该选项，在 ETAPS. inifile 的“ETAP PowereStation”部分设置 UseWeightedFrequency=1。

1）使用正常系统频率（Use Nominal System Frequency）：系统正常频率将被使用在平衡方程中，以计算电机阻尼功率。此选项假设在暂态过程中实际电网频率保持恒定，当系统存在一个公共电网时通常认为频率恒定。

2）使用权重电机的频率（Use Weighted Machine Frequency）：一个等效网络的频率，将通过使用在同一子系统中发电机速度的加权平均值计算。同样的频率可以用于平衡方程计算电机的阻尼功率。此项更多地用于没有公共电网并且系统频率在暂态过程中不能确保为恒定状态的系统中。

（7）频率依赖性模型（Frequency Dependent Model）

次暂态同步电机、异步电机和网络使用频率依赖模型。如果选择此选项，暂态稳定利用基于次暂态同步电机、异步电机和网络工作频率的阻抗变化。为了进行发电机起动研究，必须选中此选项。

（8）关闭母联断路器时的同步检测（Synchronization Check to Close Tie CBs）

1）自动同期相角（Auto-sync. Phase Angle）：如果选择该选项，当由暂态稳定分析案例动作或继电保护分析案例动作而合并电力子系统时，电压相角、电机相角以及电机的内角在合并系统中都会被同步。这个选项是默认的。

2）相角误差<（Phase Angle Deviation<）：如果选择该项，在关闭断路器（或任何其他有效的保护设备）时，如果电压相角差小于指定值，由暂态稳定分析案例动作或继电保护分析案例动作而合并的电力子系统，电压相角以及电机的内角在合并系统中都会被同步；否则，这个动作是无效的。

3）频率误差<（Frequency Deviation<）：如果选择该项，在关闭断路器（或任何有效的保护设备）时，需要附加的合并动作有效性，并用系统频率百分数检查频率差异。

4）母线电压误差<（Bus Voltage Deviation<）：如果选择该项，在关闭断路器（或任何有效的保护设备）时，需要附加的合并动作有效性，并用母线标称电压百分数检查电压差异。

（9）同步电机饱和（Synchronous Machine Saturation）

1）非线性互感（Non-linear Mutual Inductance）：用不饱和电抗、开路饱和曲线和气隙电压来确定饱和反应物。在 ETAP 18.0.0 中，需要的现场电流和电压的计算是根据 IEEE Std 115—2009 中的方法确定的。利用所提供的饱和信息，用直轴饱和电抗 X_{du} 和交轴饱和电抗 X_{qu} 确定发电机在气隙电压下的饱和性。

2）固定互感（Fixed Mutual Inductance）：使用固定的饱和电抗。该方法是同步电机工作电压偏离额定电压±10%时的一种简化方法。为了得到更精确的结果，建议使用“非线性互感”方法。

5. 调整属性页

此属性页允许用户指定长度、设备电阻和阻抗的容差调整。每一种容差调整的应用，可以基于单个设备容差百分比设定值或全局指定的百分比设定值。

（1）阻抗容差（Impedance Tolernace）

此选项允许用户指定设备阻抗的容差调整。各个容差调整基于独立的设备容差设置或基于一个整体的指定值。

1）变压器阻抗调整（Transformer Impedance Tolernace）：此调整用于变压器阻抗的调节。在暂态分析中变压器阻抗的实际结果将通过指定的容差值百分数增加阻抗值。例如，如果变压器阻抗为 12%，容差为 10%，则用在暂态分析中的变压器阻抗将为 13.2%，导致更大的损耗。

2）电抗器阻抗调整（Reactor Impedance Tolernace）：此调整用于电抗器的阻抗。暂态分析模块通过指定容差百分数导致更大的阻抗和电压降来增大电抗器的阻抗值。例如，如果电抗器阻抗为 0.1 Ω，容差为 5%，则调整后并只用在暂态计算中的电抗器阻抗为 0.105 Ω。

3）过载发热器电阻（Overload Heater Impedance Tolernace）：此调整用于过载发热器。暂态分析模块通过指定容差百分数导致更大的电阻和电压降来增大过载发热器的电阻值。例如。如果过载发热器电阻为 0.1 Ω，容差为 5%，则调整后并只用在暂态计算中的过载发热器电阻为 0.105 Ω。

（2）长度容差（Length Tolernace）

这部分允许用户电缆和传输线长度的容差调整。

1）电缆长度调整（Cable/Busway Length Tolernace）：此调整用于电缆长度。暂态分析模块通过指定容差百分数导致更大的阻抗和电压降来增加电缆长度。例如，如果电缆长度为200 ft[⊖]，容差为5%，则调整后的并在暂态分析中使用的电缆长度将为210 ft。

2）传输线长度调整（Transmission Line Length Tolernace）：此调整用于传输线长度，暂态分析模块通过指定容差百分数导致更大的阻抗和电压降来增加传输线长度。例如，如果传输线长度为2 m，容差为2.5%，则调整后的并在暂态分析中使用的电缆长度将为2.05 m。

（3）电阻温度修正（Resistance Temperature Correction）

用户可根据电缆和传输线导体的最高工作温度考虑电阻校正。每个温度电阻校正可以基于单个电缆/线路的最高温度设置或基于全部指定的值。

1）电缆电阻的温度修正（Cable/Busway Resistance Temperature Correction）：此调整用于电缆导体的电阻，暂态分析模块基于最大工作温度调整导体。如果最大温度大于导体的最大额定温度，则它的电阻将增大。

电缆温度修正，可以通过电缆编辑器阻抗属性页中的最大工作温度设定。对于整体温度可以通过在暂态稳定分析案例编辑器调整属性页中的相应条目选择并指定，整体温度修正值不考虑任何电缆阻抗属性页中的独立最大温度。

2）传输线电阻的温度修正（Transmission Line Resistance Temperature Correction）：此调整用于传输线导体的电阻，暂态分析模块基于最大工作温度调整导体。如果最大温度大于导体的最大额定温度，则它的电阻将增大。

独立的传输线温度修正可以使用设定在传输线编辑器阻抗属性页中的最大工作温度。对于整体温度可以通过在暂态稳定分析案例编辑器调整属性页中的相应条目选择并指定，整体温度修正值不考虑任何传输线阻抗属性页中的独立最大温度。

8.6.3 暂态稳定分析案例

1. 暂态稳定分析工具栏

在模式工具栏单击“暂态稳定”按钮，暂态稳定分析模式被激活，暂态稳定分析工具栏出现在屏幕的右方，如图8-66所示。单击暂态稳定分析工具栏上按钮，可以进行相关分析、传送数据、更改显示选项。

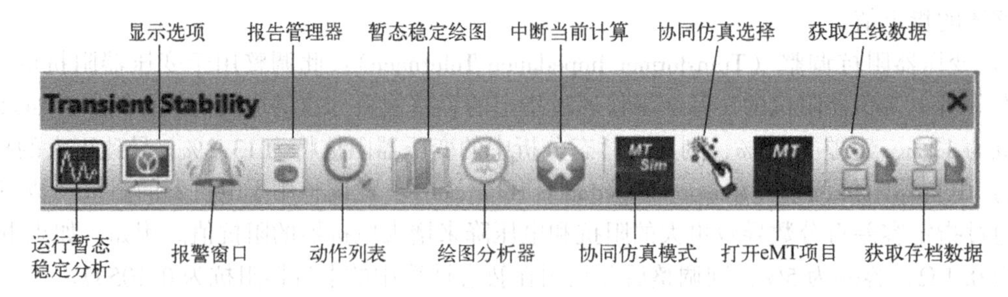

图8-66　暂态稳定分析工具栏

（1）运行暂态稳定分析

从分析案例工具栏中选择一个分析案例。单击“运行暂态稳定分析”按钮进行暂态稳定

⊖ 1 ft=0.3048 m。

分析。如果输出文件名设为 Prompt，程序显示一个对话框让用户定义输出报告的名字。计算结束时，暂态稳定结果显示在单线图中并存储在输出报告和图形文件中。

（2）显示选项

单击“显示选项”按钮来定义暂态稳定分析模式中单线图的注释选项，并为暂态稳定计算结果编辑单线图。

（3）报警窗口

此按钮在 ETAP 中没有，将在以后推出的 ETAP 版本中添加。

（4）报告管理器

单击“报告管理器”按钮选择暂态稳定输出报告格式并查看结果。暂态稳定分析报告可以以水晶报告格式查看或将报告保存为 PDF、MS Word、Rich Text 或 Excel 格式。用户也可以利用分析案例工具栏上的输出报告列表选择输出文件。暂态稳定分析的输出报告数据库的扩展名为 . tsr。

（5）动作列表

在分析案例中单击“动作列表”按钮查看动作顺序。完成一个分析案例后，动作列表将会自动更新。在动作列表中的信息也可以在动作总结报告中看到。动作列表包含一系列的动作，包括在暂态稳定分析案例定义的动作和来自于继电器运行的动作。由系统限制产生的故障动作也在这个列表里有报告。运用时间滑块可以观察系统动作次序。箭头左键和右键会使时间滑块移到先前/下个动作或者先前/下个图标。

（6）暂态稳定绘图

单击“暂态稳定绘图”按钮选择并绘制图形文件曲线。暂态稳定图形文件的扩展名为 . tsp。

（7）中断当前计算

通常情况下“中断当前计算”按钮是无效的。当暂态稳定分析时，该图标被激活并显红色。单击该按钮来中断当前计算。如果在计算完成前中断当前计算，则单线图无法显示计算结果，并且这个输出报告会不完善。

（8）协同仿真模式

单击“协同仿真模式”按钮以启用或禁用电磁暂态和暂态稳定性协同仿真，此模式允许 ETAP 在复杂和多学科模型上跨不同软件的工具执行协同仿真。

（9）协同仿真选择

单击“协同仿真选择”按钮时，将光标悬停在元件上将指示元件是否可以用作协同仿真元件。单击元件将其定义为协同仿真元件。在协同模拟期间，有源协同仿真元件注入电流在 eMT 中边界块的终端处测量。

（10）打开 eMT 项目

启用协同仿真模式时，此按钮激活。单击此按钮可自动启动 eMT 并创建一个项目，该项目的边界块表示协同仿真元件边界总线上的 ETAP 等效网络。eMT 项目文件在 ETAP 项目协同仿真文件夹下生成。

（11）获取在线数据

当 ETAP 实时高级监测处于激活时，该按钮就可以起作用。单击这个按钮可以用一些诸如负荷、母线电压等的实时数值作为用户的暂态稳定的初始条件。注意：在实时系统中操作人员可以在动作之前使用该模块来预测系统响应。

（12）获取存档数据

如果安装的ETAP具有在线功能，可以复制存档数据到当前计算中。当ETAP实时事件重放处于激活时，该按钮就可以起作用。单击这个按钮可以用一些诸如负荷、母线电压等的存档数值作为最优潮流的初始条件。

2. 案例分析

暂态稳定分析步骤如下：

1）在编辑模式下，编辑单线图。

2）双击单线图的元件图标，打开元件编辑器，即可录入元件的相关参数。

3）单击模式工具栏上“暂态稳定”按钮，可以进入暂态稳定分析模式。在分析案例工具栏中单击分析案例并访问暂态稳定分析案例编辑器，新建分析案例。

4）单击暂态稳定分析工具栏的“运行暂态稳定分析”按钮，进行相应的暂态稳定分析。

5）查看暂态稳定分析报告。

以图8-16单线图为例，设置单线图上元件的参数，编辑好短路分析案例LF4后，单击暂态稳定分析工具栏的“运行暂态稳定分析”按钮，ETAP运行暂态稳定分析案例LF4，选取输出报告名称为LF_Report4。

单击暂态稳定分析工具栏的“显示选项”按钮，暂态稳定分析的结果将显示在单线图中，如图8-67所示。暂态稳定分析显示选项由一页结果属性页和三页注释属性页组成，它们分别是交流注释（AC）、交流-直流（AC-DC）和颜色信息注释。

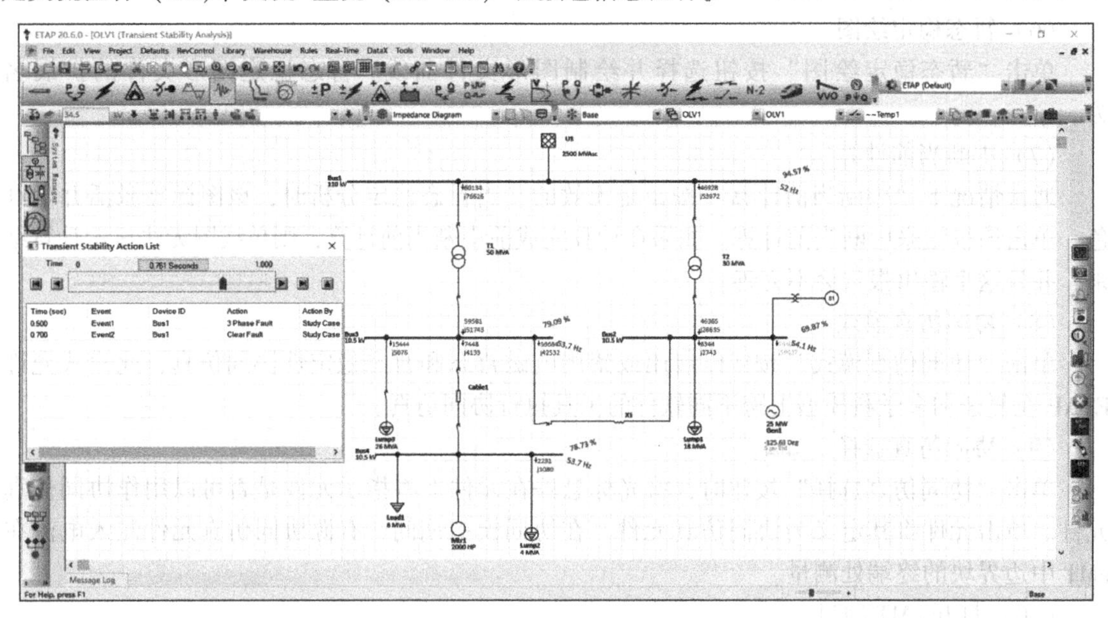

图8-67　暂态稳定分析结果

在结果属性页中可定义显示在单线图中的计算结果选项。在单线图上显示结果包括：母线电压和频率、同步电机功率相角和频率、异步电机转速和注入电机功率。显示在单线图中的母线、电机和支路数据与图形文件中输出的数据一样，例如，在单线图中显示母线电压和频率，就可以为这条母线输出图形文件，用户需要从暂态稳定分析案例编辑器的绘图属性页绘图或制表。

交流注释属性页包含显示交流设备注释信息的选项。交流-直流属性页允许用户指定交-直流元件和复合网络信息注释显示选项。颜色信息属性页允许用户在单线图中为元件和结果设置注释信息颜色。

单击暂态稳定分析工具栏的“报告管理器”按钮，可以输出暂态稳定分析结果的报告，如图 8-68 所示。

Project:		ETAP	Page:	8
Location:		20.6.0E	Date:	18-01-2023
Contract:			SN:	SHNYNGAGR2
Engineer:		Study Case: TS	Revision:	Base
Filename:	□□□□		Config.:	Normal

Synchronous Machine Parameters

Machine			Rating		Positive Sequence Impedance (%)								Zero Seq. Z (%)		
ID	Type	Model	MVA	kV	Ra	Xd"	Xd'	Xd	Xq"	Xq'	Xq	Xl	X/R	R0	X0
U1	Power Grid	N/A	2500.000	110.000	3.33		99.94							5.83	174.90
Gen1	Generator	Subtransient, Round-Rotor	31.250	10.500	1.00	19.00	28.00	155.00	19.00	65.00	155.00	15.00	7.00	1.00	7.00

Machine	Connected Bus	Time Constants (Sec.)				H(Sec.), D(MWpu/Hz) & Saturati					Generator or Loading		Grounding		
ID	ID	Tdo"	Tdo'	Tqo"	Tqo'	H	%D	S100	S120	Sbreak	MW	Mvar	Conn.	Type	Amp
Gen1	Bus2	0.035	6.500	0.035	1.250	0.900	0.00	1.070	1.180	0.800	25.000	15.500	Wye	Solid	

Machine		Generator/Motor			Coupling			Prime Mover/Load			Equivalent Total		
ID	Type	RPM	WR²	H	RPM	WR²	H	RPM	WR²	H	RPM	WR²	H
Gen1	Gen.	1500	2279	0.900	1800	0	0.000	1800	0	0.000	1500	2279	0.900

WR²: kg-m²　　H: MW-Sec/MVA

图 8-68　暂态稳定分析结果报告

单击暂态稳定分析工具栏的“暂态稳定绘图”按钮，弹出一个暂态稳定图形选择对话框，如图 8-69 所示，用户可设定想要查看的设备和图形类型，图形文件中的数据与显示在单线图中的母线、电机和支路数据一样，如图 8-70 所示。

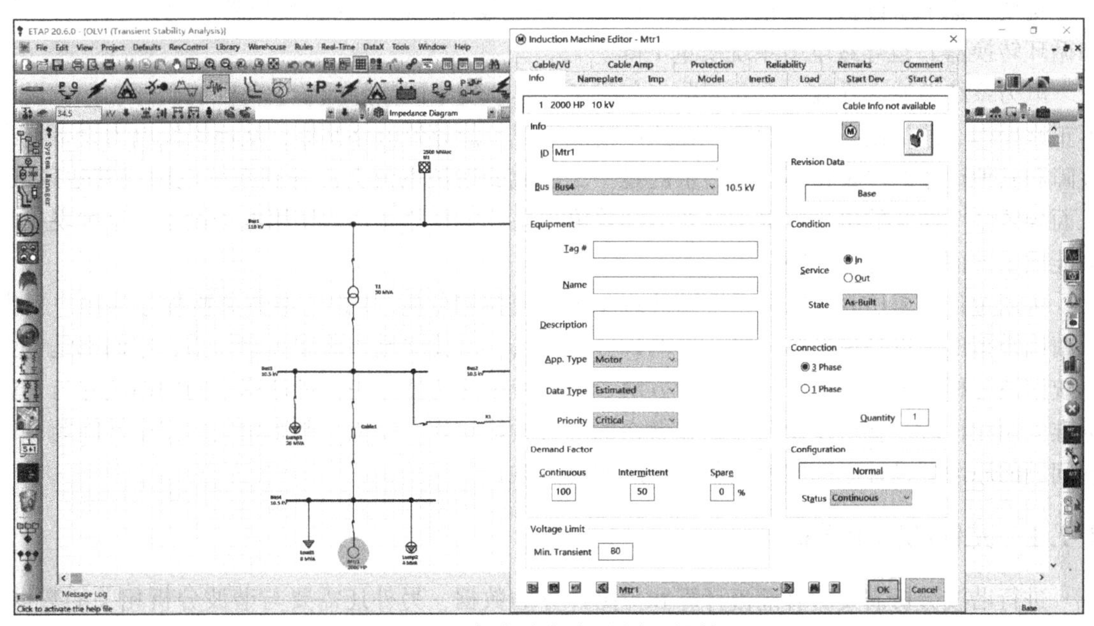

图 8-69　暂态稳定绘图选择对话框

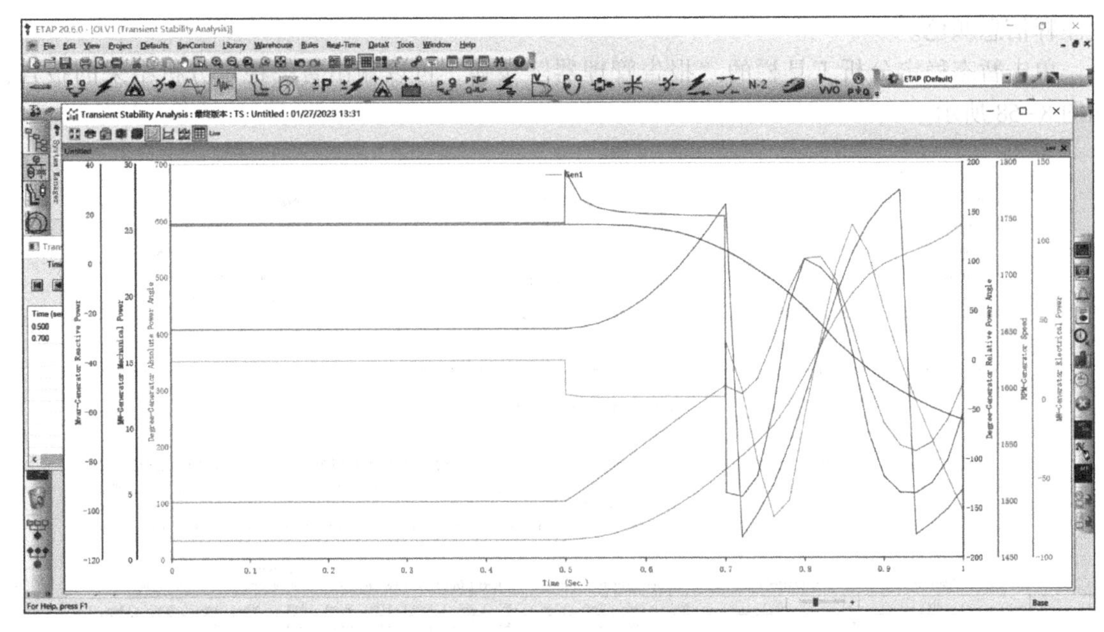

图 8-70　暂态稳定图形文件

8.7　谐波分析

拓展阅读：电机起动分析

由于电力电子设备以及其他电子和数字控制器［如变速驱动器、不间断电源（UPS）、静态功率转换器、整流器、静态无功补偿器（SVC）等］的广泛且不断增长的应用，电力系统部分区域的电压和电流质量受到严重影响。在这些区域中，可以发现除了基频分量外还有其他不同的频率分量存在，这些不同频率的分量通常是基频的整数倍数，称为“谐波”。谐波会使电压和电流波形产生畸变。除电子设备外，某些其他非线性负载或设备（包括饱和变压器、电弧炉、荧光灯和循环转换器）也导致电力系统质量下降。

电力系统谐波会导致一系列问题，如设备过热、功率因数降低、设备性能破坏、保护设备不正常操作、通信设备的干扰等，在这些情况下很可能导致电路共振，从而引发电力设备绝缘故障和其他设备的严重损坏。更严重的是一个区域的谐波电流会渗透到系统电网或其他区域，从而导致整个系统的电压和电流畸变。随着电力系统中日益增多的使用电子设备，这种现象是电能质量方面主要考虑的问题。

可通过计算机仿真对电力系统谐波现象进行模拟和分析。ETAP 谐波分析程序为用户提供了精确模拟电力设备模型的工具，有两种分析方法：谐波潮流和谐波频率扫描，它们都是电力系统谐波分析中最流行并有效的分析方法。综合使用这两种方法，可计算不同的谐波并与工业标准限制相比较，就可发现存在的和潜在的电力质量问题，以及与谐波相关的安全性问题，发现问题的原因并设计不同的减缓和校正问题的方案。

8.7.1　元件的需求数据

进行谐波分析需要所有潮流计算和短路计算的数据，另外还需要与谐波分析相关的数据，如谐波源、模拟方式和滤波器等。

（1）等效电网

等效电网必需的属性页有信息属性页、额定值属性页，可能用到的属性页是谐波属性页。在信息属性页选择合适的模式。在额定值属性页选择额定电压和发电类型。

如果计算时需要考虑电网的背景谐波，需要在谐波属性页谐波库中选择电压源模型，如图 8-71 所示。ETAP 谐波分析中，谐波源模型需要先建立并保存在数据库中，然后在谐波源元件的谐波属性页打开数据库快速提取窗口，从库里把谐波源添加到模型中。谐波源分为谐波电流源和谐波电压源，等效电网上一般添加谐波电压源。

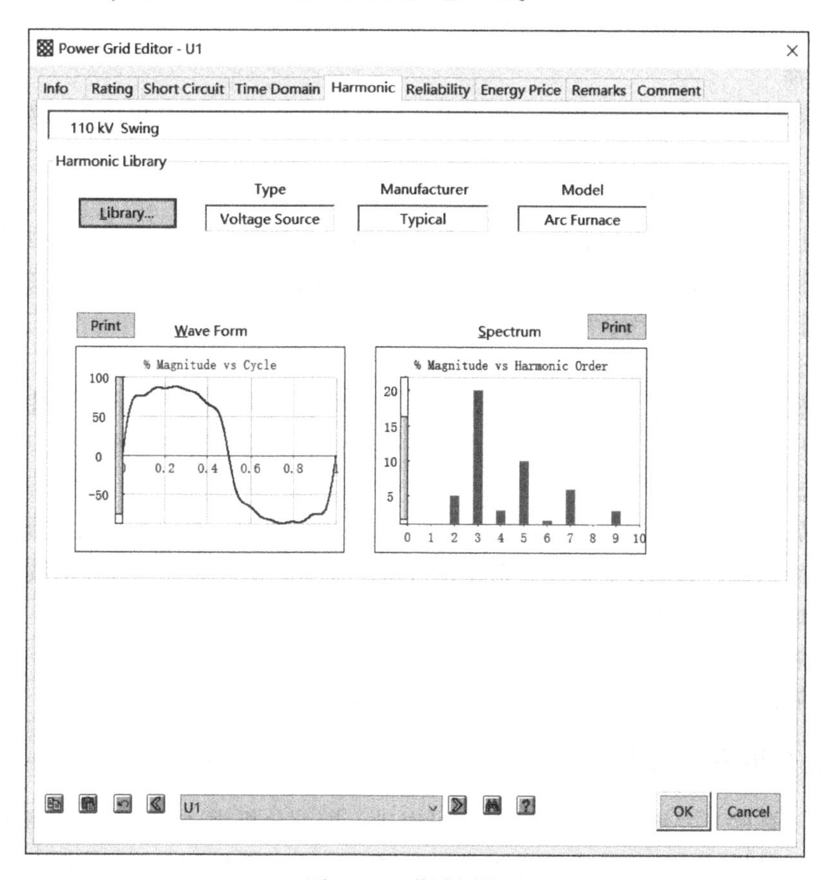

图 8-71　谐波属性页

（2）发电机

同步发电机必须录入参数的是额定值属性页、阻抗模型属性页和接地属性页。在额定值属性页中，需要录入的参数是额定功率、额定电压、功率因数。在阻抗模型属性页中，需要录入的参数是 X_2、X_0、X_2/R_2（或 R_2）、X_0/R_0（或 R_0），也可取动态模型中的典型数据。接地属性页中选择接地类型，填写接地电流。在谐波属性页中，可以选择谐波源模型。

（3）母线

在信息属性页，需要录入的参数是母线的标称电压。

（4）变压器

双绕组变压器需要录入参数的属性页有额定值属性页、分接头属性页和接地属性页。

在额定值属性页输入变压器的额定电压、额定容量、阻抗百分数、X/R（可选典型值）。在分接头属性页输入固定分接头、LTC/电压调节器、相位移。在接地属性页选择变压器的各绕组的连接形式和接地方式。在谐波属性页中，可以选择谐波源模型。

（5）电缆

电缆编辑器属性页中，需要录入参数的属性页是信息属性页和阻抗属性页。在信息属性页输入电缆长度、每相导体根数。在阻抗属性页输入阻抗单位，电缆正序和零序阻抗、电抗和电纳值，基准温度和最高温度。

（6）传输线

需要在信息属性页录入传输线长度、单位。在阻抗属性页选择用户自定义，输入每相的阻抗值或单位长度阻抗导纳值，阻抗单位为Ω，导纳的单位是S。

（7）电抗器

在额定值属性页，录入额定电流、额定电压、正序和零序阻抗（单位为欧姆）、X/R（可取典型值）。

（8）异步电机和同步电机

在异步电机编辑器属性页中，需要录入参数的属性页是铭牌值属性页和模型属性页。在铭牌属性页需要输入的参数是额定电压、额定功率、功率因数和效率。模型属性页需要输入堵转电流倍数、堵转功率因数。同步电机和异步电机参数录入类似。

（9）等效负荷

等效负荷属性页中，需要录入参数的是铭牌属性页、短路属性页。铭牌属性页需要输入的参数是额定电压、额定功率、功率因数。在短路属性页需要输入堵转电流倍数。

（10）静态负荷

必须用的属性页是负荷属性页，可能用到的是谐波属性页。在负荷属性页输入额定电压、额定功率和功率因数。如果设定静态负荷是谐波源，需要在谐波属性页选择谐波源模型。静态负荷一般模拟成谐波电流源。

（11）电容器组

在额定值属性页需要录入的参数是额定电压、每组容量、组数。

8.7.2 谐波分析案例属性设置

单击模式工具栏上“谐波分析”按钮，可以进入谐波分析模式。在谐波分析模式激活时，除了谐波分析工具栏外，还将会自动显示分析案例工具栏（图8-72）。在分析案例工具栏中单击“分析案例”按钮，就可以访问谐波分析案例编辑器。用户也可以从项目视图中单击谐波分析案例文件夹来访问该编辑器。

图8-72 谐波分析模式下的分析案例工具栏

用户可以单击分析案例工具栏上的“新建分析案例”按钮，复制分析案例对话框将打开，在此对话框中可指定现有分析案例和新案例的名称。用户也可以在系统管理器窗口中新建一个案例，在谐波分析案例文件夹上单击鼠标右键并选择“新建”，ETAP将创建一个默认分析案例的副本并添加到谐波分析案例文件夹中，如图8-73所示。

处于谐波分析模式时，单击分析案例工具栏中的“分析案例”就可以访问谐波分析编辑器；也可以从项目视图中单击分析案例文件夹中的谐波分析子文件夹来访问该编辑器。谐波分析案例编辑器属性页如图 8-74 所示，谐波分析案例编辑器包括信息属性页、模型属性页和绘图属性页。

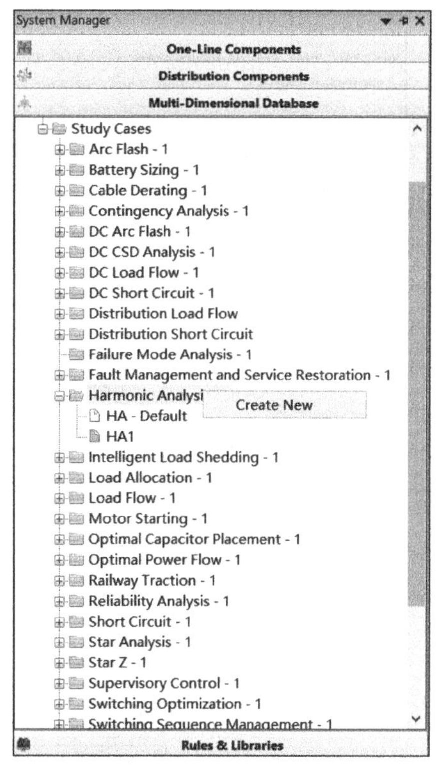

图 8-73　新建谐波分析案例

谐波分析案例编辑器包括精度控制变量、系统负荷条件、报告选项、谐波源模型选项和设备图形选项。在 ETAP 中可以创建并保存无穷多个分析案例。在不同的分析案例之间可轻松切换，无须每次重新设定选项。

1. 信息属性页

在该属性页中设定一些一般的精度参数和信息：负荷条件、报告选项和分析参数信息。

（1）分析案例名称（Study Case ID）

在输入区录入分析案例名称。用户可以删除旧的名称，输入新的分析案例名称。分析案例名称最多可以包含 12 个字母、数字或字符。

（2）初始潮流（Initial Load Flow）

在此选项组中，可以选择潮流计算方法。初始潮流算法可以选择“自适应牛顿-拉弗森方法（Adaptive Newton-Raphson）”或“牛顿-拉弗森方法（Newton-Raphson）”。这些设置用于基本潮流计算解决方案控制，并且适用于谐波潮流和谐波频率扫描算例。

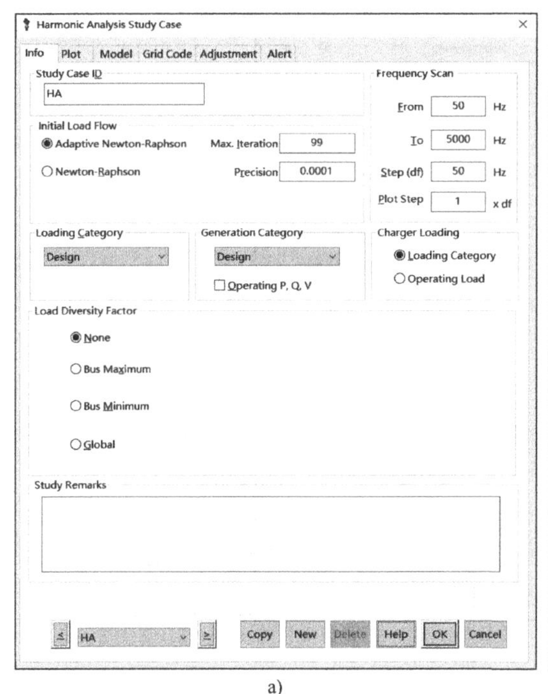

a)

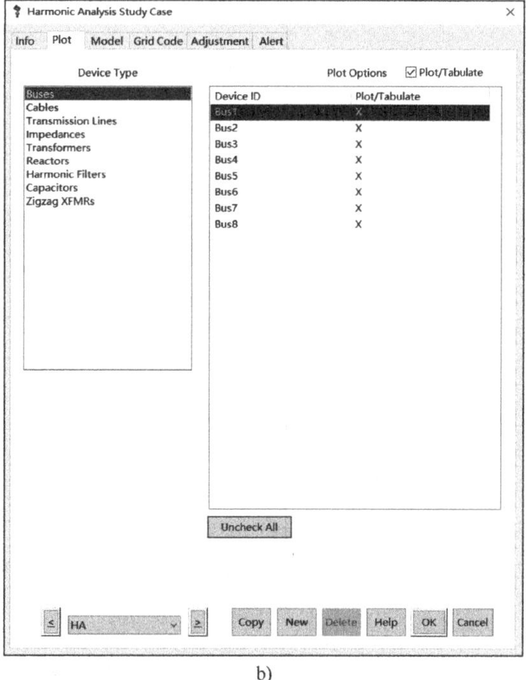

b)

图 8-74　谐波分析案例编辑器属性页

a）信息属性页　b）绘图属性页

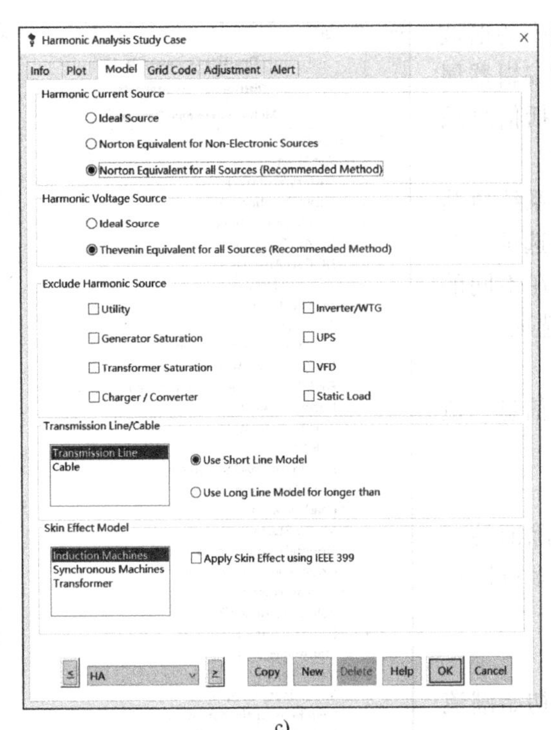

c)

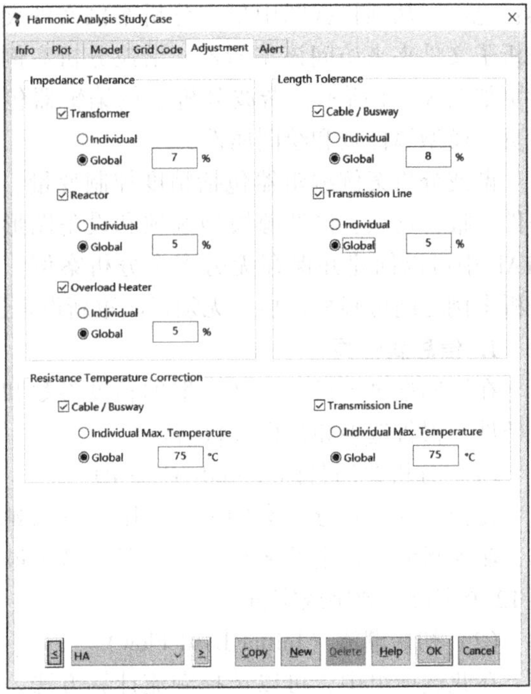

d)

e)

图 8-74 谐波分析案例编辑器属性页（续）

c）模型属性页 d）调整属性页 e）报警属性页

输入最大迭代次数（Max. Iteration），如果解决方案在指定的迭代次数之前尚未收敛，则程序将停止并通知用户。使用 Accelerated Gauss-Seidel 时，最大迭代次数的推荐值和默认值为 2000。使用牛顿-拉弗森方法时，最大迭代次数的推荐值和默认值为 99。

输入用于检查基本潮流收敛性的求解精度（Precision）值，此值确定最终解决方案的精确度。使用牛顿-拉弗森方法时，建议的精度默认值为 0.0001。

（3）频率扫描（Frequency Scan）

该值只用于谐波频率扫描计算。

1）起始值（From）：设定频率扫描的起始频率 Hz，默认值是系统的基波频率。

2）终止值（To）：设定终止频率 Hz。该值应比初始频率大，而且是系统基波频率的整数倍。

3）步长（df）（Step（df））：确定频率步长。该值是在谐波频率扫描分析中相邻两个频率点之间的间隔，是一个正整数。

4）画图步长（Plot Step）：该值决定了频率扫描图形的精度。这个值越小，图形就越平滑，但记录的数据就越多。默认值是 1，就是每个谐波频率扫描分析的计算点都要绘成图形。

（4）负荷类型（Loading Category）

负荷类型有 10 种，在负荷类型框中选择其中一种。用户可以从负荷设备编辑器中的铭牌属性页或负荷属性页或额定值属性页中为 10 种类型设定负荷条件。滤波器的负荷条件由它的参数计算得出。

如果用户的 ETAP 包含了在线功能，"运行 P，Q（Operating P，Q）" 选项将为激活状态，当选择此选项时，运行负荷将从在线数据中进行更新或者先前的潮流分析结果将作为后面潮流分析的初始值。

（5）发电类型（Generation Category）

该选项为当前的潮流分析选择发电类型。选择其中一种类型后，ETAP 将使用所选类型对应的发电机控制，此类型可在发电机编辑器的额定值属性页中设置。发电机控制将根据发电机运行模式而不同（可参考表 8-12）。发电模式可以在发电机编辑器的信息属性页中选择。

如果用户的 ETAP 包含了在线功能，"运行 P，Q，V（Operating P，Q，V）" 选项将为激活状态。当选择此选项时，运行负荷将从在线数据中进行更新或者先前的潮流分析结果将作为后面潮流分析的初始值。

（6）充电器负荷（Charger Loading）

1）负荷类型（Load Category）：选择该选项，在充电器编辑器的负荷属性页中使用有功和无功定义负荷类型。

2）运行负荷（Operating Load）：选择该选项，在充电器编辑器属性页中使用有功和无功定义的运行负荷。注意，如果选择该选项，应先运行一个直流潮流计算来确定充电器负荷。

（7）负荷调整系数（Load Diversity Factor）

应用相应的负荷调整系数到基本潮流计算、谐波潮流和频率扫描分析中。

1）无（None）：选择该选项时，使用所选负荷类型中输入的负荷百分数，并不考虑负荷调整系数。

2）母线最大值（Bus Maximum）：选择该选项时，直接与每条母线相连的电动机和其他负荷将乘以母线最大调整系数。通过这个选项，可以进行每条母线的不同最大调整系数时的谐波分析。当考虑到将来电力系统负荷和每条母线有不同的最大负荷时，该选项有很大作用。

3）母线最小值（Bus Minimum）：选择该选项时，直接与每条母线相连的电动机和其他负荷将乘以母线最小调整系数。通过这个选项，可以进行每条母线有不同最小调整系数时的谐波分析。在分析一些照明负荷条件的响应时，该选项很有用。

4）全部调整（Global）：输入适用于所有恒定功率和恒定阻抗负荷的调整系数。选择该选项时，ETAP 将把所选负荷类型中所有的电动机和静态负荷乘以输入的电动机和静态负荷调整系数值。

（8）分析注释（Study Remarks）

在该注释框中输入不超过 120 个字符的信息。这些信息将打印在每页输出报告页眉的第二行，为每个分析案例提供信息。

2. 绘图属性页

选择在单线图中要显示的设备名称和图形格式。该选项适用于谐波潮流和谐波频率扫描分析。

（1）设备类型（Device Type）

从列表中选择设备类型。只有与所列举类型相关的设备才能绘成图形。

（2）图形选项（Plot Options）

1）设备名称（Device ID）：该表提供了给定设备类型的设备或设备列表。

2）图形/表格（Plot/Tabulation）：可通过先选择一个设备或元件，然后勾选该复选框将设备包括在图形列表中，一个“X”就会出现在设备或元件栏后面。

3）取消全选（Uncheck All）：单击此按钮将取消选中或选中“绘图选项”列表中的所有组件。

3. 模型属性页

在该属性页中选择不同类型设备的模拟模型。

（1）谐波电流源模型（Harmonic Current Source）

在此选项组中，可以指定用于表示谐波电流源的模型。根据选择的方法和谐波电流（包含系统阻抗）的选项，将使用不同的模型。

1）理想电流源（Ideal Source）：如果选择此选项，则谐波电流源将由纯电流源表示。通过此模型，电流源将注入由其谐波频谱指定的谐波电流，而与系统阻抗和源内部阻抗无关。

2）非电力电子谐波源使用的戴维南/诺顿等效（Thevenin/Norton Equivalent for Non-Electronic Sources）：如果选择此选项，则非电力电子谐波电流源将由等效的戴维南/诺顿模型表示。谐波电流源将由与电源内部阻抗并联的纯电流源表示。对于谐波源具有零电流注入的谐波阶次，它将仅由其内部阻抗表示。

注意，市电、发电机和静态负荷被视为非电力电子谐波源。选择此选项后，电力电子谐波源和变压器源将被建模为理想电流源。

3）所有谐波源的戴维南/诺顿等效法（推荐方法）（Thevenin/Norton Equivalent for all Soures（Recommended Method））。

（2）跳过谐波源（Exclude Harmonic Source）

在这部分中定义不作为谐波源模型的设备类型。定义的结果会影响到谐波潮流和谐波频率扫描分析。例如，一种设备被选作不作为谐波源模型，则所有这种设备在谐波潮流和谐波频率扫描分析中作为阻抗。

1）等效电网（Utility）：勾选该复选框，则等效电网不对系统谐波产生影响。相对应的情况下，等效电网不产生谐波或谐波可以忽略。

2）发电机饱和（Generator Saturation）：勾选该复选框，则所有同步发电机不作为谐波源看待。相对应的情况下，发电机没有饱和，产生近似理想的电压。

3）变压器饱和（Transformer Saturation）：勾选该复选框，则所有的变压器，无论双绕组的还是三绕组的，都不作为谐波源看待。

4）充电器/转换器（Charger/Converter）：勾选该复选框，则所有的充电器和转换器设备都不作为谐波源看待。

5）逆变器（Inverter）：勾选该复选框，则所有的逆变器设备都不作为谐波源看待。

6）UPS：勾选该复选框，则所有的后备电源设备都不作为谐波源看待。

7）变频器（VFD）：勾选该复选框，则所有的变频器设备都不作为谐波源看待。

8）静态负荷（Static Load）：勾选该复选框，则所有的静态负荷设备都不作为谐波源看待。

（3）传输线/电缆（Transmission Line/Cable）

允许用户使用“短线”模型或“长线”模型对所选择传输线和电缆进行建模。短线模型是 π 等效电路中的简单集总电路模型，而长线模型是考虑电流波和电压波传播效应的分布式电路模型。在此选项中，首先选择一种设备类型（传输线或电缆），然后设置适当的参数来使用它。

1）使用短线模型（Use Short Line Model）：选中此选项后，所选类别中的任何设备都将使用短线模型建模。

2）使用长线模型（Use Long Line Model for longer than）：选中此选项时，如果符合长度标准，则将使用长线模型对所选类别中的任何设备进行建模。注意，要使用长线模型，电缆或传输线导纳 Y 必须大于 0（对于正/负序和零序）；否则，将使用短线模型。

（4）趋肤效应模型（Skin Effect Model）

允许用户选择特定的选项，以在某些最常见的功率元件（例如异步电机、同步电机和变压器）上应用趋肤效应或对其进行建模。电缆和传输线也具有趋肤效应模型。

1）异步电机（Induction Machines）趋肤效应模型：如果勾选此项复选框，则异步电机将包括趋肤效应。所应用的趋肤效应方程式基于 IEEE 399—1997。

2）同步电机（Synchronous Machines）趋肤效应模型：如果勾选此项复选框，则同步机将包括趋肤效应。所应用的趋肤效应方程式基于 IEEE 399—1997。

3）变压器（Transformers）趋肤效应模型：如果勾选此项复选框，则根据 IEEE 399—1997 方程式确定变压器趋肤效应。如果未勾选该复选框，则会根据 IEEE 519—1992 公式应用趋肤效应。

4. 调整属性页

此属性页允许用户对长度、设备电阻和阻抗等参数进行容差调整。各个容差调节是基于独立设备百分数容差或一个全局百分数容差的形式表示。

在“阻抗容差（Impedance Tolerance）”中可以为变压器、电抗器和过载发热器等设备指定阻抗容差。与 8.6.2 节中“阻抗容差”设置相似。

在“长度容差（Length Tolerance）”中允许用户考虑电缆和传输线长度的容差调整。与 8.6.2 节中“长度容差”设置相似。

电阻温度修正：在“电阻温度修正（Resistance Temperature Correction）”中允许用户在电缆和传输线导体的最大运行温度的条件下考虑电阻修正，与 8.6.2 节中“电阻温度修正”设置相似。

5. 报警属性页

谐波分析案例编辑器中的报警属性页是用于指定所有仿真报警，根据计算前确定的条件、允许范围、参数和系统网络拓扑等原始条件，这些报警可以为用户通报确定的非正常运行状态。当设备发生过载时将产生报警。这些设备包括变压器、电缆、滤波器和电容器。报警将会显示在单线图或报警显示窗口中。

谐波分析完成后，将会产生两种报警类型：临界（Critical）报警和边界（Marginal）报警，它们根据不同的限值来确定是否进行报警。如果遇到临界报警时，在报警显示窗口中将显示报警设备，在单线图中过载的设备也将应用报警颜色（红色）高亮显示。边界报警时也是同样的过程，但是在边界报警时过载设备将应用报警颜色（红紫色）高亮显示。如果用户希望显示边界报警，边界报警复选框必须被勾选。如果一台设备报警同时达到了临界和边界报警的要求，将只会显示临界报警。注意：为了使 ETAP 能够产生针对一种设备类型的报警，设备额定值和百分数值都不能为 0。

（1）设备谐波畸变度限制（Equipment Harmonic Distortion Limits）

勾选电缆和变压器的边界（Marginal）复选框，启用变压器和电缆的边界极限报警。

勾选滤波器和电容器的边界（Marginal）复选框，启用滤波器和电容器的边界极限报警。

1）电缆载流量（Ampacity/Capacity）：如果超出电缆电流额定值，则会生成报警。边界和临界报警设置以电缆允许载流量的百分比指定。

2）变压器电流（Total I）：如果变压器电流超过指定的百分比值，则在运行谐波潮流分析之后将生成临界或边界报警。在变压器 K 系数基础上输入临界和极限电流额定值。

3）滤波器（Filter）：如果电气系统中的任何滤波器承受过载条件，则将生成临界或边界报警。

① 电容器电压（Capacitor kV）：如果在谐波滤波器中的电容器电压超过了最大电压额定值，则会产生临界或边界报警。临界或边界报警设置以电容器最大额定电压的百分比指定。

② 电抗器电流（Inductor Amp）：如果谐波滤波器中的电抗器电流超过额定值，则会生成临界或边界报警。临界或边界报警设置以电感器允许的最大额定电流（以 A 为单位）的百分比指定。

4）电容器电压③④：如果电容器电压超过了峰值电压（Max kV）额定值，则会产生临界或边界报警。临界和临界报警设置以电容器额定最大电压的百分比指定。

（2）全局合规性限值（限制）/全局遵守规则（限制）（Global Compliance Rules（Limits））

规则手册的选择确定了用于评估指定位置的电压和电流谐波畸变度的符合性限制。

1）规则名称（Rules ID）：此下拉列表允许选择全部谐波畸变度合规性（遵守的）限制规则手册。如果选择“无”选项，则不会全面评估电压畸变度极限。

2）标准/地区（Standard/Region）：所选谐波畸变度符合极限规则手册的参考信息。

3）查看限制（View Limits）：以只读模式打开谐波畸变度合规性（遵守的）限制规则手册，以检查电压、电流和间谐波合规性限制。

4）除非在“母线编辑器”中选择了“本地规则”（Except if Local Rules Selected in Bus Editor）：此复选框允许程序对某些位置（在母线谐波畸变度页面上指定）使用局部谐波畸变度合规性限制，而对于未指定局部或单个合规性规则手册的其余位置，仍使用全局合规性限制集。如果未勾选此选项，则将根据研究案例中选择的规则手册评估所有电压和电流符合性限值。

（3）母线电压畸变度限制（THD/IHD）（Bus Voltage Distortion Limits（THD/IHD））

报警页面的此部分允许用户配置根据选定的合规性畸变度限制生成的临界或边界报警。电压畸变度百分比值将应用到所选畸变度极限百分比值的顶部。

1）每周 95%（Weekly 95th%）：使用 100%的乘数因子来调整电压畸变度极限。在短时间内（10 min）测得的谐波含量。此选项为默认选项，大多数谐波极限评估均使用此选项完成。

2）每周 99%（Weekly 99th%）：使用 150%的乘数系数来调整电压畸变度极限。在短时间内（10 min）测得的谐波含量。这也可以称为每日 99%。此选项用于谐波电压畸变值将超过极限值达 150%的特殊条件。

3）每日 99%（Daily 99th%）：使用 200%的乘数因子来调整电压畸变度极限。

4）边际报警复选框：此复选框启用边界极限（Marginal Limit）电压畸变度合规极限报警。

5）边界报警%，临界（Critical）报警和边界（Marginal）报警：一旦选中了边界报警复选框，就会显示此输入字段。该值指定边界报警的百分比限制。

（4）电流畸变度限制（TDD/IHD）（Current Distortion Limits（TDD/IHD））

报警页面的此部分允许用户配置根据选定的当前法规合规性畸变度限制生成的临界或边界报警。当前畸变度百分比值将应用到所选畸变度极限百分比值的顶部。

1）每周 95%（Weekly 95th%）：使用 100%的乘数因子来调整电流畸变度极限。在短时间内（10 min）测得的谐波含量。此选项为默认选项，大多数谐波极限评估均使用此选项完成。

2）每周 99%（Weekly 99th%）：使用 150%的乘数系数来调整电流畸变度极限。在短时间内（10 min）测得的谐波含量。

3）每日 99%（Daily 99th%）：使用 200%的乘数因子来调整电流畸变度极限。

4）电流畸变度限制复选框：此复选框启用当前畸变度极限评估。如果未勾选，则 HA 程序不会生成任何当前的畸变度合规性限制报警。

5）边际报警复选框：此复选框启用边际极限电流畸变度合规极限报警。

6）边际报警%：一旦选中了边界报警复选框，就会显示此输入字段。该值指定边界报警的百分比限制。

（5）频率扫描（Frequency Scan）

频率扫描完成后，以下条件将被监控并报告出来。

并联谐振（Parallel Resonance）：ETAP 通过检测每条母线的阻抗点来确定载系统中可能存在的并联谐振。

通常情况下，频率的提高将导致系统中的感性电抗的减小和容性电抗的增加。在一个给定的谐波频率下，将存在一个交叉点，此点上感性和容性电抗几乎相等。此交叉点称为并联谐振点。每个带有电容器的系统都有一个并联谐振点。ETAP 将在单线图中所有母线上检测并以报警的形式显示这些点。

谐波源在某一频率上存在匹配的阻抗时，才会发生并联谐振。这种情况称为谐波响应。谐波响应会导致在共振频率上产生很高的谐波电流和电压。谐波响应是一种由于谐波源变化或谐波源阻抗和电容器容量变化（例如，电容器逐个投入或撤除）引起的稳态现象。

IEEE 18—2002，并联电容器的标准中规定电容器必须能够承受 110%的最大持续 RMS 过电压和 180%的过电流（以标称电流为基准）。此过电压和过电流包括基础频率和所有谐波贡献。标准还规定电容器容量（V · A）额定值不能超过 135%。

推荐的电容器保护在满负荷电流的135%时动作。保护在更高的电流时动作将会在电容器充电过程中阻碍过电流保护的动作。

(6) 报警查看窗口 (Alert View Window)

如果按下此按钮，则谐波仿真完成后，报警视图窗口将立即打开。

8.7.3 谐波分析案例

1. 谐波分析工具栏

在模式工具栏单击“谐波分析”按钮，谐波分析模式被激活，谐波分析工具栏出现在屏幕的右方，如图8-75所示。单击谐波分析工具栏上按钮，可以进行相关分析、传送数据、更改显示选项。当处于谐波分析模式时，谐波分析工具栏将出现在屏幕上。

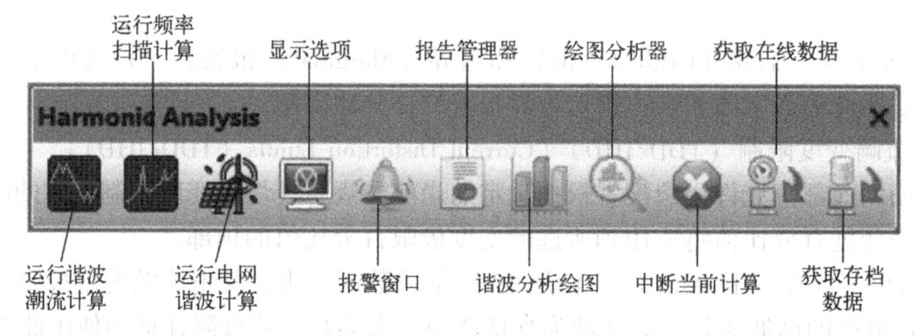

图8-75 谐波分析工具栏

(1) 运行谐波潮流计算

在谐波分析模式时，从分析案例工具栏中选择一个分析案例。单击“运行谐波潮流计算”按钮来进行谐波潮流分析。如果输入报告管理栏中的输出文件名为Promopt，会有一个对话框弹出，用户可以定义输出报告的名字。谐波潮流分析结果显示在单线图中，可通过输出报告格式和图形格式进行查看。

(2) 运行频率扫描计算

在选择分析案例后，单击“运行频率扫描计算”按钮进行谐波频率扫描分析。如果输入报告管理栏中的输出文件名为Promopt，会有一个对话框弹出，用户可以定义输出报告的名字。和谐波潮流计算一样，结果显示在单线图中，可通过输出报告格式和图形格式进行查看。

(3) 运行电网谐波计算

在选择分析案例后，单击“运行电网谐波计算”按钮进行电网谐波计算。像“运行谐波潮流计算”一样，可以定义输出报告的名字、显示结果。

(4) 显示选项

单击“显示选项”按钮设定单线图的显示选项。

(5) 报警窗口

完成谐波潮流分析或谐波频率扫描后，单击此按钮将打开报警窗口，其中将列举所有超越边界和临界条件设置的设备。

(6) 报告管理器

单击“报告管理器”按钮以选择一种格式并查看输出报告。谐波分析报告可以以水晶报告格式查看或将报告保存为PDF、MS Word、Rich Text或Excel格式，分别在“完成”“输入”“结果”和“摘要”页面中可以找到许多预定义的报告。

报告管理器有 4 个属性页（完整属性页、输入属性页、结果属性页和总结属性页），以两种形式查看输出报告的不同部分。水晶报告格式显示在报告管理器的每页上。可以选择输出报告文件，如图 8-76 所示，此图包含当前项目文件夹中的所有输出文件。谐波潮流研究的输出报告的扩展名为 . HA1S。

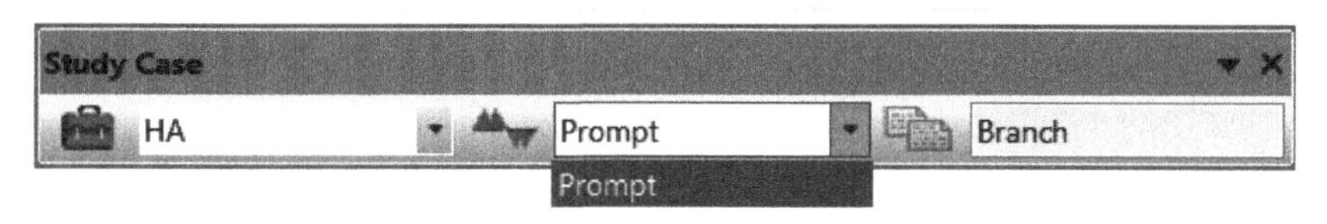

图 8-76　选择输出报告文件

(7) 谐波分析绘图

单击“谐波分析绘图”按钮，选择输出图形文件中输出的图形和曲线。图形文件名与显示在输出报告列表中的输出文本文件名相同。谐波潮流分析图形文件的扩展名为 . hfp。频率扫描的图形文件扩展名为 . fsp。

(8) 中断当前计算

该图标通常情况是灰色的，是无效的。当谐波潮流分析或谐波频率扫描启动时，该图标才被激活呈红色。单击它会中断当前计算。如果在计算结束前中断计算，单线图和图形都无法显示，输出报告也是不完整的。

(9) 获取在线数据

如果用户所用的计算机安装的 ETAP 具有在线功能，可以复制在线数据到当前计算中。

(10) 获取存档数据

如果用户所用的计算机安装的 ETAP 具有在线功能，可以复制存档数据到当前计算中。

2. 案例分析

谐波分析步骤如下：

1) 在编辑模式下，编辑单线图。

2) 双击单线图的元件图标，打开元件编辑器，即可录入元件的相关参数。

3) 单击模式工具栏上“谐波分析”按钮，可以进入谐波分析模式。在分析案例工具栏中单击分析案例并访问谐波分析案例编辑器，新建分析案例。

4) 单击谐波分析工具栏的“运行谐波计算”按钮，进行相应的谐波分析。

5) 查看谐波分析结果报告。

以图 8-16 单线图为例，设置单线图上元件的参数，编辑好谐波分析案例 LF5 后，单击谐波分析工具栏的“运行谐波潮流计算”按钮，ETAP 运行暂态稳定分析案例 LF5，选取输出报告名称为 LF_Report5。

单击谐波分析工具栏的“显示选项”按钮，谐波分析的结果将显示在单线图中，如图 8-77 所示。谐波分析显示选项由一页结果属性页和三页注释属性页组成，它们分别是交流注释、直流注释和交流-直流注释。

在结果属性页中可定义显示在单线图中的计算结果选项。在单线图上显示结果包括母线电压、支路电流和谐波信息。交流页面包括显示交流与案件信息注释选项。交流-直流页面包含交流-直流元件和复合网络的信息注释显示选项。

单击谐波分析工具栏的“报告管理器”按钮，可以输出谐波分析结果的报告，如图 8-78 所示。

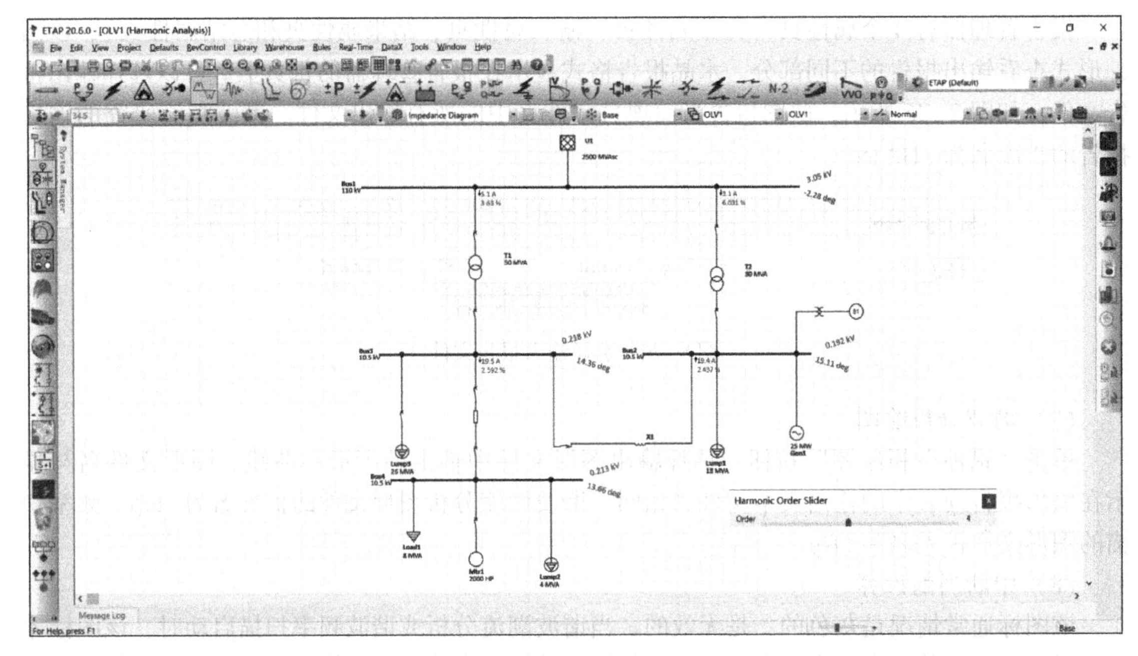

图 8-77 谐波分析结果

Project:		ETAP	Page:	13
Location:		20.6.0E	Date:	19-01-2023
Contract:			SN:	SHNYNGAGR2
Engineer:		Study Case: HA	Revision:	Base
Filename:	□□□□		Config.:	Normal

Bus Tabulation

Harmonic Voltages (% of Fundamental Voltage)

Bus ID: Bus1
Fundamental kV: 110.000

Order	Freq. Hz	Mag. %	Order	Freq. Hz	Mag. %	Order	Freq. Hz	Mag. %	Order	Freq. Hz	Mag. %	Order	Freq. Hz	Mag. %	Order	Freq. Hz	Mag. %
2.00	100.00	4.68	3.00	150.00	13.73	4.00	200.00	2.78	5.00	250.00	9.19	6.00	300.00	1.03	7.00	350.00	5.42
8.00	400.00	0.91	9.00	450.00	2.06												

Bus ID: Bus2
Fundamental kV: 10.512

Order	Freq. Hz	Mag. %	Order	Freq. Hz	Mag. %	Order	Freq. Hz	Mag. %	Order	Freq. Hz	Mag. %	Order	Freq. Hz	Mag. %	Order	Freq. Hz	Mag. %
2.00	100.00	3.22	3.00	150.00	0.00	4.00	200.00	1.83	5.00	250.00	6.03	6.00	300.00	0.00	7.00	350.00	3.35
8.00	400.00	0.60	9.00	450.00	0.00												

Bus ID: Bus3
Fundamental kV: 10.468

Order	Freq. Hz	Mag. %	Order	Freq. Hz	Mag. %	Order	Freq. Hz	Mag. %	Order	Freq. Hz	Mag. %	Order	Freq. Hz	Mag. %	Order	Freq. Hz	Mag. %
2.00	100.00	3.71	3.00	150.00	0.00	4.00	200.00	2.08	5.00	250.00	6.97	6.00	300.00	0.00	7.00	350.00	3.85
8.00	400.00	0.72	9.00	450.00	0.00												

Bus ID: Bus4
Fundamental kV: 10.420

Order	Freq. Hz	Mag. %	Order	Freq. Hz	Mag. %	Order	Freq. Hz	Mag. %	Order	Freq. Hz	Mag. %	Order	Freq. Hz	Mag. %	Order	Freq. Hz	Mag. %
2.00	100.00	3.66	3.00	150.00	0.00	4.00	200.00	2.04	5.00	250.00	6.93	6.00	300.00	0.00	7.00	350.00	3.84
8.00	400.00	0.74	9.00	450.00	0.00												

图 8-78 谐波分析结果报告

单击谐波分析工具栏的“谐波分析图形”按钮，弹出一个谐波分析图形选择对话框，用户可设定想要查看的设备和图形类型，图形文件中的数据与显示在单线图中的母线、电机和支路数据一样，如图 8-79 所示。

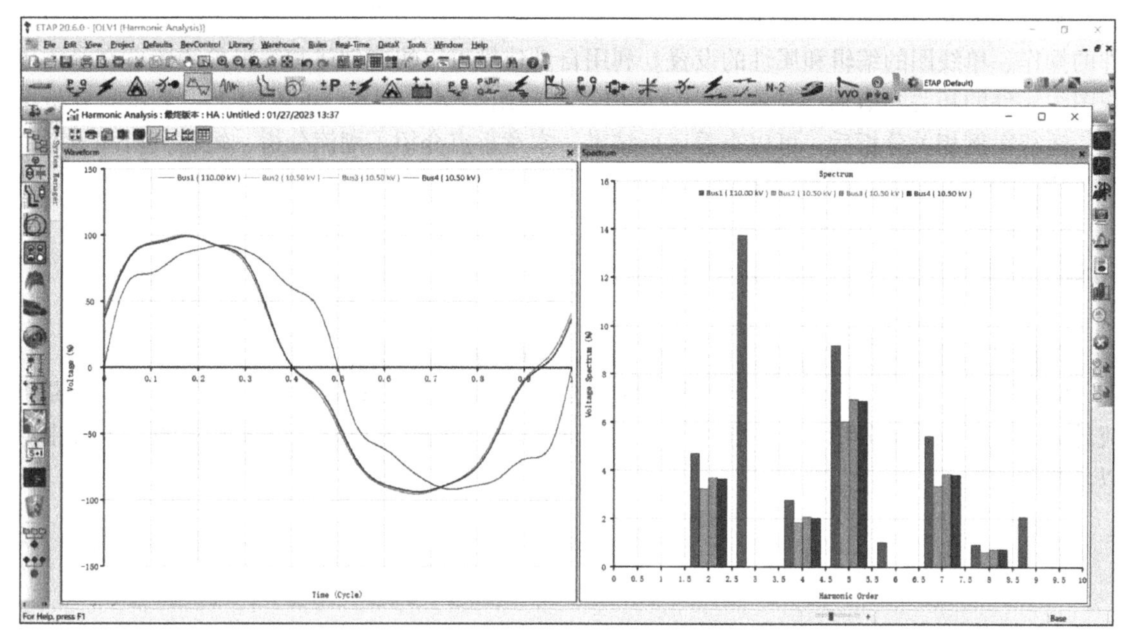

图 8-79　谐波分析图形文件

单击谐波分析工具栏的“报警视图”按钮，打开报警视图，将会列出在分析案例编辑器中设置的超过临界和边界报警的设备，如图 8-80 所示。

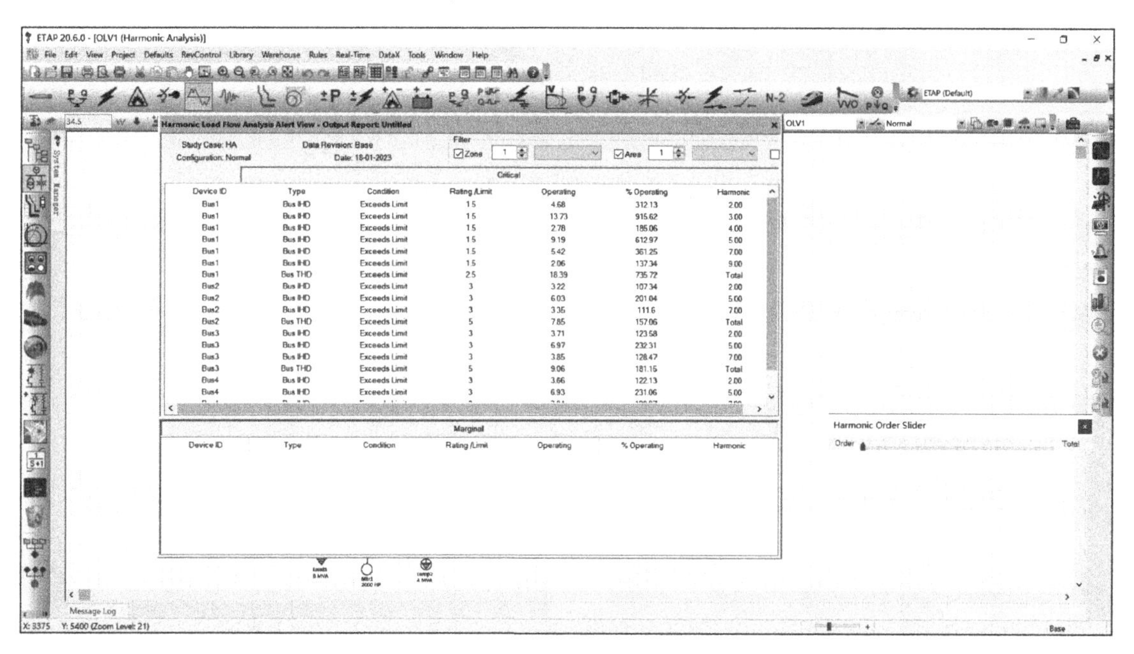

图 8-80　谐波分析报警窗口

8.8 小结

本章首先介绍了 ETAP 软件及其工作环境，然后详细地介绍了单线图的创建过程，包括元件的操作、单线图的编辑和属性的设置。利用自动建模可以快速创建和编辑单线图。在录入单线图中元件的相关参数后，选择某一分析模式，利用案例编辑器，可以创建一个新的分析案例，运行案例相关分析后，可以查看运行结果。本章重点介绍了潮流分析、短路分析和暂态稳定分析。

习题

8.1 写出应用 ETAP 软件，进行电力系统潮流分析的流程。

8.2 建立图 2-2 所示的 4 节点系统的单线图；并应用 ETAP 软件进行潮流计算、短路电流计算以及暂态稳定分析，要求至少有 3 种分析结果（如输出报告、结果显示图、报警报告以及相关曲线）。

附录　MATLAB 基础知识

A.1　MATLAB 简介

MATLAB 是由英文单词 Matrix 和 Laboratory 的前 3 个字母组成。20 世纪 70 年代后期，美国新墨西哥大学计算机系主任 Cleve Moler 教授为了便于教学，减轻学生编写 FORTRAN 程序的负担，对代数软件包 LINPACK 和特征值计算软件包 EISPACK 编写了接口程序，这也许算是 MATLAB 的第一个版本。1984 年，Cleve Moler 和 John Little 等人合作成立了 Mathworks 软件公司，并将 MATLAB 正式推向市场。在几十年的发展和竞争中，MATLAB 不断推出新的版本，现在最常用的版本是 7.0 版（R14），运行环境也从早期的在 DOS 环境下运行到如今可以在 Windows、UNIX 及 Mac OSX 等多个操作平台上运行，目前 MATLAB 已成为国际认可的最优秀的科技应用软件之一。在大学里，它是用于初等和高等数学、自然科学和工程学的标准数学工具；在工业界，它是一个高效的研究、开发和分析的工具。随着科技的发展，许多优秀的工程师不断地对 MATLAB 进行了完善，使其从一个简单的矩阵分析软件逐渐发展成为一个具有极高通用性，并带有众多实用工具的运算操作平台。

A.2　MATLAB 的通用命令

通用命令是指 MATLAB 中经常使用的一些命令，这些命令可以用来管理目录、命令、函数、变量、工作空间、文件和窗口。为了更好地使用 MATLAB，用户需要熟练地掌握和理解这些命令。

(1) 常用命令

常用命令的功能见表 A-1。

表 A-1　MATLAB 常用命令

命　令	命 令 说 明	命　令	命令说明
cd	显示或改变当前工作目录	Load	加载指定文件的变量
dir	显示当前目录或指定目录下的文件	Diary	日志文件命令
clc	清除工作窗口中的所有显示内容	!	调用 DOS 命令
home	将光标移至命令窗口的最左上角	exit	退出 MATLAB
clf	清除图形窗口	quit	退出 MATLAB
type	显示文件内容	pack	收存内存碎片
clear	清理内存变量	hold	图形保持开关
echo	工作窗信息显示开关	path	显示搜索目录
disp	显示变量或文字内容	save	保存内存变量到指定文件

(2) 输入内容的编辑

在命令窗口中，为了便于对输入的内容进行编辑，MATLAB 提供了一些控制光标位置和进行简单编程的常用编辑键和组合键。熟练地掌握这些功能，可以在输入命令的过程中达到事半功倍的效果。表 A-2 列出了一些常用键盘按键及说明。

表 A-2 常用键盘按键及说明

键盘按键	说明	键盘按键	说明
↑	Ctrl+P，调用上一行	Home	Ctrl+A，光标置于当前行开头
↓	Ctrl+N，调用下一行	End	Ctrl+E，光标置于当前行末尾
←	Ctrl+B，光标左移一个字符	Esc	Ctrl+U，清除当前输入行
→	Ctrl+F，光标右移一个字符	Del	Ctrl+D，删除光标处的字符
Ctrl+←	Ctrl+L，光标左移一个单词	Backspace	Ctrl+H，删除光标前的字符
Ctrl+→	Ctrl+R，光标右移一个单词	Alt+Backspace	恢复上一次的删除

(3) 标点

在 MATLAB 语言中，一些标点符号也被赋予了特殊的意义，或代表一定的运算，具体内容见表 A-3。

表 A-3 MATLAB 语言中标点的说明

标点	说明	标点	说明
:	冒号，具有多种应用功能	%	百分号，注释标记
;	分号，区分行及取消运行结果显示	!	感叹号，调用操作系统运算
,	逗号，区分列及函数分隔符	=	等号，赋值标记
( )	括号，指定运算优先级	‘	单引号，字符串的标识符
[ ]	方括号，定义矩阵	.	小数点及对象域访问
{ }	大括号，构造单元数组	…	续行符号

A.3 MATLAB 的计算基础

MATLAB 的计算主要是指数组和矩阵的计算，并且定义的数值元素是复数，这是 MATLAB 的重要特点。函数是计算中必不可少的，MATLAB 函数的变量不需要事先定义，它在命令语句中首次出现时自然定义，这在使用中很方便。

A.3.1 MATLAB 的预定义变量

MATLAB 中有很多预定义变量，这些变量都是在 MATLAB 启动后就已经定义好的，它们都具有特定的意义，见表 A-4。

表 A-4 MATLAB 预定义变量

变量名	预定义
ans	分配最新计算的而又没有给定名称的表达式的值。当在命令窗口中输入表达式而不赋值给任何变量时，在命令窗口中会自动创建变量 ans，并将表达式的运算结果赋给该变量。但是变量 ans 仅保留最近一次的计算结果
eps	返回机器精度，定义了 1 与最接近可代表的浮点数之间的差，在一些命令中也用作偏差。可重新定义，但不能由 clear 命令恢复。MATLAB 7.0 中 eps 为 2.2204e-016

（续）

变量名	预　定　义
realmax	返回计算机能处理的最大浮点数。MATLAB 7.0 中 realmax 为 1.7977e+308
realmin	返回计算机能处理的最小的非零浮点数。MATLAB 7.0 中 realmin 为 2.2251e-308
pi	即 π，若 eps 足够小，则用 16 位十进制数表达其精度
Inf/inf	定义为 $\frac{1}{0}$，即当分母或除数为 0 时返回 inf，不中断执行而继续运算
nan	定义为“Not a number”，即未定式 0/0 或∞/∞
i/j	定义为虚数单位 $\sqrt{-1}$。可以为 i 和 j 定义其他值但不再是预定义常数
nargin	给出一个函数调用过程中输入自变量的个数
nargout	给出一个函数调用过程中输出自变量的个数
computer	给出本台计算机的基本信息
version	给出 MATLAB 的版本信息

A.3.2　常用运算和基本数学函数

MATLAB 中常用的运算包括算术运算、关系运算和逻辑运算。算术运算的表达式由字母或数字用运算符号连接而成。MATLAB 中常用的运算符号见表 A-5。

表 A-5　MATLAB 常用运算符号

算术运算符	说　明	算术运算符	说　明
+	加	-	减
*	乘	.*	数组乘
^	乘方	.^	数组乘方
\	反斜杠或左除	/	斜杠或右除
./或.\	数组除	kron	张量积

例如，算术表达式 *a*^2/*b*-*c* 表示 $a^2\div b-c$ 或 $\frac{a^2}{b}-c$；算术表达式 *a*^2\(*b*-*c*)表示 $(b-c)\div a^2$ 或 $\frac{b-c}{a^2}$。

关系运算是指两个元素之间的比较，它的结果只能是 0 或 1。0 表示该关系式不成立，即为“假”；1 表示该关系式成立，即为“真”。MATLAB 中关系运算符有 6 种，见表 A-6。

表 A-6　MATLAB 的关系运算符

关系运算符	说　明	关系运算符	说　明
==	等于	~=	不等于
<	小于	>	大于
<=	小于或等于	>=	大于或等于

逻辑量只有 0（假）和 1（真）两个值，逻辑量的基本运算有与（&）、或（|）和非（~）三种，有时也包括异或运算（xor），异或运算可以通过三种基本运算组合而成。基本逻辑运算的真值见表 A-7。

表 A-7　基本逻辑运算的真值表

逻辑运算	A=0		A=1	
	B=0	B=1	B=0	B=1
A&B	0	0	0	1
A | B	0	1	1	1
~A	1	1	0	0
xor(A,B)	0	1	1	0

MATLAB 的函数极为丰富，一些常用的数学函数见表 A-8。

表 A-8　MATLAB 常用数学函数

函　数	数学含义	函　数	数学含义
abs(x)	求 x 的绝对值，即 $\|x\|$，若 x 是复数，即求 x 的模	csc(x)	求 x 的余割函数，x 为弧度
sign(x)	求 x 的符号，x 为正得 1，x 为负得-1，x 为零得 0	asin(x)	求 x 的反正弦数，即 arcsin$x$
sqrt(x)	求 x 的平方根，即$\sqrt{x}$	acos(x)	求 x 的反余弦函数，arccos$x$
exp(x)	求 x 的指数函数，即 e^x	atan(x)	求 x 的反正切函数，arctan$x$
log(x)	求 x 的自然对数，即 ln$x$	acot(x)	求 x 的反余切函数，arccot$x$
log10(x)	求 x 的常用对数，即 lg$x$	asec(x)	求 x 的反正割函数，arcsec$x$
log2(x)	求 x 的以 2 为底的对数，即$\log_2 x$	acsc(x)	求 x 的反余割函数，arccsc$x$
sin(x)	求 x 的正弦函数，x 为弧度	round(x)	求最接近 x 的整数
cos(x)	求 x 的余弦函数，x 为弧度	rem(x,y)	求整除 x/y 的余数
tan(x)	求 x 的正切函数，x 为弧度	real(z)	求复数 z 的实部
cot(x)	求 x 的余切函数，x 为弧度	imag(z)	求复数 z 的虚部
sec(x)	求 x 的正割函数，x 为弧度	conj(z)	求复数 z 的共轭

A.3.3　数值的输出格式

在 MATLAB 中，数值通常以不带小数的整数格式或带 4 位小数的浮点格式输出。如果输出结果中所有数值都是整数，则以整数格式输出；如果结果中有一个或多个元素是非整数，则以浮点数格式输出。MATLAB 的运算总是以所能达到的最高精度计算，输出格式不会影响计算的精度，对于 P4 及以上配置的 PC 计算精度一般为 32 位小数。使用命令 format 可以改变屏幕输出的格式，也可以通过命令窗口的下拉菜单来改变。有关 format 命令格式及其他有关的屏幕输出命令见表 A-9。

表 A-9　数值输出格式命令

命令及格式	说　明
format shot	以 4 位小数的浮点格式输出
format long	以 14 位小数的浮点格式输出
format short e	以 4 位小数加 e+000 的浮点格式输出
format long e	以 15 位小数加 e+000 的浮点格式输出
format hex	以十六进制格式输出
format +	提取数值的符号
format bank	以银行格式输出，即只保留两位小数

（续）

命令及格式	说　　明
format rat	以有理数格式输出
more on/off	屏幕显示控制。more on 表示满屏停止，等待键盘输入；more off 表示不考虑窗口一次性输出
more(n)	如果输出多于 n 行，则只显示 n 行

A.4　基本赋值和运算

利用 MATLAB 可以做任何简单运算和复杂运算，可以直接进行算术运算，也可以利用 MATLAB 定义的函数进行运算；可以进行向量运算，也可以进行矩阵或张量运算。这里只介绍最简单的算术运算、基本的赋值与运算。

（1）简单数学计算

```
>> 333+123/5
ans =
   357.6000
>> abs(-5)                %求-5 的绝对值
ans =
     5
>> conj(3+5i)             %求 3+5i 的共轭
ans =
   3.0000 - 5.0000i
```

在同一行上可以有多条命令，中间必须用逗号分开。

```
>>imag(3-5i),round(3.2)          %一行输入多个表达式
ans =
    -5
ans =
     3
```

（2）简单赋值运算

MATLAB 中的变量用于存放所赋的值和运算结果，有全局变量与局部变量之分。一个变量如果没有被赋值，则 MATLAB 将结果存放到预定义变量 ans 之中。

```
>> x=10                          %将 10 赋值给变量 x
x =
    10
>> y=3^2*(4+6)                   %将 3^2*(4+6)赋值给变量 y
y =
    90
>>z=x+y;                         %将 x+y 赋值给变量 z
```

一行可以只是一个表达式语句，也可以是多个表达式语句，这时语句间用分号（;）或逗号（,）分隔。语句以回车换行结束。以分号结束的语句执行后不显示运行结果，以逗号和回车键结束的语句执行后立即显示运行结果。如果一条语句需要占用多行，这时需要使用续行符号（...）。

（3）向量或矩阵的赋值和运算

一般 MATLAB 的变量多指向量或矩阵，向量或矩阵的赋值方式是变量名=[变量值]。如果变量值是一个向量，则数字与数字之间需要用空格隔开；如果变量值是一个矩阵，则行的数

字用空格隔开，行与行之间用分号隔开。

一个行向量 $\boldsymbol{A}=(1,2,3,4,5)$ 的输入方法如下：

```
>> A=[1 2 3 4 5]      %定义向量A
   A =
        1    2    3    4    5
```

一个列向量 $\boldsymbol{B}=\begin{pmatrix}1\\2\\3\\4\end{pmatrix}$ 的输入方法如下：

```
>> B=[1;2;3;4]        %定义向量B
   B =
        1
        2
        3
        4
```

一个3×3矩阵 $\boldsymbol{C}=\begin{pmatrix}1&2&3\\4&5&6\\7&8&9\end{pmatrix}$ 的输入方法如下：

```
>> C=[1 2 3;4 5 6;7 8 9]      %定义矩阵C
C =
     1    2    3
     4    5    6
     7    8    9
```

函数可以用于向量或矩阵操作，如：

```
>>sqrt(A)          %求向量A的平方根向量
ans =
     1.0000    1.4142    1.7321    2.0000    2.2361
>> sin(B)          %求列向量B的正弦向量
ans =
     0.8415
     0.9093
     0.1411
    -0.7568
>> C'              %求矩阵C的转置
ans =
     1    4    7
     2    5    8
     3    6    9
```

A.5 MATLAB 程序设计

A.5.1 M 文件

1. M 文件概述

M 文件是一个文本文件，可以用任何编辑程序来建立和编辑，一般常用且最为方便的是使用 MATLAB 提供的文本编辑器。M 文件根据调用方式的不同可以分为两类。

1）脚本文件/命令文件（Script）：直接输入文件名即可运行。

2）函数文件（Function）：供其他 M 文件调用，通常带输入参数和输出参数。

函数文件由 function 语句引导，具体格式为：

```
function 输出形参列表=函数名(输入形参列表)
%注释说明部分(可选)
函数体语句(必须)
```

注意：

1）函数必须是一个单独的 M 文件。

2）第一行为引导行，表示该 M 文件是函数文件。

3）函数名的命名规则与变量名相同（必须以字母开头）。

4）当输出形参多于一个时，用方括号括起来。

5）以百分号开始的语句为注释语句。

例如，将华氏温度转化为摄氏温度：$c=\frac{5}{9}(f-32)$。

脚本文件（f2cs. m）：

```
clear;
f=input('Please input f:');
c=5*(f-32)/9;
fprintf('c = %g\n',c);
```

函数文件（f2cf. m）：

```
function c = f2cf(f)
f=73;
c=5*(f-32)/9;
fprintf('c = %g\n',c);
```

2. M 文件的建立与打开

（1）建立新的 M 文件

为建立新的 M 文件，启动 MATLAB 文本编辑器有三种方法：

1）菜单操作。从 MATLAB 主窗口的 File 菜单中选择 New 命令，再选择 M-file 命令，屏幕上将出现 MATLAB 文本编辑器窗口。

2）命令操作。在 MATLAB 命令窗口输入命令 edit，启动 MATLAB 文本编辑器后，输入 M 文件的内容并存盘。

3）命令按钮操作。单击 MATLAB 主窗口工具栏上的“New M-File”命令按钮，启动 MATLAB 文本编辑器后，输入 M 文件的内容并存盘。

（2）打开已有的 M 文件

打开已有的 M 文件，也有三种方法：

1）菜单操作。从 MATLAB 主窗口的 File 菜单中选择 Open 命令，则屏幕出现 Open 对话框，在 Open 对话框中选中所需打开的 M 文件。在文档窗口可以对打开的 M 文件进行编辑修改，编辑完成后，将 M 文件存盘。

2）命令操作。在 MATLAB 命令窗口输入命令：edit 文件名，则打开指定的 M 文件。

3）命令按钮操作。单击 MATLAB 主窗口工具栏上的“Open File”命令按钮，再从弹出的对话框中选择所需打开的 M 文件。

A.5.2 程序控制结构

1. 顺序结构

(1) 数据的输入

从键盘输入数据，可以使用 input 函数来进行，该函数的调用格式如下：

```
A=input(提示信息,选项);
```

其中提示信息为一个字符串，用于提示用户输入什么样的数据。

如果在 input 函数调用时采用 's'选项，则允许用户输入一个字符串。例如，想输入一个人的姓名，可采用命令：

```
xm=input('What''s your name?','s');
```

(2) 数据的输出

MATLAB 提供的命令窗口输出函数主要有 disp 函数，其调用格式如下：

```
disp(输出项)
```

其中输出项既可以为字符串，也可以为矩阵。如：

```
disp('总有功损耗:')
totoldeltP=sum(delt_P)
```

例 A-1 输入 x、y 的值，并将它们的值互换后输出。程序如下：

```
x=input('Input x please.');
y=input('Input y please.');
z=x;
x=y;
y=z;
disp(x);
disp(y);
```

例 A-2 求一元二次方程 $ax^2+bx+c=0$ 的根。程序如下：

```
a=input('a=?');
pause(5)
b=input('b=?');
c=input('c=?');
d=b*b-4*a*c;
x=[(-b+sqrt(d))/(2*a),(-b-sqrt(d))/(2*a)];
disp(['x1=',num2str(x(1)),',x2=',num2str(x(2))]);
```

(3) 程序的暂停

暂停程序的执行可以使用 pause 函数，其调用格式如下：

```
pause(延迟秒数)
```

如果省略延迟时间，直接使用 pause，则将暂停程序，直到用户按任一键后程序继续执行。若要强行中止程序的运行可使用〈Ctrl+C〉命令。

2. 选择结构（if 语句）

在 MATLAB 中，if 语句有 3 种格式。

（1）单分支 if 语句

```
if 条件
        语句组
    end
```

当条件成立时，则执行语句组，执行完之后继续执行 if 语句的后继语句，若条件不成立，则直接执行 if 语句的后继语句。

例：

```
if  5>3
    a=1
end
```

（2）双分支 if 语句

```
if 条件
        语句组 1
    else
        语句组 2
    end
```

当条件成立时，执行语句组 1，否则执行语句组 2，语句组 1 或语句组 2 执行后，再执行 if 语句的后继语句。

例：

```
a1=1;
a2=1;
    if  a1>a2
        a=1
     else
        a=2
      end
```

（3）多分支 if 语句

```
if 条件 1
        语句组 1
    elseif 条件 2
        语句组 2
      ……
    elseif 条件 m
         语句组 m
    else
         语句组 n
    end
```

语句用于实现多分支选择结构。例：

```
fs=input('请输入分数:')
if fs<60
   disp('不及格')
elseif fs>=60 & fs<75
   disp('一般')
elseif fs>=75 & fs<90
   disp('良好')
```

```
elseif fs>=90 & fs<=100
    disp('优秀')
else
    disp('分数错误')
end
```

3. 循环结构

（1） for 语句

for 语句的格式如下：

```
for 循环变量=表达式 1:表达式 2:表达式 3
      循环体语句
end
```

其中表达式 1 的值为循环变量的初值，表达式 2 的值为步长，表达式 3 的值为循环变量的终值。步长为 1 时，表达式 2 可以省略。

例 A-3　已知 $y=1+\frac{1}{3}+\frac{1}{5}+\cdots+\frac{1}{2n-1}$，当 $n=100$ 时，求 y 的值。程序如下：

```
y=0;
n=100;
for i=1:n
    y=y+1/(2*i-1);
end
      y
```

在实际 MATLAB 编程中，采用循环语句会降低其执行速度，所以例 A-3 的程序通常由下面的程序来代替，例：

```
n=100;
i=1:2:2*n-1;
y=sum(1./i);
y
```

例 A-4　求 $s=\sum_{i=1}^{100000}\left(\frac{1}{2^i}+\frac{1}{3^i}\right)$，两种程序对比如下：

```
tic
s=0;                          tic
for i=1:100000                i=1:100000;
      s=s+1/2^i+1/3^i;        s=sum(1./2.^i+1./3.^i);
end                           toc
toc
```

for 语句更一般的格式为：

```
for 循环变量=矩阵表达式
      循环体语句
end
```

执行过程是依次将矩阵的各列元素赋给循环变量，然后执行循环体语句，直至各列元素处理完毕。

例 A-5　写出下列程序的执行结果。

```
s=0;
a=[12,13,14;15,16,17;18,19,20;21,22,23];
for k=a
    s=s+k;
end
disp(s');
```

（2） while 语句

while 语句的一般格式为：

```
while (条件)
    循环体语句
end
```

其执行过程如下：若条件成立，则执行循环体语句，执行后再判断条件是否成立，如果不成立则跳出循环。

例 A-6

```
a = 10;
% while loop execution
while( a < 20 )
   fprintf('value of a: %d\n', a);
   a = a + 1;
end
```

（3） break 语句和 continue 语句

与循环结构相关的语句还有 break 语句和 continue 语句。它们一般与 if 语句配合使用。

1） break 语句用于终止循环的执行。当在循环体内执行到该语句时，程序将跳出循环，继续执行循环语句的下一语句。

2） continue 语句控制跳过循环体中的某些语句。当在循环体内执行到该语句时，程序将跳过循环体中所有剩下的语句，继续下一次循环。

例 A-7　求[100,200]之间第一个能被 21 整除的整数。程序如下：

```
for n=100:200
     if rem(n,21)~=0
          continue
     end
   break
end
   n
```

参 考 文 献

[1] 张伯明，陈寿孙，严正．高等电力网络分析 [M]. 2 版．北京：清华大学出版社，2007.
[2] 陈珩．电力系统稳态分析 [M]. 4 版．北京：中国电力出版社，2018.
[3] 邱晓燕，刘天琪，黄媛．电力系统分析的计算机算法 [M]. 2 版．北京：中国电力出版社，2016.
[4] 于群，曹娜．MATLAB/Simulink 电力系统建模与仿真 [M]. 2 版．北京：机械工业出版社，2017.
[5] 王俊，黄丽华，葛丽娟，等．电力系统分析 [M]. 2 版．北京：中国电力出版社，2020.
[6] 朱林，郑芳芳，张译铎，等．基于 MATLAB 含分布式电源配电网的分析软件：2021SR1537045 [P]. 2020-07-10.
[7] MathWorks. 模块库 [Z/OL]. https://ww2.mathworks.cn/help/releases/R2019a/simulink/block-libraries.html?s_tid=CRUX_lftnav.
[8] 王海岩．特高压直流建模与受端系统稳控策略研究 [D]. 北京：华北电力大学，2017.
[9] 涂习武．建筑供配电系统建模与仿真研究 [D]. 南昌：华东交通大学，2017.
[10] ETAP 自动化技术（北京）有限公司．ETAP 21.0.2 用户指南 [Z]. 2022.
[11] ETAP 自动化技术（北京）有限公司．ETAP 19.0 用户指南 [Z]. 2019.
[12] 广西电力工业勘察设计研究院数字电网研究中心．电力系统可视化分析程序 PowerWorld 简明培训教程 [Z]. 2006.